本书由国家重点研发计划重点专项("突发大气污染事故应急预警评估技术与示范研究",项目编号:2017YFC0209904)资助

大气扩散的物理模拟

(第 2 版)

Physical Modeling of Atmospheric Diffusion

宣 捷 康 凌 著

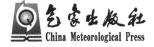

气象出版社
China Meteorological Press

内容简介

本书在上编"环境流体力学基础"中系统地介绍了与环境问题有关的流体力学的基本知识,且内容侧重于与低层大气的流动及其中污染物的传输与扩散过程有关的各流体力学分支。本书下编"大气扩散的物理模拟"介绍了环境流体力学的一个前沿领域——通过在环境风洞(以及拖曳水槽、对流水槽)中进行的模型实验来研究低层大气的流动与扩散,并系统地讨论了实验的相似性理论基础和技术原则。

本书可供大气环境、应用气象及其他相近领域的科技工作者参考,也可作为上述专业研究生和高年级本科生的教材。

图书在版编目(CIP)数据

大气扩散的物理模拟 :第 2 版 / 宣捷,康凌著. —
北京 :气象出版社,2020.1
ISBN 978-7-5029-7167-0

Ⅰ.①大⋯   Ⅱ.①宣⋯ ②康⋯   Ⅲ.①大气扩散-模拟实验   Ⅳ.①P422

中国版本图书馆 CIP 数据核字(2020)第 016676 号

Daqi Kuosan de Wuli Moni (Di 2 Ban)

大气扩散的物理模拟(第 2 版)

宣捷   康凌   著

出版发行:气象出版社

地　　址:北京市海淀区中关村南大街 46 号　　　　邮政编码:100081

电　　话:010-68407112(总编室)　010-68408042(发行部)

网　　址:http://www.qxcbs.com　　　　**E-mail**:qxcbs@cma.gov.cn

责任编辑:林雨晨　　　　　　　　　　　　　　终　　审:吴晓鹏

责任校对:王丽梅　　　　　　　　　　　　　　责任技编:赵相宁

封面设计:博雅思企划

印　　刷:北京中石油彩色印刷有限责任公司

开　　本:787 mm×1092 mm　1/16　　　　　印　　张:15.25

字　　数:391 千字　　　　　　　　　　　　　彩　　插:2

版　　次:2020 年 1 月第 2 版　　　　　　　　印　　次:2020 年 1 月第 1 次印刷

定　　价:80.00 元

第一版前言

  环境流体力学研究的是在人类所生活的自然环境中的水和空气的机械运动。低层大气的流动及其中污染物质的扩散是环境流体力学研究的主要内容之一。物理模拟则是研究低层大气的流动及污染物质扩散的一种主要方法。本书的内容即是在介绍环境流体力学基本概念和方法的基础上讨论低层大气的流动及扩散的物理模拟研究方法的原理。

  本书上编"环境流体力学基础"和下编"大气扩散的物理模拟"前后连贯,构成一个整体。但内容上两者又各成系统,可分别独立使用。

  流体力学是一门内容浩瀚精深的学科,而已有的流体力学著作各有其侧重点:或侧重于飞行器及舰船的流体动力学,或侧重于水力工程学,或侧重于气象学和海洋学的大尺度流动等,均不能很好地满足大气环境和环境科学及其他相近专业的需要。本书上编"环境流体力学基础"在内容的编排上与已有的流体力学著作有较大的不同,除详细介绍流体力学的基本概念、基本理论方法以外,着重对湍流、边界层、分层流动、地转流动、质量迁移等与低层大气的流动及污染物质的扩散过程关系较密切的各流体力学分支作了较多的介绍和讨论。各部分具体内容亦按研究工作的需要有明确的侧重:例如湍流部分,本书着重讨论半经验理论和湍流能量局地平衡理论,因为它们对于绝大多数环境科学工作者实际上是最有用的,但一般流体力学著作中却语焉不详,甚至未予提及。本书上编的另一特点是把环境流体力学当作物理学来写,而较少强调它的数学方面。根据作者的研究工作经验,这样的写法对环境科学领域研究工作者可能是最有益处的。作者所希望的是,本书上编能为大气环境及相近专业中相应的前沿课题的研究工作提供坚实的环境流体力学基础。

  本书下编"大气扩散的物理模拟"介绍当前大气环境科学的一个前沿分支:通过在环境风洞(以及拖曳水槽、对流水槽)中进行的缩小尺度的模型实验(又称模拟实验)来研究低层大气的流动特征及其中污染物的扩散规律。模拟实验也在环境工程中有广泛的应用,例如评估工厂烟囱释放的烟羽造成的地面浓度分布等。然而,该领域无论在原理方面还是技术方面都尚未发展成熟,故许多方面都还不完善,甚至某些基本的问题,专家们的看法也不尽相同。由于以上的部分原因,长期以来缺乏系统论述该种模拟实验的原理和技术的专著。这种状况严重阻碍了本领域研究工作(以及工程应用)的发展,而且国内的情况比国外还要严重一些。本书下编首先系统地介绍模拟实验的理论基础——量纲和相似性原理,再进而详细地讨论这些相似性原理在模拟低层大气的流动及扩散时的具体应用形式。希望本书能在某种程度上填补以上的空白。当然,本书未包含研究工作中必然会遇到的种种理论和技术上的细节,而是着重在系统地介绍理论基础及技术要点。

作者在此表示对美国科罗拉多州立大学的 Jack E. Cermak 教授的衷心感谢。作为本领域的奠基人之一,他对作者于 1994 年在他的实验室做访问学者时撰写的本书初稿提供了许多重要的资料和讨论意见。本书的内容和整体安排主要的是依据自己多年来研究和教学的心得、体会,并加入了本人科学研究的一些成果(其中部分成果来自于国家自然科学基金项目,编号 49275247 和 49775277)。但作者才疏学浅,挂一漏万之处在所难免,任何批评和指正都将受到衷心的欢迎。

宣捷

2000 年 3 月于北京

再版说明

受本书主编宣捷老师委托由本人做再版说明。本书于 2000 年 8 月第一次出版，它是宣捷老师依据自己多年来研究和教学的心得、体会，并加入了其科学研究的一些成果（其中部分成果来自于国家自然科学基金项目，编号 49275247 和 49775277）。他所授的两门研究生课程："环境流体力学"和"大气污染模拟实验"就是以本书为教材。其中"环境流体力学"是本书上编"环境流体力学基础"，"大气污染模拟实验"是下编"大气扩散的物理模拟"。他退休时将这两门课程委托我继续讲授，希望这些成果能够传承下去，并语重心长地告诫我："小康，讲课对你的学术成长是非常有帮助的，因为你要把某个知识点给学生们将清楚，逼得你必须要非常透彻地理解这个知识点，从而打下牢固的理论基础。"一晃已经过去十五年了，很多往事随着岁月渐渐淡忘，但宣老师的这个嘱托依然记忆犹新。

因为流体力学是一门比较难学的课程，大多数教材都是从令人晕眩的偏微分方程入手，对学生的数学要求较高；而流体力学属于物理学，最终目的还是要学生掌握物理本质。本人在这十五年的教学生涯中感受到选修这两门课的学生们大多在本科期间没有学过流体力学，所学的高等数学和线性代数也忘得差不多了。而本书最大的特点是"浅入深出"，特别是流体运动的基本方程组从中学生都掌握的牛顿定理入手开始推导，使得学生们容易掌握基本概念。

本书再版主要增加了两方面的内容，一是增加了一些流体力学在实际中的应用，因为选修这两门课程的学生都希望能够把所学的知识应用到实际当中，而上一版本书在这方面的内容不多。因此，特别是在第 6 章扩充了一些将流体力学理论如何应用到大气扩散研究的内容（如数值模拟），让学生可以把刚学的理论知识转化为实际应用。二是大量细化了方程推导过程，目的是让从未学过流体力学或数学基础较弱的学生理解并掌握流体力学方程，同时也在第 1 章的某些小节后复述了基本概念，以便学生进一步掌握基本概念。本书可供大气环境、应用气象及其他相近领域的科技工作者参考，也适合作为上述专业研究生和高年级本科生的教材，特别是未接触过流体力学的本科生和研究生。

本书再版过程中得到了宣老师的热情鼓励和支持，虽然他年事已高，但深厚的理论功底依然让我折服。感谢刘轩女士在百忙之中为本书进行了文字校对，加快了本书的编写进度；感谢气象出版社的张斌老师为本书再版工作提出的宝贵意见和建议以及热心的帮助。最后感谢夫人王敏新给予的帮助,做了许多繁杂锁碎的工作,为本书的再版所付出的辛劳。

由于本人学识所限,错误难免;加之该领域无论在理论上还是技术上都尚未发展成熟,故许多方面都还不完善,甚至对某些基本的问题专家们也都有各自的观点。衷心感谢并欢迎对本书的任何批评和指正。

康凌

2019 年 5 月于北京

目　录

下　编　大气扩散的物理模拟

上 编

环境流体力学基础

--·--

　　流体力学是研究低层大气流动以及污染物在其中传输扩散的理论基础,但流体力学是一门比较难学的课程,对于从未接触过的读者而言,是比较晦涩难懂的。要学好它不仅对数学要求较高,还要深刻理解其物理本质,因此,本书用近80％的篇幅讲述流体力学的基础理论,其中相当多的篇幅展示流体方程的推导过程。其目的就是为了让读者深刻理解流体力学的理论基础,更好地掌握大气扩散理论和应用方法。

　　此外,流体力学还是一门涉及领域较多的学科,如航空航天、水力工程、风工程、气象学、海洋学等,但针对大气环境和环境科学的却很少。因此,上编"环境流体力学基础"在内容的编排上侧重于低层和低速的大气流动,除详细介绍流体力学的基本概念、基本理论方法以外,着重对湍流、边界层、分层流动、地转流动、质量迁移等与低层大气的流动及污染物质的扩散过程关系较密切的各流体力学分支作了较多的介绍和讨论。

第 1 章　流体运动的基本规律

1.1　流体及其运动的描述

1.1.1　连续介质假说

环境流体当然主要是指空气和水。实际的空气和水都是由彼此间有空隙的大量分子组成。流体力学研究的是流体宏观机械运动,故所谓"连续介质假说"的引入是一个必不可少的处理。该假说认为,真实流体所占有的空间可近似地看作是由"流体质点"连续地、无空隙地充满着的。所谓流体质点指的是微观上充分大、宏观上充分小的分子团。微观上充分大,是指质点包含大量的分子,从而能在统计平均的意义上讨论该质点的各个物理量(如温度或压强)的确定数值;宏观上充分小,是指质点的尺度远小于所研究问题的特征尺度,从而可以被看成几何上的一个点。有了连续介质假说,就可以把描述流体宏观机械运动的各个物理量看作空间坐标(x,y,z)和时间坐标 t 的连续函数,并充分利用数学分析的方法加以处理。这些物理量中最主要是速度矢量 $\boldsymbol{V}$,压强 p,密度 ρ,温度 T 以及被动携带物质的浓度 γ 等。

基本概念:

1)连续介质假说——真实流体所占据的空间可看作是由"流体质点"连续地、无空隙地充满着的。

2)流体质点——指微观上充分大、宏观上充分小的分子团。

3)微观上充分大——从统计平均的意义上讨论某流体质点(包含大量的分子)的各个物理量的确定数值。

4)宏观上充分小——可看成几何上的一个点,便于进行数学处理。

例:我们在计算污染物浓度的空间分布时,总是将计算区域划分成一个一个的网格(图1.1),而计算出的每个网格的污染物浓度是该网格中的平均值,并不是指网格中各处的浓度都是相等的。而在计算时,我们却将每个网格都看成一个点,因为受到计算量的限制和污染物浓度分布的不确定性(没有准确的数学表达式),不可能非常精细地描述出每个点的浓度值。

物理意义:可以把描述流体宏观机械运动的各个物理量看作空间坐标(x,y,z)和时间坐标 t 的连续函数,并充分利用数学分析的方法加以处理。

1.1.2　流体的黏性

一般流体都是易流动的。当相邻两层流体间有相对运动时,将有抵抗这种相对滑动的切向应力(内摩擦力)存在,这就是流体的黏性。真实流体都是有黏性的。由于空气和水的黏性系数很小,有时我们可以忽略流体的黏性,而把它们看成所谓的"理想流体",即在相对运动的

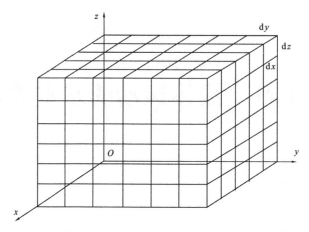

图 1.1　计算空间污染物浓度分布时的网格划分

相邻两层流体之间没有抵抗这种相对运动的切向应力存在。把流体当作理想流体来处理可以大大简化运动方程组,从而建立起广泛的数学理论。一个必然的推断是,理想流体与固壁之间的界面上存在着相对的切向速度差,即所谓"有滑移"。但这不符合实际情况:真实流体中分子间的吸引力的存在,使得流体附着在固壁上并产生切向应力,即流体在固壁表面上是无滑移的。

借助下面的实验,最能显示出流体黏性运动的特点。考虑两个非常长的平行平板之间的流体运动,其中一块平板静止,另一块平板在自身的平面内做等速运动(图 1.2)。两板距离为 h,整个流体中压力(压强)为常数。实验表明,流体附着在两个壁面上,所以紧贴下平板流体速度为 0,而紧贴上平板流体的速度为该平板的速度 U,且平板间流体速度分布是线性的

$$u(z) = \frac{z}{h}U \tag{1.1.1}$$

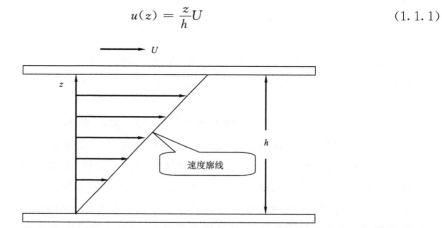

图 1.2　两平行平板间黏性流体的速度分布

为了维持运动,必须对上平板施加一个切向力,此力与流体的摩擦力相平衡。实验测量表明,该力与流体的摩擦力相平衡。实验测量表明,该力正比于 U,反比于 h。故得牛顿(Newton)摩擦定律

$$\tau = \mu \frac{\mathrm{d}u}{\mathrm{d}z} \tag{1.1.2}$$

式中,τ 是平板单位面积上所受的摩擦力,它也是相邻两层流体间单位面积上的内摩擦力(切向应力),单位是 Pa。由上式可定义流体的黏性系数,它的单位是 Pa·s。本书中采用更多的是所谓运动黏性系数 $\nu=\mu/\rho$,它的单位是 m²/s,从而(1.1.2)式可写成

$$\tau = \rho \frac{\mathrm{d}u}{\mathrm{d}z} \tag{1.1.3}$$

通常水的运动黏性系数 ν 的数值随温度的升高而减小,空气则反之(表 1.1)。

在普通物理学中一般称满足气体状态方程

$$p = \rho R T \tag{1.1.4}$$

的气体为理想气体。为避免混淆,今后我们改称其为完全气体,式中 R 为完全气体的气体常数。

表 1.1　水和空气的密度、黏性系数和运动黏性系数与温度的关系

温度 (℃)	水			空气(在 0.099MPa 的压力下)		
	密度 ρ (kg/m³)	黏性系数 $\mu \times 10^6$ (Pa·s)	运动黏性系数 $\nu \times 10^6$ (m²/s)	密度 ρ (kg/m³)	黏性系数 $\mu \times 10^6$ (Pa·s)	运动黏性系数 $\nu \times 10^6$ (m²/s)
−20	—	—	—	1.39	15.6	11.2
−10	—	—	—	1.34	16.2	12.1
0	999.3	1759	1.80	1.29	16.8	13.0
10	999.3	1304	1.30	1.25	17.4	13.9
20	997.3	1010	1.01	1.21	17.9	14.8
40	991.5	655	0.661	1.12	19.1	17.1
60	982.6	474	0.482	1.06	20.3	19.2
80	971.8	357	0.367	0.99	21.5	21.7
100	959.1	283	0.295	0.94	22.9	24.4

基本概念:

1)流体的黏性——当相邻两层流体之间有相对运动时,将有抵抗这种相对滑动的切向应力(内摩擦力)存在,此即流体的黏性。

2)理想流体——在相对运动的相邻两层流体之间没有抵抗相对运动的切向应力存在的流体,如空气。

3)速度廓线——速度随高度的分布。

4)牛顿摩擦定律

$$\tau = \mu \frac{\mathrm{d}u}{\mathrm{d}z}$$

式中,μ 为流体的黏性系数(Pa·s);τ 为平板单位面积上所受的摩擦力(Pa)。

5)运动黏性系数 ν

定义:

$$\nu = \mu/\rho \, (\mathrm{m^2/s})$$

$$\tau = \rho \frac{\mathrm{d}u}{\mathrm{d}z}$$

式中，ρ 为流体的密度。

1.1.3　流体的可压缩性

众所周知，液体难于压缩，而气体是易于压缩的。但流体力学讨论的不是流体的物理性质，而是由于运动所引起的压力改变是否会导致气体体积或密度的明显改变。故我们定义，在运动过程中其质点的密度不变(即 $\frac{d\rho}{dt}=0$)的流体为不可压缩流体。

由伯努利(Bernoulli)方程 $p+\frac{1}{2}\rho v^2=$ 常数，可知，流动引起的压力改变 Δp 与 $\frac{1}{2}\rho v^2$ 量级相同。已知流体的压缩性可用下列方程加以描述

$$\Delta p = E\frac{\Delta\rho}{\rho} \tag{1.1.5}$$

式中，E 为体积改变的弹性模量。故有

$$\frac{\Delta\rho}{\rho}=\frac{\Delta p}{E}=\frac{1}{2}\frac{\rho v^2}{E} \tag{1.1.6}$$

又知声速 $c=\sqrt{\dfrac{E}{\rho}}$ ，引入马赫(Mach)数为流速与声速之比

$$M=\frac{v}{c} \tag{1.1.7}$$

则有

$$\frac{\Delta\rho}{\rho}=\frac{1}{2}\left(\frac{v}{c}\right)^2=\frac{1}{2}M^2 \tag{1.1.8}$$

当马赫数小于1，即气流速度远小于声速时，$\frac{\Delta\rho}{\rho}\ll1$，空气可作为不可压缩流体处理。具体说来，设声速 $c\approx330\text{m/s}$，空气速度 $v\approx50\text{m/s}$，这时密度的改变为 $\frac{\Delta\rho}{\rho}=\frac{1}{2}M^2\approx0.01$。故速度低于50m/s的空气流动，通常均可认为是不可压缩流动的运动。

基本概念：

不可压缩流体——在运动过程中其质点的密度不变($d\rho/dt=0$)的流体。

注：不可压缩流体不一定是理想流体。

意义：

在大气中，通常空气的运动速度远远小于声速(330m/s)，故可看成不可压缩流体，这将大大简化大气运动方程。

1.1.4　描述流体质点运动的拉格朗日法和欧拉法

设流体质点的位置矢量为 $\boldsymbol{r}=(x,y,z)$，拉格朗日(Lagrange)方法是描述每个质点的位置 $\boldsymbol{r}$ 随时间 t 的变化规律

$$\boldsymbol{r}=\boldsymbol{r}(\boldsymbol{r}_0,t) \tag{1.1.9}$$

式中，参变量 $\boldsymbol{r}_0=(x_0,y_0,z_0)$ 是 t_0 时刻质点的坐标，从而可以作为该质点的标号。(1.1.9)式可写成分量式

$$\begin{cases} x=x(x_0,y_0,z_0,t)\\ y=y(x_0,y_0,z_0,t)\\ z=z(x_0,y_0,z_0,t) \end{cases} \tag{1.1.10}$$

则质点的速度 $\boldsymbol{V}=(u,v,w)$ 及加速度 $\boldsymbol{a}$ 均可进一步求得

$$\boldsymbol{V} = \frac{\mathrm{d}\boldsymbol{r}}{\mathrm{d}t} \tag{1.1.11}$$

$$\boldsymbol{a} = \frac{\mathrm{d}\boldsymbol{V}}{\mathrm{d}t} = \frac{\mathrm{d}^2\boldsymbol{r}}{\mathrm{d}t^2} \tag{1.1.12}$$

欧拉(Euler)方法则描述空间各点各时刻的速度场

$$\boldsymbol{V} = \boldsymbol{V}(\boldsymbol{r},t) \tag{1.1.13}$$

或分量式
$$\begin{cases} u = u(x,y,z,t) \\ v = v(x,y,z,t) \\ w = w(x,y,z,t) \end{cases} \tag{1.1.14}$$

两种描述方法的联系表现在随体导数上,所谓随体导数,是指流体质点在运动过程中所携带的物理量(矢量、标量)随时间的变化率,并用 $\dfrac{\mathrm{D}}{\mathrm{d}t}$ 表示之。例如所谓不可压缩流体,依定义就是密度的随体导数为零

$$\frac{\mathrm{D}\rho}{\mathrm{d}t} = 0 \tag{1.1.15}$$

作为拉格朗日方法的随体导数,可求出它对时间的全导数:例如流体质点的加速度 $\boldsymbol{a}$ 应为(在直角坐标系中)

$$\begin{aligned} a = \frac{\mathrm{D}\boldsymbol{V}}{\mathrm{d}t} &= \frac{\partial \boldsymbol{V}}{\partial t} + \frac{\partial \boldsymbol{V}}{\partial x}\frac{\mathrm{d}x}{\mathrm{d}t} + \frac{\partial \boldsymbol{V}}{\partial y}\frac{\mathrm{d}y}{\mathrm{d}t} + \frac{\partial \boldsymbol{V}}{\partial z}\frac{\mathrm{d}z}{\mathrm{d}t} \\ &= \frac{\partial \boldsymbol{V}}{\partial t} + u\frac{\partial \boldsymbol{V}}{\partial x} + v\frac{\partial \boldsymbol{V}}{\partial y} + w\frac{\partial \boldsymbol{V}}{\partial z} = \left(\frac{\partial}{\partial t} + \boldsymbol{V}\cdot\nabla\right)\boldsymbol{V} \end{aligned} \tag{1.1.16}$$

对于其他矢量或标量,均可求出它对时间的全导数,即随体导数

$$\frac{\mathrm{D}q}{\mathrm{d}t} = \frac{\partial q}{\partial t} + \boldsymbol{V}\cdot\nabla q \tag{1.1.17}$$

上式中右端第 1 项称为局地导数,第 2 项称为位变导数,是欧拉方法。

基本概念:

1)拉格朗日法——描述每个质点的位置 $\boldsymbol{r}$ 随时间 t 的变化规律(图 1.3)。

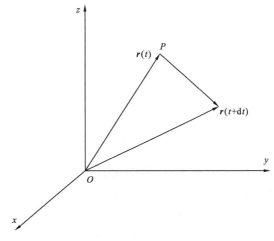

图 1.3　拉格朗日法

$$r = r(r_0, t)$$

$$\begin{cases} x = x(x_0, y_0, z_0, t) \\ y = y(x_0, y_0, z_0, t) \\ z = z(x_0, y_0, z_0, t) \end{cases}$$

其中,(1.1.9)为矢量式,(1.1.10)为分量式,$r_0 = (x_0, y_0, z_0)$ 是 t_0 时刻质点的坐标。

2)欧拉法——描述空间各点各时刻的速度场。

$$V = V(r, t)$$

$$\begin{cases} u = u(x, y, z, t) \\ v = v(x, y, z, t) \\ w = w(x, y, z, t) \end{cases}$$

3)随体导数($\mathrm{D}/\mathrm{d}t$)——流体质点在运动过程中携带的物理量(矢量、标量)随时间的变化率。

$$\frac{\mathrm{D}}{\mathrm{d}t} = \frac{\partial}{\partial t} + u\frac{\partial}{\partial x} + v\frac{\partial}{\partial y} + w\frac{\partial}{\partial z} = \frac{\partial}{\partial t} + V \cdot \nabla$$

式中,$\partial/\partial t$ 为局地导数,$V \cdot \nabla$ 为位变导数。

有关拉格朗日法和欧拉法在实际应用中的例子见彩图 1 和彩图 2,通常拉格朗日法用于描述粒子扩散,而欧拉法则描述风场。

1.1.5　轨迹线和流线

流体质点的运动轨迹称为轨迹线,依 $V = \dfrac{\mathrm{d}r}{\mathrm{d}t}$ 可得分量表达式

$$\begin{cases} u = \dfrac{\mathrm{d}x}{\mathrm{d}t} \\ v = \dfrac{\mathrm{d}y}{\mathrm{d}t} \\ w = \dfrac{\mathrm{d}z}{\mathrm{d}t} \end{cases} \tag{1.1.18}$$

故有轨迹线方程

$$\frac{\mathrm{d}x}{u} = \frac{\mathrm{d}y}{v} = \frac{\mathrm{d}z}{w} \tag{1.1.19}$$

应当指出,(1.1.18)式中只有唯一自变量 t,空间坐标(x, y, z)也是 t 的函数。

流线用来描述速度场的空间分布:一条曲线,若在某一时刻,曲线上任一点的切线方向都是该点的速度方向,则称之为流线。依定义,应有流线方程

$$V \times \mathrm{d}r = 0 \tag{1.1.20}$$

或写成

$$\frac{\mathrm{d}x}{u} = \frac{\mathrm{d}y}{v} = \frac{\mathrm{d}z}{w} \tag{1.1.21}$$

请注意,(1.1.18)式中 t 为参变量,通常作为常数处理;而 x, y, z 是 3 个自变量。这是它与(1.1.19)式的区别。显然,在定常情况下,流线与轨迹线重合。

此外,我们有涡量 $\boldsymbol{\Omega}$,它是速度的旋度

$$\boldsymbol{\Omega} = \nabla \times V = \left(\left(\frac{\partial w}{\partial y} - \frac{\partial v}{\partial z}\right), \left(\frac{\partial u}{\partial z} - \frac{\partial w}{\partial x}\right), \left(\frac{\partial v}{\partial x} - \frac{\partial u}{\partial y}\right) \right) = (\Omega_x, \Omega_y, \Omega_z) \tag{1.1.22}$$

若 $\boldsymbol{\Omega}=0$，则称为无旋运动；否则称为有旋运动。

我们可以定义涡线为：一条曲线，若在某一时刻，它上面每一点的切线方向都是该点的涡量方向，则称之为涡线。涡线方程为

$$\boldsymbol{\Omega} \times \mathrm{d}\boldsymbol{r} = 0 \tag{1.1.23}$$

或

$$\frac{\mathrm{d}x}{\Omega_x} = \frac{\mathrm{d}y}{\Omega_y} = \frac{\mathrm{d}z}{\Omega_z} \tag{1.1.24}$$

同样地，上式中 t 为参变量，通常作为常数处理；而 x,y 和 z 是 3 个自变量。

下一节中我们讨论速度分解定理时，经过简单的运算可知，流体微团的转动速度为

$$\boldsymbol{V}_r = \frac{1}{2}\boldsymbol{\Omega} \times \mathrm{d}\boldsymbol{r} \tag{1.1.25}$$

上式表明，涡量 $\boldsymbol{\Omega}$ 描述流体微团的"自转"。另一方面，从宏观上看，无旋运动意味着流动的速度场在空间上是均匀的，不存在速度的剪切。

又，我们定义环量为

$$\Gamma = \oint_L \boldsymbol{V} \cdot \mathrm{d}\boldsymbol{r} \tag{1.1.26}$$

式中，L 为流体中的一个封闭曲线（图 1.4）。

关于环量，又有所谓的斯托克斯（Stokes）公式：

$$\Gamma = \oint_L \boldsymbol{V} \cdot \mathrm{d}\boldsymbol{r} = \int_S \boldsymbol{\Omega} \cdot \mathrm{d}\boldsymbol{s} \tag{1.1.27}$$

式中，S 是流体中以 L 为边界的任意曲面（图 1.5）。

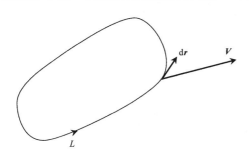 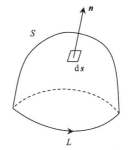

图 1.4　封闭曲线 L　　　　　　　图 1.5　以 L 为边界的曲面 S

意义：

涡量 $\boldsymbol{\Omega}$ 是描述流体微团的"自转角速度"。而从宏观上看，无旋运动意味着流动的速度场在空间上是均匀的，没有速度剪切（速度大小、方向的突变）。

下面再介绍射流、流管及脉线等几个概念。

射流：在流体中取一非轨迹且不自相交的封闭曲线 c，过 c 上每一点作轨迹，则这些轨迹所组成的曲面称为射流面，射流面所包围的流体称为射流（图 1.6）。

例如，自来水龙头的流水、飞机喷气发动机喷气口的喷火等。

流管：在流体中取一非流线且不自相交的曲线 c，过 c 上每一点作流线，则这些流线所组成的曲面称为流面，流面所包围的流体称为流管。显然，定常情况下流管与射流重合。

脉线：连续通过流场中某一固定点的流体质点所组成的线。通常，为显示流动图案而注入的彩液所形成的染色线即为脉线，烟囱释放的烟羽也是脉线。应当指出，脉线既不同于流线，

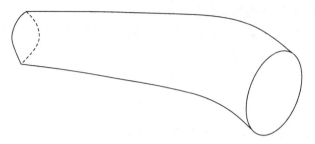

图 1.6　射流面

也不同于轨迹线；只有在定常情况下，三者才是等同的。在环境流体力学中，经常通过实验或现场观测来研究障碍物的流动及污染物的扩散，这时须特别注意上述区别，否则就会做出错误的解释和结论。

1.2　运动流体的应力和变形的关系

1.2.1　速度分解定理和变形速度张量

设流体微团中相邻两点分别为 $M_0(x,y,z)$ 和 $M(x+\delta x,y+\delta y,z+\delta z)$，$M_0$ 点的速度为 V_0，则 M 点的速度 V 可展开为泰勒(Taylor)级数，并取一阶近似(矢量式)

$$V = V_0 + \frac{\partial V}{\partial x}\delta x + \frac{\partial V}{\partial y}\delta y + \frac{\partial V}{\partial z}\delta z \tag{1.2.1}$$

或分量式

$$\begin{cases} u = u_0 + \dfrac{\partial u}{\partial x}\delta x + \dfrac{\partial u}{\partial y}\delta y + \dfrac{\partial u}{\partial z}\delta z \\[2mm] v = v_0 + \dfrac{\partial v}{\partial x}\delta x + \dfrac{\partial v}{\partial y}\delta y + \dfrac{\partial v}{\partial z}\delta z \\[2mm] w = w_0 + \dfrac{\partial w}{\partial x}\delta x + \dfrac{\partial w}{\partial y}\delta y + \dfrac{\partial w}{\partial z}\delta z \end{cases} \tag{1.2.2}$$

或张量式

$$\begin{bmatrix} u \\ v \\ w \end{bmatrix} = \begin{bmatrix} u_0 \\ v_0 \\ w_0 \end{bmatrix} + \begin{bmatrix} \dfrac{\partial u}{\partial x} & \dfrac{\partial u}{\partial y} & \dfrac{\partial u}{\partial z} \\[2mm] \dfrac{\partial v}{\partial x} & \dfrac{\partial v}{\partial y} & \dfrac{\partial v}{\partial z} \\[2mm] \dfrac{\partial w}{\partial x} & \dfrac{\partial w}{\partial y} & \dfrac{\partial w}{\partial z} \end{bmatrix} \begin{bmatrix} \delta x \\ \delta y \\ \delta z \end{bmatrix} = \begin{bmatrix} u_0 \\ v_0 \\ w_0 \end{bmatrix}$$

$$+ \begin{bmatrix} 0 & \dfrac{1}{2}\left(\dfrac{\partial u}{\partial y} - \dfrac{\partial v}{\partial x}\right) & \dfrac{1}{2}\left(\dfrac{\partial u}{\partial z} - \dfrac{\partial w}{\partial x}\right) \\[2mm] \dfrac{1}{2}\left(\dfrac{\partial v}{\partial x} - \dfrac{\partial u}{\partial y}\right) & 0 & \dfrac{1}{2}\left(\dfrac{\partial v}{\partial z} - \dfrac{\partial w}{\partial y}\right) \\[2mm] \dfrac{1}{2}\left(\dfrac{\partial w}{\partial x} - \dfrac{\partial u}{\partial z}\right) & \dfrac{1}{2}\left(\dfrac{\partial w}{\partial y} - \dfrac{\partial v}{\partial z}\right) & 0 \end{bmatrix} \begin{bmatrix} \delta x \\ \delta y \\ \delta z \end{bmatrix}$$

$$+\begin{bmatrix} \dfrac{\partial u}{\partial x} & \dfrac{1}{2}\left(\dfrac{\partial u}{\partial y}+\dfrac{\partial v}{\partial x}\right) & \dfrac{1}{2}\left(\dfrac{\partial u}{\partial z}+\dfrac{\partial w}{\partial x}\right) \\ \dfrac{1}{2}\left(\dfrac{\partial v}{\partial x}+\dfrac{\partial u}{\partial y}\right) & \dfrac{\partial v}{\partial y} & \dfrac{1}{2}\left(\dfrac{\partial v}{\partial z}+\dfrac{\partial w}{\partial y}\right) \\ \dfrac{1}{2}\left(\dfrac{\partial w}{\partial x}+\dfrac{\partial u}{\partial z}\right) & \dfrac{1}{2}\left(\dfrac{\partial w}{\partial y}+\dfrac{\partial v}{\partial z}\right) & \dfrac{\partial w}{\partial z} \end{bmatrix}\begin{bmatrix}\delta x \\ \delta y \\ \delta z\end{bmatrix} \qquad (1.2.3)$$

上式中二阶张量 $\boldsymbol{G}=\begin{bmatrix} \dfrac{\partial u}{\partial x} & \dfrac{\partial u}{\partial y} & \dfrac{\partial u}{\partial z} \\ \dfrac{\partial v}{\partial x} & \dfrac{\partial v}{\partial y} & \dfrac{\partial v}{\partial z} \\ \dfrac{\partial w}{\partial x} & \dfrac{\partial w}{\partial y} & \dfrac{\partial w}{\partial z} \end{bmatrix}$ 称为局部速度梯度张量。上式又可简写为

$$\boldsymbol{V}=\boldsymbol{V}_0+\boldsymbol{V}_r+\boldsymbol{V}_s=\boldsymbol{V}_0+\boldsymbol{A}\cdot\delta r+\boldsymbol{S}\cdot\delta r \qquad (1.2.4)$$

(1.2.4)式称为**亥姆霍兹(Helmholtz)速度分解定理**,即:流体微团的运动可分解为平动、转动和变形三部分之和。(1.2.4)式中**平动速度**为 $\boldsymbol{V}_0$,**转动速度**为 $\boldsymbol{V}_r=\boldsymbol{A}\cdot\delta r$,**变形速度**为 $\boldsymbol{V}_s=\boldsymbol{S}\cdot\delta r$。这里 $\boldsymbol{A}$ 是一个二阶反对称张量,它的对角线元素为 0,且有 $a_{ij}=-a_{ji}(i,j=1,2,3)$

$$\boldsymbol{A}=\begin{bmatrix} 0 & \dfrac{1}{2}\left(\dfrac{\partial u}{\partial y}-\dfrac{\partial v}{\partial x}\right) & \dfrac{1}{2}\left(\dfrac{\partial u}{\partial z}-\dfrac{\partial w}{\partial x}\right) \\ \dfrac{1}{2}\left(\dfrac{\partial v}{\partial x}-\dfrac{\partial u}{\partial y}\right) & 0 & \dfrac{1}{2}\left(\dfrac{\partial v}{\partial z}-\dfrac{\partial w}{\partial y}\right) \\ \dfrac{1}{2}\left(\dfrac{\partial w}{\partial x}-\dfrac{\partial u}{\partial z}\right) & \dfrac{1}{2}\left(\dfrac{\partial w}{\partial y}-\dfrac{\partial v}{\partial z}\right) & 0 \end{bmatrix} \qquad (1.2.5)$$

$\boldsymbol{S}$ 是一个二阶对称张量,称为**变形速度张量**,它满足公式 $s_{ij}=s_{ji}(i,j=1,2,3)$

$$\boldsymbol{S}=\begin{bmatrix} \dfrac{\partial u}{\partial x} & \dfrac{1}{2}\left(\dfrac{\partial u}{\partial y}+\dfrac{\partial v}{\partial x}\right) & \dfrac{1}{2}\left(\dfrac{\partial u}{\partial z}+\dfrac{\partial w}{\partial x}\right) \\ \dfrac{1}{2}\left(\dfrac{\partial v}{\partial x}+\dfrac{\partial u}{\partial y}\right) & \dfrac{\partial v}{\partial y} & \dfrac{1}{2}\left(\dfrac{\partial v}{\partial z}+\dfrac{\partial w}{\partial y}\right) \\ \dfrac{1}{2}\left(\dfrac{\partial w}{\partial x}+\dfrac{\partial u}{\partial z}\right) & \dfrac{1}{2}\left(\dfrac{\partial w}{\partial y}+\dfrac{\partial v}{\partial z}\right) & \dfrac{\partial w}{\partial z} \end{bmatrix} \qquad (1.2.6)$$

物理意义:

　　流体微团在运动的过程中,不单纯是直线运动,而且还有自身的转动和变形,比我们过去所接触的质点运动(直线运动)和刚体运动(直线运动+转动)要复杂。

1.2.2　质量力、面力和应力张量

　　作封闭曲面 S,内部流体体积为 τ。则流体所受的力可分为两类:质量力(又称为体力)——作用在 τ 内各流体微团上的力(重力、万有引力、惯性力);面力——曲面 S 外侧的流体作用在 S 面上的力(压力、摩擦力)。

　　过点 M 作一面元 Δs,其法线方向(单位法向量)为 $\boldsymbol{n}=(\cos(\boldsymbol{n},\boldsymbol{i}),\cos(\boldsymbol{n},\boldsymbol{j}),\cos(\boldsymbol{n},\boldsymbol{k}))=(\alpha,\beta,\gamma)$。$\boldsymbol{n}$ 所指向的流体作用在面元上的单位面积上的面力为应力 $\boldsymbol{P}_n$,根据牛顿第三定律,有

$$\boldsymbol{P}_n=-\boldsymbol{P}_{-n} \qquad (1.2.7)$$

$\boldsymbol{P}_n$ 可分解为法线方向分量(法向应力)$\boldsymbol{P}_{nn}$ 和切向方向分量(切向应力)$\boldsymbol{P}_{nt}$。过同一点 M 作法

线 n 不同的面元,则应力 P_n 的大小、方向均不同。

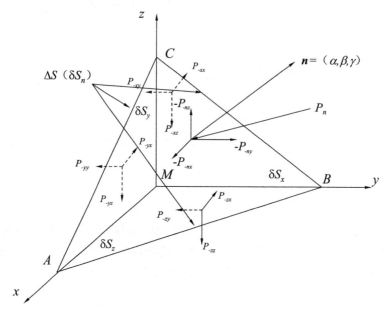

图 1.7　小四面体 $MABC$

如图 1.7 所示,在流体中取小四面体 $MABC$,M 为其顶点,三角形 ABC 为其底面。这个三角形是由一个斜面与三个坐标面相交而成的,其面积为 δS_n,与坐标面平行的三个侧面面积分别为 δS_x,δS_y 和 δS_z,其中面积下标是指垂直该面积的坐标轴,此小流体元在受到质量力作用的同时,在四个侧面上也要受到面力的作用。根据牛顿第二定律有

$$\frac{\mathrm{d}\boldsymbol{V}}{\mathrm{d}t}\delta m = \boldsymbol{F}\delta m + \boldsymbol{P}_n\delta S_n + \boldsymbol{P}_{-x}\delta S_x + \boldsymbol{P}_{-y}\delta S_y + \boldsymbol{P}_{-z}\delta S_z \tag{1.2.8}$$

式中,δm 是小四面体所含流体质量,$\dfrac{\mathrm{d}\boldsymbol{V}}{\mathrm{d}t}$ 为其加速度。面元 δS_x 的外法向为 x 轴的负方向,所以外法向(即周围)流体通过 δS_x 对四面体中流体的应力记作 $\boldsymbol{P}_{-x}$,若考虑四面体中流体经面元 δS_x 对周围流体的应力 $\boldsymbol{P}_x$,则按牛顿第三定律,应有

$$\boldsymbol{P}_{-x}=-\boldsymbol{P}_x$$

同理　　　　　　　　　　　　$$\boldsymbol{P}_{-y}=-\boldsymbol{P}_y,\boldsymbol{P}_{-z}=-\boldsymbol{P}_z \tag{1.2.9}$$

由此,将(1.2.9)式代入(1.2.8)式可得

$$\frac{\mathrm{d}\boldsymbol{V}}{\mathrm{d}t}\delta m = \boldsymbol{F}\delta m + \boldsymbol{P}_n\delta S_n - \boldsymbol{P}_x\delta S_x - \boldsymbol{P}_y\delta S_y - \boldsymbol{P}_z\delta S_z \tag{1.2.10}$$

式中,惯性力和质量力均为三阶小量,因其与小四面体的体积成正比。与作为二阶小量的面力相比,惯性力和质量力可以略去,即得到所谓**达朗贝尔原理**:流体运动时,作用于流体微元面上的合力和合力矩永远为零,即

$$\boldsymbol{P}\delta s_n = \boldsymbol{P}_x\delta S_x + \boldsymbol{P}_y\delta S_y + \boldsymbol{P}_z\delta S_z \tag{1.2.11}$$

又　　　$$\boldsymbol{P}_n = \begin{bmatrix} p_{nx} \\ p_{ny} \\ p_{nz} \end{bmatrix},\quad \boldsymbol{P}_x = \begin{bmatrix} p_{xx} \\ p_{xy} \\ p_{xz} \end{bmatrix},\quad \boldsymbol{P}_y = \begin{bmatrix} p_{yx} \\ p_{yy} \\ p_{yz} \end{bmatrix},\quad \boldsymbol{P}_z = \begin{bmatrix} p_{zx} \\ p_{zy} \\ p_{zz} \end{bmatrix} \tag{1.2.12}$$

因为 $\delta S_x = \delta S \cos(\boldsymbol{n}, \boldsymbol{i})$，$\delta S_y = \delta S \cos(\boldsymbol{n}, \boldsymbol{j})$，$\delta S_z = \delta S \cos(\boldsymbol{n}, \boldsymbol{k})$，故(1.2.11)式变成

$$\begin{bmatrix} p_{nx} \\ p_{ny} \\ p_{nz} \end{bmatrix} = \begin{bmatrix} p_{xx} & p_{yx} & p_{zx} \\ p_{xy} & p_{yy} & p_{zy} \\ p_{xz} & p_{yz} & p_{zz} \end{bmatrix} \begin{bmatrix} \alpha \\ \beta \\ \gamma \end{bmatrix} \tag{1.2.13}$$

或 $$\boldsymbol{P}_n = \boldsymbol{P} \cdot \boldsymbol{n} \tag{1.2.14}$$

其中二阶张量 $$\boldsymbol{P} = \begin{bmatrix} p_{xx} & p_{yx} & p_{zx} \\ p_{xy} & p_{yy} & p_{zy} \\ p_{xz} & p_{yz} & p_{zz} \end{bmatrix}$$

称为应力张量，可以证明，它是一个对称张量。

举例来说，理想流体对切向变形没有任何抵抗能力，故切应力为零：$p_{nt}=0$，即只有法应力 p_{nn}。所以，这时应力张量中非对角线元素均为零，故有

$$\begin{bmatrix} p_{nx} \\ p_{ny} \\ p_{nz} \end{bmatrix} = \begin{bmatrix} p_{xx}\alpha \\ p_{yy}\beta \\ p_{zz}\gamma \end{bmatrix} \tag{1.2.15}$$

但已知 $$\begin{bmatrix} p_{nx} \\ p_{ny} \\ p_{nz} \end{bmatrix} = p_{nn} \begin{bmatrix} \alpha \\ \beta \\ \gamma \end{bmatrix} \tag{1.2.16}$$

比较上两式的右端，可得

$$p_{xx} = p_{yy} = p_{zz} = -p_{nn} \tag{1.2.17}$$

这里令 $p = p(x,y,z,t)$，称为理想流体的压力函数，即理想流体的应力张量为

$$\boldsymbol{P} = -p \begin{bmatrix} 1 & 0 & 0 \\ 0 & 1 & 0 \\ 0 & 0 & 0 \end{bmatrix} = -p\boldsymbol{I} \tag{1.2.18}$$

式中，$\boldsymbol{I}$ 是二阶单位张量。

第二个例子是静止流体，由于易流动性，静止流体不能承受切应力，故也有简化的应力张量 $\boldsymbol{P}=-p\boldsymbol{I}$，这里 $p=p(x,y,z,t)$ 称为流体的静力学压力函数，它的定义虽与理想流体的压力函数不同，但仍用同一字母 p 表示。

基本概念：

质量力(体力)——作用在 τ 内各流体微团上的力，如重力、引力和惯性力。

面力——与曲面 S 接触的流体(固体)作用于表面 S 上的力，如压力、摩擦力。

1.2.3　本构方程——广义牛顿公式(假说)

将应力张量 $\boldsymbol{P}$ 分成各向同性部分 $-p\boldsymbol{I}$ 和各向异性部分 $\boldsymbol{P}'$ 之和

$$\boldsymbol{P} = -p\boldsymbol{I} + \boldsymbol{P}' \tag{1.2.19}$$

或 $$\begin{bmatrix} p_{xx} & p_{yx} & p_{zx} \\ p_{xy} & p_{yy} & p_{zy} \\ p_{xz} & p_{yz} & p_{zz} \end{bmatrix} = \begin{bmatrix} -p & 0 & 0 \\ 0 & -p & 0 \\ 0 & 0 & -p \end{bmatrix} + \begin{bmatrix} \tau_{xx} & \tau_{yx} & \tau_{zx} \\ \tau_{xy} & \tau_{yy} & \tau_{zy} \\ \tau_{xz} & \tau_{yz} & \tau_{zz} \end{bmatrix} \tag{1.2.20}$$

式中，p 称为运动流体的压力函数，$\boldsymbol{P}' = \begin{bmatrix} \tau_{xx} & \tau_{yx} & \tau_{zx} \\ \tau_{xy} & \tau_{yy} & \tau_{zy} \\ \tau_{xz} & \tau_{yz} & \tau_{zz} \end{bmatrix}$ 称为偏应力张量，它也是一个二阶对

称张量：$\tau_{ij} = -\tau_{ji}\,(i,j = 1,2,3)$。

进一步假定偏应力张量 $\boldsymbol{P}'$ 的各分量 τ_{ij} 是局部速度梯度张量 $\boldsymbol{G}$ 的各分量 $\dfrac{\partial u_i}{\partial x_j}$ 的线性齐次

函数，并假定各向同性流体处在无高温、无高频声波作用下，即有广义牛顿公式

$$\boldsymbol{P} = -p\boldsymbol{I} + 2\mu\left(\boldsymbol{S} - \frac{1}{3}\boldsymbol{I}\,\nabla\cdot\boldsymbol{V}\right) \tag{1.2.21}$$

或分量式

$$\begin{cases} p_{xx} = -p - \dfrac{2}{3}\mu\left(\dfrac{\partial u}{\partial x} + \dfrac{\partial v}{\partial y} + \dfrac{\partial w}{\partial z}\right) + 2\mu\dfrac{\partial u}{\partial x} \\[2mm] p_{yy} = -p - \dfrac{2}{3}\mu\left(\dfrac{\partial u}{\partial x} + \dfrac{\partial v}{\partial y} + \dfrac{\partial w}{\partial z}\right) + 2\mu\dfrac{\partial v}{\partial y} \\[2mm] p_{zz} = -p - \dfrac{2}{3}\mu\left(\dfrac{\partial u}{\partial x} + \dfrac{\partial v}{\partial y} + \dfrac{\partial w}{\partial z}\right) + 2\mu\dfrac{\partial w}{\partial z} \\[2mm] p_{xy} = p_{yx} = \tau_{xy} = \tau_{yx} = \mu\left(\dfrac{\partial u}{\partial y} + \dfrac{\partial v}{\partial x}\right) \\[2mm] p_{xz} = p_{zx} = \tau_{xz} = \tau_{zx} = \mu\left(\dfrac{\partial u}{\partial z} + \dfrac{\partial w}{\partial x}\right) \\[2mm] p_{yz} = p_{zy} = \tau_{yz} = \tau_{zy} = \mu\left(\dfrac{\partial v}{\partial z} + \dfrac{\partial w}{\partial y}\right) \end{cases} \tag{1.2.22}$$

从上式可见，对于切向应力，有关系

$$p_{ij} = \tau_{ij} = \mu\left(\frac{\partial u_i}{\partial x_j} + \frac{\partial u_j}{\partial x_i}\right) \quad (i,j = 1,2,3; i \neq j) \tag{1.2.23}$$

广义牛顿公式又称为本构方程，它是一个假说。由于本构方程建立了流体中某点的应力与该点速度梯度之间的线性关系，从而能够进一步建立流体的动量守恒方程——流体力学基本方程组的核心方程。满足上述广义牛顿公式的流体称为牛顿流体，不满足广义牛顿公式的流体称为非牛顿流体(如血液、油漆、颜料等)。

基本概念：

各向同性——流体的所有性质(黏型、热传导等)在每点的各个方向上都是相同的。

附：牛顿剪切运动实验

如图 1.8 所示，两个无限长平行平板间的黏性流体运动，平板间距为 h，设下面的平板静止不动，而上面的平板则在自己的平面上以匀速 U 运动。实验显示，两平板上的流体质点黏附在平板上，随平板一起运动。因此，下平板上的流体速度为零，而上平板上的流体速度则为 U。两平板间的速度分布符合线性规律(1.1.1)式。而(1.1.2)式中的 τ 就是剪切应力，$\mathrm{d}u/\mathrm{d}z$ 为剪切变形速度。

牛顿广义定律(一般情形)

假设 1：流体运动的应力张量在运动停止后应趋于静止流体的应力张量。

假设 2：偏应力张量 $\tau_{ij}(i,j=1,2,3)$ 的各分量是局部速度梯度张量 $\boldsymbol{G}$ 各分量的线性齐次函数。即：当黏性流体的运动速度在空间均匀分布时，偏应力张量为零；当流速偏离均匀分布

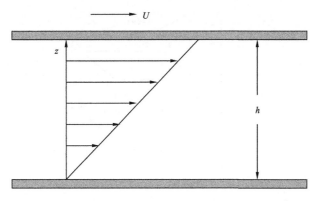

图 1.8　牛顿剪切运动实验

时,在黏性流体中产生了偏应力,它力图使速度分布恢复到均匀分布的状态。

　　假设 3:流体是各向同性的。

　　根据以上假设,得到**广义牛顿公式**

$$\boldsymbol{P} = -p\boldsymbol{I} + 2\mu\left(\boldsymbol{S} - \frac{1}{3}\boldsymbol{I}\,\nabla\cdot\boldsymbol{V}\right)$$

分量式为

$$\begin{cases} p_{xx} = -p - \dfrac{2}{3}\mu\left(\dfrac{\partial u}{\partial x} + \dfrac{\partial v}{\partial y} + \dfrac{\partial w}{\partial z}\right) + 2\mu\dfrac{\partial u}{\partial x} \\[2mm] p_{yy} = -p - \dfrac{2}{3}\mu\left(\dfrac{\partial u}{\partial x} + \dfrac{\partial v}{\partial y} + \dfrac{\partial w}{\partial z}\right) + 2\mu\dfrac{\partial v}{\partial y} \\[2mm] p_{zz} = -p - \dfrac{2}{3}\mu\left(\dfrac{\partial u}{\partial x} + \dfrac{\partial v}{\partial y} + \dfrac{\partial w}{\partial z}\right) + 2\mu\dfrac{\partial w}{\partial z} \\[2mm] p_{xy} = p_{yx} = \tau_{xy} = \tau_{yx} = \mu\left(\dfrac{\partial u}{\partial y} + \dfrac{\partial v}{\partial x}\right) \\[2mm] p_{xz} = p_{zx} = \tau_{xz} = \tau_{zx} = \mu\left(\dfrac{\partial u}{\partial z} + \dfrac{\partial w}{\partial x}\right) \\[2mm] p_{yz} = p_{zy} = \tau_{yz} = \tau_{zy} = \mu\left(\dfrac{\partial v}{\partial z} + \dfrac{\partial w}{\partial y}\right) \end{cases}$$

式中,$\boldsymbol{S}$ 为变形速度张量,$\boldsymbol{I}$ 为二阶单位张量。对于切向应力的张量式为

$$p_{ij} = \tau_{ij} = \mu\left(\frac{\partial u_i}{\partial x_j} + \frac{\partial u_j}{\partial x_i}\right)(i,j = 1,2,3; i \neq j)$$

　　目的:为建立流体的动量守恒方程打下基础。

1.3　流体运动的基本方程组

1.3.1　连续性方程

　　依欧拉方法在流体中画出一个小长方体 $ABCD$—$A'B'C'D'$(图 1.9)。

　　设流速 $\boldsymbol{V} = (u,v,w)$,则单位时间流入 $BB'C'C$ 面的流体质量(流量)为 $\rho u \Delta y \Delta z$,流量密度为 ρu。流出 $AA'D'D$ 面的流量密度为 $\rho u \Delta y \Delta z + \dfrac{\partial(\rho u)}{\partial x}\Delta x \Delta y \Delta z$。故单位时间沿 x 轴方向

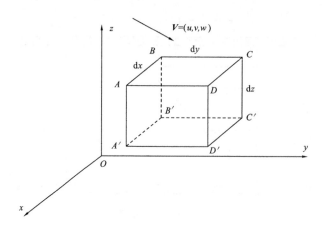

$$图 1.9\quad 小长方体\ ABCD-A'B'C'D'$$

从该长方体内净流出的质量为

$$\rho u\Delta y\Delta z+\frac{\partial(\rho u)}{\partial x}\Delta x\Delta y\Delta z-\rho u\Delta y\Delta z=\frac{\partial(\rho u)}{\partial x}\Delta x\Delta y\Delta z \tag{1.3.1}$$

同理,沿 y,z 轴方向净流出的质量分别为 $\dfrac{\partial(\rho v)}{\partial y}\Delta x\Delta y\Delta z$ 和 $\dfrac{\partial(\rho w)}{\partial z}\Delta x\Delta y\Delta z$,故单位时间内该长方体内质量的减少为

$$\left(\frac{\partial(\rho u)}{\partial x}+\frac{\partial(\rho v)}{\partial y}+\frac{\partial(\rho w)}{\partial z}\right)\Delta x\Delta y\Delta z=\Delta m \tag{1.3.2}$$

另一方面,该长方体内质量的减少将导致密度的减少

$$-\frac{\partial\rho}{\partial t}\Delta x\Delta y\Delta z=\Delta m \tag{1.3.3}$$

故知

$$\frac{\partial\rho}{\partial t}+\frac{\partial(\rho u)}{\partial x}+\frac{\partial(\rho v)}{\partial y}+\frac{\partial(\rho w)}{\partial z}=0 \tag{1.3.4}$$

或

$$\frac{\partial\rho}{\partial t}+\nabla\cdot(\rho\boldsymbol{V})=0 \tag{1.3.5}$$

对于(1.3.4)式,算出左端后三项的偏导数

$$\frac{\partial\rho}{\partial t}+u\frac{\partial\rho}{\partial x}+v\frac{\partial\rho}{\partial y}+w\frac{\partial\rho}{\partial z}+\rho\frac{\partial u}{\partial x}+\rho\frac{\partial v}{\partial y}+\rho\frac{\partial w}{\partial z}=0 \tag{1.3.6}$$

整理后得

$$\frac{\mathrm{d}\rho}{\mathrm{d}t}+\rho\,\nabla\cdot\boldsymbol{V}=0 \tag{1.3.7}$$

(1.3.5)式和(1.3.7)式即是所谓的连续性方程的两个常见形式。

　　例如,对于定常流动,由于 $\dfrac{\partial\rho}{\partial t}=0$,则连续性方程变为

$$\nabla\cdot(\rho\boldsymbol{V})=0 \tag{1.3.8}$$

而对于不可压缩流体, $\dfrac{\mathrm{d}\rho}{\mathrm{d}t}=0$,则连续性方程可简化为

$$\nabla\cdot\boldsymbol{V}=0 \tag{1.3.9}$$

或

$$\frac{\partial u}{\partial x}+\frac{\partial v}{\partial y}+\frac{\partial w}{\partial z}=0 \tag{1.3.10}$$

至于定常流管(图 1.10),显然可以有积分形式的连续性方程

$$\rho_1 v_1 s_1 = \rho_2 v_2 s_2 \tag{1.3.11}$$

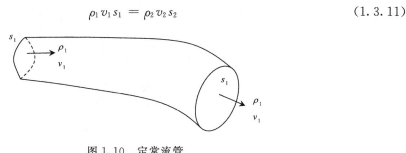

图 1.10　定常流管

连续方程的物理意义——质量守恒。

1.3.2　运动方程

如图 1.9,在流体中划出一个小长方体 $ABCD$—$A'B'C'D'$。下面讨论该小长方体在 x 方向的受力。

质量力:$F_x \rho \Delta x \Delta y \Delta z$(设单位质量流体受质量力为 $F=(F_x, F_y, F_z)$)。

面力:1)$BB'C'C$ 面(法向力):$-p_{xx} \Delta y \Delta z$

2)$AA'D'D$ 面(法向力):$\left(p_{xx} + \dfrac{\partial p_{xx}}{\partial x} \Delta x\right) \Delta y \Delta z$

3)$ABB'A'$ 面(切向力):$-p_{yx} \Delta x \Delta z$

4)$DCC'D'$ 面(切向力):$\left(p_{yx} + \dfrac{\partial p_{yx}}{\partial y} \Delta y\right) \Delta x \Delta z$

5)$A'B'C'D'$ 面(切向力):$-p_{zx} \Delta x \Delta y$

6)$ABCD$ 面(切向力):$\left(p_{zx} + \dfrac{\partial p_{yx}}{\partial z} \Delta z\right) \Delta x \Delta y$

则小长方体所受 x 方向的合力为 $F_x \rho \Delta x \Delta y \Delta z + \left(\dfrac{\partial p_{xx}}{\partial x} + \dfrac{\partial p_{yx}}{\partial y} + \dfrac{\partial p_{zx}}{\partial z}\right) \Delta x \Delta y \Delta z$,设小长方体的加速度为

$$\frac{\mathrm{d}\boldsymbol{V}}{\mathrm{d}t} = \left(\frac{\mathrm{d}u}{\mathrm{d}t}, \frac{\mathrm{d}v}{\mathrm{d}t}, \frac{\mathrm{d}w}{\mathrm{d}t}\right) \tag{1.3.12}$$

则 x 方向牛顿第二定律可写为:

$$F_x \rho \Delta x \Delta y \Delta z + \left(p_{xx} + \frac{\partial p_{xx}}{\partial x} \Delta x\right) \Delta y \Delta z - p_{xx} \Delta y \Delta z + \left(p_{yx} + \frac{\partial p_{yx}}{\partial y} \Delta y\right) \Delta x \Delta z$$

$$- p_{yx} \Delta x \Delta z + \left(p_{zx} + \frac{\partial p_{zx}}{\partial z} \Delta z\right) \Delta x \Delta y - p_{zx} \Delta x \Delta y$$

$$= F_x \rho \Delta x \Delta y \Delta z + \left(\frac{\partial p_{xx}}{\partial x} + \frac{\partial p_{yx}}{\partial y} + \frac{\partial p_{zx}}{\partial z}\right) \Delta x \Delta y \Delta z = \rho \Delta x \Delta y \Delta z \frac{\mathrm{d}u}{\mathrm{d}t} \tag{1.3.13}$$

即

$$\rightarrow F_x \rho + \left(\frac{\partial p_{xx}}{\partial x} + \frac{\partial p_{yx}}{\partial y} + \frac{\partial p_{zx}}{\partial z}\right) = \rho \frac{\mathrm{d}u}{\mathrm{d}t} \rightarrow \frac{\mathrm{d}u}{\mathrm{d}t} = F_x + \frac{1}{\rho}\left(\frac{\partial p_{xx}}{\partial x} + \frac{\partial p_{yx}}{\partial y} + \frac{\partial p_{zx}}{\partial z}\right)$$

对于 Y 和 Z 方向,同理可得

$$\frac{\mathrm{d}u}{\mathrm{d}t} = F_x + \frac{1}{\rho}\left(\frac{\partial p_{xx}}{\partial x} + \frac{\partial p_{yx}}{\partial y} + \frac{\partial p_{zx}}{\partial z}\right)$$

$$\frac{\mathrm{d}v}{\mathrm{d}t} = F_y + \frac{1}{\rho}\left(\frac{\partial p_{xy}}{\partial x} + \frac{\partial p_{yy}}{\partial y} + \frac{\partial p_{zy}}{\partial z}\right) \qquad (1.3.14)$$

$$\frac{\mathrm{d}w}{\mathrm{d}t} = F_z + \frac{1}{\rho}\left(\frac{\partial p_{xz}}{\partial x} + \frac{\partial p_{yz}}{\partial y} + \frac{\partial p_{zz}}{\partial z}\right)$$

或矢量式
$$\frac{\mathrm{d}\boldsymbol{V}}{\mathrm{d}t} = \boldsymbol{F} + \frac{1}{\rho}\,\nabla\cdot\boldsymbol{P} \qquad (1.3.15)$$

这里 $\nabla\cdot\boldsymbol{P} = \left(\dfrac{\partial}{\partial x},\ \dfrac{\partial}{\partial y},\ \dfrac{\partial}{\partial z}\right)\cdot\begin{bmatrix} p_{xx} & p_{yx} & p_{zx} \\ p_{xy} & p_{yy} & p_{zy} \\ p_{xz} & p_{yz} & p_{zz}\end{bmatrix} = \mathrm{div}\ \boldsymbol{P}$，称为应力张量 $\boldsymbol{P}$ 的散度。

(1.3.15)式或其分量式(1.3.14)即为流体的运动方程。

若将式中的随体导数展开,则运动方程的分量式为

$$\frac{\partial u}{\partial t} + u\frac{\partial u}{\partial x} + v\frac{\partial u}{\partial y} + w\frac{\partial u}{\partial z} = F_x + \frac{1}{\rho}\left(\frac{\partial p_{xx}}{\partial x} + \frac{\partial p_{yx}}{\partial y} + \frac{\partial p_{zx}}{\partial z}\right)$$

$$\frac{\partial v}{\partial t} + u\frac{\partial v}{\partial x} + v\frac{\partial v}{\partial y} + w\frac{\partial v}{\partial z} = F_y + \frac{1}{\rho}\left(\frac{\partial p_{xy}}{\partial x} + \frac{\partial p_{yy}}{\partial y} + \frac{\partial p_{zy}}{\partial z}\right)$$

$$\frac{\partial w}{\partial t} + u\frac{\partial w}{\partial x} + v\frac{\partial w}{\partial y} + w\frac{\partial w}{\partial z} = F_z + \frac{1}{\rho}\left(\frac{\partial p_{xz}}{\partial x} + \frac{\partial p_{yz}}{\partial y} + \frac{\partial p_{zz}}{\partial z}\right)$$

运动方程的物理意义——动量守恒。

1.3.3　纳维-斯托克斯方程、欧拉方程及伯努利方程

将广义牛顿公式(分量式 P_{xx}, P_{yx}, P_{zx})代入运动方程(1.3.14)的第一分量式,得

$$\frac{\mathrm{d}u}{\mathrm{d}t} = F_x + \frac{1}{\rho}\left\{\frac{\partial}{\partial x}\left[-p - \frac{2}{3}\mu\left(\frac{\partial u}{\partial x} + \frac{\partial v}{\partial y} + \frac{\partial w}{\partial z}\right) + 2\mu\frac{\partial u}{\partial x}\right] + \frac{\partial}{\partial y}\left[\mu\left(\frac{\partial u}{\partial y} + \frac{\partial v}{\partial x}\right)\right]\right.$$

$$\left. + \frac{\partial}{\partial z}\left[\mu\left(\frac{\partial u}{\partial z} + \frac{\partial w}{\partial x}\right)\right]\right\}$$

$$= F_x + \frac{1}{\rho}\left[-\frac{\partial p}{\partial x} + \mu\left(-\frac{2}{3}\frac{\partial^2 u}{\partial x^2} - \frac{2}{3}\frac{\partial^2 v}{\partial x\partial y} - \frac{2}{3}\frac{\partial^2 w}{\partial x\partial z} + 2\frac{\partial^2 u}{\partial x^2} + \frac{\partial^2 u}{\partial y^2} + \frac{\partial^2 v}{\partial x\partial y} + \frac{\partial^2 u}{\partial z^2} + \frac{\partial^2 w}{\partial x\partial z}\right)\right]$$

$$= F_x - \frac{1}{\rho}\frac{\partial p}{\partial x} + \frac{\mu}{\rho}\left[\frac{1}{3}\left(\frac{\partial^2 u}{\partial x^2} + \frac{\partial^2 v}{\partial x\partial y} + \frac{\partial^2 w}{\partial x\partial z}\right) + \left(\frac{\partial^2 u}{\partial x^2} + \frac{\partial^2 u}{\partial y^2} + \frac{\partial^2 u}{\partial z^2}\right)\right]$$

$$= F_x - \frac{1}{\rho}\frac{\partial p}{\partial x} + \frac{\nu}{3}\frac{\partial}{\partial x}\left(\frac{\partial u}{\partial x} + \frac{\partial v}{\partial y} + \frac{\partial w}{\partial z}\right) + \nu\Delta u$$

$$= F_x - \frac{1}{\rho}\frac{\partial p}{\partial x} + \frac{\nu}{3}\frac{\partial}{\partial x}(\nabla\cdot\boldsymbol{V}) + \nu\Delta u \qquad (1.3.16)$$

将广义牛顿公式(分量式 P_{xy}, P_{yy}, P_{zy})代入运动方程(1.3.14)的第二分量式,得

$$\frac{\mathrm{d}v}{\mathrm{d}t} = F_y + \frac{1}{\rho}\left\{\frac{\partial}{\partial x}\left[\mu\left(\frac{\partial u}{\partial y} + \frac{\partial v}{\partial x}\right)\right] + \frac{\partial}{\partial y}\left[-p - \frac{2}{3}\mu\left(\frac{\partial u}{\partial x} + \frac{\partial v}{\partial y} + \frac{\partial w}{\partial z}\right) + 2\mu\frac{\partial v}{\partial y}\right]\right.$$

$$\left. + \frac{\partial}{\partial z}\left[\mu\left(\frac{\partial v}{\partial z} + \frac{\partial w}{\partial y}\right)\right]\right\}$$

$$= F_y + \frac{1}{\rho}\left[-\frac{\partial p}{\partial y} + \mu\left(\frac{\partial^2 u}{\partial x\partial y} + \frac{\partial^2 v}{\partial x^2} - \frac{2}{3}\frac{\partial^2 u}{\partial x\partial y} - \frac{2}{3}\frac{\partial^2 v}{\partial y^2} - \frac{2}{3}\frac{\partial^2 w}{\partial y\partial z} + 2\frac{\partial^2 v}{\partial y^2} + \frac{\partial^2 v}{\partial z^2} + \frac{\partial^2 w}{\partial y\partial z}\right)\right]$$

$$= F_y - \frac{1}{\rho} \frac{\partial p}{\partial y} + \frac{\mu}{\rho} \left[\frac{1}{3} \left(\frac{\partial^2 u}{\partial x \partial y} + \frac{\partial^2 v}{\partial y^2} + \frac{\partial^2 w}{\partial y \partial z} \right) + \left(\frac{\partial^2 v}{\partial x^2} + \frac{\partial^2 v}{\partial y^2} + \frac{\partial^2 v}{\partial z^2} \right) \right]$$

$$= F_y - \frac{1}{\rho} \frac{\partial p}{\partial x} + \frac{\nu}{3} \frac{\partial}{\partial y} \left(\frac{\partial u}{\partial x} + \frac{\partial v}{\partial y} + \frac{\partial w}{\partial z} \right) + \nu \Delta v = F_y - \frac{1}{\rho} \frac{\partial p}{\partial x} + \frac{\nu}{3} \frac{\partial}{\partial y} (\nabla \cdot \boldsymbol{V}) + \nu \Delta v$$

最后将广义牛顿公式(分量式 P_{zx}, P_{yz}, P_{zz})代入运动方程(1.3.14)式的第三分量式,得

$$\frac{\mathrm{d} w}{\mathrm{d} t} = F_z + \frac{1}{\rho} \left\{ \frac{\partial}{\partial x} \left[\mu \left(\frac{\partial u}{\partial z} + \frac{\partial w}{\partial x} \right) + \frac{\partial}{\partial y} \left[\mu \left(\frac{\partial v}{\partial z} + \frac{\partial w}{\partial y} \right) \right] \right] \right.$$

$$+ \frac{\partial}{\partial z} \left[-p - \frac{2}{3} \mu \left(\frac{\partial u}{\partial x} + \frac{\partial v}{\partial y} + \frac{\partial w}{\partial z} \right) + 2\mu \frac{\partial w}{\partial z} \right] \right\}$$

$$= F_z + \frac{1}{\rho} \left[-\frac{\partial p}{\partial z} + \mu \left(\frac{\partial^2 u}{\partial x \partial z} + \frac{\partial^2 w}{\partial x^2} + \frac{\partial^2 v}{\partial y \partial z} + \frac{\partial^2 w}{\partial y^2} - \frac{2}{3} \frac{\partial^2 u}{\partial x \partial z} - \frac{2}{3} \frac{\partial^2 v}{\partial y \partial z} - \frac{2}{3} \frac{\partial^2 w}{\partial z^2} + 2 \frac{\partial^2 w}{\partial z^2} \right) \right]$$

$$= F_z - \frac{1}{\rho} \frac{\partial p}{\partial z} + \frac{\mu}{\rho} \left[\frac{1}{3} \left(\frac{\partial^2 u}{\partial x \partial z} + \frac{\partial^2 v}{\partial y \partial z} + \frac{\partial^2 w}{\partial z^2} \right) + \left(\frac{\partial^2 w}{\partial x^2} + \frac{\partial^2 w}{\partial y^2} + \frac{\partial^2 w}{\partial z^2} \right) \right]$$

$$= F_z - \frac{1}{\rho} \frac{\partial p}{\partial z} + \frac{\nu}{3} \frac{\partial}{\partial z} \left(\frac{\partial u}{\partial x} + \frac{\partial v}{\partial y} + \frac{\partial w}{\partial z} \right) + \nu \Delta w = F_z - \frac{1}{\rho} \frac{\partial p}{\partial z} + \frac{\nu}{3} \frac{\partial}{\partial z} (\nabla \cdot \boldsymbol{V}) + \nu \Delta w$$

运算并整理得

同

$$\left. \begin{aligned} \frac{\mathrm{d} u}{\mathrm{d} t} &= F_x - \frac{1}{\rho} \frac{\partial p}{\partial x} + \frac{\nu}{3} \frac{\partial}{\partial x} (\nabla \cdot \boldsymbol{V}) + \nu \Delta u \\ \frac{\mathrm{d} v}{\mathrm{d} t} &= F_y - \frac{1}{\rho} \frac{\partial p}{\partial y} + \frac{\nu}{3} \frac{\partial}{\partial y} (\nabla \cdot \boldsymbol{V}) + \nu \Delta v \\ \frac{\mathrm{d} w}{\mathrm{d} t} &= F_z - \frac{1}{\rho} \frac{\partial p}{\partial z} + \frac{\nu}{3} \frac{\partial}{\partial z} (\nabla \cdot \boldsymbol{V}) + \nu \Delta w \end{aligned} \right\} \tag{1.3.17}$$

(1.3.17)式即为著名的**纳维-斯托克斯**(Navier-Stokes)方程(分量式);其矢量式为

$$\frac{\mathrm{d} \boldsymbol{V}}{\mathrm{d} t} = \boldsymbol{F} - \frac{1}{\rho} \nabla p + \frac{\nu}{3} \nabla (\nabla \cdot \boldsymbol{V}) + \nu \Delta \boldsymbol{V} \tag{1.3.18}$$

对**不可压缩流体**, $\frac{\mathrm{d} \rho}{\mathrm{d} t} = 0$,且依连续性方程可进一步得到 $\mathrm{div} \boldsymbol{V} = \nabla \cdot \boldsymbol{V} = 0$,故纳维-斯托克斯方程(分量式)变为

$$\left. \begin{aligned} \frac{\partial u}{\partial t} + u \frac{\partial u}{\partial x} + v \frac{\partial u}{\partial y} + w \frac{\partial u}{\partial z} &= F_x - \frac{1}{\rho} \frac{\partial p}{\partial x} + \nu \Delta u \\ \frac{\partial v}{\partial t} + u \frac{\partial v}{\partial x} + v \frac{\partial v}{\partial y} + w \frac{\partial v}{\partial z} &= F_y - \frac{1}{\rho} \frac{\partial p}{\partial y} + \nu \Delta v \\ \frac{\partial w}{\partial t} + u \frac{\partial w}{\partial x} + v \frac{\partial w}{\partial y} + w \frac{\partial w}{\partial z} &= F_z - \frac{1}{\rho} \frac{\partial p}{\partial z} + \nu \Delta w \end{aligned} \right\} \tag{1.3.19}$$

或矢量式

$$\frac{\mathrm{d} \boldsymbol{V}}{\mathrm{d} t} = \boldsymbol{F} - \frac{1}{\rho} \nabla p + \nu \Delta \boldsymbol{V} \tag{1.3.20}$$

由于环境流体在大部分情况下是作为不可压缩流体处理,故不可压缩流体的纳维-斯托克斯方程**(1.3.20)**或其分量式**(1.3.19)**就成为了本书大多数情况下讨论的出发点。

对于**理想流体**, $\mu = 0$,应力张量简化为 $\boldsymbol{P} = -p\boldsymbol{I}$,故运动方程(1.3.15)式变为

$$\frac{\mathrm{d} \boldsymbol{V}}{\mathrm{d} t} = \boldsymbol{F} - \frac{1}{\rho} \nabla p \tag{1.3.21}$$

此即著名的**欧拉方程**,它是理论流体力学讨论问题的出发点。写成分量式

$$\left.\begin{array}{l} \dfrac{\partial u}{\partial t} + u\dfrac{\partial u}{\partial x} + v\dfrac{\partial u}{\partial y} + w\dfrac{\partial u}{\partial z} = F_x - \dfrac{1}{\rho}\dfrac{\partial p}{\partial x} \\[2mm] \dfrac{\partial v}{\partial t} + u\dfrac{\partial v}{\partial x} + v\dfrac{\partial v}{\partial y} + w\dfrac{\partial v}{\partial z} = F_y - \dfrac{1}{\rho}\dfrac{\partial p}{\partial y} \\[2mm] \dfrac{\partial w}{\partial t} + u\dfrac{\partial w}{\partial x} + v\dfrac{\partial w}{\partial y} + w\dfrac{\partial w}{\partial z} = F_z - \dfrac{1}{\rho}\dfrac{\partial p}{\partial z} \end{array}\right\} \tag{1.3.22}$$

将(1.3.21)式两端同时点乘 $\boldsymbol{V}$，得

$$\frac{\mathrm{d}\left(\dfrac{V^2}{2}\right)}{\mathrm{d}t} = \boldsymbol{F} \cdot \boldsymbol{V} - \frac{1}{\rho}\nabla p \cdot \boldsymbol{V} \tag{1.3.23}$$

设质量力 $\boldsymbol{F}$ 为重力：$\boldsymbol{g}=(0,0,-g)$，则可有 $\boldsymbol{g}=-\nabla\varphi$，这里 φ 为重力势($\varphi=gz$)。又在定常($\dfrac{\partial}{\partial t}=0$)和不可压缩($\dfrac{\mathrm{d}\rho}{\mathrm{d}t}=0$)的条件下，分别可得

$$\boldsymbol{F} \cdot \boldsymbol{V} = -\nabla\varphi \cdot \boldsymbol{V} = -\boldsymbol{V}\cdot\nabla\varphi = -\frac{\mathrm{d}\varphi}{\mathrm{d}t}\left(\because \frac{\partial\varphi}{\partial t}=0\right) \tag{1.3.24}$$

和

$$-\frac{1}{\rho}\nabla p \cdot \boldsymbol{V} = -\frac{1}{\rho}(\boldsymbol{V}\cdot\nabla p) = -\frac{1}{\rho}\frac{\mathrm{d}p}{\mathrm{d}t} = -\frac{\mathrm{d}}{\mathrm{d}t}\left(\frac{p}{\rho}\right)\left(\because \frac{\partial\rho}{\partial t}=0\right) \tag{1.3.25}$$

故(1.3.23)变成为

$$\frac{\mathrm{d}\left(\dfrac{V^2}{2}\right)}{\mathrm{d}t} = -\frac{\mathrm{d}\varphi}{\mathrm{d}t} - \frac{\mathrm{d}}{\mathrm{d}t}\left(\frac{p}{\rho}\right) \tag{1.3.26}$$

故对于不可压缩理想流体的定常运动，沿轨迹(或流线)可得著名的**伯努利方程**

$$\frac{V^2}{2} + \varphi + \frac{p}{\rho} = \text{const} \tag{1.3.27}$$

或其更常用的形式

$$\frac{V^2}{2} + gz + \frac{p}{\rho} = \text{const} \tag{1.3.28}$$

附：重力位势

由于地球不是严格的球形，故重力加速度是高度和纬度的函数，即

$$g = 9.80616(1 - 0.00259\cos 2\varphi)\left(1 + \frac{z}{R_e}\right)^{-2}$$

式中，$g=9.80616\text{m/s}^2$ 是纬度 $45°$ 海平面上的重力加速度值，φ 是纬度，z 为高度。因为地球重力场是一个位势场，可以用重力位势 φ 的分布表示重力场。

1.3.4　能量方程

设单位质量流体内能为 e(对于完全气体 $e=c_V T$，c_V：比定容热容)。又设流体中某一体积为 τ，包围它的表面积为 s，则依热力学第一定律(能量守恒定律)，可有

$$\frac{\mathrm{d}}{\mathrm{d}t}\int_\tau \rho\left(e + \frac{V^2}{2}\right)\delta\tau = \int_\tau \rho(\boldsymbol{F}\cdot\boldsymbol{V})\delta\tau + \int_s (\boldsymbol{P}_n\cdot\boldsymbol{V})\delta s + \int_s k\frac{\partial T}{\partial n}\delta s + \int_\tau \rho q\delta\tau \tag{1.3.29}$$

(1.3.29)式即为能量方程的积分形式，方程的左边代表能量(内能加动能)的变化率，右边前两

项分别为体力做功和面力做功的功率,第三项是表面传热速率$\left(k\dfrac{\partial T}{\partial n}\delta_s\right.$,即是由于热传导在单位时间内通过表面$\delta_s$传入的热量$\left.\right)$,而第四项是体积热源的功率$\left(q\right.$是由辐射或化学反应相变等原因在单位时间内传给单位质量流体的热量$\left.\right)$。将左端的随机导数与积分交换次序

$$\frac{\mathrm{d}}{\mathrm{d}t}\int_\tau \rho\left(e+\frac{V^2}{2}\right)\delta\tau = \frac{\mathrm{d}}{\mathrm{d}t}\int_\tau\left(e+\frac{V^2}{2}\right)\delta m = \int_\tau \frac{\mathrm{d}}{\mathrm{d}t}\left(e+\frac{V^2}{2}\right)\delta m + \int_\tau\left(e+\frac{V^2}{2}\right)\frac{\mathrm{d}\delta m}{\mathrm{d}t} \tag{1.3.30}$$

由于右边第二个积分为零,即得

$$\frac{\mathrm{d}}{\mathrm{d}t}\int_\tau \rho\left(e+\frac{V^2}{2}\right)\delta\tau = \int_\tau \rho\,\frac{\mathrm{d}}{\mathrm{d}t}\left(e+\frac{V^2}{2}\right)\delta\tau \tag{1.3.31}$$

根据奥高公式

$$\int_s \boldsymbol{A}\cdot\mathrm{d}s = \int_s(\boldsymbol{A}\cdot\boldsymbol{n})\mathrm{d}s = \int_s(\boldsymbol{n}\cdot\boldsymbol{A})\mathrm{d}s = \int_\tau \mathrm{div}\boldsymbol{A}\mathrm{d}\tau = \int_\tau \nabla\cdot\boldsymbol{A}\mathrm{d}\tau \tag{1.3.32}$$

即

$$\int_s(\boldsymbol{n}\cdot\boldsymbol{A})\mathrm{d}s = \int_\tau \nabla\cdot\boldsymbol{A}\mathrm{d}\tau \tag{1.3.33}$$

故有

$$\int_s(\boldsymbol{P}_n\cdot\boldsymbol{V})\delta s = \int_\tau \nabla\cdot(\boldsymbol{P}\cdot\boldsymbol{V})\delta\tau \tag{1.3.34}$$

这里 $\boldsymbol{P}$ 为应力张量。又

$$\int_s k\,\frac{\partial T}{\partial n}\delta s = \int_s \boldsymbol{n}\cdot(k\,\nabla T)\delta s = \int_\tau \nabla\cdot(k\,\nabla T)\delta\tau \tag{1.3.35}$$

把(1.3.31),(1.3.34)和(1.3.35)分别代入(1.3.29)式,得

$$\int_\tau \rho\,\frac{\mathrm{d}}{\mathrm{d}t}\left(e+\frac{V^2}{2}\right)\delta\tau = \int_\tau \rho(\boldsymbol{F}\cdot\boldsymbol{V})\delta\tau + \int_\tau \nabla\cdot(\boldsymbol{P}\cdot\boldsymbol{V})\delta\tau + \int_\tau \nabla\cdot(k\,\nabla T)\delta\tau + \int_\tau \rho q\delta\tau$$

$$= \int_\tau \left[\rho(\boldsymbol{F}\cdot\boldsymbol{V}) + \nabla\cdot(\boldsymbol{P}\cdot\boldsymbol{V}) + \nabla\cdot(k\,\nabla T) + \rho q\right]\delta\tau \tag{1.3.36}$$

因为 τ 为任意取的体积,故必有

$$\frac{\mathrm{d}}{\mathrm{d}t}\left(e+\frac{V^2}{2}\right) = \boldsymbol{F}\cdot\boldsymbol{V} + \frac{1}{\rho}\nabla\cdot(\boldsymbol{P}\cdot\boldsymbol{V}) + \frac{1}{\rho}\nabla\cdot(k\,\nabla T) + q \tag{1.3.37}$$

上式即为微分形式的能量方程,其中算子 $\dfrac{\mathrm{d}}{\mathrm{d}t} = \dfrac{\partial}{\partial t} + u\dfrac{\partial}{\partial x} + v\dfrac{\partial}{\partial y} + w\dfrac{\partial}{\partial z}$。

能量方程的物理意义——能量守恒。

1.3.5 状态方程和正压流体

状态方程描述流体三个热力学状态参量压力 p,密度 ρ 和绝对温度 T 之间的关系:$p=f(\rho,T)$。前已述及,完全气体的状态方程为

$$p = \rho RT \tag{1.3.38}$$

特别地,若流体的状态方程可简化为

$$p = p(\rho) \tag{1.3.39}$$

则称为**正压流体**,否则称为**斜压流体**。一个有用的推论是:正压流体的等密度面与等压面平行;而斜压流体的等密度面与等压面是相交的。大气是斜压流体,从而引起大气(热力)环流。但环境流体力学研究的是人类所生活的最低层的大气(离地面数百米以下)的流动,这种所谓大气边界层流动在流体力学上通常是作为正压流体处理的。

1.3.6　流体运动的基本方程组

现在,我们可以总结描述流体运动的基本方程(矢量式)如下

连续方程: $\dfrac{\mathrm{d}\rho}{\mathrm{d}t} + \rho\,\nabla\cdot\boldsymbol{V} = 0$

本构方程: $\boldsymbol{P} = -p\boldsymbol{I} + 2\mu\Big(\boldsymbol{S} - \dfrac{1}{3}\boldsymbol{I}\,\nabla\cdot\boldsymbol{V}\Big)$

运动(动量)方程: $\dfrac{\mathrm{d}\boldsymbol{V}}{\mathrm{d}t} = \boldsymbol{F} + \dfrac{1}{\rho}\,\nabla\cdot\boldsymbol{P}$ 　　　　　　　　　(1.3.40)

状态方程: $p = f(\rho, T)$

能量方程: $\dfrac{\mathrm{d}}{\mathrm{d}t}\Big(e + \dfrac{V^2}{2}\Big) = \boldsymbol{F}\cdot\boldsymbol{V} + \dfrac{1}{\rho}\,\nabla\cdot(\boldsymbol{P}\cdot\boldsymbol{V}) + \dfrac{1}{\rho}\,\nabla\cdot(k\,\nabla T) + q$

其分量式如下。

连续方程:
$$\frac{\partial\rho}{\partial t} + \frac{\partial(\rho u)}{\partial x} + \frac{\partial(\rho v)}{\partial y} + \frac{\partial(\rho w)}{\partial z} = 0 \tag{1.3.41}$$

本构方程:
$$\begin{cases}
p_{xx} = -p - \dfrac{2}{3}\mu\Big(\dfrac{\partial u}{\partial x} + \dfrac{\partial v}{\partial y} + \dfrac{\partial w}{\partial z}\Big) + 2\mu\dfrac{\partial u}{\partial x} \\[2mm]
p_{yy} = -p - \dfrac{2}{3}\mu\Big(\dfrac{\partial u}{\partial x} + \dfrac{\partial v}{\partial y} + \dfrac{\partial w}{\partial z}\Big) + 2\mu\dfrac{\partial v}{\partial y} \\[2mm]
p_{zz} = -p - \dfrac{2}{3}\mu\Big(\dfrac{\partial u}{\partial x} + \dfrac{\partial v}{\partial y} + \dfrac{\partial w}{\partial z}\Big) + 2\mu\dfrac{\partial w}{\partial z} \\[2mm]
p_{xy} = p_{yx} = \mu\Big(\dfrac{\partial u}{\partial y} + \dfrac{\partial v}{\partial x}\Big) \\[2mm]
p_{xz} = p_{zx} = \mu\Big(\dfrac{\partial u}{\partial z} + \dfrac{\partial w}{\partial x}\Big) \\[2mm]
p_{yz} = p_{zy} = \mu\Big(\dfrac{\partial v}{\partial z} + \dfrac{\partial w}{\partial y}\Big)
\end{cases} \tag{1.3.42}$$

运动(动量)方程:
$$\begin{cases}
\dfrac{\partial u}{\partial t} + u\dfrac{\partial u}{\partial x} + v\dfrac{\partial u}{\partial y} + w\dfrac{\partial u}{\partial z} = F_x + \dfrac{1}{\rho}\Big(\dfrac{\partial p_{xx}}{\partial x} + \dfrac{\partial p_{yx}}{\partial y} + \dfrac{\partial p_{zx}}{\partial z}\Big) \\[2mm]
\dfrac{\partial v}{\partial t} + u\dfrac{\partial v}{\partial x} + v\dfrac{\partial v}{\partial y} + w\dfrac{\partial v}{\partial z} = F_y + \dfrac{1}{\rho}\Big(\dfrac{\partial p_{xy}}{\partial x} + \dfrac{\partial p_{yy}}{\partial y} + \dfrac{\partial p_{zy}}{\partial z}\Big) \\[2mm]
\dfrac{\partial w}{\partial t} + u\dfrac{\partial w}{\partial x} + v\dfrac{\partial w}{\partial y} + w\dfrac{\partial w}{\partial z} = F_z + \dfrac{1}{\rho}\Big(\dfrac{\partial p_{xz}}{\partial x} + \dfrac{\partial p_{yz}}{\partial y} + \dfrac{\partial p_{zz}}{\partial z}\Big)
\end{cases} \tag{1.3.43}$$

状态方程:
$$p = f(\rho, T) \tag{1.3.44}$$

能量方程:
$$\frac{\mathrm{d}}{\mathrm{d}t}\Big(e + \frac{V^2}{2}\Big) = \boldsymbol{F}\cdot\boldsymbol{V} + \frac{1}{\rho}\,\nabla\cdot(\boldsymbol{P}\cdot\boldsymbol{V}) + \frac{1}{\rho}\,\nabla\cdot(k\,\nabla T) + q \tag{1.3.45}$$

以上基本方程组,由于动量方程是矢量式,含 3 个方程,本构方程是张量式($\boldsymbol{P}$,$\boldsymbol{S}$ 均为二阶对称张量),含 6 个方程,一共是 12 个方程。未知函数也是 12 个:速度矢量 $\boldsymbol{V}$,密度 ρ,压力 p,温度 T 和应力张量 $\boldsymbol{P}$,即上述方程组是封闭的。初始条件和边界条件的一般提法为:

初始条件:

$t = t_0$ 时:$\boldsymbol{V} = \boldsymbol{V}_0(x, y, z)$,$p = p_0(x, y, z)$,$\rho = \rho_0(x, y, z)$,$T = T_0(x, y, z)$

边界条件：

1）无穷远处：当 $|\boldsymbol{r}| \to \infty$ 时，$\boldsymbol{V} = \boldsymbol{V}_\infty$，$p = p_\infty$，$\rho = \rho_\infty$，$T = T_\infty$。

2）静止固壁：由于固壁不可穿透，故 $z = 0$ 时，法向速度 $v_n = 0$；对于黏性流体，还有切向速度 $v_\tau = 0$，故得 $\boldsymbol{V} = 0$（即黏附条件）。至于温度边界条件，$z = 0$ 时，$T = T_w$ 或 $k \dfrac{\partial T}{\partial n}\Big|_{z=0} = q_w$，二者取一即可；这里 T_w 为固壁温度，q_w 为固壁热流密度。

3）运动固壁：同于静止固壁，只是对黏性流体，紧贴运动壁面流体的速度与固壁运动的速度一致，即黏附条件变成 $\boldsymbol{V} = \boldsymbol{V}_w$（在 $z = 0$ 处）。

4）自由面（如空气与水的分界面）：自由面上压力连续，即 $p = p_0$（大气压）。

理论上该方程组有解析解，但实际应用中需要进行大量的简化和假设才能得出解析解（特例）。通常情况下是用差分法进行数值解。

1.4　基本方程组的简化

1.4.1　无旋运动和速度势函数

拉格朗日定理：对于理想、正压流体，且质量力为重力时，若初始时刻在某部分流体内无旋（$\mathrm{rot}\boldsymbol{V} = 0$），则以前、以后任意时刻该部分流体皆无旋。反之，若初始时刻该部分流体有旋（$\mathrm{rot}\boldsymbol{V} \neq 0$），则以前或以后的任何时刻中这部分流体皆有旋。该定理通常又称作涡旋不生不灭定理，它表明，涡旋或速度剪切（即流体的旋度 $\mathrm{rot}\boldsymbol{V}$）的扩散要靠黏性才能完成。

对于无旋运动

$$\boldsymbol{\Omega} = \mathrm{rot}\boldsymbol{V} = \left(\left(\frac{\partial w}{\partial y} - \frac{\partial v}{\partial z} \right), \left(\frac{\partial u}{\partial z} - \frac{\partial w}{\partial x} \right), \left(\frac{\partial v}{\partial x} - \frac{\partial u}{\partial y} \right) \right) = 0$$

即得

$$\frac{\partial w}{\partial y} = \frac{\partial v}{\partial z}, \frac{\partial u}{\partial z} = \frac{\partial w}{\partial x}, \frac{\partial v}{\partial x} = \frac{\partial u}{\partial y} \tag{1.4.1}$$

（1.4.1）式是使 $u\mathrm{d}x + v\mathrm{d}y + w\mathrm{d}z$ 为某一函数 φ 的全微分 $\mathrm{d}\varphi$ 的充分必要条件，即 $u\mathrm{d}x + v\mathrm{d}y + w\mathrm{d}z = \mathrm{d}\varphi = \dfrac{\partial \varphi}{\partial x}\mathrm{d}x + \dfrac{\partial \varphi}{\partial y}\mathrm{d}y + \dfrac{\partial \varphi}{\partial z}\mathrm{d}z$。故知

$$u = \frac{\partial \varphi}{\partial x}, v = \frac{\partial \varphi}{\partial y}, w = \frac{\partial \varphi}{\partial z} \tag{1.4.2}$$

称标量函数 $\varphi = \varphi(x, y, z, t)$ 为速度势，故无旋运动又称为有势流动。对于理想流体的无旋运动，引入速度势函数可减少待求未知变量的数目：求解速度矢量 $\boldsymbol{V}$（三个变量 u, v, w）代之以求解标量速度势 φ。例如，若流动又是不可压缩的，则连续性方程变为

$$\frac{\partial u}{\partial x} + \frac{\partial v}{\partial y} + \frac{\partial w}{\partial z} = 0 \tag{1.4.3}$$

将（1.4.2）式代入上式，得到**拉普拉斯(Laplace)方程**

$$\frac{\partial^2 \varphi}{\partial x^2} + \frac{\partial^2 \varphi}{\partial y^2} + \frac{\partial^2 \varphi}{\partial z^2} = 0 \tag{1.4.4}$$

或

$$\Delta\varphi = 0 \tag{1.4.5}$$

拉普拉斯方程的解法在数学上有详尽的讨论。在一定初边条件下，解方程（1.4.4）可得势函数 φ；再由（1.4.2）式即可解得所要的速度场 (u, v, w)；进一步还可由欧拉方程（1.3.22）解得压强

p。这样可以大大简化求解基本方程组的运算过程。

1.4.2　二维不可压缩流动和流函数

设二维(平面)流动,不可压缩连续性方程为

$$\frac{\partial u}{\partial x}+\frac{\partial v}{\partial y}=0 \tag{1.4.6}$$

由于(1.4.6)式即为线积分 $\int_{(x_0,y_0)}^{(x,y)} u\mathrm{d}y-v\mathrm{d}x$ 与路径无关的充分必要条件,故可定义**流函数**:

$$\psi(x,y)=\int_{(x_0,y_0)}^{(x,y)} \mathrm{d}\psi=\int_{(x_0,y_0)}^{(x,y)} u\mathrm{d}y-v\mathrm{d}x \tag{1.4.7}$$

显然依起始点 (x_0,y_0) 的选择,流函数 $\psi(x,y)$ 可差一常数。由(1.4.7)式可知

$$\mathrm{d}\psi=u\mathrm{d}y-v\mathrm{d}x \tag{1.4.8}$$

故得

$$\frac{\partial \psi}{\partial x}=-v,\frac{\partial \psi}{\partial y}=u \tag{1.4.9}$$

故,在二维不可压缩情况下,求解速度矢量 (u,v) 的方程组,可代之以求解流函数 ψ 的一个方程,使计算简化。例如,若该二维(平面)流动又是无旋的

$$\Omega_z=\frac{\partial v}{\partial x}-\frac{\partial u}{\partial y}=0 \tag{1.4.10}$$

将(1.4.9)式代入之可得二维拉普拉斯方程

$$\frac{\partial^2 \psi}{\partial x^2}+\frac{\partial^2 \psi}{\partial y^2}=0 \tag{1.4.11}$$

在一定初边条件下解上述拉普拉斯方程,得到流函数 $\psi(x,y,t)$,再依(1.4.9)式即可解得速度场 (u,v)。

流函数本身也有其物理意义:将流函数定义式(1.4.9)代入流线方程

$$\frac{\mathrm{d}x}{u}=\frac{\mathrm{d}y}{v} \ \text{或} \ u\mathrm{d}y-v\mathrm{d}x=0 \tag{1.4.12}$$

可得

$$\frac{\partial \psi}{\partial x}\mathrm{d}x+\frac{\partial \psi}{\partial y}\mathrm{d}y=\mathrm{d}\psi=0 \tag{1.4.13}$$

即,沿流线流函数为常数: $\psi=$ const。可证明对不同的流线该常数不同;所以说,流函数是流线的标号。

如图 1.11 所示,设在二维流场中划一非流线的曲线段 M_1M_2,则(单位时间)流过 M_1M_2 的流量为

$$Q=\int_{M_1}^{M_2} \boldsymbol{V}\mathrm{d}l=\int_{M_1}^{M_2}\left[u\cos(\boldsymbol{n},x)+v\cos(\boldsymbol{n},y)\right]\mathrm{d}l \tag{1.4.14}$$

由图 1.11 可见

$$\begin{cases} \mathrm{d}l\cdot\cos(\boldsymbol{n},x)=\mathrm{d}y \\ \mathrm{d}l\cdot\cos(\boldsymbol{n},y)=-\mathrm{d}x \end{cases} \tag{1.4.15}$$

代回(1.4.14)式,得

$$Q=\int_{M_1}^{M_2} u\mathrm{d}y-v\mathrm{d}x=\int_{M_0}^{M_2}\mathrm{d}\psi-\int_{M_0}^{M_1}\mathrm{d}\psi=\psi(M_2)-\psi(M_1) \tag{1.4.16}$$

(1.4.16)式表明,通过曲线段 M_1M_2 的流量等于 M_1 点和 M_2 点流函数之差。故**流函数的基本物理意义是代表流量**(可差一常数)。

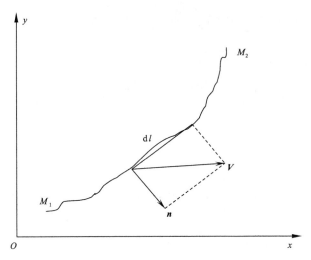

图 1.11 二维流场中的曲线段

1.4.3 涡量方程

考虑均质($\rho=$const)不可压缩流体运动的基本方程组,并引入广义压力 $p^* = p + \rho g k$(下面讨论时仍写作 p)以去掉动量方程第三分量式中的重力 g

$$\begin{cases} \dfrac{\partial u}{\partial x} + \dfrac{\partial v}{\partial y} + \dfrac{\partial w}{\partial z} = 0 \\[2mm] \dfrac{\partial u}{\partial t} + u\dfrac{\partial u}{\partial x} + v\dfrac{\partial u}{\partial y} + w\dfrac{\partial u}{\partial z} = -\dfrac{1}{\rho}\dfrac{\partial p}{\partial x} + \nu\left(\dfrac{\partial^2 u}{\partial x^2} + \dfrac{\partial^2 u}{\partial y^2} + \dfrac{\partial^2 u}{\partial z^2}\right) \\[2mm] \dfrac{\partial v}{\partial t} + u\dfrac{\partial v}{\partial x} + v\dfrac{\partial v}{\partial y} + w\dfrac{\partial v}{\partial z} = -\dfrac{1}{\rho}\dfrac{\partial p}{\partial y} + \nu\left(\dfrac{\partial^2 v}{\partial x^2} + \dfrac{\partial^2 v}{\partial y^2} + \dfrac{\partial^2 v}{\partial z^2}\right) \\[2mm] \dfrac{\partial w}{\partial t} + u\dfrac{\partial w}{\partial x} + v\dfrac{\partial w}{\partial y} + w\dfrac{\partial w}{\partial z} = -\dfrac{1}{\rho}\dfrac{\partial p}{\partial z} + \nu\left(\dfrac{\partial^2 w}{\partial x^2} + \dfrac{\partial^2 w}{\partial y^2} + \dfrac{\partial^2 w}{\partial z^2}\right) \end{cases} \tag{1.4.17}$$

依涡量定义

$$\Omega_x = \frac{\partial w}{\partial y} - \frac{\partial v}{\partial z}, \Omega_y = \frac{\partial u}{\partial z} - \frac{\partial w}{\partial x}, \Omega_z = \frac{\partial v}{\partial x} - \frac{\partial u}{\partial y} \tag{1.4.18}$$

依场论公式 $\text{div}(\text{rot}\boldsymbol{V})=0$,可有

$$\text{div}\boldsymbol{\Omega} = \nabla \cdot \boldsymbol{\Omega} = \frac{\partial \Omega_x}{\partial x} + \frac{\partial \Omega_y}{\partial y} + \frac{\partial \Omega_z}{\partial z}$$

$$= \frac{\partial^2 w}{\partial x \partial y} - \frac{\partial^2 v}{\partial x \partial z} + \frac{\partial^2 u}{\partial y \partial z} - \frac{\partial^2 w}{\partial x \partial y} + \frac{\partial^2 v}{\partial x \partial z} - \frac{\partial^2 u}{\partial y \partial z} = 0 \tag{1.4.19}$$

即涡量有连续性方程

$$\frac{\partial \Omega_x}{\partial x} + \frac{\partial \Omega_y}{\partial y} + \frac{\partial \Omega_z}{\partial z} = 0 \tag{1.4.20}$$

方程组(1.4.17)式中,将第 4 式对 y 求偏导数,第 3 式对 z 求偏导数,然后将所得二式相减以消去压力项

$$\frac{\partial^2 w}{\partial t \partial y} + \frac{\partial}{\partial y}\left(u\frac{\partial w}{\partial x}\right) + \frac{\partial}{\partial y}\left(v\frac{\partial w}{\partial y}\right) + \frac{\partial}{\partial y}\left(w\frac{\partial w}{\partial z}\right) = -\frac{1}{\rho}\frac{\partial^2 p}{\partial y \partial z} + \nu\frac{\partial}{\partial y}\left(\frac{\partial^2 w}{\partial x^2} + \frac{\partial^2 w}{\partial y^2} + \frac{\partial^2 w}{\partial z^2}\right)$$

$$\rightarrow \frac{\partial^2 w}{\partial t \partial y} + \frac{\partial u}{\partial y}\frac{\partial w}{\partial x} + u\frac{\partial^2 w}{\partial x \partial y} + \frac{\partial v}{\partial y}\frac{\partial w}{\partial y} + v\frac{\partial^2 w}{\partial y^2} + \frac{\partial w}{\partial y}\frac{\partial w}{\partial z} + w\frac{\partial^2 w}{\partial y \partial z}$$

$$= -\frac{1}{\rho}\frac{\partial^2 p}{\partial y \partial z} + \nu\left(\frac{\partial^3 w}{\partial y \partial x^2} + \frac{\partial^3 w}{\partial y^3} + \frac{\partial^3 w}{\partial y \partial z^2}\right)$$

$$\frac{\partial^2 v}{\partial t \partial z} + \frac{\partial}{\partial z}\left(u\frac{\partial v}{\partial x}\right) + \frac{\partial}{\partial z}\left(v\frac{\partial v}{\partial y}\right) + \frac{\partial}{\partial z}\left(w\frac{\partial v}{\partial z}\right) = -\frac{1}{\rho}\frac{\partial^2 p}{\partial y \partial z} + \nu\frac{\partial}{\partial z}\left(\frac{\partial^2 v}{\partial x^2} + \frac{\partial^2 v}{\partial y^2} + \frac{\partial^2 v}{\partial z^2}\right)$$

$$\rightarrow \frac{\partial^2 v}{\partial t \partial z} + \frac{\partial u}{\partial z}\frac{\partial v}{\partial x} + u\frac{\partial^2 v}{\partial x \partial z} + \frac{\partial v}{\partial z}\frac{\partial v}{\partial y} + v\frac{\partial^2 v}{\partial y \partial z} + \frac{\partial w}{\partial z}\frac{\partial v}{\partial z} + w\frac{\partial^2 v}{\partial z^2}$$

$$= -\frac{1}{\rho}\frac{\partial^2 p}{\partial y \partial z} + \nu\left(\frac{\partial^3 v}{\partial z \partial x^2} + \frac{\partial^3 v}{\partial z \partial y^2} + \frac{\partial^3 v}{\partial z^3}\right)$$

$$\frac{\partial}{\partial t}\left(\frac{\partial w}{\partial y} - \frac{\partial v}{\partial z}\right) + \frac{\partial u}{\partial y}\frac{\partial w}{\partial x} + u\frac{\partial^2 w}{\partial x \partial y} + \frac{\partial v}{\partial y}\frac{\partial w}{\partial y} + v\frac{\partial^2 w}{\partial y^2} + \frac{\partial w}{\partial y}\frac{\partial w}{\partial z} + w\frac{\partial^2 w}{\partial y \partial z} - \frac{\partial u}{\partial z}\frac{\partial v}{\partial x} - u\frac{\partial^2 v}{\partial x \partial z}$$

$$- \frac{\partial v}{\partial z}\frac{\partial v}{\partial y} - v\frac{\partial^2 v}{\partial y \partial z} - \frac{\partial w}{\partial z}\frac{\partial v}{\partial z} - w\frac{\partial^2 v}{\partial z^2} = \nu\left(\frac{\partial^3 w}{\partial y \partial x^2} + \frac{\partial^3 w}{\partial y^3} + \frac{\partial^3 w}{\partial y \partial z^2} - \frac{\partial^3 v}{\partial z \partial x^2} - \frac{\partial^3 v}{\partial z \partial y^2} - \frac{\partial^3 v}{\partial z^3}\right)$$

$$\rightarrow \frac{\partial \Omega_x}{\partial t} + u\frac{\partial}{\partial x}\left(\frac{\partial w}{\partial y} - \frac{\partial v}{\partial z}\right) + v\frac{\partial}{\partial y}\left(\frac{\partial w}{\partial y} - \frac{\partial v}{\partial z}\right) + w\frac{\partial}{\partial z}\left(\frac{\partial w}{\partial y} - \frac{\partial v}{\partial z}\right) + \frac{\partial u}{\partial y}\frac{\partial w}{\partial x} + \frac{\partial v}{\partial y}\frac{\partial w}{\partial y} + \frac{\partial w}{\partial y}\frac{\partial w}{\partial z}$$

$$- \frac{\partial u}{\partial z}\frac{\partial v}{\partial x} - \frac{\partial v}{\partial z}\frac{\partial v}{\partial y} - \frac{\partial w}{\partial z}\frac{\partial v}{\partial z} = \nu\left[\frac{\partial^2}{\partial x^2}\left(\frac{\partial w}{\partial y} - \frac{\partial v}{\partial z}\right) + \frac{\partial^2}{\partial y^2}\left(\frac{\partial w}{\partial y} - \frac{\partial v}{\partial z}\right) + \frac{\partial^2}{\partial z^2}\left(\frac{\partial w}{\partial y} - \frac{\partial v}{\partial z}\right)\right]$$

$$\rightarrow \frac{\partial \Omega_x}{\partial t} + u\frac{\partial \Omega_x}{\partial x} + v\frac{\partial \Omega_x}{\partial y} + w\frac{\partial \Omega_x}{\partial z} \qquad \left(\because \frac{\partial u}{\partial x} + \frac{\partial v}{\partial y} = -\frac{\partial w}{\partial z}\right)$$

$$+ \frac{\partial u}{\partial y}\frac{\partial w}{\partial x} + \frac{\partial v}{\partial y}\frac{\partial w}{\partial y} - \frac{\partial w}{\partial y}\left(\frac{\partial u}{\partial x} + \frac{\partial v}{\partial y}\right) - \frac{\partial u}{\partial z}\frac{\partial v}{\partial x} - \frac{\partial v}{\partial z}\frac{\partial v}{\partial y} + \left(\frac{\partial u}{\partial x} + \frac{\partial v}{\partial y}\right)\frac{\partial v}{\partial z}$$

$$= \nu\left(\frac{\partial^2 \Omega_x}{\partial x^2} + \frac{\partial^2 \Omega_x}{\partial y^2} + \frac{\partial^2 \Omega_x}{\partial z^2}\right) = \nu\Delta\Omega_x$$

$$\rightarrow \frac{\partial \Omega_x}{\partial t} + u\frac{\partial \Omega_x}{\partial x} + v\frac{\partial \Omega_x}{\partial y} + w\frac{\partial \Omega_x}{\partial z} + \frac{\partial u}{\partial y}\frac{\partial w}{\partial x} + \frac{\partial v}{\partial y}\frac{\partial w}{\partial y}$$

$$- \frac{\partial w}{\partial y}\frac{\partial u}{\partial x} - \frac{\partial w}{\partial y}\frac{\partial v}{\partial y} - \frac{\partial u}{\partial z}\frac{\partial v}{\partial x} - \frac{\partial v}{\partial z}\frac{\partial v}{\partial y} + \frac{\partial v}{\partial z}\frac{\partial u}{\partial x} + \frac{\partial v}{\partial z}\frac{\partial v}{\partial y} = \nu\Delta\Omega_x$$

$$\rightarrow \frac{\partial \Omega_x}{\partial t} + u\frac{\partial \Omega_x}{\partial x} + v\frac{\partial \Omega_x}{\partial y} + w\frac{\partial \Omega_x}{\partial z} + \frac{\partial u}{\partial y}\frac{\partial w}{\partial x} - \frac{\partial w}{\partial y}\frac{\partial u}{\partial x}$$

$$- \frac{\partial u}{\partial z}\frac{\partial v}{\partial x} + \frac{\partial v}{\partial z}\frac{\partial u}{\partial x} + \frac{\partial u}{\partial y}\frac{\partial u}{\partial z} - \frac{\partial u}{\partial y}\frac{\partial u}{\partial z} = \nu\Delta\Omega_x \qquad \left(\text{加上}\frac{\partial u}{\partial y}\frac{\partial u}{\partial z},\text{再减去}\frac{\partial u}{\partial y}\frac{\partial u}{\partial z}\right)$$

$$\rightarrow \frac{\partial \Omega_x}{\partial t} + u\frac{\partial \Omega_x}{\partial x} + v\frac{\partial \Omega_x}{\partial y} + w\frac{\partial \Omega_x}{\partial z} = \frac{\partial u}{\partial x}\left(\frac{\partial w}{\partial y} - \frac{\partial v}{\partial z}\right) + \frac{\partial u}{\partial y}\left(\frac{\partial u}{\partial z} - \frac{\partial w}{\partial x}\right) + \frac{\partial u}{\partial z}\left(\frac{\partial v}{\partial x} - \frac{\partial u}{\partial y}\right) + \nu\Delta\Omega_x$$

　　将上式整理，并将 $\Omega_x, \Omega_y, \Omega_z$ 依其定义(1.4.18)式代入之，可得

$$\frac{\partial \Omega_x}{\partial t} + u\frac{\partial \Omega_x}{\partial x} + v\frac{\partial \Omega_x}{\partial y} + w\frac{\partial \Omega_x}{\partial z} = \Omega_x\frac{\partial u}{\partial x} + \Omega_y\frac{\partial u}{\partial y} + \Omega_z\frac{\partial u}{\partial z} + \nu\Delta\Omega_x \qquad (1.4.21)$$

同理，方程组(1.4.17)中，将第 2 式对 z 求偏导数，第 4 式对 x 求偏导数，然后将所得二式相减以消去压力项

$$\frac{\partial^2 u}{\partial t \partial z} + \frac{\partial}{\partial z}\left(u\frac{\partial u}{\partial x}\right) + \frac{\partial}{\partial z}\left(v\frac{\partial u}{\partial y}\right) + \frac{\partial}{\partial z}\left(w\frac{\partial u}{\partial z}\right) = -\frac{1}{\rho}\frac{\partial^2 p}{\partial x \partial z} + \nu\frac{\partial}{\partial z}\left(\frac{\partial^2 u}{\partial x^2} + \frac{\partial^2 u}{\partial y^2} + \frac{\partial^2 u}{\partial z^2}\right)$$

$$\rightarrow \frac{\partial^2 u}{\partial t \partial z} + \frac{\partial u}{\partial z}\frac{\partial u}{\partial x} + u\frac{\partial^2 u}{\partial x \partial z} + \frac{\partial v}{\partial z}\frac{\partial u}{\partial y} + v\frac{\partial^2 u}{\partial y \partial z} + \frac{\partial w}{\partial z}\frac{\partial u}{\partial z} + w\frac{\partial^2 u}{\partial z^2}$$

$$= -\frac{1}{\rho}\frac{\partial^2 p}{\partial x \partial z} + \nu\left(\frac{\partial^3 u}{\partial z \partial x^2} + \frac{\partial^3 u}{\partial z \partial y^2} + \frac{\partial^3 u}{\partial z^3}\right)$$

$$\rightarrow \frac{\partial^2 w}{\partial t \partial x} + \frac{\partial}{\partial x}\left(u\frac{\partial w}{\partial x}\right) + \frac{\partial}{\partial x}\left(v\frac{\partial w}{\partial y}\right) + \frac{\partial}{\partial x}\left(w\frac{\partial w}{\partial z}\right) = -\frac{1}{\rho}\frac{\partial^2 p}{\partial x \partial z} + \nu\frac{\partial}{\partial x}\left(\frac{\partial^2 w}{\partial x^2} + \frac{\partial^2 w}{\partial y^2} + \frac{\partial^2 w}{\partial z^2}\right)$$

$$\rightarrow \frac{\partial^2 w}{\partial t \partial x} + \frac{\partial u}{\partial x}\frac{\partial w}{\partial x} + u\frac{\partial^2 w}{\partial x^2} + \frac{\partial v}{\partial x}\frac{\partial w}{\partial y} + v\frac{\partial^2 w}{\partial x \partial y} + \frac{\partial w}{\partial x}\frac{\partial w}{\partial z} + w\frac{\partial^2 w}{\partial x \partial z}$$

$$= -\frac{1}{\rho}\frac{\partial^2 p}{\partial x \partial z} + \nu\left(\frac{\partial^3 w}{\partial x^3} + \frac{\partial^3 w}{\partial x \partial y^2} + \frac{\partial^3 w}{\partial x \partial z^2}\right)$$

$$\rightarrow \frac{\partial}{\partial t}\left(\frac{\partial u}{\partial z} - \frac{\partial w}{\partial x}\right) + \frac{\partial u}{\partial z}\frac{\partial u}{\partial x} + u\frac{\partial^2 u}{\partial x \partial z} + \frac{\partial v}{\partial z}\frac{\partial u}{\partial y} + v\frac{\partial^2 u}{\partial y \partial z} + \frac{\partial w}{\partial z}\frac{\partial u}{\partial z} + w\frac{\partial^2 u}{\partial z^2} - \frac{\partial u}{\partial x}\frac{\partial w}{\partial x} - u\frac{\partial^2 w}{\partial x^2}$$

$$-\frac{\partial v}{\partial x}\frac{\partial w}{\partial y} - v\frac{\partial^2 w}{\partial x \partial y} - \frac{\partial w}{\partial x}\frac{\partial w}{\partial z} - w\frac{\partial^2 w}{\partial x \partial z} = \nu\left(\frac{\partial^3 u}{\partial z \partial x^2} + \frac{\partial^3 u}{\partial z \partial y^2} + \frac{\partial^3 u}{\partial z^3} - \frac{\partial^3 w}{\partial x^3} - \frac{\partial^3 w}{\partial x \partial y^2} - \frac{\partial^3 w}{\partial x \partial z^2}\right)$$

$$\rightarrow \frac{\partial \Omega_y}{\partial t} + u\frac{\partial}{\partial x}\left(\frac{\partial u}{\partial z} - \frac{\partial w}{\partial x}\right) + v\frac{\partial}{\partial y}\left(\frac{\partial u}{\partial z} - \frac{\partial w}{\partial x}\right) + w\frac{\partial}{\partial z}\left(\frac{\partial u}{\partial z} - \frac{\partial w}{\partial x}\right) + \frac{\partial u}{\partial z}\frac{\partial u}{\partial x} + \frac{\partial v}{\partial z}\frac{\partial u}{\partial y} + \frac{\partial w}{\partial z}\frac{\partial u}{\partial z}$$

$$-\frac{\partial u}{\partial x}\frac{\partial w}{\partial x} - \frac{\partial v}{\partial x}\frac{\partial w}{\partial y} - \frac{\partial w}{\partial x}\frac{\partial w}{\partial z} = \nu\left[\frac{\partial^2}{\partial x^2}\left(\frac{\partial u}{\partial z} - \frac{\partial w}{\partial x}\right) + \frac{\partial^2}{\partial y^2}\left(\frac{\partial u}{\partial z} - \frac{\partial w}{\partial x}\right) + \frac{\partial^2}{\partial z^2}\left(\frac{\partial u}{\partial z} - \frac{\partial w}{\partial x}\right)\right]$$

$$\rightarrow \frac{\partial \Omega_y}{\partial t} + u\frac{\partial \Omega_y}{\partial x} + v\frac{\partial \Omega_y}{\partial y} + w\frac{\partial \Omega_y}{\partial z} \quad \left(\because \frac{\partial u}{\partial x} + \frac{\partial v}{\partial y} = -\frac{\partial w}{\partial z}\right)$$

$$+\frac{\partial u}{\partial z}\frac{\partial u}{\partial x} + \frac{\partial v}{\partial z}\frac{\partial u}{\partial y} - \frac{\partial u}{\partial z}\left(\frac{\partial u}{\partial x} + \frac{\partial v}{\partial y}\right) - \frac{\partial u}{\partial x}\frac{\partial w}{\partial x} - \frac{\partial v}{\partial x}\frac{\partial w}{\partial y} + \left(\frac{\partial u}{\partial x} + \frac{\partial v}{\partial y}\right)\frac{\partial w}{\partial x}$$

$$= \nu\left(\frac{\partial^2 \Omega_y}{\partial x^2} + \frac{\partial^2 \Omega_y}{\partial y^2} + \frac{\partial^2 \Omega_y}{\partial z^2}\right) = \nu\Delta\Omega_y$$

$$\rightarrow \frac{\partial \Omega_y}{\partial t} + u\frac{\partial \Omega_y}{\partial x} + v\frac{\partial \Omega_y}{\partial y} + w\frac{\partial \Omega_y}{\partial z} + \frac{\partial u}{\partial z}\frac{\partial u}{\partial x} + \frac{\partial v}{\partial z}\frac{\partial u}{\partial y}$$

$$-\frac{\partial u}{\partial z}\frac{\partial u}{\partial x} - \frac{\partial u}{\partial z}\frac{\partial v}{\partial y} - \frac{\partial u}{\partial x}\frac{\partial w}{\partial x} - \frac{\partial v}{\partial x}\frac{\partial w}{\partial y} + \frac{\partial u}{\partial x}\frac{\partial w}{\partial x} + \frac{\partial v}{\partial y}\frac{\partial w}{\partial x} = \nu\Delta\Omega_y$$

$$\rightarrow \frac{\partial \Omega_y}{\partial t} + u\frac{\partial \Omega_y}{\partial x} + v\frac{\partial \Omega_y}{\partial y} + w\frac{\partial \Omega_y}{\partial z} + \frac{\partial v}{\partial z}\frac{\partial u}{\partial y} - \frac{\partial u}{\partial z}\frac{\partial v}{\partial y}$$

$$-\frac{\partial v}{\partial x}\frac{\partial w}{\partial y} + \frac{\partial v}{\partial y}\frac{\partial w}{\partial x} + \frac{\partial v}{\partial x}\frac{\partial v}{\partial z} - \frac{\partial v}{\partial x}\frac{\partial v}{\partial z} = \nu\Delta\Omega_y \quad \left(\text{加上}\frac{\partial v}{\partial x}\frac{\partial v}{\partial z}, \text{再减去}\frac{\partial v}{\partial x}\frac{\partial v}{\partial z}\right)$$

$$\rightarrow \frac{\partial \Omega_y}{\partial t} + u\frac{\partial \Omega_y}{\partial x} + v\frac{\partial \Omega_y}{\partial y} + w\frac{\partial \Omega_y}{\partial z} = \frac{\partial v}{\partial x}\left(\frac{\partial w}{\partial y} - \frac{\partial v}{\partial z}\right) + \frac{\partial v}{\partial y}\left(\frac{\partial u}{\partial z} - \frac{\partial w}{\partial x}\right) + \frac{\partial v}{\partial z}\left(\frac{\partial v}{\partial x} - \frac{\partial u}{\partial y}\right) + \nu\Delta\Omega_y$$

可得
$$\rightarrow \frac{\partial \Omega_y}{\partial t} + u\frac{\partial \Omega_y}{\partial x} + v\frac{\partial \Omega_y}{\partial y} + w\frac{\partial \Omega_y}{\partial z} = \Omega_x\frac{\partial v}{\partial x} + \Omega_y\frac{\partial v}{\partial y} + \Omega_z\frac{\partial v}{\partial z} + \nu\Delta\Omega_y$$

最后,方程组(1.4.17)中,将第 3 式对 x 求偏导数,第 2 式对 y 求偏导数,然后将所得二式相减以消去压力项

$$\frac{\partial^2 v}{\partial t \partial x} + \frac{\partial}{\partial x}\left(u\frac{\partial v}{\partial x}\right) + \frac{\partial}{\partial x}\left(v\frac{\partial v}{\partial y}\right) + \frac{\partial}{\partial x}\left(w\frac{\partial v}{\partial z}\right) = -\frac{1}{\rho}\frac{\partial^2 p}{\partial x \partial y} + \nu\frac{\partial}{\partial x}\left(\frac{\partial^2 v}{\partial x^2} + \frac{\partial^2 v}{\partial y^2} + \frac{\partial^2 v}{\partial z^2}\right)$$

$$\rightarrow \frac{\partial^2 v}{\partial t \partial x} + \frac{\partial u}{\partial x}\frac{\partial v}{\partial x} + u\frac{\partial^2 v}{\partial x^2} + \frac{\partial v}{\partial x}\frac{\partial v}{\partial y} + v\frac{\partial^2 v}{\partial x \partial y} + \frac{\partial w}{\partial x}\frac{\partial v}{\partial z} + w\frac{\partial^2 v}{\partial x \partial z}$$

$$= -\frac{1}{\rho}\frac{\partial^2 p}{\partial x \partial y} + \nu\left(\frac{\partial^3 v}{\partial x^3} + \frac{\partial^3 v}{\partial x \partial y^2} + \frac{\partial^3 v}{\partial x \partial z^2}\right)$$

$$\frac{\partial^2 u}{\partial t \partial y} + \frac{\partial}{\partial y}\left(u\frac{\partial u}{\partial x}\right) + \frac{\partial}{\partial y}\left(v\frac{\partial u}{\partial y}\right) + \frac{\partial}{\partial y}\left(w\frac{\partial u}{\partial z}\right) = -\frac{1}{\rho}\frac{\partial^2 p}{\partial x \partial y} + \nu\frac{\partial}{\partial y}\left(\frac{\partial^2 u}{\partial x^2} + \frac{\partial^2 u}{\partial y^2} + \frac{\partial^2 u}{\partial z^2}\right)$$

$$\rightarrow \frac{\partial^2 u}{\partial t \partial y} + \frac{\partial u}{\partial y}\frac{\partial u}{\partial x} + u\frac{\partial^2 u}{\partial x \partial y} + \frac{\partial v}{\partial y}\frac{\partial u}{\partial y} + v\frac{\partial^2 u}{\partial y^2} + \frac{\partial w}{\partial y}\frac{\partial u}{\partial z} + w\frac{\partial^2 u}{\partial y \partial z}$$

$$= -\frac{1}{\rho}\frac{\partial^2 p}{\partial x \partial y} + \nu\left(\frac{\partial^3 u}{\partial y \partial x^2} + \frac{\partial^3 u}{\partial y^3} + \frac{\partial^3 u}{\partial y \partial z^2}\right)$$

$$\rightarrow \frac{\partial}{\partial t}\left(\frac{\partial v}{\partial x} - \frac{\partial u}{\partial y}\right) + \frac{\partial u}{\partial x}\frac{\partial w}{\partial x} + u\frac{\partial^2 v}{\partial x^2} + \frac{\partial v}{\partial x}\frac{\partial v}{\partial y} + v\frac{\partial^2 v}{\partial x \partial y} + \frac{\partial w}{\partial x}\frac{\partial v}{\partial z} + w\frac{\partial^2 v}{\partial x \partial z} - \frac{\partial u}{\partial y}\frac{\partial u}{\partial x} - u\frac{\partial^2 u}{\partial x \partial y}$$

$$-\frac{\partial v}{\partial y}\frac{\partial u}{\partial y} - v\frac{\partial^2 u}{\partial y^2} + \frac{\partial w}{\partial y}\frac{\partial u}{\partial z} - w\frac{\partial^2 u}{\partial y \partial z} = \nu\left(\frac{\partial^3 v}{\partial x^3} + \frac{\partial^3 v}{\partial x \partial y^2} + \frac{\partial^3 v}{\partial y \partial z^2} - \frac{\partial^3 u}{\partial y \partial x^2} - \frac{\partial^3 u}{\partial y^3} - \frac{\partial^3 u}{\partial y \partial z^2}\right)$$

$$\rightarrow \frac{\partial \Omega_z}{\partial t} + u\frac{\partial}{\partial x}\left(\frac{\partial v}{\partial x} - \frac{\partial u}{\partial y}\right) + v\frac{\partial}{\partial y}\left(\frac{\partial v}{\partial x} - \frac{\partial u}{\partial y}\right) + w\frac{\partial}{\partial z}\left(\frac{\partial v}{\partial x} - \frac{\partial u}{\partial y}\right) + \frac{\partial u}{\partial x}\frac{\partial v}{\partial x} + \frac{\partial v}{\partial x}\frac{\partial v}{\partial y} + \frac{\partial w}{\partial x}\frac{\partial v}{\partial z}$$

$$-\frac{\partial u}{\partial y}\frac{\partial u}{\partial x} - \frac{\partial v}{\partial y}\frac{\partial u}{\partial y} - \frac{\partial w}{\partial y}\frac{\partial u}{\partial z} = \nu\left[\frac{\partial^2}{\partial x^2}\left(\frac{\partial v}{\partial x} - \frac{\partial u}{\partial y}\right) + \frac{\partial^2}{\partial y^2}\left(\frac{\partial v}{\partial x} - \frac{\partial u}{\partial y}\right) + \frac{\partial^2}{\partial z^2}\left(\frac{\partial v}{\partial x} - \frac{\partial u}{\partial y}\right)\right]$$

$$\rightarrow \frac{\partial \Omega_z}{\partial t} + u\frac{\partial \Omega_z}{\partial x} + v\frac{\partial \Omega_z}{\partial y} + w\frac{\partial \Omega_z}{\partial z} \quad \left(\because -\frac{\partial u}{\partial x} = \frac{\partial v}{\partial y} + \frac{\partial w}{\partial z}\right)$$

$$-\frac{\partial v}{\partial x}\left(\frac{\partial v}{\partial y} + \frac{\partial w}{\partial z}\right) + \frac{\partial v}{\partial x}\frac{\partial v}{\partial y} + \frac{\partial w}{\partial x}\frac{\partial v}{\partial z} + \frac{\partial u}{\partial y}\left(\frac{\partial v}{\partial y} + \frac{\partial w}{\partial z}\right) - \frac{\partial v}{\partial y}\frac{\partial u}{\partial y} - \frac{\partial w}{\partial y}\frac{\partial u}{\partial z}$$

$$= \nu\left(\frac{\partial^2 \Omega_z}{\partial x^2} + \frac{\partial^2 \Omega_z}{\partial y^2} + \frac{\partial^2 \Omega_z}{\partial z^2}\right) = \nu\Delta\Omega_z$$

$$\rightarrow \frac{\partial \Omega_z}{\partial t} + u\frac{\partial \Omega_z}{\partial x} + v\frac{\partial \Omega_z}{\partial y} + w\frac{\partial \Omega_z}{\partial z} = -\frac{\partial v}{\partial x}\frac{\partial v}{\partial y} - \frac{\partial v}{\partial x}\frac{\partial w}{\partial z}$$

$$+\frac{\partial v}{\partial x}\frac{\partial v}{\partial y} + \frac{\partial w}{\partial x}\frac{\partial v}{\partial z} + \frac{\partial u}{\partial y}\frac{\partial v}{\partial y} + \frac{\partial u}{\partial y}\frac{\partial w}{\partial z} - \frac{\partial v}{\partial y}\frac{\partial u}{\partial y} - \frac{\partial w}{\partial y}\frac{\partial u}{\partial z} = \nu\Delta\Omega_z$$

$$\rightarrow \frac{\partial \Omega_z}{\partial t} + u\frac{\partial \Omega_z}{\partial x} + v\frac{\partial \Omega_z}{\partial y} + w\frac{\partial \Omega_z}{\partial z} = -\frac{\partial v}{\partial x}\frac{\partial w}{\partial z} + \frac{\partial w}{\partial x}\frac{\partial v}{\partial z}$$

$$+\frac{\partial u}{\partial y}\frac{\partial w}{\partial z} - \frac{\partial w}{\partial y}\frac{\partial u}{\partial z} + \frac{\partial w}{\partial x}\frac{\partial w}{\partial y} - \frac{\partial w}{\partial x}\frac{\partial w}{\partial y} = \nu\Delta\Omega_z \left(加上 \frac{\partial w}{\partial x}\frac{\partial w}{\partial y}, 再减去 \frac{\partial w}{\partial x}\frac{\partial w}{\partial y}\right)$$

$$\rightarrow \frac{\partial \Omega_z}{\partial t} + u\frac{\partial \Omega_z}{\partial x} + v\frac{\partial \Omega_z}{\partial y} + w\frac{\partial \Omega_z}{\partial z}$$

$$= \frac{\partial w}{\partial x}\left(\frac{\partial w}{\partial y} - \frac{\partial v}{\partial z}\right) + \frac{\partial w}{\partial y}\left(\frac{\partial u}{\partial z} - \frac{\partial w}{\partial x}\right) + \frac{\partial w}{\partial z}\left(\frac{\partial v}{\partial x} - \frac{\partial u}{\partial y}\right) = \nu\Delta\Omega_z$$

可得
$$\rightarrow \frac{\partial \Omega_z}{\partial t} + u\frac{\partial \Omega_z}{\partial x} + v\frac{\partial \Omega_z}{\partial y} + w\frac{\partial \Omega_z}{\partial z} = \Omega_x\frac{\partial w}{\partial x} + \Omega_y\frac{\partial w}{\partial y} + \Omega_z\frac{\partial w}{\partial z} + \nu\Delta\Omega_z$$

$$\left.\begin{aligned}
\frac{\partial \Omega_x}{\partial t} + u\frac{\partial \Omega_x}{\partial x} + v\frac{\partial \Omega_x}{\partial y} + w\frac{\partial \Omega_x}{\partial z} &= \Omega_x\frac{\partial u}{\partial x} + \Omega_y\frac{\partial u}{\partial y} + \Omega_z\frac{\partial u}{\partial z} + \nu\Delta\Omega_x \\
\frac{\partial \Omega_y}{\partial t} + u\frac{\partial \Omega_y}{\partial x} + v\frac{\partial \Omega_y}{\partial y} + w\frac{\partial \Omega_y}{\partial z} &= \Omega_x\frac{\partial v}{\partial x} + \Omega_y\frac{\partial v}{\partial y} + \Omega_z\frac{\partial v}{\partial z} + \nu\Delta\Omega_y \\
\frac{\partial \Omega_z}{\partial t} + u\frac{\partial \Omega_z}{\partial x} + v\frac{\partial \Omega_z}{\partial y} + w\frac{\partial \Omega_z}{\partial z} &= \Omega_x\frac{\partial w}{\partial x} + \Omega_y\frac{\partial w}{\partial y} + \Omega_z\frac{\partial w}{\partial z} + \nu\Delta\Omega_z
\end{aligned}\right\} \quad (1.4.22)$$

方程组(1.4.22)称为涡量方程。其矢量形式为

$$\frac{\partial \boldsymbol{\Omega}}{\partial t} + (\boldsymbol{V} \cdot \nabla)\boldsymbol{\Omega} = (\boldsymbol{\Omega} \cdot \nabla)\boldsymbol{V} + \nu\Delta\boldsymbol{\Omega} \quad (1.4.23)$$

上述涡量方程的优点是不出现压力项。(1.4.23)式左端为涡量的随体导数$\dfrac{\mathrm{d}\boldsymbol{\Omega}}{\mathrm{d}t}$，它包括局地导数和位变导数两部分；右端第一项代表涡量与流体变形相互作用而引起的涡量变化，第二

项代表黏性对涡量的耗散。

目的:消除压力项 p,减少未知变量。

1.4.4 黏性不可压缩流体运动

不可压缩流体的基本方程组为

$$\left. \begin{aligned}
&\frac{\partial u}{\partial x}+\frac{\partial v}{\partial y}+\frac{\partial w}{\partial z}=0 \\
&\frac{\partial u}{\partial t}+u\,\frac{\partial u}{\partial x}+v\,\frac{\partial u}{\partial y}+w\,\frac{\partial u}{\partial z}=F_x-\frac{1}{\rho}\frac{\partial p}{\partial x}+\nu\left(\frac{\partial^2 u}{\partial x^2}+\frac{\partial^2 u}{\partial y^2}+\frac{\partial^2 u}{\partial z^2}\right) \\
&\frac{\partial v}{\partial t}+u\,\frac{\partial v}{\partial x}+v\,\frac{\partial v}{\partial y}+w\,\frac{\partial v}{\partial z}=F_y-\frac{1}{\rho}\frac{\partial p}{\partial y}+\nu\left(\frac{\partial^2 v}{\partial x^2}+\frac{\partial^2 v}{\partial y^2}+\frac{\partial^2 v}{\partial z^2}\right) \\
&\frac{\partial w}{\partial t}+u\,\frac{\partial w}{\partial x}+v\,\frac{\partial w}{\partial y}+w\,\frac{\partial w}{\partial z}=F_z-\frac{1}{\rho}\frac{\partial p}{\partial z}+\nu\left(\frac{\partial^2 w}{\partial x^2}+\frac{\partial^2 w}{\partial y^2}+\frac{\partial^2 w}{\partial z^2}\right)
\end{aligned} \right\} \tag{1.4.24}$$

或写成矢量式

$$\left. \begin{aligned}
&\nabla \cdot \boldsymbol{V} \\
&\frac{\mathrm{d}\boldsymbol{V}}{\mathrm{d}t}=\boldsymbol{F}-\frac{1}{\rho}\nabla p+\nu\Delta\boldsymbol{V}
\end{aligned} \right\} \tag{1.4.25}$$

速度场与温度场互相独立,故能量方程可以不用。

作为例子,下面讨论两无穷大平行平板间的平行流动(图 1.12)。设两平行无界平板,相距为 h;均质流体在其间作定常、直线、平面(二维)运动;又质量力设为重力。

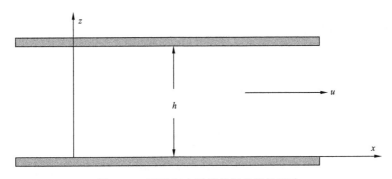

图 1.12 两无穷大平行板间的黏性流动

定常即 $\frac{\partial}{\partial t}=0$;直线运动即 $v=w=0$;又因为是二维运动,故 $\frac{\partial}{\partial y}=0$;质量力 $F=(0,0,-g)$;因为是均质流体,故 $\rho=\text{const}$。方程组(1.4.24)简化为(注:$=0$,表示该项为 0)

$$\frac{\partial u}{\partial x}+\frac{\partial v}{\partial y}(=0)+\frac{\partial w}{\partial z}(=0)=0$$

$$\frac{\partial u}{\partial t}(=0)+u\frac{\partial u}{\partial x}+v\frac{\partial u}{\partial y}(=0)+w\frac{\partial u}{\partial z}(=0)=0-\frac{1}{\rho}\frac{\partial p}{\partial x}+\nu\left(\frac{\partial^2 u}{\partial x^2}+\frac{\partial^2 u}{\partial y^2}(=0)+\frac{\partial^2 u}{\partial z^2}\right)$$

$$\frac{\partial v}{\partial t}(=0)+u\frac{\partial v}{\partial x}(=0)+v\frac{\partial v}{\partial y}(=0)+w\frac{\partial v}{\partial z}(=0)$$

$$=0-\frac{1}{\rho}\frac{\partial p}{\partial y}(=0)+\nu\left(\frac{\partial^2 v}{\partial x^2}(=0)+\frac{\partial^2 v}{\partial y^2}(=0)+\frac{\partial^2 v}{\partial z^2}(=0)\right)$$

$$\frac{\partial w}{\partial t}(=0)+u\frac{\partial w}{\partial x}(=0)+v\frac{\partial w}{\partial y}(=0)+w\frac{\partial w}{\partial z}(=0)$$

$$=-g-\frac{1}{\rho}\frac{\partial p}{\partial z}+\nu\left(\frac{\partial^2 w}{\partial x^2}(=0)+\frac{\partial^2 w}{\partial y^2}(=0)+\frac{\partial^2 w}{\partial z^2}(=0)\right)$$

$$\left.\begin{array}{l}\dfrac{\partial u}{\partial x}=0\\[2mm]u\dfrac{\partial u}{\partial x}=-\dfrac{1}{\rho}\dfrac{\partial p}{\partial x}+\nu\left(\dfrac{\partial^2 u}{\partial x^2}+\dfrac{\partial^2 u}{\partial z^2}\right)\\[2mm]0=-g-\dfrac{1}{\rho}\dfrac{\partial p}{\partial z}\end{array}\right\}\qquad(1.4.26)$$

将方程组的第一式代入第二式

$$\left\{\begin{array}{l}0=-\dfrac{1}{\rho}\dfrac{\partial p}{\partial x}+\nu\dfrac{\partial^2 u}{\partial z^2}\\[2mm]0=-g-\dfrac{1}{\rho}\dfrac{\partial p}{\partial z}\end{array}\right.\qquad(1.4.27)$$

由(1.4.27)式的第二式积分得

$$p=-\rho g z+p_0(x)\qquad(1.4.28)$$

将之代入(1.4.27)式的第一式,得到

$$\frac{1}{\rho}\frac{\partial p}{\partial x}=\frac{1}{\rho}\frac{\partial p_0}{\partial x}=\nu\frac{\partial^2 u}{\partial z^2}\qquad(1.4.29)$$

或

$$\frac{\partial p}{\partial x}=\mu\frac{\partial^2 u}{\partial z^2}\qquad(1.4.30)$$

上式左端只是 x 的函数,右端只是 z 的函数,故它们必同时等于某一常数 A,即变量分离为

$$\frac{\partial p}{\partial x}=\mu\frac{\partial^2 u}{\partial z^2}=A(\mathrm{const})\qquad(1.4.31)$$

由(1.4.31)式的后者积分两次,得

$$u=\frac{A}{\mu}\frac{z^2}{2}+Bz+C(B,C\ \text{为常数})\qquad(1.4.32)$$

即

$$u=\frac{1}{\mu}\frac{\partial p}{\partial x}\frac{z^2}{2}+Bz+C\qquad(1.4.33)$$

(1.4.33)式即为两无穷大平行平板间的平行流动的解。其流速 $u=u(z)$ 分布(速度廓线)的形式依赖于径向压力梯度 $\dfrac{\partial p}{\partial x}$,$B$ 和 C 是须由边界条件决定的常数。

进一步,设下板静止,而上板以匀速 U 沿 x 方向移动,且保证径向压力梯度为零:$\dfrac{\partial p}{\partial x}=0$,

即可得平面库埃特(Couette)流动。由边界条件:$z=0$,$u=0$;$z=h$,$u=U$,可定得(1.4.33)式中的积分常数 $B=U/h$,$C=0$。即得速度的线性分布(图 1.13)

$$\begin{cases} u\big|_{z=0}=C=0 \\ u\big|_{z=h}=B \cdot h \end{cases} \rightarrow u(z)=\frac{U}{h}z \tag{1.4.34}$$

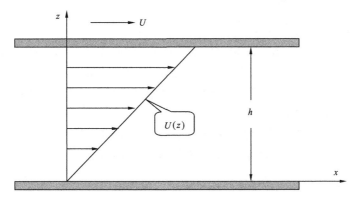

图 1.13　平面库埃特流动

如果上下板均静止,但径向压力梯度不为零:$\dfrac{\partial p}{\partial x}\neq 0$,即可得平面泊肃叶(Poiseuille)流动。由边界条件 $z=0$ 或 h 时,$u=0$,

$$\begin{cases} u\big|_{z=0}=\dfrac{1}{\mu}\dfrac{\partial p}{\partial x} \cdot 0+B \cdot 0+C=0 \\ u\big|_{z=h}=\dfrac{1}{\mu}\dfrac{\partial p}{\partial x} \cdot \dfrac{h^2}{2}+B \cdot h+C=0 \end{cases} \rightarrow \begin{cases} C=0 \\ B=-\dfrac{h}{2\mu}\dfrac{\partial p}{\partial x} \end{cases}$$

可定得(1.4.33)式中的积分常数 $B=-\dfrac{h}{2\mu}\dfrac{\partial p}{\partial x}$,$C=0$,故得速度的抛物线分布(图 1.14),设 $\dfrac{\partial p}{\partial x}<0$,则

$$u(z)=\frac{1}{2\mu}\frac{\partial p}{\partial x}(z^2-hz) \tag{1.4.35}$$

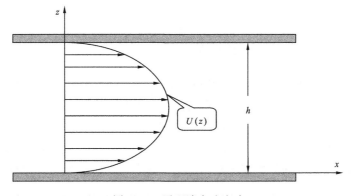

图 1.14　平面泊肃叶流动

1.5　流体运动的相似性和无量纲运动方程

1.5.1　相似性原理和雷诺数

首先介绍两个有关相似的定义。

几何相似:若两个几何图形中一切对应角均相等,对应线段均成比例,则称两个图形是几何相似的。两个几何相似的图形的唯一差别是它们的特征长度 L 不同。

相似流动:若两个流动具有几何相似的边界,且其速度场(流线)也是几何相似的,则称这两个流动是(动力学)相似流动。

两个流动的动力学相似的条件是:在所有几何相似的对应点上,作用在流体质点上的各个力所成比例均相同。例如,设黏性不可压缩流体(不考虑弹性力),无自由表面(不考虑重力),只有惯性力和摩擦力起作用。则单位体积流体所受惯性力为 $\rho \dfrac{\mathrm{d}\boldsymbol{V}}{\mathrm{d}t} = \rho u \dfrac{\partial u}{\partial x}$(设为定常,且流动沿 x 轴方向,如图 1.15)。单位体积流体团所受的摩擦力为

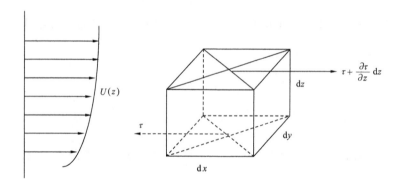

图 1.15　作用在流体微元上的摩擦力

$$\left(\tau + \frac{\partial \tau}{\partial z}\mathrm{d}z\right)\mathrm{d}x\mathrm{d}y - \tau\mathrm{d}x\mathrm{d}y = \frac{\partial \tau}{\partial z}\mathrm{d}x\mathrm{d}y\mathrm{d}z = \frac{\partial}{\partial z}\left(\mu \frac{\partial u}{\partial z}\right) = \mu \frac{\partial^2 u}{\partial z^2}$$

则有
$$\frac{惯性力}{摩擦力} = \frac{\rho u \dfrac{\partial u}{\partial x}}{\mu \dfrac{\partial^2 u}{\partial z^2}} = Re \tag{1.5.1}$$

式中,惯性力和摩擦力的比 Re 称为雷诺数(Reynolds number),它是一个无量纲(无单位)数。则依动力学相似条件要求,在两个流动的所有几何相似的对应点上,应有

$$(Re)_{流动1} = (Re)_{流动2} \tag{1.5.2}$$

设流动的特征长度(例如管道的直径,障碍物的横向宽度等)为 L,特征速度(例如管道中心的速度,上游与障碍物同高度处的速度等)为 U,则在整个流场中各物理量均与其特征量成比例: $u \propto U$(特征速度); $x, y, z \propto L$(特征长度)。从而估计惯性力和摩擦力的量阶分别为 $\rho u \dfrac{\partial u}{\partial x} \propto \dfrac{\rho U^2}{L}$ 和 $\mu \dfrac{\partial^2 u}{\partial z^2} \propto \dfrac{\mu U}{L^2}$。(1.5.1)式又可写成

$$\frac{惯性力}{摩擦力} = \frac{\rho u \dfrac{\partial u}{\partial x}}{\mu \dfrac{\partial^2 u}{\partial z^2}} = \frac{\dfrac{\rho U^2}{L}}{\dfrac{\mu U}{L^2}} = \frac{UL}{\nu} = Re^* \tag{1.5.3}$$

式中，Re^* 称为流动的特征雷诺数，简称雷诺数，它也是一个无量纲数。今后我们将特征雷诺数简称为雷诺数，Re^* 仍写作 Re。

这样我们即得到著名的雷诺相似性原理：若两个流动的特征雷诺数相等

$$(Re)_{流动1} = (Re)_{流动2} \tag{1.5.4}$$

则它们是动力学相似的。

1.5.2　无量纲运动方程

物理量可分为**基本量和导出量**两类。**基本量的单位是人为设定的**，而导出量的单位是根据物理定义或定律由基本量的单位导出的。例如，力学中常用长度、质量和时间作为基本量，其他如速度等均作为导出量。量纲用来表示物理量的单位的规定关系。设三个基本量的量纲分别记为 $[V]$、$[L]$、$[T]$；则导出量速度的量纲可写作 $[V]=[L][T]^{-1}$。**一个基本的认识是，一切物理定律所具有的形式，应与所采用的具体单位制无关；或由无量纲物理量构成的公式具有普适性。**

黏性不可压缩重力流体满足的基本方程组为

$$\left.\begin{aligned}
&\frac{\partial u}{\partial x}+\frac{\partial v}{\partial y}+\frac{\partial w}{\partial z}=0 \\
&\frac{\partial u}{\partial t}+u\frac{\partial u}{\partial x}+v\frac{\partial u}{\partial y}+w\frac{\partial u}{\partial z}=-\frac{1}{\rho}\frac{\partial p}{\partial x}+\nu\left(\frac{\partial^2 u}{\partial x^2}+\frac{\partial^2 u}{\partial y^2}+\frac{\partial^2 u}{\partial z^2}\right) \\
&\frac{\partial v}{\partial t}+u\frac{\partial v}{\partial x}+v\frac{\partial v}{\partial y}+w\frac{\partial v}{\partial z}=-\frac{1}{\rho}\frac{\partial p}{\partial y}+\nu\left(\frac{\partial^2 v}{\partial x^2}+\frac{\partial^2 v}{\partial y^2}+\frac{\partial^2 v}{\partial z^2}\right) \\
&\frac{\partial w}{\partial t}+u\frac{\partial w}{\partial x}+v\frac{\partial w}{\partial y}+w\frac{\partial w}{\partial z}=-g-\frac{1}{\rho}\frac{\partial p}{\partial z}+\nu\left(\frac{\partial^2 w}{\partial x^2}+\frac{\partial^2 w}{\partial y^2}+\frac{\partial^2 w}{\partial z^2}\right)
\end{aligned}\right\} \tag{1.5.5}$$

设特征长度为 L，特征速度为 U，特征时间为 T，特征压力为 P，则有量纲长度 $x'=x/L, y'=y/L, z'=z/L$；无量纲速度 $u'=u/U, v'=v/U, w'=w/U$；无量纲时间 $t'=t/T$；无量纲压力 $p'=p/P$。惯性力量阶（对于单位质量的流体团）为 U^2/L，黏性力量阶为 $\nu U/L^2$，重力量阶为 g，压力梯度力量阶为 $P/\rho L$，局地导数量阶为 U/T，位变导数量阶为 U^2/L，代入方程组(1.5.5)式，使之变成无量纲形式

$$\left.\begin{aligned}
&\frac{\partial(u'U)}{\partial(x'L)}+\frac{\partial(v'U)}{\partial(y'L)}+\frac{\partial(w'U)}{\partial(z'L)}=0 \\
&\frac{\partial(u'U)}{\partial(t'T)}+(u'U)\frac{\partial(u'U)}{\partial(x'L)}+(v'U)\frac{\partial(u'U)}{\partial(y'L)}+(w'U)\frac{\partial(u'U)}{\partial(z'L)} \\
&=-\frac{1}{\rho}\frac{\partial(p'P)}{\partial(x'L)}+\nu\left(\frac{\partial^2(u'U)}{\partial(x'L)^2}+\frac{\partial^2(u'U)}{\partial(y'L)^2}+\frac{\partial^2(u'U)}{\partial(z'L)^2}\right)
\end{aligned}\right\}$$

$$\left.\begin{aligned}
&\frac{\partial(v'U)}{\partial(t'T)}+(u'U)\frac{\partial(v'U)}{\partial(x'L)}+(v'U)\frac{\partial(v'U)}{\partial(y'L)}+(w'U)\frac{\partial(v'U)}{\partial(z'L)}\\
&\quad=-\frac{1}{\rho}\frac{\partial(p'P)}{\partial(y'L)}+\nu\left(\frac{\partial^2(v'U)}{\partial(x'L)^2}+\frac{\partial^2(v'U)}{\partial(y'L)^2}+\frac{\partial^2(v'U)}{\partial(z'L)^2}\right)\\
&\frac{\partial(w'U)}{\partial(t'T)}+(u'U)\frac{\partial(w'U)}{\partial(x'L)}+(v'U)\frac{\partial(w'U)}{\partial(y'L)}+(w'U)\frac{\partial(w'U)}{\partial(z'L)}\\
&\quad=-g-\frac{1}{\rho}\frac{\partial(p'P)}{\partial(z'L)}+\nu\left(\frac{\partial^2(w'U)}{\partial(x'L)^2}+\frac{\partial^2(w'U)}{\partial(y'L)^2}+\frac{\partial^2(w'U)}{\partial(z'L)^2}\right)
\end{aligned}\right\}$$

$$\rightarrow\left.\begin{aligned}
&\frac{U}{L}\left(\frac{\partial u'}{\partial x'}+\frac{\partial v'}{\partial y'}+\frac{\partial w'}{\partial z'}\right)=0\\
&\frac{U}{T}\frac{\partial u'}{\partial t'}+\frac{U^2}{L}\left(u'\frac{\partial u'}{\partial x'}+v'\frac{\partial u'}{\partial y'}+w'\frac{\partial u'}{\partial z'}\right)=-\frac{P}{\rho L}\frac{\partial p'}{\partial x'}+\frac{\nu U}{L^2}\left(\frac{\partial^2 u'}{\partial x'^2}+\frac{\partial^2 u'}{\partial y'^2}+\frac{\partial^2 u'}{\partial z'^2}\right)\\
&\frac{U}{T}\frac{\partial v'}{\partial t'}+\frac{U^2}{L}\left(u'\frac{\partial v'}{\partial x'}+v'\frac{\partial v'}{\partial y'}+w'\frac{\partial v'}{\partial z'}\right)=-\frac{P}{\rho L}\frac{\partial p'}{\partial y'}+\frac{\nu U}{L^2}\left(\frac{\partial^2 v'}{\partial x'^2}+\frac{\partial^2 v'}{\partial y'^2}+\frac{\partial^2 v'}{\partial z'^2}\right)\\
&\frac{U}{T}\frac{\partial w'}{\partial t'}+\frac{U^2}{L}\left(u'\frac{\partial w'}{\partial x'}+v'\frac{\partial w'}{\partial y'}+w'\frac{\partial w'}{\partial z'}\right)=-g-\frac{P}{\rho L}\frac{\partial p'}{\partial z'}+\frac{\nu U}{L^2}\left(\frac{\partial^2 w'}{\partial x'^2}+\frac{\partial^2 w'}{\partial y'^2}+\frac{\partial^2 w'}{\partial z'^2}\right)
\end{aligned}\right\}$$

两边同除 U^2/L

$$\rightarrow\left.\begin{aligned}
&\frac{\partial u'}{\partial x'}+\frac{\partial v'}{\partial y'}+\frac{\partial w'}{\partial z'}=0\\
&\frac{L}{UT}\frac{\partial u'}{\partial t'}+u'\frac{\partial u'}{\partial x'}+v'\frac{\partial u'}{\partial y'}+w'\frac{\partial u'}{\partial z'}=-\frac{P}{\rho U^2}\frac{\partial p'}{\partial x'}+\frac{\nu}{UL}\left(\frac{\partial^2 u'}{\partial x'^2}+\frac{\partial^2 u'}{\partial y'^2}+\frac{\partial^2 u'}{\partial z'^2}\right)\\
&\frac{L}{UT}\frac{\partial v'}{\partial t'}+u'\frac{\partial v'}{\partial x'}+v'\frac{\partial v'}{\partial y'}+w'\frac{\partial v'}{\partial z'}=-\frac{P}{\rho U^2}\frac{\partial p'}{\partial y'}+\frac{\nu}{UL}\left(\frac{\partial^2 v'}{\partial x'^2}+\frac{\partial^2 v'}{\partial y'^2}+\frac{\partial^2 v'}{\partial z'^2}\right)\\
&\frac{L}{UT}\frac{\partial w'}{\partial t'}+u'\frac{\partial w'}{\partial x'}+v'\frac{\partial w'}{\partial y'}+w'\frac{\partial w'}{\partial z'}=-\frac{gL}{U^2}-\frac{P}{\rho U^2}\frac{\partial p'}{\partial z'}+\frac{\nu}{UL}\left(\frac{\partial^2 w'}{\partial x'^2}+\frac{\partial^2 w'}{\partial y'^2}+\frac{\partial^2 w'}{\partial z'^2}\right)
\end{aligned}\right\}$$

$$\left.\begin{aligned}
&\frac{\partial u'}{\partial x'}+\frac{\partial v'}{\partial y'}+\frac{\partial w'}{\partial z'}=0\\
&Sr\frac{\partial u'}{\partial t'}+u'\frac{\partial u'}{\partial x'}+v'\frac{\partial u'}{\partial y'}+w'\frac{\partial u'}{\partial z'}=-Eu\frac{\partial p'}{\partial x'}+\frac{1}{Re}\left(\frac{\partial^2 u'}{\partial x'^2}+\frac{\partial^2 u'}{\partial y'^2}+\frac{\partial^2 u'}{\partial z'^2}\right)\\
&Sr\frac{\partial v'}{\partial t'}+u'\frac{\partial v'}{\partial x'}+v'\frac{\partial v'}{\partial y'}+w'\frac{\partial v'}{\partial z'}=-Eu\frac{\partial p'}{\partial y'}+\frac{1}{Re}\left(\frac{\partial^2 v'}{\partial x'^2}+\frac{\partial^2 v'}{\partial y'^2}+\frac{\partial^2 v'}{\partial z'^2}\right)\\
&Sr\frac{\partial w'}{\partial t'}+u'\frac{\partial w'}{\partial x'}+v'\frac{\partial w'}{\partial y'}+w'\frac{\partial w'}{\partial z'}=-\frac{1}{Fr}-Eu\frac{\partial p'}{\partial z'}+\frac{1}{Re}\left(\frac{\partial^2 w'}{\partial x'^2}+\frac{\partial^2 w'}{\partial y'^2}+\frac{\partial^2 w'}{\partial z'^2}\right)
\end{aligned}\right\}$$

$$(1.5.6)$$

方程组(1.5.6)中出现了以下四个无量纲参数:

1)雷诺(Reynolds)数: $Re=UL/\nu$,它代表惯性力与黏性力之比;

2)弗劳德(Froude)数: $Fr=U^2/gL$,它代表惯性力与重力之比;

3)欧拉(Euler)数: $Eu=P/\rho U^2$,它代表压力梯度力与惯性力之比;

4)斯特劳哈尔(Strouhal)数: $Sr=L/UT$,它代表局地导数与位变导数之比,代表时间的不定常性。

显然,(1.5.6)式就是量纲原理所要求的无量纲形式的普适物理规律。因此,在边界条件相似的前提下,两个流动相似的动力学条件可表示为,四个无量纲参数对两个流动分别相等。

$$(Re)_1=(Re)_2; \quad (Fr)_1=(Fr)_2; \quad (Eu)_1=(Eu)_2; \quad (Sr)_1=(Sr)_2 \qquad (1.5.7)$$

　　事实上,当不考虑自由面时,一般取特征压力 $P=\rho U^2$,则恒有 $Eu=1$,即可以不考虑欧拉数相等的要求。在定常时,局地导数为零,$Sr=0$,故斯特劳哈尔数不出现。当流体运动在重力场中的垂直幅度不大时,弗劳德数 Fr 可不予考虑(使之不出现在方程组中)。可见,流动的动力学相似性一般地取决于雷诺数 Re 的相等条件。

　　由(1.5.6)式出发可进一步简化方程组。例如 Re 很大时(意味着惯性力远远大于黏性力),则 $\dfrac{1}{Re}$ 足够小,故方程(1.5.6)式中的黏性力项可忽略;恢复成有量纲形式后,即变成了不可压缩理想流体的欧拉方程组

$$\left.\begin{array}{l}
\dfrac{\partial u}{\partial x}+\dfrac{\partial v}{\partial y}+\dfrac{\partial w}{\partial z}=0 \\[2mm]
\dfrac{\partial u}{\partial t}+u\dfrac{\partial u}{\partial x}+v\dfrac{\partial u}{\partial y}+w\dfrac{\partial u}{\partial z}=-\dfrac{1}{\rho}\dfrac{\partial p}{\partial x} \\[2mm]
\dfrac{\partial v}{\partial t}+u\dfrac{\partial v}{\partial x}+v\dfrac{\partial v}{\partial y}+w\dfrac{\partial v}{\partial z}=-\dfrac{1}{\rho}\dfrac{\partial p}{\partial y} \\[2mm]
\dfrac{\partial w}{\partial t}+u\dfrac{\partial w}{\partial x}+v\dfrac{\partial w}{\partial y}+w\dfrac{\partial w}{\partial z}=-g-\dfrac{1}{\rho}\dfrac{\partial p}{\partial z}
\end{array}\right\} \qquad (1.5.8)$$

第2章　环境流体运动的特点

环境流体的运动包括我们人类所生存于其中的低层大气的运动,以及地球表面水体(如河流或海洋、湖泊的上层)的运动。这种运动一般具有下列三个特点:

1)描述环境流体运动的坐标系(地球)是一个非惯性系。

由于地球自转所致。

2)地球重力场造成环境流体的(垂直)密度分层效应。

随着高度增加,空气密度减小。

3)环境流体的运动大多属于湍流边界层流动。

主要研究人类活动的低层大气。

本章中,我们将介绍前两个特点,第三个特点直接与污染物的传输、扩散相关,将留待第3,4,5三章作详细的讨论。

2.1　地球旋转坐标系和科里奥利力

2.1.1　地球惯性系与地球旋转坐标系

第1章描述的流体运动方程组源于牛顿第二定律,只在惯性系中成立。描述环境流体的运动通常取地面物体为参照物。然而,由于地球的自转,上述地面物体参照物构成的不是惯性系。真正的**地球惯性系**规定为(图2.1):Z轴穿过南极、北极,OXY平面与赤道平面重合,但OX轴、OY轴不随地球自转而转动。若OX轴、OY轴随地球一起自转(其他同于地球惯性系),则称为**地心旋转坐标系**。

下面来推导运动方程在上述地心旋转坐标系中的形式。如图2.1,地球表面上有一点P,它的两个位置矢径分别为$\boldsymbol{r}$(从原点出发)和$\boldsymbol{R}$(从Z轴出发),纬度φ是矢径$\boldsymbol{r}$与OXY平面(赤道平面)所成的角。取地球半径$R=6378\mathrm{km}$,自转角速度为$\boldsymbol{\Omega}_0=(0,0,\boldsymbol{\Omega}_0)$,$\boldsymbol{\Omega}_0=7.29\times10^{-5}\mathrm{s}^{-1}$。设空气质点原在$P$点,$\delta t$时刻后到达$P_2$点。在地球惯性系中观察到的位移为$\boldsymbol{PP_2}=\boldsymbol{V}_a\delta t$,$\boldsymbol{V}_a$是质点的速度。

但在δt时刻后,P点随地球自转沿纬圈移到P_1点,故在地心旋转坐标系中观察到的位移为$\boldsymbol{P_1P_2}=\boldsymbol{V}\delta t$,$\boldsymbol{V}$是质点在此非惯性系中测量得到的速度。如图2.1所示,有矢量合成关系

$$\boldsymbol{PP_2}=\boldsymbol{PP_1}+\boldsymbol{P_1P_2} \tag{2.1.1}$$

故有　　　　　$\rightarrow \quad \dfrac{\mathrm{d}\boldsymbol{PP_2}}{\delta t}=\dfrac{\mathrm{d}\boldsymbol{PP_1}}{\delta t}+\dfrac{\mathrm{d}\boldsymbol{P_1P_2}}{\delta t} \quad \rightarrow \quad \boldsymbol{V}_a=\boldsymbol{V}+\boldsymbol{V}_e \tag{2.1.2}$

$\boldsymbol{V}_e$称为牵连速度。由图2.1可知

$$\boldsymbol{V}_e=\boldsymbol{\Omega}_0\times\boldsymbol{r} \tag{2.1.3}$$

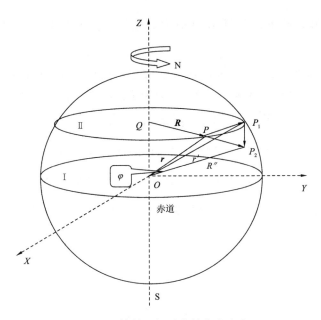

图 2.1　旋转坐标系中的牵连速度

而其绝对值等于 $\boldsymbol{\Omega}_0 \boldsymbol{R}(V_e = \Omega_0 |\boldsymbol{r}| \cos\varphi = \Omega_0 R)$。故有

$$\boldsymbol{V}_a = \boldsymbol{V} + \boldsymbol{V}_e \rightarrow \frac{\mathrm{d}\boldsymbol{r}}{\mathrm{d}t_a} = \frac{\mathrm{d}\boldsymbol{r}}{\mathrm{d}t} + \boldsymbol{\Omega}_0 \times \boldsymbol{r} \qquad (2.1.4)$$

这里 $\dfrac{\mathrm{d}}{\mathrm{d}t_a}$ 是地球惯性系中的随体导数,而 $\dfrac{\mathrm{d}}{\mathrm{d}t}$ 是地心旋转坐标系中的随体导数。将上式中矢量 $\boldsymbol{r}$ 代之以速度矢量 $\boldsymbol{V}_a$,并考虑到(2.1.2)、(2.1.3)和(2.1.4)式,得

$$\frac{\mathrm{d}\boldsymbol{V}_a}{\mathrm{d}t_a} = \frac{\mathrm{d}\boldsymbol{V}_a}{\mathrm{d}t} + \boldsymbol{\Omega}_0 \times \boldsymbol{V}_a \qquad \left(\because \boldsymbol{V}_a = \frac{\boldsymbol{r}}{\delta t}\right)$$

$$= \frac{\mathrm{d}}{\mathrm{d}t}(\boldsymbol{V} + \boldsymbol{V}_e) + \boldsymbol{\Omega}_0 \times (\boldsymbol{V} + \boldsymbol{V}_e) \qquad (根据(2.1.2)式)$$

$$= \frac{\mathrm{d}\boldsymbol{V}}{\mathrm{d}t} + \frac{\mathrm{d}\boldsymbol{V}_e}{\mathrm{d}t} + \boldsymbol{\Omega}_0 \times \boldsymbol{V} + \boldsymbol{\Omega}_0 \times \boldsymbol{V}_e = \frac{\mathrm{d}\boldsymbol{V}}{\mathrm{d}t} + \frac{\mathrm{d}}{\mathrm{d}t}(\boldsymbol{\Omega}_0 \times \boldsymbol{r}) + \boldsymbol{\Omega}_0 \times \boldsymbol{V} + \boldsymbol{\Omega}_0 \times (\boldsymbol{\Omega}_0 \times \boldsymbol{r})$$

$$= \frac{\mathrm{d}\boldsymbol{V}}{\mathrm{d}t} + \frac{\mathrm{d}\boldsymbol{\Omega}_0}{\mathrm{d}t} \times \boldsymbol{r} + \boldsymbol{\Omega}_0 \times \frac{\mathrm{d}\boldsymbol{r}}{\mathrm{d}t} + \boldsymbol{\Omega}_0 \times \boldsymbol{V} + \boldsymbol{\Omega}_0 \times (\boldsymbol{\Omega}_0 \times \boldsymbol{r}) \qquad (2.1.5)$$

$$= \frac{\mathrm{d}\boldsymbol{V}}{\mathrm{d}t} + \boldsymbol{\Omega}_0 \times \frac{\mathrm{d}\boldsymbol{r}}{\mathrm{d}t} + \boldsymbol{\Omega}_0 \times \boldsymbol{V} + \boldsymbol{\Omega}_0 \times (\boldsymbol{\Omega}_0 \times \boldsymbol{r}) \left(\because \boldsymbol{\Omega}_0 \ 为常数 \quad \therefore \frac{\mathrm{d}\Omega_0}{\mathrm{d}t} = 0\right)$$

$$= \frac{\mathrm{d}\boldsymbol{V}}{\mathrm{d}t} + 2\boldsymbol{\Omega}_0 \times \boldsymbol{V} - \Omega_0^2 R \left(\because \frac{\mathrm{d}\boldsymbol{r}}{\mathrm{d}t} = \boldsymbol{V}, \boldsymbol{\Omega}_0 \times (\boldsymbol{\Omega}_0 \times \boldsymbol{r}) = -\Omega_0^2 R\right)$$

因为上式右端第二项中的 $\dfrac{\mathrm{d}\Omega_0}{\mathrm{d}t} = 0$,故该项为零;又第三、四两项相等,而最后一项 $\boldsymbol{\Omega}_0 \times (\boldsymbol{\Omega}_0 \times \boldsymbol{r}) = -\Omega_0^2 R$,最后得

$$\frac{\mathrm{d}\boldsymbol{V}_a}{\mathrm{d}t_a} = \frac{\mathrm{d}\boldsymbol{V}}{\mathrm{d}t} + 2\boldsymbol{\Omega}_0 \times \boldsymbol{V} - \Omega_0^2 R \qquad (2.1.6)$$

可见,单位质量质点(在地球惯性系中的)的加速度 $\dfrac{\mathrm{d}\boldsymbol{V}_a}{\mathrm{d}t_a}$,当在地心旋转坐标系中观测时,应等

于(表观)加速度 $\dfrac{\mathrm{d}\boldsymbol{V}}{\mathrm{d}t}$ 减去科里奥利(Coriolis)力(以下简称"科氏力")$-2\boldsymbol{\Omega}_0\times\boldsymbol{V}$ 及惯性离心力 $\boldsymbol{\Omega}_0{}^2\boldsymbol{R}$。

如图2.2所示,惯性离心力 $\boldsymbol{\Omega}_0{}^2\boldsymbol{R}$ 与地心引力 $\boldsymbol{g}'$ 的矢量和即为(表观)重力 $\boldsymbol{g}$:$\boldsymbol{g}=\boldsymbol{\Omega}_0{}^2\boldsymbol{R}+\boldsymbol{g}'$。由于 $|\boldsymbol{g}'|\gg|\Omega_0^2R|$,所以 $\boldsymbol{g}\approx\boldsymbol{g}'$,则当质量力为重力时,$\boldsymbol{F}=\boldsymbol{g}'$,动量方程可写为

$$\frac{\mathrm{d}\boldsymbol{V}}{\mathrm{d}t}=2\boldsymbol{\Omega}_0\times\boldsymbol{V}-\Omega_0^2R=\boldsymbol{g}'-\frac{1}{\rho}\nabla p+\nu\Delta\boldsymbol{V} \tag{2.1.7}$$

整理后,得不可压缩黏性流体在地心旋转坐标系中的动量方程(矢量式)

$$\frac{\mathrm{d}\boldsymbol{V}}{\mathrm{d}t}=\boldsymbol{g}-2\boldsymbol{\Omega}_0\times\boldsymbol{V}-\Omega_0^2R=\boldsymbol{g}'-\frac{1}{\rho}\nabla p+\nu\Delta\boldsymbol{V} \tag{2.1.8}$$

与第1章(在惯性坐标系中)的动量方程(1.4.24)式相比,(2.1.8)式右端多出了一个科氏力项 $-2\boldsymbol{\Omega}_0\times\boldsymbol{V}$。

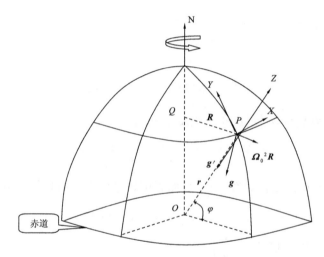

图2.2　重力是万有引力与离心力的合力

总结:对于单位质量质点在地球惯性坐标系中的加速度 $\mathrm{d}\boldsymbol{V}_a/\mathrm{d}t_a$,应等于在非惯性系观测时的(表观)加速度 $\dfrac{\mathrm{d}\boldsymbol{V}}{\mathrm{d}t}$ 减去科氏力 $-2\boldsymbol{\Omega}_0\times\boldsymbol{V}$ 及惯性离心力 $\boldsymbol{\Omega}_0{}^2\boldsymbol{R}$。显示科氏力最著名的实验是傅科摆(见彩图3)。

2.1.2　地面旋转坐标系中的黏性不可压缩运动方程组

地心旋转坐标系一般很少使用。通常采用地面物体作为参照物,即使用所谓的**地面旋转坐标系**:坐标系原点在图2.1中地面的 P 点,Z 轴沿矢径 r 的方向,X 轴沿纬圈向东,Y 轴沿经圈向北,并随地球一起自转。地面旋转坐标系与地心旋转坐标系在描述流体运动时的唯一区别是地球自转角速度矢量的表达式不同。在气象学中规定见表2.1。

表2.1　地面旋转坐标系在气象学中的规定

轴	正(+)	负(−)	备注
Z	上	下	指向地心
Y	北(N)	南(S)	沿经线
X	东(E)	西(W)	沿纬线

在地面旋转坐标系中,地球自转角速度矢量为

$$\boldsymbol{\Omega} = (\Omega_x, \Omega_y, \Omega_z) \tag{2.1.9}$$

由图 2.1 可得换算关系

$$\Omega_x = 0, \quad \Omega_y = \Omega_0 \cos\varphi \quad \Omega_z = \Omega_0 \sin\varphi \tag{2.1.10}$$

φ 是 P 点的纬度。相应地,科氏力项变成

$$-2\boldsymbol{\Omega} \times \boldsymbol{V} = -2 \begin{vmatrix} \boldsymbol{i} & \boldsymbol{j} & \boldsymbol{k} \\ 0 & \Omega_0\cos\varphi & \Omega_0\sin\varphi \\ u & v & w \end{vmatrix} = -2\Omega_0 \begin{vmatrix} \boldsymbol{i} & \boldsymbol{j} & \boldsymbol{k} \\ 0 & \cos\varphi & \sin\varphi \\ u & v & w \end{vmatrix}$$

$$= -2\Omega_0 \left[(w\cos\varphi - v\sin\varphi)\boldsymbol{i} + u\sin\varphi \boldsymbol{j} - u\cos\varphi \boldsymbol{k} \right] \tag{2.1.11}$$

因为在实际大气中,风速的垂直分量比水平分量小得多:$w \ll u, v (w/u, w/v \sim 1/100)$,则在中纬度有 $w\cos\varphi \ll v\sin\varphi$,故科氏力的 x 向分量可近似为

$$(-2\boldsymbol{\Omega} \times \boldsymbol{V})_x \approx 2\Omega_0 v\sin\varphi \tag{2.1.12}$$

又在中、高纬度,科氏力的 z 向分量比重力小得多,故可以忽略:$(-2\boldsymbol{\Omega} \times \boldsymbol{V})_z \approx 0$。即科氏力近似为水平的。最后得

$$-2\boldsymbol{\Omega} \times \boldsymbol{V} \approx (fv, -fu, 0) \tag{2.1.13}$$

这里科里奥利参数 $f = 2\Omega_0 \sin\varphi$。则在地面旋转坐标系中,动量方程变为(设质量力为重力,$\boldsymbol{g} = (0, 0, -g)$)

$$\frac{\mathrm{d}\boldsymbol{V}}{\mathrm{d}t} = \boldsymbol{g} - 2\boldsymbol{\Omega}_0 \times \boldsymbol{V} - \frac{1}{\rho}\nabla p + \nu\Delta\boldsymbol{V} \tag{2.1.14}$$

总之,在地面旋转坐标系中,黏性不可压缩流体运动的方程组(分量式)应写为

$$\left.\begin{aligned}
&\frac{\partial u}{\partial x} + \frac{\partial v}{\partial y} + \frac{\partial w}{\partial z} = 0 \\
&\frac{\partial u}{\partial t} + u\frac{\partial u}{\partial x} + v\frac{\partial u}{\partial y} + w\frac{\partial u}{\partial z} = -\frac{1}{\rho}\frac{\partial p}{\partial x} + \nu\left(\frac{\partial^2 u}{\partial x^2} + \frac{\partial^2 u}{\partial y^2} + \frac{\partial^2 u}{\partial z^2}\right) + fv \\
&\frac{\partial v}{\partial t} + u\frac{\partial v}{\partial x} + v\frac{\partial v}{\partial y} + w\frac{\partial v}{\partial z} = -\frac{1}{\rho}\frac{\partial p}{\partial y} + \nu\left(\frac{\partial^2 v}{\partial x^2} + \frac{\partial^2 v}{\partial y^2} + \frac{\partial^2 v}{\partial z^2}\right) - fu \\
&\frac{\partial w}{\partial t} + u\frac{\partial w}{\partial x} + v\frac{\partial w}{\partial y} + w\frac{\partial w}{\partial z} = -g - \frac{1}{\rho}\frac{\partial p}{\partial z} + \nu\left(\frac{\partial^2 w}{\partial x^2} + \frac{\partial^2 w}{\partial y^2} + \frac{\partial^2 w}{\partial z^2}\right)
\end{aligned}\right\} \tag{2.1.15}$$

现将(2.1.14)式无量纲化。首先,令各特征物理量分别为:长度 L、速度 U、压力 $P = \rho U^2$ 以及地球自转角速度 Ω_0。进一步假定为定常流动:$\frac{\partial}{\partial t} = 0$。由各特征物理量推导出的各无量纲物理量均在右上角加 "$'$",与第 1 章相同。例如,无量纲地球自转角速度即为 $\Omega' = \Omega/\Omega_0$。所得到的无量纲方程为

$$\frac{\mathrm{d}\boldsymbol{V}'}{\mathrm{d}t'} = -\frac{2}{Ro}\boldsymbol{\Omega}' \times \boldsymbol{V}' - \nabla p' - \frac{1}{Fr}\boldsymbol{k} + \frac{1}{Re}\Delta\boldsymbol{V} \tag{2.1.16}$$

推导过程如下:

$$\left.\begin{aligned}
&\frac{\partial (u'U)}{\partial (t'T)} + (u'U)\frac{\partial (u'U)}{\partial (x'L)} + (v'U)\frac{\partial (u'U)}{\partial (y'L)} + (w'U)\frac{\partial (u'U)}{\partial (z'L)} = -\frac{1}{\rho}\frac{\partial (p'P)}{\partial (x'L)} \\
&+ \nu\left(\frac{\partial^2 (u'U)}{\partial (x'L)^2} + \frac{\partial^2 (u'U)}{\partial (y'L)^2} + \frac{\partial^2 (u'U)}{\partial (z'L)^2}\right) + 2\Omega'\Omega_0(v'U)\sin\varphi
\end{aligned}\right\}$$

$$\frac{\partial(v'U)}{\partial(t'T)} + (u'U)\frac{\partial(v'U)}{\partial(x'L)} + (v'U)\frac{\partial(v'U)}{\partial(y'L)} + (w'U)\frac{\partial(v'U)}{\partial(z'L)} = -\frac{1}{\rho}\frac{\partial(p'P)}{\partial(y'L)}$$

$$+ \nu\left(\frac{\partial^2(v'U)}{\partial(x'L)^2} + \frac{\partial^2(v'U)}{\partial(y'L)^2} + \frac{\partial^2(v'U)}{\partial(z'L)^2}\right) - 2\Omega'\Omega_0(u'U)\sin\varphi$$

$$\frac{\partial(w'U)}{\partial(t'T)} + (u'U)\frac{\partial(w'U)}{\partial(x'L)} + (v'U)\frac{\partial(w'U)}{\partial(y'L)} + (w'U)\frac{\partial(w'U)}{\partial(z'L)} = -g - \frac{1}{\rho}\frac{\partial(p'P)}{\partial(z'L)}$$

$$+ \nu\left(\frac{\partial^2(w'U)}{\partial(x'L)^2} + \frac{\partial^2(w'U)}{\partial(y'L)^2} + \frac{\partial^2(w'U)}{\partial(z'L)^2}\right)$$

$$\frac{U}{T}\frac{\partial u'}{\partial t'} + \frac{U^2}{L}\left(u'\frac{\partial u'}{\partial x'} + v'\frac{\partial u'}{\partial y'} + w'\frac{\partial u'}{\partial z'}\right)$$

$$= -\frac{P}{\rho L}\frac{\partial p'}{\partial x'} + \frac{\nu U}{L^2}\left(\frac{\partial^2 u'}{\partial x'^2} + \frac{\partial^2 u'}{\partial y'^2} + \frac{\partial^2 u'}{\partial z'^2}\right) + 2\Omega_0 U(v'\Omega'\sin\varphi)$$

$$\rightarrow \frac{U}{T}\frac{\partial v'}{\partial t'} + \frac{U^2}{L}\left(u'\frac{\partial v'}{\partial x'} + v'\frac{\partial v'}{\partial y'} + w'\frac{\partial v'}{\partial z'}\right)$$

$$= -\frac{P}{\rho L}\frac{\partial p'}{\partial y'} + \frac{\nu U}{L^2}\left(\frac{\partial^2 v'}{\partial x'^2} + \frac{\partial^2 v'}{\partial y'^2} + \frac{\partial^2 v'}{\partial z'^2}\right) - 2\Omega_0 U(u'\Omega'\sin\varphi)$$

$$\frac{U}{T}\frac{\partial w'}{\partial t'} + \frac{U^2}{L}\left(u'\frac{\partial w'}{\partial x'} + v'\frac{\partial w'}{\partial y'} + w'\frac{\partial w'}{\partial z'}\right) = -g - \frac{P}{\rho L}\frac{\partial p'}{\partial z'} + \frac{\nu U}{L^2}\left(\frac{\partial^2 w'}{\partial x'^2} + \frac{\partial^2 w'}{\partial y'^2} + \frac{\partial^2 w'}{\partial z'^2}\right)$$

两边同除 U^2/L

$$\frac{L}{UT}\frac{\partial u'}{\partial t'} + u'\frac{\partial u'}{\partial x'} + v'\frac{\partial u'}{\partial y'} + w'\frac{\partial u'}{\partial z'}$$

$$\rightarrow = -\frac{P}{\rho U^2}\frac{\partial p'}{\partial x'} + \frac{\nu}{UL}\left(\frac{\partial^2 u'}{\partial x'^2} + \frac{\partial^2 u'}{\partial y'^2} + \frac{\partial^2 u'}{\partial z'^2}\right) + \frac{2\Omega_0 L}{U}(\Omega' v'\sin\varphi)$$

$$\frac{L}{UT}\frac{\partial v'}{\partial t'} + u'\frac{\partial v'}{\partial x'} + v'\frac{\partial v'}{\partial y'} + w'\frac{\partial v'}{\partial z'}$$

$$= -\frac{P}{\rho U^2}\frac{\partial p'}{\partial y'} + \frac{\nu}{UL}\left(\frac{\partial^2 v'}{\partial x'^2} + \frac{\partial^2 v'}{\partial y'^2} + \frac{\partial^2 v'}{\partial z'^2}\right) - \frac{2\Omega_0 L}{U}(\Omega' u'\sin\varphi)$$

$$\frac{L}{UT}\frac{\partial w'}{\partial t'} + u'\frac{\partial w'}{\partial x'} + v'\frac{\partial w'}{\partial y'} + w'\frac{\partial w'}{\partial z'}$$

$$\rightarrow = -\frac{gL}{U^2} - \frac{P}{\rho U^2}\frac{\partial p'}{\partial z'} + \frac{\nu}{UL}\left(\frac{\partial^2 w'}{\partial x'^2} + \frac{\partial^2 w'}{\partial y'^2} + \frac{\partial^2 w'}{\partial z'^2}\right)$$

$$Sr\frac{\partial u'}{\partial t'} + u'\frac{\partial u'}{\partial x'} + v'\frac{\partial u'}{\partial y'} + w'\frac{\partial u'}{\partial z'}$$

$$= -Eu\frac{\partial p'}{\partial x'} + \frac{1}{Re}\left(\frac{\partial^2 u'}{\partial x'^2} + \frac{\partial^2 u'}{\partial y'^2} + \frac{\partial^2 u'}{\partial z'^2}\right) + \frac{2}{Ro}(\Omega' v'\sin\varphi)$$

$$\rightarrow Sr\frac{\partial v'}{\partial t'} + u'\frac{\partial v'}{\partial x'} + v'\frac{\partial v'}{\partial y'} + w'\frac{\partial v'}{\partial z'}$$

$$= -Eu\frac{\partial p'}{\partial y'} + \frac{1}{Re}\left(\frac{\partial^2 v'}{\partial x'^2} + \frac{\partial^2 v'}{\partial y'^2} + \frac{\partial^2 v'}{\partial z'^2}\right) - \frac{2}{Ro}(\Omega' u'\sin\varphi)$$

$$Sr\frac{\partial w'}{\partial t'} + u'\frac{\partial w'}{\partial x'} + v'\frac{\partial w'}{\partial y'} + w'\frac{\partial w'}{\partial z'} = -\frac{1}{Fr} - Eu\frac{\partial p'}{\partial z'} + \frac{1}{Re}\left(\frac{\partial^2 w'}{\partial x'^2} + \frac{\partial^2 w'}{\partial y'^2} + \frac{\partial^2 w'}{\partial z'^2}\right)$$

(2.1.16)式中,除已知的两个无量纲参数 Fr(重力弗劳德数)及 Re(雷诺数)以外,又出现了一个代表科氏力的新的无量纲参数 Ro,称为罗斯贝(Rossby)数

$$Ro = \frac{U}{\Omega_0 L} = \frac{惯性力}{科氏力} \tag{2.1.17}$$

当讨论大气微尺度运动或低层大气中污染物的湍流扩散时,水平尺度一般小于 10km。取 $L = 10^4 \text{m}$, $U = 10 \text{m/s}$, $\Omega_0 = 7.29 \times 10^{-5} \text{s}^{-1}$,计算得罗斯贝数为 $Ro \approx 10$。而当水平尺度小于 10km 时,将有 $Ro > 10$。故,(2.1.16)式中的右边第一项(科氏力项)将是 0.1 的量阶或更小。注意到凡是带"′"的各无量纲物理量均为 1 的量阶,则该项要比方程中左端(惯性力项)及右端第二项(压力梯度项)小一个量阶,即该项可以忽略。这表明,对于在许多情况下水平尺度小于 10km 的环境流体运动来说,可以不考虑科氏力的作用。

2.1.3　自由大气和地转风

大气和地面的摩擦影响着大约 1km 高度以下最低一层空气的流动,这一层称为**摩擦层(大气边界层,行星边界层)**。摩擦层之上的大气称为**自由大气**。自由大气的流动有两个特点:**无黏性力(无摩擦力),无惯性力(无加速度)。**

仅由科氏力 $-2\boldsymbol{\Omega}_0 \times \boldsymbol{V}$ 和气压梯度力 $-\dfrac{1}{\rho}\nabla p$ 决定的大气流动称为地转流动。应当指出,当考虑大气边界层流动时,一般均假设大气为正压(第 1 章);而在正压大气的假定下,自由大气的流动为地转流动。又因为边界层相对于流动的整体来说是一个薄层,故边界层流动的一个基本假定为"压力穿过边界层时连续"。因此,自由大气的地转流动为大气边界层流动提供了压力场背景和上边界条件。上述指出,科氏力近似为水平的。下面我们将看到,地转流动也是水平的。对地转流动,方程组(2.1.15)

$$\left.\begin{aligned}
&\frac{\partial u}{\partial x} + \frac{\partial v}{\partial y} + \frac{\partial w}{\partial z} = 0 \\
&\frac{\partial u}{\partial t} + u\frac{\partial u}{\partial x} + v\frac{\partial u}{\partial y} + w\frac{\partial u}{\partial z} = -\frac{1}{\rho}\frac{\partial p}{\partial x} + \nu\left(\frac{\partial^2 u}{\partial x^2} + \frac{\partial^2 u}{\partial y^2} + \frac{\partial^2 u}{\partial z^2}\right) + fv \\
&\frac{\partial v}{\partial t} + u\frac{\partial v}{\partial x} + v\frac{\partial v}{\partial y} + w\frac{\partial v}{\partial z} = -\frac{1}{\rho}\frac{\partial p}{\partial y} + \nu\left(\frac{\partial^2 v}{\partial x^2} + \frac{\partial^2 v}{\partial y^2} + \frac{\partial^2 v}{\partial z^2}\right) - fu \\
&\frac{\partial w}{\partial t} + u\frac{\partial w}{\partial x} + v\frac{\partial w}{\partial y} + w\frac{\partial w}{\partial z} = -g - \frac{1}{\rho}\frac{\partial p}{\partial z} + \nu\left(\frac{\partial^2 w}{\partial x^2} + \frac{\partial^2 w}{\partial y^2} + \frac{\partial^2 w}{\partial z^2}\right)
\end{aligned}\right\}$$

变成

$$\left.\begin{aligned}
&\frac{\partial u}{\partial x} + \frac{\partial v}{\partial y} + \frac{\partial w}{\partial z} = 0 \\
&0 = -\frac{1}{\rho}\frac{\partial p}{\partial x} + fv \\
&0 = -\frac{1}{\rho}\frac{\partial p}{\partial y} - fu \\
&0 = -g - \frac{1}{\rho}\frac{\partial p}{\partial z}
\end{aligned}\right\}
\longrightarrow
\left.\begin{aligned}
&\frac{\partial u}{\partial x} + \frac{\partial v}{\partial y} + \frac{\partial w}{\partial z} = 0 \\
&fv = \frac{1}{\rho}\frac{\partial p}{\partial x} \\
&fu = -\frac{1}{\rho}\frac{\partial p}{\partial y} \\
&\frac{\partial p}{\partial z} = -\rho g
\end{aligned}\right\} \tag{2.1.18}$$

由(2.1.18)式中第四式可得

$$\frac{\partial p}{\partial z} = -\rho g \tag{2.1.19}$$

此即众所周知的**大气静力学公式**,即气压梯度力的垂直分量与重力近似平衡。将(2.1.18)式中第 2 式对 y 求偏微商,第 3 式对 x 求偏微商,再相减,得

$$\frac{\partial v}{\partial y} + \frac{\partial u}{\partial x} = \frac{1}{f\rho}\frac{\partial^2 p}{\partial x \partial y} - \frac{1}{f\rho}\frac{\partial^2 p}{\partial y \partial x} = 0 \tag{2.1.20}$$

代回(2.1.18)式的第1式,可知

$$\frac{\partial w}{\partial z} = 0 \quad 或 \quad w = \text{const} \tag{2.1.21}$$

因为大气边界层相对于大气流动的整体来说是一个薄层,故自由大气的下边界条件可近似当作地面处理:$z=0$ 时,$w=0$。则由(2.1.21)式可得

$$w = 0 \tag{2.1.22}$$

(2.1.22)式表明,自由大气的地转流动为水平流动。由(2.1.18)式中第2,3式可求得地转风矢量 $\boldsymbol{V}_g = (u_g, v_g)$,为

$$\begin{cases} u_g = -\dfrac{1}{\rho f}\dfrac{\partial p}{\partial x} \\ v_g = \dfrac{1}{\rho f}\dfrac{\partial p}{\partial y} \end{cases} \tag{2.1.23}$$

上式表明,地转风矢量 $\boldsymbol{V}_g = (u_g, v_g)$ 与水平气压梯度力矢量 $-\dfrac{1}{\rho}\nabla p = \left(-\dfrac{1}{\rho}\dfrac{\partial p}{\partial x}, -\dfrac{1}{\rho}\dfrac{\partial p}{\partial y}\right)$ 互相垂直;或者说,地转风向与等压线平行。图2.3是地面压力分布图。

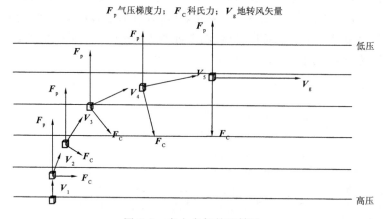

图 2.3　自由大气的地转风

故有风压律:在北半球,背风而立,高压在右。

结论:1)地转风矢量与水平气压梯度力矢量互相垂直。

　　　2)地转风风向与等压线平行。

风压律:在北半球,背风而立,高压在右,低压在左;

在南半球,背风而立,高压在左,低压在右。

注:在赤道($\varphi = 0$),由于科氏力 $f = 2\Omega_0 \sin\varphi = 0$,故(2.1.23)式不成立。

2.1.4　埃克曼流动

摩擦层中的风,是由摩擦力(暂时当作分子黏性力)、科氏力和气压梯度力共同决定的。考虑下垫面(下边界)均匀,无加速度(无惯性力,$\dfrac{\mathrm{d}\boldsymbol{V}}{\mathrm{d}t} = 0$)情况,则方程组(已知 $w \ll u, v$,故令 $w \approx$

0,即二维水平流动)

$$\left.\begin{array}{l}
\dfrac{\partial u}{\partial x}+\dfrac{\partial v}{\partial y}+\dfrac{\partial w}{\partial z}=0 \\[2mm]
\dfrac{\partial u}{\partial t}+u\dfrac{\partial u}{\partial x}+v\dfrac{\partial u}{\partial y}+w\dfrac{\partial u}{\partial z}=-\dfrac{1}{\rho}\dfrac{\partial p}{\partial x}+\nu\left(\dfrac{\partial^2 u}{\partial x^2}+\dfrac{\partial^2 u}{\partial y^2}+\dfrac{\partial^2 u}{\partial z^2}\right)+fv \\[2mm]
\dfrac{\partial v}{\partial t}+u\dfrac{\partial v}{\partial x}+v\dfrac{\partial v}{\partial y}+w\dfrac{\partial v}{\partial z}=-\dfrac{1}{\rho}\dfrac{\partial p}{\partial y}+\nu\left(\dfrac{\partial^2 v}{\partial x^2}+\dfrac{\partial^2 v}{\partial y^2}+\dfrac{\partial^2 v}{\partial z^2}\right)-fu \\[2mm]
\dfrac{\partial w}{\partial t}+u\dfrac{\partial w}{\partial x}+v\dfrac{\partial w}{\partial y}+w\dfrac{\partial w}{\partial z}=-g-\dfrac{1}{\rho}\dfrac{\partial p}{\partial z}+\nu\left(\dfrac{\partial^2 w}{\partial x^2}+\dfrac{\partial^2 w}{\partial y^2}+\dfrac{\partial^2 w}{\partial z^2}\right)
\end{array}\right\}$$

变为

$$\left.\begin{array}{l}
\dfrac{\partial u}{\partial x}+\dfrac{\partial v}{\partial y}=0 \\[2mm]
0=-\dfrac{1}{\rho}\dfrac{\partial p}{\partial x}+\nu\left(\dfrac{\partial^2 u}{\partial x^2}+\dfrac{\partial^2 u}{\partial y^2}+\dfrac{\partial^2 u}{\partial z^2}\right)+fv \\[2mm]
0=-\dfrac{1}{\rho}\dfrac{\partial p}{\partial y}+\nu\left(\dfrac{\partial^2 v}{\partial x^2}+\dfrac{\partial^2 v}{\partial y^2}+\dfrac{\partial^2 v}{\partial z^2}\right)-fu \\[2mm]
0=-g-\dfrac{1}{\rho}\dfrac{\partial p}{\partial z}
\end{array}\right\} \tag{2.1.24}$$

对于这个水平流动,又假定了下垫面均匀,故 u,v 均与水平坐标 x,y 无关($\dfrac{\partial u}{\partial x}=0,\dfrac{\partial u}{\partial y}=0,\dfrac{\partial v}{\partial x}=0,\dfrac{\partial v}{\partial y}=0$),即 $u=u(z),v=v(z)$。故将方程组(2.1.23)中的第 1,2 式分别代入方程组(2.1.24)中的第 2,3 式,得

$$\begin{cases}
f(v-v_g)+\nu\dfrac{\mathrm{d}^2 u}{\mathrm{d}z^2}=0 \\[2mm]
-f(u-u_g)+\nu\dfrac{\mathrm{d}^2 v}{\mathrm{d}z^2}=0
\end{cases} \tag{2.1.25}$$

令复风速为 $c=u+\mathrm{i}v$,复地转风速为 $c_g=u_g+\mathrm{i}v_g$($\mathrm{i}=\sqrt{-1}$,为虚数单位)。将方程组(2.1.25)的第二式乘以 i 再与第一式相加,得到

$$f(v-v_g)+\nu\dfrac{\mathrm{d}^2 u}{\mathrm{d}z^2}-\mathrm{i}f(u-u_g)+\mathrm{i}\nu\dfrac{\mathrm{d}^2 v}{\mathrm{d}z^2}\rightarrow -\mathrm{i}f(c-c_g)+\nu\dfrac{\mathrm{d}^2 c}{\mathrm{d}z^2}=0 \tag{2.1.26}$$

或

$$\dfrac{\mathrm{d}^2 u}{\mathrm{d}z^2}-\dfrac{\mathrm{i}f}{\nu}c=-\dfrac{\mathrm{i}f}{\nu}c_g \tag{2.1.27}$$

该方程的通解为

$$c=A_1\exp\left(\sqrt{\dfrac{\mathrm{i}f}{K_m}}z\right)+A_2\exp\left(-\sqrt{\dfrac{\mathrm{i}f}{K_m}}z\right)+c_g \tag{2.1.28}$$

因为 $z\rightarrow\infty$ 时,风速 c 的值应为有限,故定得常数 $A_1=0$。又因为 $z=0$ 时,$u=v=0$,即 $c=0$,故可定得常数 $A_2=-c_g$。为了方便起见,取 x 轴沿地转风方向,即令 $\boldsymbol{V_g}=(u_g,0)$,则解得复风速为

$$c=u_g\left[1-\exp\left(-\sqrt{\dfrac{\mathrm{i}f}{\nu}}z\right)\right]=u_g\left\{1-\exp\left[-\sqrt{\dfrac{f}{2\nu}}z(1+\mathrm{i})\right]\right\} \tag{2.1.29}$$

写成分量式

$$\begin{cases} u=u_g\left[1-\exp\left(-\sqrt{\dfrac{f}{2\nu}}z\right)\cos\left(\sqrt{\dfrac{f}{2\nu}}z\right)\right] \\ v=u_g\exp\left(-\sqrt{\dfrac{f}{2\nu}}z\right)\sin\left(\sqrt{\dfrac{f}{2\nu}}z\right) \end{cases} \tag{2.1.30}$$

(2.1.30)式即为摩擦层的埃克曼(Ekman)流动。将不同高度的风矢量 $V=V(z)$ 投影到地面上,其矢端迹(矢量末端的包络线)即为著名的埃克曼螺线(图 2.4)。由图可见,由于科氏力的作用,北半球摩擦层内的风矢量有随高度向右偏转的现象。

在(2.1.30)式中,第一次达到 $v=0$ 时的最小高度,即为埃克曼层的厚度 H_f。令

$$v=u_g\exp\left(-\sqrt{\frac{f}{2\nu}}z\right)\sin\left(\sqrt{\frac{f}{2\nu}}z\right)=0\rightarrow\exp\left(-\sqrt{\frac{f}{2\nu}}H_f\right)\sin\left(\sqrt{\frac{f}{2\nu}}H_f\right)=0 \quad (2.1.31)$$

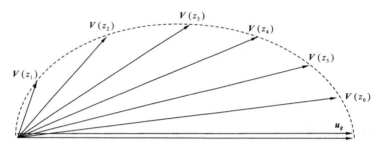

图 2.4　埃克曼螺线

即　　　　　　　　　　$\rightarrow \quad \sin\left(\sqrt{\dfrac{f}{2K_m}}H_f\right)=0 \quad\rightarrow\quad \sqrt{\dfrac{f}{2\nu}}H_f=\pi$ 　　　　(2.1.32)

即得　　　　　　　　　　　　　　　$H_f=\pi\sqrt{\dfrac{2\nu}{f}}$ 　　　　　　　　　　(2.1.33)

设在北纬 45°处($\varphi=45°$),计算得该地科氏参数 $f=1.031\times10^{-4}$;若取空气的动黏系数为 $1.3\times10^{-5}\,\mathrm{m^2/s}$,则由(2.1.33)可估算出埃克曼层的厚度仅为 $H_f\approx1.6\mathrm{m}$。数值上的荒谬源于把分子黏性力当作该层中的摩擦力。下面我们会看到,在摩擦层中,湍流摩擦力 $\tau'=\rho K_m\dfrac{\mathrm{d}u}{\mathrm{d}z}$ 比分子黏性摩擦力 $\tau=\rho\nu\dfrac{\mathrm{d}u}{\mathrm{d}z}$ 大得多。这里 K_m 称为湍流量交换系数,它的数值约为动黏系数 ν 的数值的 10^5 倍。以 K_m 代替(2.1.33)式中的 ν,并取值 $K_m\approx5\mathrm{m^2/s}$,则计算得埃克曼层的厚度为 $H_f\approx980\mathrm{m}$。这个数值比较符合实际观测的结果。

2.2　垂直分层流体与布西内斯克近似

2.2.1　低层大气的垂直分层现象

在地球的重力场中,由静力学方程 $\dfrac{\partial p}{\partial z}=-\rho g$ 可知,流体静压强是随高度的增加而减小的。由于空气的易压缩性,这同时也意味着大气密度 ρ 随高度减小。事实上,大气垂直分层(stratification)现象的另一决定因素是太阳的短波辐射和地球的长波辐射所造成的能量收支。正是

该种能量收支与重力场的共同作用造成了空气温度 T 的垂直分层结构。

距地面 11km 高度以下是所谓的大气对流层，天气现象发生在这一层中。观测表明，这一层中温度的平均直减率（垂直温度梯度的绝对值）为 $\overline{\gamma_t} = \dfrac{\partial \overline{T_e}}{\partial z} = 6.5\,℃/\text{km}$。即高度每升高 100m，空气温度降低约 $0.65℃$。由下面的气块法分析可知，对流层的温度垂直分布是一种稳定的垂直分层。

$$大气垂直分层（对流层）\begin{cases} 密度 \begin{cases} 重力 & \dfrac{\partial p}{\partial z} = -\rho g \\ 易压缩 & \end{cases} \\[2mm] 温度 \begin{cases} 太阳短波辐射—白天 \\ 地面长波辐射—夜间 \end{cases} -\dfrac{\partial \overline{T_e}}{\partial z} = 6.5\,℃/\text{km} \end{cases}$$

气块法讨论的是，当一个空气块受到扰动而偏离原来的高度 h_0 时，它将如何运动。设在原来 h_0 高度上，该气块与周围空气处于热力学平衡状态，即三个热力学参数相同。又设该空气块中不含水分（或虽有水分而无凝结或蒸发），并设其垂直运动为绝热（等熵）过程。下面依等熵过程公式计算该干空气块的温度随高度的变化。对于单位质量的完全气体，热力学第一定律为

$$U_2 - U_1 = Q + A$$

式中，A 为外界对气块的做功，Q 为气块从外界吸收的热量，$U_2 - U_1$ 为气块内能的增量。对上式进行微分，得

$$\mathrm{d}U = \mathrm{d}Q + \mathrm{d}A \tag{2.2.1}$$

式中，$\mathrm{d}Q$ 是吸热；做功 $\mathrm{d}A = -p\mathrm{d}V$，$p$ 是压强，$\mathrm{d}V$ 是体积增量；内能增量 $\mathrm{d}U = c_V\mathrm{d}T$，$c_V = 717\,\mathrm{J} \cdot \mathrm{kg}^{-1} \cdot \mathrm{K}^{-1}$ 是比定容热容，$\mathrm{d}T$ 是温度增量。完全气体状态方程为

$$p = \rho RT \rightarrow pV = RT \left(\rho = \dfrac{1}{V} 单位质量 \right) \tag{2.2.2}$$

式中，R 是气体常数，$R = c_p - c_V$，$c_p = 1004\,\mathrm{J} \cdot \mathrm{kg}^{-1} \cdot \mathrm{K}^{-1}$ 是比定压热容。对（2.2.2）式两边微分

$$\mathrm{d}(pV) = p\mathrm{d}V + V\mathrm{d}p = R\mathrm{d}T = (c_p - c_V)\mathrm{d}T \tag{2.2.3}$$
$$\rightarrow V\mathrm{d}p = R\mathrm{d}T - p\mathrm{d}V \rightarrow p\mathrm{d}V = R\mathrm{d}T - V\mathrm{d}p$$

故由（2.2.1）式得

$$\mathrm{d}Q = \mathrm{d}U - \mathrm{d}A = c_V\mathrm{d}T + p\mathrm{d}V = c_V\mathrm{d}T + (R\mathrm{d}T - V\mathrm{d}p)$$
$$= c_V\mathrm{d}T + (c_p - c_V)\mathrm{d}T - V\mathrm{d}p = c_p\mathrm{d}T - V\mathrm{d}p = 0 \,(\mathrm{d}Q = 0，即绝热；) \tag{2.2.4}$$

即

$$c_p\mathrm{d}T = V\mathrm{d}p \tag{2.2.5}$$

将该干空气块垂直运动设为准静态过程，即气块的压力总是可以和周围环境气体的压力相平衡，则依本节开头的静力学方程可知

$$\dfrac{\partial p}{\partial z} = -\rho g \rightarrow \mathrm{d}p = -\rho g\mathrm{d}z \tag{2.2.6}$$

故（2.2.5）式变成

$$V\mathrm{d}p = -g\mathrm{d}z = c_p\mathrm{d}T \left(\because V = \dfrac{1}{\rho}，单位质量 \right) \tag{2.2.7}$$

故得

$$\gamma_d = -\dfrac{\mathrm{d}T}{\mathrm{d}z} = \dfrac{g}{c_p} \approx 9.8 \times 10^{-3}\,\mathrm{K/m} \tag{2.2.8}$$

γ_d 称为干绝热直减率,即上述干空气块作垂直运动时的温度变化率。由于空气的比定压热容为 $c_p = 1004\text{J/kg}$,故可得 $\gamma_d = 9.8 \times 10^{-3}\,\text{K/m}$。即干空气块每升高 100m,其温度约降低 $0.98\,℃$。

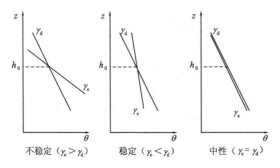

图 2.5　干空气块的绝热温度递减率和环境空气温度递减率

由图 2.5 可见,原在 h_0 高度且和周围环境空气温度相同的干空气块,当受到某种扰动而升高后,它的温度将比周围环境空气的温度降低得快。因此,一个负的浮力(向下)会使它回到平衡位置(原 h_0 高度)上去。反之,气块降低以后,它的温度将比周围环境空气温度增加得快。因此,正的浮力也会促使它回到平衡位置。总之,其结果是,扰动受到了抑制,即空气的垂直温度分层结构是稳定的。故对于整个对流层来说,大气平均处于稳定状态。

对流层的下部(从地面至约 1km 的高度)称为大气边界层(atmospheric boundary layer)。由于大气与地面之间的热量传播(还有动量传输和物质传输)发生在这一层,故温度随高度的分布(即所谓大气边界层中的温度廓线)呈现复杂的变化。设大气边界层中温度随高度的改变即所谓的环境直减率为 $-\dfrac{\partial T_e}{\partial z}$,而干空气块作垂直运动的干绝热直减率为 γ_d($\gamma_d = 9.8 \times 10^{-3}\,\text{K/m}$),则依气块法判断,可有三类不同的温度垂直分层情况:$-\dfrac{\partial T_e}{\partial z} > \gamma_d$,为不稳定大气边界层;$-\dfrac{\partial T_e}{\partial z} = \gamma_d$ 为中性大气边界层;$-\dfrac{\partial T_e}{\partial z} < \gamma_d$ 为稳定大气边界层。又在稳定大气边界层这一类之中,当环境空气温度随高度增加 $-\dfrac{\partial T_e}{\partial z} > 0$ 时,称之为逆温,是为极稳定的情况。

上述气块法还可以利用位温的概念进一步简化。我们定义压力为 p、温度为 T 的干空气块沿等熵(干绝热)过程到达压力为 $10^5\,\text{Pa}(1000\text{hPa})$ 时的温度为位温,记作 θ。在干绝热过程中,$\text{d}Q = 0$,由(2.2.5)式得到

$$c_p\,\text{d}T = V\,\text{d}p$$

由(2.2.2)式可得

$$\frac{RT}{p}\text{d}p = c_p\,\text{d}T \tag{2.2.9}$$

即得

$$\kappa\frac{\text{d}p}{p} = \frac{\text{d}T}{T} \tag{2.2.10}$$

式中,常数 $\kappa = R/c_p \approx 0.286$。积分上式,并由条件 $p = 10^5\,\text{Pa}$ 时 $T = \theta$,即得位温计算公式

$$\kappa \int_{P_0}^{P} \frac{\mathrm{d}p}{p} = \int_{T_0}^{T} \frac{\mathrm{d}T}{T} \rightarrow \frac{T}{T_0} = \left(\frac{P}{P_0}\right)^{\kappa} \rightarrow \theta = T\left(\frac{1000}{P}\right)^{0.286} \tag{2.2.11}$$

由于干空气块在作绝热垂直升降时,其位温不变,故由环境空气的位温的分布(位温垂直梯度的符号)可判断低层大气的稳定度:若位温垂直梯度$\frac{\partial \theta_e}{\partial z} = 0$,则大气边界层处于中性稳定度(上升的干空气块的位温将与周围空气的位温相同,也即是该空气块的温度与周围环境空气的温度相同,无浮力作用);若$\frac{\partial \theta_e}{\partial z} > 0$,则为稳定大气边界层(上升的干空气块的位温将低于周围空气的位温,也即是该空气块的温度将低于周围环境空气的温度,因其处于同高度(同压力)。故空气块将受到向下的浮力);若$\frac{\partial \theta_e}{\partial z} < 0$,则为不稳定大气边界层。

应当指出,依照阿基米德原理,流体团与周围环境流体的密度差是浮力产生的原因。虽然气象学中对大气的温度分层结构作了详尽的讨论,但我们在本章的以下部分讨论稳定分层流动的流体力学基本原理时,仍然要从讨论密度的分层结构入手,并采用黏性不可压缩流体的基本方程组(1.4.25)式作为出发点,而该方程组是不含有温度 T 这个物理量的。还应指出的是布西内斯克(Boussinesq)近似的采用。布西内斯克建议,当流体运动的速度比声速小得多时,可以只在动量方程的重力项中考虑由密度改变引起的重力效应。这是一个被广泛采用的基本假定,它也是本章以下讨论的基础。

2.2.2 稳定分层流动的重力(二维)效应

低层大气中的风速均为 $10\mathrm{m/s}$ 的量级,比声速小得多,故空气质点的平均运动可视为不可压缩的($\frac{\mathrm{d}\rho}{\mathrm{d}t} = 0$),从而我们可以采用布西内斯克近似来研究低层大气稳定分层流动的一些本质特征。黏性不可压缩稳定分层流动的出发方程组为

$$\begin{cases} \dfrac{\partial \rho}{\partial t} + u\dfrac{\partial \rho}{\partial x} + v\dfrac{\partial \rho}{\partial y} + w\dfrac{\partial \rho}{\partial z} = 0 \\[2mm] \rho\dfrac{\partial u}{\partial x} + \rho\dfrac{\partial v}{\partial y} + \rho\dfrac{\partial w}{\partial z} = 0 \\[2mm] \dfrac{\partial u}{\partial t} + u\dfrac{\partial u}{\partial x} + v\dfrac{\partial u}{\partial y} + w\dfrac{\partial u}{\partial z} = -\dfrac{1}{\rho}\dfrac{\partial p}{\partial x} + \nu\left(\dfrac{\partial^2 u}{\partial x^2} + \dfrac{\partial^2 u}{\partial y^2} + \dfrac{\partial^2 u}{\partial z^2}\right) \\[2mm] \dfrac{\partial v}{\partial t} + u\dfrac{\partial v}{\partial x} + v\dfrac{\partial v}{\partial y} + w\dfrac{\partial v}{\partial z} = -\dfrac{1}{\rho}\dfrac{\partial p}{\partial y} + \nu\left(\dfrac{\partial^2 v}{\partial x^2} + \dfrac{\partial^2 v}{\partial y^2} + \dfrac{\partial^2 v}{\partial z^2}\right) \\[2mm] \dfrac{\partial w}{\partial t} + u\dfrac{\partial w}{\partial x} + v\dfrac{\partial w}{\partial y} + w\dfrac{\partial w}{\partial z} = -g - \dfrac{1}{\rho}\dfrac{\partial p}{\partial z} + \nu\left(\dfrac{\partial^2 w}{\partial x^2} + \dfrac{\partial^2 w}{\partial y^2} + \dfrac{\partial^2 w}{\partial z^2}\right) \end{cases} \tag{2.2.12}$$

方程组(2.2.12)中的第一式称为不可压缩方程,它是方程$\frac{\mathrm{d}\rho}{\mathrm{d}t} = 0$的展开式与(2.2.12)中的第二式即不可压缩连续性方程相减得到的。进一步假定流动为定常$\frac{\partial}{\partial t} = 0$,不考虑黏性($\nu = 0$),则方程组可简化为

$$\begin{cases} \dfrac{\partial \rho}{\partial t}+u\dfrac{\partial \rho}{\partial x}+v\dfrac{\partial \rho}{\partial y}+w\dfrac{\partial \rho}{\partial z}=0 \\[2mm] \dfrac{\partial u}{\partial x}+\dfrac{\partial v}{\partial y}+\dfrac{\partial w}{\partial z}=0 \\[2mm] \rho\left(u\dfrac{\partial u}{\partial x}+v\dfrac{\partial u}{\partial y}+w\dfrac{\partial u}{\partial z}\right)=-\dfrac{\partial p}{\partial x} \\[2mm] \rho\left(u\dfrac{\partial v}{\partial x}+v\dfrac{\partial v}{\partial y}+w\dfrac{\partial v}{\partial z}\right)=-\dfrac{\partial p}{\partial y} \\[2mm] \rho\left(u\dfrac{\partial w}{\partial x}+v\dfrac{\partial w}{\partial y}+w\dfrac{\partial w}{\partial z}\right)=-\rho g-\dfrac{\partial p}{\partial z} \end{cases} \tag{2.2.13}$$

在对(2.2.13)式进行量阶分析时，假定是在稳定分层流动中，特征长度 L，密度 ρ 以及 $\dfrac{\partial p}{\partial z}$ 均为 1 的量阶（$\dfrac{\partial p}{\partial z}=O(1)$）。又假定为缓慢流动，以突出重力效应，即令速度尺度为 U 为 ε 阶小量（$u,v,w=O(\varepsilon)$）。将方程组中第 3 式对 z 求偏微商

$$\frac{\partial \rho}{\partial z}\left(u\frac{\partial u}{\partial x}+v\frac{\partial u}{\partial y}+w\frac{\partial u}{\partial z}\right)$$

$$+\rho\left(\frac{\partial u}{\partial z}\frac{\partial u}{\partial x}+u\frac{\partial^2 u}{\partial z\partial x}+\frac{\partial v}{\partial z}\frac{\partial u}{\partial y}+v\frac{\partial^2 u}{\partial z\partial y}+\frac{\partial w}{\partial z}\frac{\partial u}{\partial z}+w\frac{\partial^2 u}{\partial z^2}\right)=-\frac{\partial^2 p}{\partial z\partial x} \tag{2.2.14}$$

将第 5 式对 x 求偏微商

$$\frac{\partial \rho}{\partial x}\left(u\frac{\partial w}{\partial x}+v\frac{\partial w}{\partial y}+w\frac{\partial w}{\partial z}\right)$$

$$+\rho\left(\frac{\partial u}{\partial x}\frac{\partial w}{\partial x}+u\frac{\partial^2 w}{\partial x^2}+\frac{\partial v}{\partial x}\frac{\partial w}{\partial y}+v\frac{\partial^2 w}{\partial x\partial y}+\frac{\partial w}{\partial x}\frac{\partial w}{\partial z}+w\frac{\partial^2 w}{\partial x\partial z}\right)=-g\frac{\partial \rho}{\partial x}-\frac{\partial^2 p}{\partial x\partial z} \tag{2.2.15}$$

(2.2.14)式减(2.2.15)式，移项得

$$\frac{\partial \rho}{\partial z}^{[O(1)]}\left(u\frac{\partial u}{\partial x}+v\frac{\partial u}{\partial y}+w\frac{\partial u}{\partial z}\right)^{[\frac{U^2}{L}=O(\varepsilon^2)]}+\rho\left[\left(\frac{\partial u}{\partial z}\frac{\partial u}{\partial x}+\frac{\partial v}{\partial z}\frac{\partial u}{\partial y}+\frac{\partial w}{\partial z}\frac{\partial u}{\partial z}\right)\right.$$

$$+\left(u\frac{\partial^2 u}{\partial z\partial x}+v\frac{\partial^2 u}{\partial z\partial y}+w\frac{\partial^2 u}{\partial z^2}\right)-\left(\frac{\partial u}{\partial x}\frac{\partial w}{\partial x}+\frac{\partial v}{\partial x}\frac{\partial w}{\partial y}+\frac{\partial w}{\partial x}\frac{\partial w}{\partial z}\right)$$

$$\left.-\left(u\frac{\partial^2 w}{\partial x^2}+v\frac{\partial^2 w}{\partial x\partial y}+w\frac{\partial^2 w}{\partial x\partial z}\right)\right]^{[\frac{U^2}{L^2}=O(\varepsilon^2)]}$$

$$=\frac{\partial \rho}{\partial x}\left[g^{[O(1)]}+\left(u\frac{\partial w}{\partial x}+v\frac{\partial w}{\partial y}+w\frac{\partial w}{\partial z}\right)^{[\frac{U^2}{L}=O(\varepsilon^2)]}\right]^{[O(1)]} \tag{2.2.16}$$

(2.2.16)式中，左端第一项的括号 $\left(u\dfrac{\partial u}{\partial x}+v\dfrac{\partial u}{\partial y}+w\dfrac{\partial u}{\partial z}\right)$ 内各项的量阶均为 $\sim U^2/L$，又已知 $\dfrac{\partial p}{\partial z}$ 的量阶为 ~ 1，故该项 $\dfrac{\partial \rho}{\partial z}\left(u\dfrac{\partial u}{\partial x}+v\dfrac{\partial u}{\partial y}+w\dfrac{\partial u}{\partial z}\right)$ 的量阶为 $O(\varepsilon^2)$。同理，左端方括号

$$\left[\left(\frac{\partial u}{\partial z}\frac{\partial u}{\partial x}+\frac{\partial v}{\partial z}\frac{\partial u}{\partial y}+\frac{\partial w}{\partial z}\frac{\partial u}{\partial z}\right)+\left(u\frac{\partial^2 u}{\partial z\partial x}+v\frac{\partial^2 u}{\partial z\partial y}+w\frac{\partial^2 u}{\partial z^2}\right)-\left(\frac{\partial u}{\partial x}\frac{\partial w}{\partial x}+\frac{\partial v}{\partial x}\frac{\partial w}{\partial y}+\frac{\partial w}{\partial x}\frac{\partial w}{\partial z}\right)-\right.$$

$$\left.\left(u\frac{\partial^2 w}{\partial x^2}+v\frac{\partial^2 w}{\partial x\partial y}+w\frac{\partial^2 w}{\partial x\partial z}\right)\right]$$ 内所有各项的量阶均为 $\sim U^2/L^2$，又已知 ρ 的量阶为 ~ 1，故该项

$$\rho\left[\left(\frac{\partial u}{\partial z}\frac{\partial u}{\partial x}+\frac{\partial v}{\partial z}\frac{\partial u}{\partial y}+\frac{\partial w}{\partial z}\frac{\partial u}{\partial z}\right)+\left(u\frac{\partial^2 u}{\partial z\partial x}+v\frac{\partial^2 u}{\partial z\partial y}+w\frac{\partial^2 u}{\partial z^2}\right)-\left(\frac{\partial u}{\partial x}\frac{\partial w}{\partial x}+\frac{\partial v}{\partial x}\frac{\partial w}{\partial y}+\frac{\partial w}{\partial x}\frac{\partial w}{\partial z}\right)\right.$$

$-\left(u\dfrac{\partial^2 w}{\partial x^2}+v\dfrac{\partial^2 w}{\partial x\partial y}+w\dfrac{\partial^2 w}{\partial x\partial z}\right)\Big]$ 的量阶为 $O(\varepsilon^2)$。再看方程的右端，由于括号

$\left(u\dfrac{\partial u}{\partial x}+v\dfrac{\partial u}{\partial y}+w\dfrac{\partial u}{\partial z}\right)$ 内各项的量阶均为 $\sim U^2/L$，而重力的量阶为 ~ 1，即方括号

$\left[g+\left(u\dfrac{\partial w}{\partial x}+v\dfrac{\partial w}{\partial y}+w\dfrac{\partial w}{\partial z}\right)\right]$ 的量阶为 $O(1)$。因为左端的量阶为 $O(\varepsilon^2)$，右端也应当一样，即

得量阶分析的结果

$$O(1)\cdot O(\varepsilon^2)+O(\varepsilon^2)=\frac{\partial\rho}{\partial x}\left[O(1)+O(\varepsilon^2)\right] \quad\rightarrow\quad O(\varepsilon^2)=\frac{\partial\rho}{\partial x}O(1)$$

$$\rightarrow\quad \frac{\partial\rho}{\partial x}=O(\varepsilon^2) \tag{2.2.17}$$

同理，将方程组中第 4 式对 z 求偏微商，第 5 式对 y 求偏微商

$$\frac{\partial\rho}{\partial z}\left(u\frac{\partial v}{\partial x}+v\frac{\partial v}{\partial y}+w\frac{\partial v}{\partial z}\right)$$

$$+\rho\left(\frac{\partial u}{\partial z}\frac{\partial v}{\partial x}+u\frac{\partial^2 v}{\partial z\partial x}+\frac{\partial v}{\partial z}\frac{\partial v}{\partial y}+v\frac{\partial^2 v}{\partial z\partial y}+\frac{\partial w}{\partial z}\frac{\partial v}{\partial z}+w\frac{\partial^2 v}{\partial z^2}\right)=-\frac{\partial^2 p}{\partial z\partial y}$$

$$\frac{\partial\rho}{\partial y}\left(u\frac{\partial w}{\partial x}+v\frac{\partial w}{\partial y}+w\frac{\partial w}{\partial z}\right)$$

$$+\rho\left(\frac{\partial u}{\partial y}\frac{\partial w}{\partial x}+u\frac{\partial^2 w}{\partial x\partial y}+\frac{\partial v}{\partial y}\frac{\partial w}{\partial y}+v\frac{\partial^2 w}{\partial y^2}+\frac{\partial w}{\partial y}\frac{\partial w}{\partial z}+w\frac{\partial^2 w}{\partial y\partial z}\right)=-g\frac{\partial\rho}{\partial y}-\frac{\partial^2 p}{\partial y\partial z}$$

两式相减并进行量阶分析

$$\frac{\partial\rho}{\partial z}^{[O(1)]}\left(u\frac{\partial v}{\partial x}+v\frac{\partial v}{\partial y}+w\frac{\partial v}{\partial z}\right)^{\left[\frac{U^2}{L}=O(\varepsilon^2)\right]}+\rho\left[\left(\frac{\partial u}{\partial z}\frac{\partial v}{\partial x}+\frac{\partial v}{\partial z}\frac{\partial v}{\partial y}+\frac{\partial w}{\partial z}\frac{\partial v}{\partial z}\right)\right.$$

$$+\left(u\frac{\partial^2 v}{\partial z\partial x}+v\frac{\partial^2 v}{\partial z\partial y}+w\frac{\partial^2 v}{\partial z^2}\right)-\left(\frac{\partial u}{\partial y}\frac{\partial w}{\partial x}+\frac{\partial v}{\partial y}\frac{\partial w}{\partial y}+\frac{\partial w}{\partial y}\frac{\partial w}{\partial z}\right)$$

$$\left.-\left(u\frac{\partial^2 w}{\partial x\partial y}+v\frac{\partial^2 w}{\partial y^2}+w\frac{\partial^2 w}{\partial y\partial z}\right)\right]^{\left[\frac{U^2}{L^2}=O(\varepsilon^2)\right]}$$

$$=\frac{\partial\rho}{\partial y}\left[g^{[O(1)]}+\left(u\frac{\partial w}{\partial x}+v\frac{\partial w}{\partial y}+w\frac{\partial w}{\partial z}\right)^{\left[\frac{U^2}{L}=O(\varepsilon^2)\right]}\right]^{[O(1)]}$$

$$\rightarrow O(1)\cdot O(\varepsilon^2)+O(\varepsilon^2)=\frac{\partial\rho}{\partial y}\left[O(1)+O(\varepsilon^2)\right]\rightarrow O(\varepsilon^2)=\frac{\partial\rho}{\partial y}O(1)$$

$$\rightarrow\frac{\partial\rho}{\partial y}=O(\varepsilon^2) \tag{2.2.18}$$

将二者代回方程组(2.2.13)的第 1 式，因为前两项均为 $O(\varepsilon^3)$ 的量阶，则第 3 项 $w\dfrac{\partial p}{\partial z}$ 也应当一

样。已知 $\dfrac{\partial p}{\partial z}$ 的量阶为 $O(1)$，故得

$$u^{[O(\varepsilon)]}\frac{\partial\rho}{\partial x}^{[O(\varepsilon^2)]}+v^{[O(\varepsilon)]}\frac{\partial\rho}{\partial y}^{[O(\varepsilon^2)]}+w\frac{\partial\rho}{\partial z}^{[O(1)]}=0$$

$$\rightarrow O(\varepsilon)\cdot O(\varepsilon^2)+O(\varepsilon^1)\cdot O(\varepsilon^2)+w\cdot O(1)=0\rightarrow O(\varepsilon^3)+w\cdot O(1)=0$$

$$w=O(\varepsilon^3) \tag{2.2.19}$$

即速度的垂直分量 w 比水平分量 u，v 低两个量阶，这与大气物理学的观测结果一致。略去高

阶小量后,方程组(2.2.13)简化为

$$
\begin{cases}
\dfrac{\partial u}{\partial x}+\dfrac{\partial v}{\partial y}=0 \\[2mm]
u\,\dfrac{\partial u}{\partial x}+v\,\dfrac{\partial u}{\partial y}=-\dfrac{1}{\rho}\dfrac{\partial p}{\partial x} \\[2mm]
u\,\dfrac{\partial v}{\partial x}+v\,\dfrac{\partial v}{\partial y}=-\dfrac{1}{\rho}\dfrac{\partial p}{\partial y} \\[2mm]
\dfrac{\partial p}{\partial z}=-\rho g
\end{cases}
\tag{2.2.20}
$$

由方程组(2.2.20),我们可得出以下结论:

1)由于重力的作用,缓慢分层流动的垂直压力分布近似于流体的静压(方程组(2.2.20)的第 4 式)。

2)流体在水平层内作二维运动,在该水平层内保持流体的有旋性或无旋性不变(方程组(2.2.20)的前 3 式)。

3)分层流体总是在水平面内绕过有限(三维)物体,尽量不作垂直运动(如图 2.6a);对二维障碍物,将形成阻塞或上游尾流(如图 2.6b)。

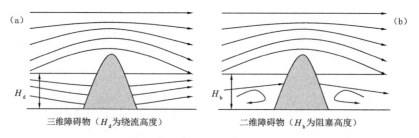

图 2.6　强稳定分层流动(H_d 和 H_b 可根据温度廓线和稳定度分类来确定)

在大气中,分层流动最常见的一个现象是低空急流,它一般发生在清晨,对飞机的起降危害很大。

2.2.3　重力分界面波

首先介绍小振幅波的概念。以水面波为例,**若振幅 a 比波长 λ 小得多,$a\ll\lambda$,则称波动为小振幅波;反之,则称为有限振幅波。小振幅波与有限振幅波的主要区别在于,前者的相速(又称波速,即波峰、波谷前进的速度)与振幅无关。又小振幅波可由线性化方程组解出,即它是线性波动,而有限振幅波是非线性的。**下面讨论重力分界面波(仅限于小振幅波)。

如图 2.7,设有密度分别为 ρ_1 和 ρ_2 的上、下两层液体($\rho_1<\rho_2$),厚度分别为 H_1 和 H_2,其上为空气。这是一个稳定分层结构,故一个垂直扰动将在两层液体的分界面上引发重力波动。

首先介绍**小扰动假定:任一物理量 u 均可写成基本量(平均量)U 和扰动量 u' 之和。一般均假定基本量的局地导数为零,而扰动量为小量,即其量阶为 $O(\varepsilon)$。又假定物理量 u 与其基本量 U 同时满足流体运动的方程组。**现在我们就使用小扰动方法推导以分界面高度 h 表示的连续性方程。将分界面高度写为 $h=H_2+h'$,且有 h'(扰动量)$\ll H_2$(基本量),这里 H_2 是基本量,h' 是扰动量。设流体以恒定的基本平均流动速度 U 沿 x 轴运动,在下层液体中作曲顶柱体(图 2.7 中用斜线画出了其侧面),底面积为 $\delta x\delta y$,上顶为密度分界面。则单位时间流

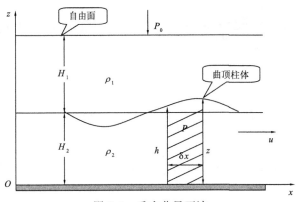

图 2.7　重力分界面波

入左侧面的流体质量为

$$\int_0^h (\rho u \delta y)\,\mathrm{d}z \tag{2.2.21}$$

这里水平速度为 $u=U+u'$。流出右侧面的流体质量则为

$$\int_0^h (\rho u \delta y)\,\mathrm{d}z + \left[\frac{\partial}{\partial x}\int_0^h (\rho u \delta y)\,\mathrm{d}z\right]\delta x \tag{2.2.22}$$

则单位时间柱体内流体质量的净减少为

$$\left[\frac{\partial}{\partial x}\int_0^h (\rho u \delta y)\,\mathrm{d}z\right]\delta x = -\frac{\partial}{\partial t}\int_0^h (\rho \delta x \delta y)\,\mathrm{d}z \tag{2.2.23}$$

因为流体为不可压缩、均质的，即 $\rho=\mathrm{const}$；又 $\delta x, \delta y$ 均为常数，但 u 及 h 均为 (x,y,z,t) 的函数，故上式变成

$$\frac{\partial}{\partial x}\int_0^h u\,\mathrm{d}z = -\frac{\partial}{\partial t}\int_0^h \mathrm{d}z = -\frac{\partial h}{\partial t} \tag{2.2.24}$$

根据参变积分公式，在二元函数 $f(x,y)$ 定义的区域 D（图 2.8）上有

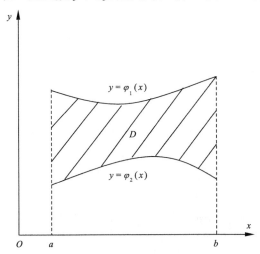

图 2.8　二元函数参变积分区域

$$\frac{\partial}{\partial x}\int_{\varphi_1(x)}^{\varphi_2(x)}f(x,y)\mathrm{d}y=\int_{\varphi_1(x)}^{\varphi_2(x)}\frac{\partial f(x,y)}{\partial x}\mathrm{d}y+\varphi'_2(x)f[x,\varphi_2(x)]-\varphi'_1(x)f[x,\varphi_1(x)]$$

$$(2.2.25)$$

则(2.2.24)式可变成

$$\frac{\partial}{\partial x}\int_0^h u\mathrm{d}z=\int_0^h\frac{\partial u}{\partial x}\mathrm{d}z+u_1\frac{\partial h}{\partial x}=-\frac{\partial h}{\partial t}=u\big|_{z=h} \qquad (2.2.26)$$

这里 u_1 是分界面上质点的水平流速。因为 $\dfrac{\partial u}{\partial x}=\dfrac{\partial U}{\partial x}+\dfrac{\partial u'}{\partial x}=\dfrac{\partial u'}{\partial x}$，一般可设 $\dfrac{\partial u'}{\partial x}$ 与高度 z 无关，即得连续性方程

$$\frac{\partial h}{\partial t}+h\frac{\partial u}{\partial x}+u_1\frac{\partial h}{\partial x}=0 \qquad (2.2.27)$$

现对下层流体列出运动方程组,略去地转力(无科氏力 $f=0$)和黏性力(无黏性 $\nu=0$)

$$\begin{cases}\dfrac{\partial h}{\partial t}+h\dfrac{\partial u}{\partial x}+u_1\dfrac{\partial h}{\partial x}=0\\[2mm]\dfrac{\partial u}{\partial t}+u\dfrac{\partial u}{\partial x}+v\dfrac{\partial u}{\partial y}+w\dfrac{\partial u}{\partial z}=-\dfrac{1}{\rho_2}\dfrac{\partial p}{\partial x}\\[2mm]\dfrac{\partial v}{\partial t}+u\dfrac{\partial v}{\partial x}+v\dfrac{\partial v}{\partial y}+w\dfrac{\partial v}{\partial z}=-\dfrac{1}{\rho_2}\dfrac{\partial p}{\partial y}\\[2mm]\dfrac{\partial w}{\partial t}+u\dfrac{\partial w}{\partial x}+v\dfrac{\partial w}{\partial y}+w\dfrac{\partial w}{\partial z}=-g-\dfrac{1}{\rho_2}\dfrac{\partial p}{\partial z}\end{cases} \qquad (2.2.28)$$

对压力作小扰动假定: $p=\bar{p}+p'$。又假定坐标系以速度 U 向 x 轴方向运动,即速度的各基本分量均为零,故得 $u=u'$,$v=v'$,$w=w'$。依照小扰动假定的原则,所有带撇的扰动量的量阶均为 $O(\varepsilon)$。则方程组(2.2.28)可以进一步简化,方程组变成

$$\begin{cases}\dfrac{\partial(H_2+h')}{\partial t}+(H_2+h')\dfrac{\partial u'}{\partial x}+u'\dfrac{\partial(H_2+h')}{\partial x}=0\\[2mm]\dfrac{\partial u'}{\partial t}+u'\dfrac{\partial u'}{\partial x}+v'\dfrac{\partial u'}{\partial y}+w'\dfrac{\partial u'}{\partial z}=-\dfrac{1}{\rho_2}\dfrac{\partial(\bar{p}+p')}{\partial x}\\[2mm]\dfrac{\partial v'}{\partial t}+u'\dfrac{\partial v'}{\partial x}+v'\dfrac{\partial v'}{\partial y}+w'\dfrac{\partial v'}{\partial z}=-\dfrac{1}{\rho_2}\dfrac{\partial(\bar{p}+p')}{\partial y}\\[2mm]\dfrac{\partial w'}{\partial t}+u'\dfrac{\partial w'}{\partial x}+v'\dfrac{\partial w'}{\partial y}+w'\dfrac{\partial w'}{\partial z}=-g-\dfrac{1}{\rho_2}\dfrac{\partial(\bar{p}+p')}{\partial z}\end{cases} \qquad (2.2.29)$$

量阶分析(上标方括号内为量阶)

$$\begin{cases}\dfrac{\partial H_2}{\partial t}^{[=0]}+\dfrac{\partial h'}{\partial t}^{[O(\varepsilon)]}+H_2\dfrac{\partial u'}{\partial x}^{[O(\varepsilon)]}+h'\dfrac{\partial u'}{\partial x}^{[O(\varepsilon^2)]}+u'\dfrac{\partial H_2}{\partial x}^{[=0]}+u'\dfrac{\partial h'}{\partial x}^{[O(\varepsilon^2)]}=0\\[2mm]\dfrac{\partial u'}{\partial t}^{[O(\varepsilon)]}+u'\dfrac{\partial u'}{\partial x}^{[O(\varepsilon^2)]}+v'\dfrac{\partial u'}{\partial y}^{[O(\varepsilon^2)]}+w'\dfrac{\partial u'}{\partial z}^{[O(\varepsilon^2)]}=-\dfrac{1}{\rho_2}\Big(\dfrac{\partial\bar{p}}{\partial x}^{[=0]}+\dfrac{\partial p'}{\partial x}^{[O(\varepsilon)]}\Big)\\[2mm]\dfrac{\partial v'}{\partial t}^{[O(\varepsilon)]}+u'\dfrac{\partial v'}{\partial x}^{[O(\varepsilon^2)]}+v'\dfrac{\partial v'}{\partial y}^{[O(\varepsilon^2)]}+w'\dfrac{\partial v'}{\partial z}^{[O(\varepsilon^2)]}=-\dfrac{1}{\rho_2}\Big(\dfrac{\partial\bar{p}}{\partial y}^{[=0]}+\dfrac{\partial p'}{\partial y}^{[O(\varepsilon)]}\Big)\\[2mm]\dfrac{\partial w'}{\partial t}^{[O(\varepsilon)]}+u'\dfrac{\partial w'}{\partial x}^{[O(\varepsilon^2)]}+v'\dfrac{\partial w'}{\partial y}^{[O(\varepsilon^2)]}+w'\dfrac{\partial w'}{\partial z}^{[O(\varepsilon^2)]}=-g-\dfrac{1}{\rho_2}\Big(\dfrac{\partial\bar{p}}{\partial z}+\dfrac{\partial p'}{\partial z}^{[O(\varepsilon)]}\Big)\end{cases}$$

显然，上式中，$\dfrac{\partial H_2}{\partial t}=\dfrac{\partial H_2}{\partial x}=0$。略去高阶小量后，第一个方程得

$$\frac{\partial h'}{\partial t}+H_2\frac{\partial u'}{\partial x}=0 \tag{2.2.30}$$

第四个方程变成

$$\frac{\partial w'}{\partial t}+u'\frac{\partial w'}{\partial x}+v'\frac{\partial w'}{\partial y}+w'\frac{\partial w'}{\partial z}=-g-\frac{1}{\rho_2}\left(\frac{\partial \overline{p}}{\partial z}+\frac{\partial p'}{\partial z}\right) \tag{2.2.31}$$

上式中略去小量，得到静力学公式

$$0=-\frac{1}{\rho_2}\frac{\partial \overline{p}}{\partial z}-g \tag{2.2.32}$$

即基本压力的垂直分布符合静压分布，即

$$\overline{p}=p_0+\rho_1 gH_1+\rho_2 g(H_2-z) \tag{2.2.33}$$

式中，p_0 是大气压。故扰动后的压力为（设自由面高度不变）

$$p=p_0+\rho_1 g(H_1-h')+\rho_2 g(H_2+h'-z)=\overline{p}+p' \tag{2.2.34}$$

即得

$$p'=-\rho_1 gh'+\rho_2 gh'=(\rho_2-\rho_1)gh' \tag{2.2.35}$$

故知 p' 是 (x,y,t) 的函数，而 $\overline{p}$ 是 z 的函数。

(2.2.28)式中第 2 式变成

$$\frac{\partial u'}{\partial t}+u'\frac{\partial u'}{\partial x}+v'\frac{\partial u'}{\partial y}+w'\frac{\partial u'}{\partial z}=-\frac{1}{\rho_2}\left(\frac{\partial \overline{p}}{\partial x}+\frac{\partial p'}{\partial x}\right) \tag{2.2.36}$$

注意到 $\dfrac{\partial \overline{p}}{\partial x}=0$，并略去高阶小量，得

$$\frac{\partial u'}{\partial t}=-\frac{1}{\rho_2}\frac{\partial p'}{\partial x} \tag{2.2.37}$$

由(2.2.35)式得

$$\frac{\partial p'}{\partial x}=(\rho_2-\rho_1)g\frac{\partial h'}{\partial x} \tag{2.2.38}$$

代回(2.2.37)式，得

$$\frac{\partial u'}{\partial t}=-\frac{g(\rho_2-\rho_1)}{\rho_2}\frac{\partial h'}{\partial x} \tag{2.2.39}$$

将(2.2.39)式对 x 求偏微商

$$\frac{\partial^2 u'}{\partial t\partial x}=-\frac{g(\rho_2-\rho_1)}{\rho_2}\frac{\partial^2 h'}{\partial x^2} \tag{2.2.40}$$

将(2.2.30)式对 t 求偏微商

$$\frac{\partial^2 h'}{\partial t^2}+H_2\frac{\partial^2 u'}{\partial t\partial x}=0 \quad\rightarrow\quad \frac{\partial^2 u'}{\partial t\partial x}=-\frac{1}{H_2}\frac{\partial^2 h'}{\partial t^2} \tag{2.2.41}$$

将(2.2.40)、(2.2.41)二式相减得

$$\frac{\partial^2 h'}{\partial t^2}=\frac{g(\rho_2-\rho_1)}{\rho_2}H_2\frac{\partial^2 h'}{\partial x^2} \quad\rightarrow\quad \frac{\partial^2 h'}{\partial t^2}=N^2 H_2^2\frac{\partial^2 h'}{\partial x^2} \tag{2.2.42}$$

此即重力分界面波的波动方程，其中 N 为布伦特-维赛拉(Brunt-Vaisälä)频率

$$N=\sqrt{\frac{g(\rho_2-\rho_1)}{\rho_2}\frac{1}{H_2}} \tag{2.2.43}$$

　　现考虑沿 x 方向传播的一维行波，即设

$$h'(x,t) = A\sin\left[\frac{2\pi}{\lambda}(x-ct)\right] \tag{2.2.44}$$

式中，λ 是波长。将之代回方程(2.2.42)，对(2.2.44)式分别求 t 和 x 的二阶偏微得

$$\rightarrow \quad \frac{\partial h'}{\partial t} = -\frac{2\pi c}{\lambda}A\cos\left[\frac{2\pi}{\lambda}(x-ct)\right] \quad \rightarrow \quad \frac{\partial^2 h'}{\partial t^2} = -\frac{4\pi^2 c^2}{\lambda^2}A\sin\left[\frac{2\pi}{\lambda}(x-ct)\right]$$

$$\rightarrow \quad \frac{\partial h'}{\partial x} = -\frac{2\pi}{\lambda}A\cos\left[\frac{2\pi}{\lambda}(x-ct)\right] \quad \rightarrow \quad \frac{\partial^2 h'}{\partial x^2} = -\frac{4\pi^2}{\lambda^2}A\sin\left[\frac{2\pi}{\lambda}(x-ct)\right]$$

代回到波动方程(2.2.42)式

$$-\frac{4\pi^2 c^2}{\lambda^2}A\sin\left[\frac{2\pi}{\lambda}(x-ct)\right] = -\frac{4\pi^2}{\lambda^2}N^2 H_2^2 A\sin\left[\frac{2\pi}{\lambda}(x-ct)\right] \quad \rightarrow \quad c^2 = N^2 H_2^2$$

即可求得该波动沿 x 轴传播的相速为

$$c = \pm N H_2 = \pm\sqrt{\frac{g H_2 (\rho_2 - \rho_1)}{\rho_2}} \tag{2.2.45}$$

本节讨论的分界面波是上、下两层流体静止或以相同的速度 U 流动，而在实际大气中情况更为复杂：密度(温度)的间断面也往往意味着平均速度 u 的不连续。设上层流速为 v_1，沿 x 轴正向运动；下层流速为 v_2，沿负 x 轴方向运动。这时，将在分界面上形成开尔文—亥姆霍兹(Kelvin-Helmhotz)波，其波速 c 可类似推得为

$$c = \frac{\rho_1 u_1 + \rho_2 u_2}{\rho_1 + \rho_2} \pm \sqrt{\frac{2\pi g}{\lambda} \cdot \frac{\rho_2 - \rho_1}{\rho_2 + \rho_1} - \frac{\rho_1 \rho_2 (u_2 + u_1)^2}{(\rho_1 + \rho_2)^2}} \tag{2.2.46}$$

该开尔文-亥姆霍兹波可由对流层上部波浪状分布的云直观地显示出来。又该波动可通过图2.9 所示的实验演示。将图中左侧长时间静置于竖直位置的容器放平，则在中间狭窄的水平通道中，将发生上述的流动：油在上，水在下，反向运动，并在分界面上形成开尔文—亥姆霍兹波。此外，在对流层上部的波浪状云是开尔文—亥姆霍兹波的直观表现。

由上述讨论过程我们介绍了使动量方程线性化的小扰动方法，它的解适用于小振幅波。

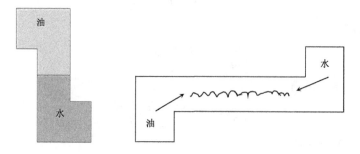

图 2.9　油、水分界面上的重力波

2.2.4　密度连续变化的重力内波

当环境流体密度随高度连续减小时($\frac{d\rho}{dz} < 0$)，流体内存在重力内波形式的运动。仍采用小扰动方法使运动方程线性化。同上节一样，假定流体静止，忽略黏性($\nu = 0$)，则有

$$u = \bar{u} + u', v = \bar{v} + v', w = \bar{w} + w'$$

$$\bar{u} = \bar{v} = \bar{w} = 0 \rightarrow u = u', v = v', w = w'$$

$$p=\bar{p}+p',\quad \rho=\bar{\rho}+\rho' \tag{2.2.47}$$

将之代入如下的不可压缩分层流动的方程组,且采用布西内斯克近似,即在动量方程中,只在重力项中考虑密度扰动 ρ' 的作用,由方程组

$$\begin{cases} \dfrac{\partial \rho}{\partial t}+u\dfrac{\partial \rho}{\partial x}+v\dfrac{\partial \rho}{\partial y}+w\dfrac{\partial \rho}{\partial z}=0 \\[2mm] \dfrac{\partial u}{\partial x}+\dfrac{\partial v}{\partial y}+\dfrac{\partial w}{\partial z}=0 \\[2mm] \rho\left(\dfrac{\partial u}{\partial t}+u\dfrac{\partial u}{\partial x}+v\dfrac{\partial u}{\partial y}+w\dfrac{\partial u}{\partial z}\right)=-\dfrac{\partial p}{\partial x} \end{cases} \tag{2.2.48}$$

$$\begin{cases} \rho\left(\dfrac{\partial v}{\partial t}+u\dfrac{\partial v}{\partial x}+v\dfrac{\partial v}{\partial y}+w\dfrac{\partial v}{\partial z}\right)=-\dfrac{\partial p}{\partial y} \\[2mm] \rho\left(\dfrac{\partial w}{\partial t}+u\dfrac{\partial w}{\partial x}+v\dfrac{\partial w}{\partial y}+w\dfrac{\partial w}{\partial z}\right)=-\rho g-\dfrac{\partial p}{\partial z} \end{cases} \tag{2.2.49}$$

得到

$$\begin{cases} \dfrac{\partial \bar{\rho}}{\partial t}+\dfrac{\partial \rho'}{\partial t}+u'\left(\dfrac{\partial \bar{\rho}}{\partial x}+\dfrac{\partial \rho'}{\partial x}\right)+v'\left(\dfrac{\partial \bar{\rho}}{\partial y}+\dfrac{\partial \rho'}{\partial y}\right)+w'\left(\dfrac{\partial \bar{\rho}}{\partial z}+\dfrac{\partial \rho'}{\partial z}\right)=0 \\[2mm] \dfrac{\partial u'}{\partial x}+\dfrac{\partial v'}{\partial y}+\dfrac{\partial w'}{\partial z}=0 \\[2mm] (\bar{\rho}+\rho')\left(\dfrac{\partial u'}{\partial t}+u'\dfrac{\partial u'}{\partial x}+v'\dfrac{\partial u'}{\partial y}+w'\dfrac{\partial u'}{\partial z}\right)=-\left(\dfrac{\partial \bar{p}}{\partial x}+\dfrac{\partial p'}{\partial x}\right) \\[2mm] (\bar{\rho}+\rho')\left(\dfrac{\partial v'}{\partial t}+u'\dfrac{\partial v'}{\partial x}+v'\dfrac{\partial v'}{\partial y}+w'\dfrac{\partial v'}{\partial z}\right)=-\left(\dfrac{\partial \bar{p}}{\partial y}+\dfrac{\partial p'}{\partial y}\right) \\[2mm] (\bar{\rho}+\rho')\left(\dfrac{\partial w'}{\partial t}+u'\dfrac{\partial w'}{\partial x}+v'\dfrac{\partial w'}{\partial y}+w'\dfrac{\partial w'}{\partial z}\right)=-(\bar{\rho}+\rho')g-\left(\dfrac{\partial \bar{p}}{\partial z}+\dfrac{\partial p'}{\partial z}\right) \end{cases} \tag{2.2.50}$$

$$\begin{cases} \dfrac{\partial \bar{\rho}}{\partial t}^{[=0]}+\dfrac{\partial \rho'}{\partial t}^{[O(\varepsilon)]}+\left(u'\dfrac{\partial \bar{\rho}}{\partial x}+v'\dfrac{\partial \bar{\rho}}{\partial y}\right)^{[=0]}+\left(u'\dfrac{\partial \rho'}{\partial x}+v'\dfrac{\partial \rho'}{\partial y}+w'\dfrac{\partial \rho'}{\partial z}\right)^{[O(\varepsilon^2)]}+w'\dfrac{\partial \bar{\rho}}{\partial z}=0 \\[2mm] \dfrac{\partial u'}{\partial x}+\dfrac{\partial v'}{\partial y}+\dfrac{\partial w'}{\partial z}=0 \\[2mm] \bar{\rho}\dfrac{\partial u'}{\partial t}^{[O(\varepsilon)]}+\bar{\rho}\left(u'\dfrac{\partial u'}{\partial x}+v'\dfrac{\partial u'}{\partial y}+w'\dfrac{\partial u'}{\partial z}\right)^{[O(\varepsilon^2)]}+\rho'\dfrac{\partial u'}{\partial t}^{[O(\varepsilon^2)]} \\[2mm] \quad+\rho'\left(u'\dfrac{\partial u'}{\partial x}+v'\dfrac{\partial u'}{\partial y}+w'\dfrac{\partial u'}{\partial z}\right)^{[O(\varepsilon^3)]}=-\dfrac{\partial \bar{p}}{\partial x}^{[=0]}-\dfrac{\partial p'}{\partial x}^{[O(\varepsilon)]} \\[2mm] \bar{\rho}\dfrac{\partial v'}{\partial t}^{[O(\varepsilon)]}+\bar{\rho}\left(u'\dfrac{\partial v'}{\partial x}+v'\dfrac{\partial v'}{\partial y}+w'\dfrac{\partial v'}{\partial z}\right)^{[O(\varepsilon^2)]}+\rho'\dfrac{\partial v'}{\partial t}^{[O(\varepsilon^2)]} \\[2mm] \quad+\rho'\left(u'\dfrac{\partial v'}{\partial x}+v'\dfrac{\partial v'}{\partial y}+w'\dfrac{\partial v'}{\partial z}\right)^{[O(\varepsilon^3)]}=-\dfrac{\partial \bar{p}}{\partial y}^{[=0]}-\dfrac{\partial p'}{\partial y}^{[O(\varepsilon)]} \\[2mm] \bar{\rho}\dfrac{\partial w'}{\partial t}^{[O(\varepsilon)]}+\bar{\rho}\left(\dfrac{\partial w'}{\partial t}+u'\dfrac{\partial w'}{\partial x}+v'\dfrac{\partial w'}{\partial y}+w'\dfrac{\partial w'}{\partial z}\right)^{[O(\varepsilon^2)]}+\rho'\dfrac{\partial w'}{\partial t}^{[O(\varepsilon^2)]} \\[2mm] \quad+\rho'\left(u'\dfrac{\partial w'}{\partial x}+v'\dfrac{\partial w'}{\partial y}+w'\dfrac{\partial w'}{\partial z}\right)^{[O(\varepsilon^3)]}=-\left(\bar{\rho}g+\dfrac{\partial \bar{p}}{\partial z}\right)^{[=0]}-\left(\rho'g+\dfrac{\partial p'}{\partial z}\right)^{[O(\varepsilon)]} \end{cases}$$

略去上式中的高阶小量,并考虑到密度仅随高度改变($p=p(z),\rho=\rho(z)$),以及基本量的局地导数为零

$$\frac{\partial \overline{p}}{\partial x}=\frac{\partial \overline{p}}{\partial y}=\frac{\partial \overline{\rho}}{\partial x}=\frac{\partial \overline{\rho}}{\partial y}=0,\ \frac{\partial \overline{p}}{\partial z}=-\overline{\rho}g,\ \frac{\partial \overline{\rho}}{\partial t}=0 \tag{2.2.51}$$

即得到有关扰动量的线性化的方程组

$$\begin{cases} \dfrac{\partial \rho'}{\partial t}+w'\dfrac{\partial \overline{\rho}}{\partial z}=0 \\[2mm] \dfrac{\partial u'}{\partial x}+\dfrac{\partial v'}{\partial y}+\dfrac{\partial w'}{\partial z}=0 \\[2mm] \overline{\rho}\dfrac{\partial u'}{\partial t}=-\dfrac{\partial p'}{\partial x} \\[2mm] \overline{\rho}\dfrac{\partial v'}{\partial t}=-\dfrac{\partial p'}{\partial y} \\[2mm] \overline{\rho}\dfrac{\partial w'}{\partial t}=-\rho' g-\dfrac{\partial p'}{\partial z} \end{cases} \tag{2.2.52}$$

　　这样,我们就通过小扰动方法得到了波动量(扰动量)所满足的线性方程组。

　　考虑图 2.10 所示的平面波(波前为平面)的解,设相邻两个同位相波阵面(波前)之间的距离(即波长)为 λ,则有波数矢量 $\boldsymbol{k}=(k_x,k_y,k_z)$。$k$ 的方向与波阵面垂直,并指向波的前进方向,数值上等于 $\dfrac{2\pi}{\lambda}$。又设平面波的圆频率为 σ。现我们欲求方程组(2.2.51)的波形解,设其形状为

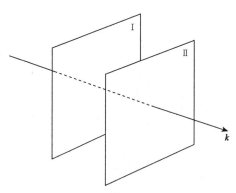

图 2.10　两个相邻波阵面

$$\begin{bmatrix} u' \\ v' \\ w' \\ p' \\ \rho' \end{bmatrix}=\begin{bmatrix} u^* \\ v^* \\ w^* \\ p^* \\ \rho^* \end{bmatrix}\exp[-\mathrm{i}(\sigma t+k_x x+k_y y+k_z z)] \tag{2.2.53}$$

式中,u^*,v^*,w^*,p^* 和 ρ^* 等均为振幅。将(2.2.52)式代回(2.2.51)式

$$\begin{cases} -\mathrm{i}\sigma\rho^*\exp[-\mathrm{i}(\sigma t+k_x x+k_y y+k_z z)] \\ +\dfrac{\partial \overline{\rho}}{\partial z}w^*\exp[-\mathrm{i}(\sigma t+k_x x+k_y y+k_z z)]=0 \\ -\mathrm{i}k_x u^*\exp[-\mathrm{i}(\sigma t+k_x x+k_y y+k_z z)]-\mathrm{i}k_y v^*\exp[-\mathrm{i}(\sigma t+k_x x+k_y y+k_z z)] \\ -\mathrm{i}k_z w^*\exp[-\mathrm{i}(\sigma t+k_x x+k_y y+k_z z)]=0 \\ -\mathrm{i}\sigma u^*\overline{\rho}\exp[-\mathrm{i}(\sigma t+k_x x+k_y y+k_z z)]=\mathrm{i}k_x p^*\exp[-\mathrm{i}(\sigma t+k_x x+k_y y+k_z z)] \\ -\mathrm{i}\sigma v^*\overline{\rho}\exp[-\mathrm{i}(\sigma t+k_x x+k_y y+k_z z)]=\mathrm{i}k_y p^*\exp[-\mathrm{i}(\sigma t+k_x x+k_y y+k_z z)] \\ -\mathrm{i}\sigma w^*\overline{\rho}\exp[-\mathrm{i}(\sigma t+k_x x+k_y y+k_z z)]=-g\rho^*\exp[-\mathrm{i}(\sigma t+k_x x+k_y y+k_z z)] \\ +\mathrm{i}k_z p^*\exp[-\mathrm{i}(\sigma t+k_x x+k_y y+k_z z)] \end{cases} \tag{2.2.54}$$

消去指数项,即得

$$
同理\begin{cases}-\mathrm{i}\sigma\rho^{*}+\dfrac{\partial\bar\rho}{\partial z}w^{*}=0\\[2mm]k_{x}u^{*}+k_{y}v^{*}+k_{z}w^{*}=0\\[2mm]-\sigma u^{*}\bar\rho=k_{x}p^{*}\\[2mm]-\sigma v^{*}\bar\rho=k_{y}p^{*}\\[2mm]-\sigma w^{*}\bar\rho=\mathrm{i}g\rho^{*}+k_{z}p^{*}\end{cases}\rightarrow\begin{cases}-\mathrm{i}\sigma\rho^{*}+\dfrac{\partial\bar\rho}{\partial z}w^{*}=0\\[2mm]k_{x}u^{*}+k_{y}v^{*}+k_{z}w^{*}=0\\[2mm]u^{*}=-\dfrac{k_{x}p^{*}}{\sigma\bar\rho}\\[2mm]v^{*}=-\dfrac{k_{y}p^{*}}{\sigma\bar\rho}\\[2mm]w^{*}=-\dfrac{1}{\sigma\bar\rho}(\mathrm{i}g\rho^{*}+k_{z}p^{*})\end{cases}\tag{2.2.55}
$$

(2.2.54)式是 5 个未知数 u^{*},v^{*},w^{*},p^{*} 和 ρ^{*} 的线性齐次代数方程组。若从中消去 u^{*},v^{*},w^{*},即得到关于 p^{*} 和 ρ^{*} 的二元方程组

$$
\begin{cases}\mathrm{i}\sigma\rho^{*}+\dfrac{1}{\sigma\bar\rho}\dfrac{\partial\bar\rho}{\partial z}(k_{z}p^{*}+\mathrm{i}g\rho^{*})=0\\[3mm]-\mathrm{i}\left(\dfrac{k_{x}^{2}}{\bar\rho}+\dfrac{k_{y}^{2}}{\bar\rho}\right)p^{*}+\mathrm{i}^{2}\sigma^{2}k_{z}\left(\dfrac{\partial\bar\rho}{\partial z}\right)^{-1}\rho^{*}=0\end{cases}\tag{2.2.56}
$$

因为齐次方程组有非零解的充要条件为其系数行列式等于零,即

$$
\begin{vmatrix}-\dfrac{\mathrm{i}}{\bar\rho}(k_{x}^{2}+k_{y}^{2}) & \mathrm{i}^{2}k_{z}\sigma^{2}\left(\dfrac{\partial\bar\rho}{\partial z}\right)^{-1}\\[3mm]-\mathrm{i}k_{z} & \bar\rho\sigma^{2}\left(\dfrac{\partial\bar\rho}{\partial z}\right)^{-1}+g\end{vmatrix}=0\tag{2.2.57}
$$

$$
k_{z}^{2}g\frac{\partial\bar\rho}{\partial z}=|\boldsymbol{k}|^{2}\left(g\frac{\partial\bar\rho}{\partial z}+\sigma^{2}\bar\rho\right)\quad(|\boldsymbol{k}|^{2}=k_{x}^{2}+k_{y}^{2}+k_{z}^{2})
$$

$$
\rightarrow\sigma^{2}\bar\rho|\boldsymbol{k}|^{2}=g\frac{\partial\bar\rho}{\partial z}(k_{z}^{2}-|\boldsymbol{k}|^{2})\rightarrow\sigma^{2}=-\frac{g}{\bar\rho}\frac{\partial\bar\rho}{\partial z}\frac{|\boldsymbol{k}|^{2}-k_{z}^{2}}{|\boldsymbol{k}|^{2}}
$$

展开行列式得

$$
\sigma=\sqrt{-\frac{g}{\bar\rho}\frac{\partial\bar\rho}{\partial z}\left(1-\frac{k_{z}^{2}}{k_{x}^{2}+k_{y}^{2}+k_{z}^{2}}\right)}=\sqrt{-\frac{g}{\bar\rho}\frac{\partial\bar\rho}{\partial z}}\frac{\sqrt{k^{2}-k_{z}^{2}}}{k}\tag{2.2.58}
$$

由图 2.11 可知,上式中的 $\dfrac{\sqrt{k^{2}-k_{z}^{2}}}{k}$ 是波矢量 k 与 z 轴的夹角的正弦的绝对值,即

$$
\frac{\sqrt{k^{2}-k_{z}^{2}}}{k}=|\sin\theta|\tag{2.2.59}
$$

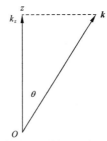

图 2.11　矢量波 $\boldsymbol{k}$ 与 z 轴

故得圆频率

$$\sigma = \sqrt{-\frac{g}{\bar{\rho}}\frac{\partial \bar{\rho}}{\partial z}}\frac{\sqrt{k^2 - k_z^2}}{k} = N' \,|\sin\theta| \qquad (2.2.60)$$

以上给出了重力内波的解的一些特征。当给定初、边条件时可以有更具体的解。这里又出现了一个**布伦特-维赛拉频率**,定义为

$$N' = \sqrt{-\frac{g}{\bar{\rho}}\frac{\partial \bar{\rho}}{\partial z}} \qquad (2.2.61)$$

而波速(波的相速)则为

$$c = \frac{\sigma}{k} = N'\frac{\sqrt{k^2 - k_z^2}}{k} \qquad (2.2.62)$$

布伦特-维赛拉频率 N' 又称为重力内波频率。 在所有可能的谐波分量中,它是其中最高频率的谐波分量的频率,即 N' 是所有可能的重力内波的频率的上限。由其定义可见,重力内波的频率 N' 上限取决于环境空气的密度的垂直梯度 $-\frac{\partial \bar{\rho}}{\partial z}$。当然,只有稳定分层流动($-\frac{\partial \bar{\rho}}{\partial z} <$ 0)才可能有重力内波存在;而且密度梯度的绝对值越大时,重力内波的频率也就越高,波的传播速度也就越快。在低层大气中,应将上述布伦特-维赛拉频率 N' 定义式中的密度梯度 $-\frac{\partial \bar{\rho}}{\partial z}$ 代之以位温梯度 $\frac{\partial \bar{\theta}}{\partial z}$,即

$$N'' = \sqrt{-\frac{g}{\bar{\theta}}\frac{\partial \bar{\theta}}{\partial z}} \qquad (2.2.63)$$

代表流体密度垂直分层效应的无量纲相似参数为密度弗劳德数

$$Fr^* = \frac{U}{N'L} \qquad (2.2.64)$$

或位温弗劳德数

$$Fr^{**} = \frac{U}{N''L} \qquad (2.2.65)$$

当 Fr^* 或 Fr^{**} 足够大($Fr^*, Fr^{**} \to \infty$)时,密度分层不明显,接近中性大气边界层流动情况,即密度分层效应可以忽略。当 Fr^* 或 Fr^{**} 很小(即 $Fr^*, Fr^{**} \ll 1$)时,则为强稳定分层情况。

重力内波的一个非常重要的例子就是在山脊的背风侧形成的背风波(Lee waves),图 2.12 是背风波流动图案的数值结果。

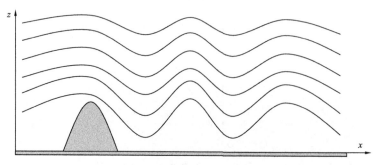

图 2.12　背风波

第 3 章　　边界层理论基础

3.1　边界层的基本概念

当流体流经固壁表面时会产生摩擦力（壁面切应力）：$\tau_w = \mu \dfrac{\partial u}{\partial z}\Big|_{z=0}$，各层流体之间也有所谓的内摩擦力（黏性切应力），表达式亦为 $\tau = \mu \dfrac{\partial u}{\partial z}$。对于空气这样黏性系数 μ 很小的流体，除了紧贴壁面的薄层之外，在流动的大部分区域中内摩擦力均可以忽略。根据实验测出的速度分布曲线，流场可以分成性质很不相同的两个区域：一个紧贴壁面非常薄的一层流动区域成为"边界层"，另一个是边界层之外的外部流动（如图 3.1，其中边界层的厚度 δ 被夸大了）。边界层内有很大的速度梯度 $\dfrac{\partial u}{\partial z}$，而且愈接近壁面 $\dfrac{\partial u}{\partial z}$ 的数值愈大，故黏性摩擦力 $\tau = \mu \dfrac{\partial u}{\partial z}$ 也很大，尽管 μ 很小。而且边界层中的明显的速度剪切意味着流动具有强烈的涡旋性。而在外部流动中，$\dfrac{\partial u}{\partial z}$ 很小，μ 的数值又很小，故黏性力完全可以忽略。若来流是均匀气流（图 3.1），则外部流动完全可以视作"理想、无旋"的。

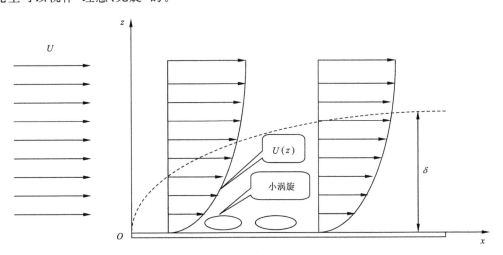

图 3.1　平板边界层示意图

两个流体区域之间的分界不好确定，因边界层内部的流动是渐进地趋于外部流动的。一般可以人为规定：与来流速度 U 相差 1% 位置即为边界层的上界。

边界层的概念是普朗特（Prandtl）在 20 世纪初引进的，用以解决固体物体在流体中运动时的摩擦阻力和热传递问题。而当萨顿(Sutton)于 20 世纪 40 年代末将低层大气的流动与平板湍流边界层相类比,提出了大气边界层(行星边界层)的概念之后,环境流体力学也就诞生了。这是因为,**大气边界层,特别是它的最下层(近地面层)正是人类生活的主要环境。**

例 1:在北京大学环境中心大风洞测量的边界层流动结构(1997 年 6 月 26 日),自由流速度 $U=8.2\text{m/s}$,数据如表 3.1 和图 3.2。

表 3.1　　大风洞测量的边界层流动结构数据

$Z(\text{mm})$	$U(\text{m/s})$	Ti
5	4.096	0.20
10	4.555	0.19
15	4.999	0.18
20	5.288	0.17
40	6.345	0.11
60	6.917	0.09
80	7.274	0.06
100	7.447	0.05
150	7.741	0.04
200	7.923	0.04
250	8.015	0.03
300	8.079	0.03
400	8.135	0.02
500	8.141	0.02
600	8.201	0.01

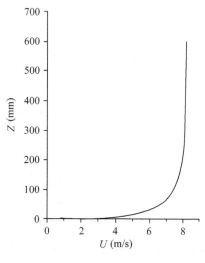

图 3.2　风洞内平板湍流边界层

表 3.1 中,Ti 为湍流度,它是衡量流体涡旋强弱的一个指标,并有

$$Ti=\frac{\sqrt{\sigma_u}}{U}$$

其中

$$\sigma_u=\frac{1}{N-1}\sum_{i=1}^{N}(u_i-\bar{u})^2$$

称为速度方差,在某一高度上测量 N 次 u 值。根据以上数据,可推算出边界层上界约为 380mm。

3.1.1　边界层厚度 δ 的估算

首先应提醒读者注意的是,边界层的边界线不是流线。而且一般来说,流线是穿过边界线而进入边界层的。**边界层的基本假定是:惯性力与内摩擦力的量级相当。**考察动量方程的第一分量式

$$\rho\left(\frac{\partial u}{\partial t}+u\frac{\partial u}{\partial x}+v\frac{\partial u}{\partial y}+w\frac{\partial u}{\partial z}\right)=-\frac{\partial p}{\partial x}+\mu\left(\frac{\partial^2 u}{\partial x^2}+\frac{\partial^2 u}{\partial y^2}+\frac{\partial^2 u}{\partial z^2}\right) \tag{3.1.1}$$

方程左端为单位体积流体所受的惯性力,右端第二项为单位体积流体所受的摩擦力(分子黏性力)。从而,前者可以用 $\rho u\dfrac{\partial u}{\partial x}$ 估计其量阶,后者可以用 $\mu\dfrac{\partial^2 u}{\partial z^2}$ 估计其量阶。设速度尺度为均匀来流速度 U,水平长度尺度为板长 L,垂直长度尺度为 δ,则惯性力的量阶可估计为 $\rho U^2/L$,分子黏性力的量阶可估计为 $\mu U/\delta^2$。由于边界层流动中二者量阶相同,或说二者相除为 1 的量阶,即 $\rho U^2/L\sim\mu U/\delta^2$。故有

$$\delta \sim \sqrt{\frac{\mu L}{\rho U}} = \sqrt{\frac{\nu L}{U}} \tag{3.1.2}$$

上式表明,边界层的厚度 δ 是随平板的长度 L 而增大的,$\delta \propto L^{\frac{1}{2}}$。又,自由流的速度 U 越大,则在相同的下游距离上边界层的厚度 δ 就越小,$\delta \propto U^{-\frac{1}{2}}$。引入雷诺数 $Re = \dfrac{UL}{\nu}$,上式变成

$$\delta \propto \frac{L}{\sqrt{Re}} \tag{3.1.3}$$

即是说,边界层的厚度 δ 与雷诺数 Re 的平方根成反比。依布劳修斯(Blasius)对层流边界层的级数解,上式中的比例系数为 5,即得

$$\frac{\delta}{L} = \frac{5}{\sqrt{Re}} \tag{3.1.4}$$

上式表明,无量纲边界层厚度 $\dfrac{\delta}{L}$ 与雷诺数 Re 之间的普适关系。

3.1.2　壁面切应力 τ_w 的估算

因为 $\tau_w = \mu \dfrac{\partial u}{\partial z}\Big|_{z=0}$,故估计量阶:$\tau_w \sim \mu \dfrac{U}{\delta}$。将(3.1.2)式代入之可得

$$\tau_w \sim \mu \frac{U}{\delta} = \sqrt{\frac{\mu \rho U^3}{L}} \tag{3.1.5}$$

即壁面摩擦应力 τ_w 与 $L^{1/2}$ 成反比,而与 $U^{2/3}$ 成正比。定义**无量纲壁面切应力(即局部摩擦阻力系数)**为 $C'_f = \dfrac{\tau_w}{\frac{1}{2}\rho U^2}$,则上式变为

$$C'_f = \frac{\tau_w}{\frac{1}{2}\rho U^2} \propto \frac{\sqrt{\dfrac{\mu \rho U^3}{L}}}{\rho U^2} = \sqrt{\frac{\nu}{UL}} = \frac{1}{\sqrt{Re}} \tag{3.1.6}$$

即 Re 愈大,则无量纲壁面切应力 C'_f 愈小。

以上由量阶分析的方法,我们讨论了边界层的厚度即壁面摩擦应力。其结果表明,**边界层的主定参数是雷诺数** $Re = \dfrac{UL}{\nu}$,它决定了边界层的无量纲厚度 $\dfrac{\delta}{L}$ 和无量纲壁面摩擦应力 $C'_f = \dfrac{\tau_w}{\frac{1}{2}\rho U^2}$。以式(3.1.4)、式(3.1.6)为代表,这种无量纲参数(变量)之间的函数关系是具有普适性的规律,反映了物理现象的本质。

3.1.3　边界层分离和尾流涡旋

将一个非流线型体(又称为钝体)置于流场内,实验表明,在壁面某个位置(即所谓分离点),边界层内流动从物体表面分离出来,并在物体后面形成尾流涡旋。

下面定性解释该现象的原因。设钝体为无穷长圆柱(图 3.3),首先考虑理想、无黏性的流体的定常流动。依伯努利方程,沿中央流线(将重力项 gz 移至常数中)

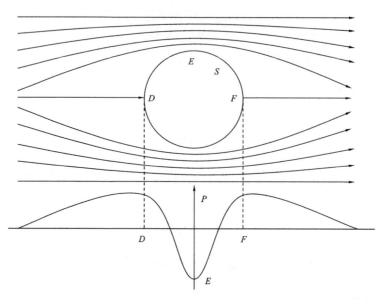

图 3.3　黏性流体绕圆柱流动

$$\frac{U^2}{2}+\frac{p}{\rho}=\text{const} \tag{3.1.7}$$

因此,可知图 3.3 中 D,F 两点(驻点)的速度小而压力大,E 点则反之,速度大而压力小。流体质点从 D 点移至 E 点是在顺压梯度下运动,压力能转化为动能;而从 E 点移至 F 点则要克服逆压梯度,从而动能转化为压力能。因无能量损失,故 F 点速度与 D 点相同。图 3.3 的下部画出了由 D 至 F 的压力变化曲线。由上述理想流体运动的压力场为背景,进一步考虑黏性力的作用。由于黏性力的作用仅限于极薄的边界层内,故可以认为圆柱壁面压力分布与上述理想流体情况完全相同。但贴近壁面的流体质点在从 D 到 E 的运动过程中由于克服黏性摩擦力做功,消耗了大量的动能,故当进入 E-F 段逆压区后,不能走得很远,而在 S 点停了下来。然而,下游的流体质点在逆压梯度的作用下向相反方向运动(回流),从而在 S 点形成大涡旋。该涡旋像楔子一样使边界层从物面分离,分离后的边界层像自由射流一样注入外流中,形成了尾流涡旋区的边界线。综上所述,逆压梯度的存在(钝体绕流)和黏性摩擦力耗散掉流体质点的动能是边界层分离并形成尾流涡旋的主要原因。

上述涡旋逐渐成长,左右两侧的涡旋交替地脱落,在圆柱后面形成著名的冯·卡曼(Von Karman)涡街(图 3.4,图 3.5,图 3.6)。冯·卡曼计算出,只有当 $\frac{h}{l}=0.281$ 时,涡街才是稳定(可能存在)的。后来的研究表明,无量纲涡脱落频率 $nL/U=Sr$ 只是流动雷诺数 $Re=UL/\nu$ 的函数

$$Sr=f(Re) \tag{3.1.8}$$

图 3.4　圆柱绕流($Re=26$)

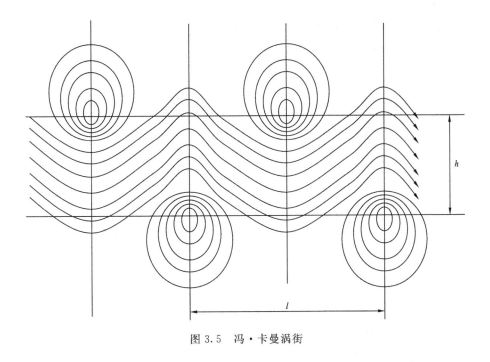

图 3.5　冯·卡曼涡街

3.2　普朗特边界层方程

普朗特引入量阶分析的方法,简化了二维不可压缩流体的纳维－斯托克斯方程组,从而导

图 3.6　冯·卡曼涡街实验照片

出他的边界层方程。下面我们介绍他的推导过程。

由于空气和水的动黏系数 ν 很小,故 $Re = \dfrac{UL}{\nu}$ 很大。对边界层流动的实验观测表明,边界层的厚度极小:$\delta \ll L[\delta' = \delta/L \sim O(\varepsilon)]$。再依普朗特提出的边界层概念,一个基本假定是:在边界层内黏性力与惯性力同阶。

二维边界层流动的出发方程组为(暂不考虑质量力)

$$\begin{cases} \dfrac{\partial u}{\partial x} + \dfrac{\partial w}{\partial z} = 0 \\[2mm] \dfrac{\partial u}{\partial t} + u\dfrac{\partial u}{\partial x} + w\dfrac{\partial u}{\partial z} = -\dfrac{1}{\rho}\dfrac{\partial p}{\partial x} + \nu\left(\dfrac{\partial^2 u}{\partial x^2} + \dfrac{\partial^2 u}{\partial z^2}\right) \\[2mm] \dfrac{\partial w}{\partial t} + u\dfrac{\partial w}{\partial x} + w\dfrac{\partial w}{\partial z} = -\dfrac{1}{\rho}\dfrac{\partial p}{\partial z} + \nu\left(\dfrac{\partial^2 w}{\partial x^2} + \dfrac{\partial^2 w}{\partial z^2}\right) \end{cases} \quad (3.2.1)$$

现令特征长度(平板长度)为 L,特征速度(自由流速)是 U,特征压力(动压)是 ρU^2,时间尺度(振动周期)为 T,则可有下列无量纲量

$$u' = \frac{u}{U}, w' = \frac{w}{U}, p' = \frac{p}{\rho U^2}, x' = \frac{x}{L}, z' = \frac{z}{L}, t' = \frac{t}{T} \quad (3.2.2)$$

则可将方程组(3.2.1)无量纲化

$$\begin{cases} \dfrac{U}{L}\left(\dfrac{\partial u'}{\partial x'} + \dfrac{\partial w'}{\partial z'}\right) = 0 \\[2mm] \dfrac{U}{T}\dfrac{\partial u'}{\partial t'} + \dfrac{U^2}{L}\left(u'\dfrac{\partial u'}{\partial x'} + w'\dfrac{\partial u'}{\partial z'}\right) = -\dfrac{U^2}{L}\dfrac{\partial p'}{\partial x'} + \dfrac{\nu U}{L^2}\left(\dfrac{\partial^2 u'}{\partial x'^2} + \dfrac{\partial^2 u'}{\partial z'^2}\right) \\[2mm] \dfrac{U}{T}\dfrac{\partial w'}{\partial t'} + \dfrac{U^2}{L}\left(u'\dfrac{\partial w'}{\partial x'} + w'\dfrac{\partial w'}{\partial z'}\right) = -\dfrac{U^2}{L}\dfrac{\partial p'}{\partial z'} + \dfrac{\nu U}{L^2}\left(\dfrac{\partial^2 w'}{\partial x'^2} + \dfrac{\partial^2 w'}{\partial z'^2}\right) \end{cases} \quad (3.2.3)$$

整理后得无量纲形式方程组

$$\begin{cases} \dfrac{\partial u'}{\partial x'} + \dfrac{\partial w'}{\partial z'} = 0 \\[2mm] Sr\,\dfrac{\partial u'}{\partial t'} + u'\dfrac{\partial u'}{\partial x'} + w'\dfrac{\partial u'}{\partial z'} = -\dfrac{\partial p'}{\partial x'} + \dfrac{1}{Re}\left(\dfrac{\partial^2 u'}{\partial x'^2} + \dfrac{\partial^2 u'}{\partial z'^2}\right) \\[2mm] Sr\,\dfrac{\partial w'}{\partial t'} + u'\dfrac{\partial w'}{\partial x'} + w'\dfrac{\partial w'}{\partial z'} = \dfrac{\partial p'}{\partial z'} + \dfrac{1}{Re}\left(\dfrac{\partial^2 w'}{\partial x'^2} + \dfrac{\partial^2 w'}{\partial z'^2}\right) \end{cases} \tag{3.2.4}$$

在方程组(3.2.4)中,$Sr = \dfrac{L}{UT}$,称为斯特劳哈尔数,代表局地导数与位变导数之比;$Re = \dfrac{UL}{\nu}$,称为雷诺数,代表惯性力与黏性力之比。

进一步,对方程组(3.2.4)中各项作量阶分析。首先分析各个导数的量阶如下:

1)u' 及其各阶导数 $\dfrac{\partial u'}{\partial z'}$,$\dfrac{\partial^2 u'}{\partial z'^2}$,$\dfrac{\partial u'}{\partial x'}$,$\dfrac{\partial^2 u'}{\partial x'^2}$。显然在边界层内,$u$ 与 U 同量阶,故 u' 是 1 的量阶:$u' \sim 1$。无量纲边界层厚度 $\delta' = \delta/L$ 作为基本小量,则与 $z' = z/L$ 同阶,故 $\dfrac{\partial u'}{\partial z'} \sim \dfrac{1}{\delta'}$,而 $\dfrac{\partial^2 u'}{\partial z'^2} \sim \dfrac{1}{\delta'^2}$。$x$ 与 L 同量阶,即 $x' \sim 1$,故 $\dfrac{\partial u'}{\partial x'} \sim 1$,$\dfrac{\partial^2 u'}{\partial x'^2} \sim 1$。

2)w' 及其各阶导数 $\dfrac{\partial w'}{\partial z'}$,$\dfrac{\partial^2 w'}{\partial z'^2}$,$\dfrac{\partial w'}{\partial x'}$,$\dfrac{\partial^2 w'}{\partial x'^2}$。因为 $\dfrac{\partial w'}{\partial z'} = -\dfrac{\partial u'}{\partial x'}$,已知右端为 1 阶量,故 $\dfrac{\partial w'}{\partial z'} \sim 1$;又已知 $z' \sim \delta'$,为一小量,故有 $w' \sim \delta'$,即速度的 w 分量比 u 分量低一个量阶。则 $\dfrac{\partial^2 w'}{\partial z'^2} \sim \dfrac{1}{\delta'}$,$\dfrac{\partial w'}{\partial x'} \sim \delta'$,$\dfrac{\partial^2 w'}{\partial x'^2} \sim \delta'$。比较 2)和 1)的结果,可知 $\dfrac{\partial}{\partial z'}$ 总比 $\dfrac{\partial}{\partial x'}$ 高一个量阶,即 $\dfrac{\partial}{\partial x'} \ll \dfrac{\partial}{\partial z'}$。

3)$Sr\,\dfrac{\partial u'}{\partial t'}$ 及 $Sr\,\dfrac{\partial w'}{\partial t'}$。假定它们分别与其位变导数 $u'\dfrac{\partial u'}{\partial x'}$ 和 $u'\dfrac{\partial w'}{\partial x'}$ 同阶或更小,即 $Sr\,\dfrac{\partial u'}{\partial t'} \sim 1$,$Sr\,\dfrac{\partial w'}{\partial t'} \sim \delta'$。

4)压力梯度力 $\dfrac{\partial p'}{\partial x'}$ 及 $\dfrac{\partial p'}{\partial z'}$。$\dfrac{\partial p'}{\partial x'}$ 及 $\dfrac{\partial p'}{\partial z'}$ 应分别与所在方程中其他类型力的最大量阶一致,即 $\dfrac{\partial p'}{\partial x'} \sim 1$,$\dfrac{\partial p'}{\partial z'} \sim \delta'$。

从以上各个导数的量阶出发,可以分析得到方程组(3.2.4)中各项的量阶。基于黏性力与惯性力同阶的假定,方程组的第二式中应有 $\dfrac{1}{Re} \cdot \dfrac{1}{\delta'^2} \sim 1$,即 $\dfrac{1}{Re}$ 是二阶小量;故可知 $\delta' \sim \dfrac{1}{\sqrt{Re}}$ 或 $\dfrac{\delta}{L} \sim \dfrac{1}{\sqrt{Re}}$,前面已经得到此结果。又因为 $\dfrac{\partial p'}{\partial z'}$ 比 $\dfrac{\partial p'}{\partial x'}$ 低一阶,故有一级近似 $\dfrac{\partial p'}{\partial z'} = 0$,即压力的数值当穿过边界层时并不改变。忽略第 3 式,第 2 式中忽略二阶小量 $\dfrac{1}{Re}\dfrac{\partial^2 u'}{\partial x'^2}$,即得

$$\begin{cases} \dfrac{\partial u'}{\partial x'}^{[O(1)]} + \dfrac{\partial w'}{\partial z'}^{[O(1)]} = 0 \\[2mm] \left(Sr\,\dfrac{\partial u'}{\partial t'} + u'\dfrac{\partial u'}{\partial x'} + w'\dfrac{\partial u'}{\partial z'}\right)^{[O(1)]} = -\dfrac{\partial p'}{\partial x'}^{[O(1)]} + \dfrac{1}{Re}\left(\dfrac{\partial^2 u'}{\partial x'^2}^{[O(1)]} + \dfrac{\partial^2 u'}{\partial z'^2}^{\left[\frac{1}{\delta'^2}\right]}\right) \\[2mm] \left(Sr\,\dfrac{\partial w'}{\partial t'} + u'\dfrac{\partial w'}{\partial x'} + w'\dfrac{\partial w'}{\partial z'}\right)^{[O(\varepsilon)]} = \dfrac{\partial p'}{\partial z'}^{[O(\varepsilon)]} + \dfrac{1}{Re}\left(\dfrac{\partial^2 w'}{\partial x'^2}^{[O(\varepsilon^2)]} + \dfrac{\partial^2 w'}{\partial z'^2}^{\left[\frac{1}{\delta'^2}\right]}\right) \end{cases}$$

$$\begin{cases} \dfrac{\partial u'}{\partial x'} + \dfrac{\partial w'}{\partial z'} = 0 \\[2mm] Sr\,\dfrac{\partial u'}{\partial t'} + u'\dfrac{\partial u'}{\partial x'} + w'\dfrac{\partial u'}{\partial z'} = -\dfrac{\partial p'}{\partial x'} + \dfrac{1}{Re}\dfrac{\partial^2 u'}{\partial z'^2} \end{cases} \tag{3.2.5}$$

恢复到有量纲形式,就得到著名的普朗特二维不可压缩(平板)边界层方程组

$$\begin{cases} \dfrac{\partial u}{\partial x} + \dfrac{\partial w}{\partial z} = 0 \\[2mm] \dfrac{\partial u}{\partial t} + u\dfrac{\partial u}{\partial x} + w\dfrac{\partial u}{\partial z} = -\dfrac{1}{\rho}\dfrac{\partial p}{\partial x} + \nu\dfrac{\partial^2 u}{\partial z^2} \end{cases} \tag{3.2.6}$$

其边界条件为:1)$z=0$ 时(物面),$u=w=0$;2)$z=\delta$(或 $z\to\infty$)时,$u=U(x)$,这里 $U(x)$ 是边界层外边界上的无黏(理想)外流的速度分布。

　　请注意,边界层方程组(3.2.6)式中的自由流径向压力梯度 $\dfrac{\partial p}{\partial x}$ 应是已知条件,它是由理想无黏的外流(自由流动)的速度分布 $U(x)$ 确定的。又边界层方程只能用于分离点 S(见 3.1.3 节内容)之前。分离点在数学上应为 $\left.\dfrac{\partial u}{\partial z}\right|_{z=0}=0$ 的点,且该点及其下游各点的速度廓线上必有拐点,即 $\dfrac{\partial^2 u}{\partial z^2}=0$ 的点(图 3.7)。

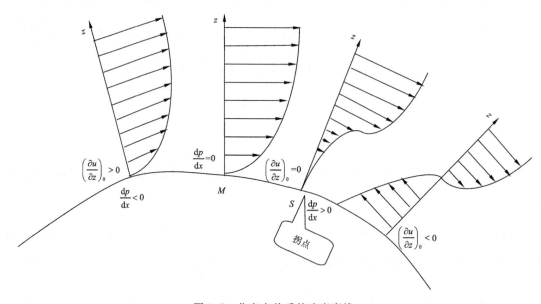

图 3.7　分离点前后的速度廓线

3.3　半无穷长平板层流边界层的相似解

3.3.1　半无穷长平板层流边界层的相似解

　　设流动沿 x 方向,若不同 x 截面上的速度剖面只差速度 u 和坐标 z 的尺度因子,而其无量纲函数形式完全相同,则称边界层流动的解是相似的。存在相似解的前提是,在 x 方向上,流

动没有特征尺度。

　　如图 3.8 所示,设平板平行于 x 轴,其边缘即为坐标原点:$x=z=0$;且平板在下游方向无限长。设为定常流动,来流速度均匀,$U=$ const,且平行于 x 轴。由上述定常及 $U=$ const 的假定,写出边界层外自由流动 U 满足的欧拉方程(无黏性力项)后,易知压力梯度 $-\dfrac{\partial p}{\partial x}=0$。故普朗特方程及边界条件变为

$$\begin{cases} \dfrac{\partial u}{\partial x}+\dfrac{\partial w}{\partial z}=0 \\[2mm] u\,\dfrac{\partial u}{\partial x}+w\,\dfrac{\partial u}{\partial z}=\nu\,\dfrac{\partial^2 u}{\partial z^2} \\[2mm] z=0:u=w=0;z=\infty:u=U \end{cases} \tag{3.3.1}$$

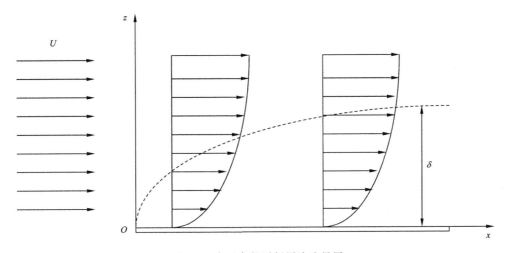

图 3.8　半无穷长平板层流边界层

由于本系统在 x 方向没有特殊长度,故有理由假定相似性速度廓线的存在。显然廓线的速度尺度因子应为 U,而坐标 z 的尺度因子应为边界层的厚度 $\delta(x)$,故相似性解(相似性速度廓线)可写成下列无量纲形式

$$\frac{u}{U}=\varphi\left(\frac{z}{\delta}\right) \tag{3.3.2}$$

　　下面我们通过引入流函数的方法,来寻求(3.3.2)式的相似性解的具体形式。

　　图 3.9 为平板层流边界层实验照片。

3.3.2　流函数方法的使用

　　由于是平面(二维)不可压缩情况,由(3.3.1)式中的连续性方程 $\dfrac{\partial u}{\partial x}+\dfrac{\partial w}{\partial z}=0$ 可知,有流函数 $\psi(x,z)$ 存在,使得

$$u=\frac{\partial \psi}{\partial z}\quad w=-\frac{\partial \psi}{\partial x} \tag{3.3.3}$$

若 ψ 已知,则依(3.3.3)式可求出 u 和 w;反之,已知 u 和 w,亦可求得 ψ 的值

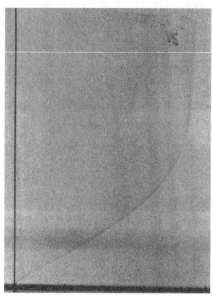

图 3.9　平板层流边界层实验照片

$$\psi(M) - \psi(M_0) = \int_{M_0}^{M} \frac{\partial \psi}{\partial x}\mathrm{d}x + \frac{\partial \psi}{\partial z}\mathrm{d}z = \int_{M_0}^{M} -w\mathrm{d}x + u\mathrm{d}z \tag{3.3.4}$$

这里 M_0 与 M 分别为流场中两点,且因为连续性方程 $\frac{\partial u}{\partial x} = -\frac{\partial w}{\partial z}$,上述线积分与路径无关。

依(3.3.3)式的定义,将流函数 $\psi(x,z)$ 代入(3.3.1)式中的动量方程,得到

$$\frac{\partial \psi}{\partial z}\frac{\partial^2 \psi}{\partial x \partial z} - \frac{\partial \psi}{\partial x}\frac{\partial^2 \psi}{\partial z^2} = \nu \frac{\partial^3 \psi}{\partial z^3} \tag{3.3.5}$$

边界条件相应地变为

$$z = 0 : \psi = \frac{\partial \psi}{\partial z} = 0 ; z = \infty : \frac{\partial \psi}{\partial z} = U \tag{3.3.6}$$

注意到(3.3.5)式是流函数 ψ 的三阶非线性偏微分方程。即是说,引入流函数后,虽然未知函数(从而方程)的个数减少了一个,但方程的阶数却高了一阶,且仍为非线性的方程。

3.3.3　布劳修斯方程及其解

方程组(3.3.5)和(3.3.6)仍需进一步无量纲化。注意到 3.1 节中已导出边界层厚度 $\delta \sim \sqrt{\frac{\nu L}{U}}$,$L$ 为平板的长度,而 $\frac{L}{U} = t$ 是边界层外质点流经平板所用的时间。在本节讨论的半无穷长平板中,应以行程 x 代替 L,且取 $t = \frac{x}{U}$,故有 $\delta \sim \sqrt{\frac{\nu x}{U}}$。引入无量纲坐标 $\eta \sim \frac{z}{\delta}$,即得 $\eta = z\sqrt{\frac{U}{\nu x}}$。又,令流函数 $\psi = \sqrt{\nu x U} f(\eta)$,式中 $f(\eta)$ 为无量纲流函数。则两个速度分量为

$$u = \frac{\partial \psi}{\partial z} = \frac{\partial \psi}{\partial \eta}\frac{\partial \eta}{\partial z} = \frac{\partial}{\partial \eta}\left[\sqrt{\nu x U} f(\eta)\right] \cdot \frac{\partial}{\partial z}\left(z\sqrt{\frac{U}{\nu x}}\right)$$

$$= \sqrt{\nu x U} f'(\eta) \cdot \sqrt{\frac{U}{\nu x}} = U f'(\eta) \tag{3.3.7}$$

以及
$$w = -\frac{\partial \psi}{\partial x} = -\left\{ \frac{1}{2} \sqrt{\frac{\nu U}{x}} f(\eta) - \sqrt{\nu x U} f'(\eta) \cdot \frac{1}{2} z \sqrt{\frac{U}{\nu x^3}} \right\}$$

$$= -\left\{ \frac{1}{2} \sqrt{\frac{\nu U}{x}} f(\eta) - \frac{1}{2} \sqrt{\frac{\nu U}{x}} f'(\eta) \cdot z \sqrt{\frac{U}{\nu x}} \right\} = \frac{1}{2} \sqrt{\frac{\nu U}{x}} \left[\eta f'(\eta) - f(\eta) \right] \tag{3.3.8}$$

运算可得

$$\frac{\partial^2 \psi}{\partial z^2} = \frac{\partial u}{\partial z} = \frac{\partial}{\partial z} \left[U f'(\eta) \right] = \frac{\partial}{\partial \eta} \left[U f'(\eta) \right] \cdot \frac{\partial}{\partial z} \left[z \sqrt{\frac{U}{\nu x}} \right] = U \sqrt{\frac{U}{\nu x}} f''(\eta) \tag{3.3.9}$$

$$\frac{\partial^3 \psi}{\partial z^3} = \frac{\partial}{\partial z} \left[U \sqrt{\frac{U}{\nu x}} f''(\eta) \right] = \frac{\partial}{\partial \eta} \left[U \sqrt{\frac{U}{\nu x}} f''(\eta) \right] \cdot \frac{\partial}{\partial z} \left[z \sqrt{\frac{U}{\nu x}} \right] = \frac{U^2}{\nu x} f'''(\eta) \tag{3.3.10}$$

$$\frac{\partial^2 \psi}{\partial x \partial z} = \frac{\partial}{\partial x} \left[U f'(\eta) \right] = \frac{\partial}{\partial \eta} \left[U f'(\eta) \right] \cdot \frac{\partial}{\partial x} \left[z \sqrt{\frac{U}{\nu x}} \right] = -\frac{1}{2} \frac{U}{x} \eta f''(\eta) \tag{3.3.11}$$

布劳修斯将上述各阶导数代入(3.3.5)式,得到 3 阶常微分方程,即著名的布劳修斯方程

$$U f'(\eta) \left[-\frac{1}{2} \frac{U}{x} \eta f''(\eta) \right] + \frac{1}{2} \sqrt{\frac{\nu U}{x}} \left[\eta f'(\eta) - f(\eta) \right] U \sqrt{\frac{U}{\nu x}} f''(\eta) = \nu \frac{U^2}{\nu x} f'''(\eta)$$

$$\rightarrow -\frac{1}{2} \frac{U^2}{x} \eta f'(\eta) f''(\eta) + \frac{1}{2} \frac{U^2}{x} \eta f'(\eta) f''(\eta) - \frac{1}{2} \frac{U^2}{x} f(\eta) f''(\eta) = \frac{U^2}{x} f'''(\eta)$$

$$\rightarrow -\frac{1}{2} \frac{U^2}{x} f(\eta) f''(\eta) = \frac{U^2}{x} f'''(\eta) \rightarrow -f(\eta) f''(\eta) = 2 f'''(\eta)$$

$$2 f''' + f f'' = 0 \tag{3.3.12}$$

相应地,边界条件(3.3.6)式变为

$$\eta = 0: f = f' = 0; \eta = \infty: f' = 1 \tag{3.3.13}$$

(3.3.12)式在上述给定的三个边界条件下有确定的解。布劳修斯用级数衔接法给出了它的近似解。首先,将 $f(\eta)$ 在 $\eta = 0$ 附近展开成泰勒级数

$$f(\eta) = \sum_{\eta=0}^{\infty} \frac{f^{(n)}(0)}{n!} \eta^n \tag{3.3.14}$$

再找出 $f(\eta)$ 在 $\eta = \infty$ 的渐进展开式(此处略),然后将两个解衔接起来,以确定泰勒级数中各项的系数,从而得到级数解。这里我们不介绍解的具体表达式,而仅限于介绍由级数解进一步推导出的相似性速度廓线以及无量纲壁面摩擦力。后人用计算机对布劳修斯方程(3.3.12)式求数值解,所得结果与级数解完全一致。下面介绍解得的相似性速度廓线以及无量纲壁面摩擦力。

(1)相似性速度剖面

由图 3.10 中的无量纲速度廓线看出,当无量纲边界层厚度 $\eta = 5$ 时,$\frac{u}{U} = 1$(此处即边界层的上界),由此定出边界层厚度公式(3.1.4)中的系数等于 5.0,即

$$\delta = 5.0 \sqrt{\frac{\nu x}{U}} \quad \text{或} \quad \frac{\delta}{L} = \frac{5}{\sqrt{Re}}$$

由图 3.11 中的无量纲横向速度廓线看出,横向速度比径向速度小得多:$w \ll u$。但在边界层的上界处,横向速度并不为零:$z = \delta(\eta = 5)$ 时,$w \neq 0$。这是由于当流体壁面流动时,不断增

长的边界层厚度使流体向外排移的结果。

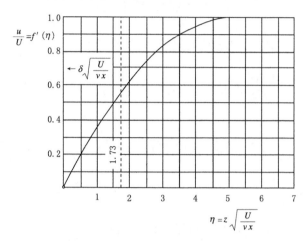

图 3.10 层流边界层无量纲速度廓线

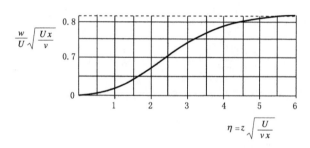

图 3.11 无量纲横向速度廓线

(2)壁面摩擦阻力

壁面摩擦阻力为 $\tau_w = \mu \dfrac{\partial u}{\partial z}\Big|_{z=0}$，再依据(3.3.9)式

$$\frac{\partial u}{\partial z} = U\sqrt{\frac{U}{\nu x}}f''(\eta) \xrightarrow{\because z=0 \ \therefore \eta=0} \tau_w = \mu U\sqrt{\frac{U}{\nu x}}f''(0)$$

可知，局部壁面摩擦阻力 $\tau_w = \mu\sqrt{\dfrac{U^3}{\nu x}}f''(0)$。由布劳修斯的级数解进而推算得

$$\tau_w = 0.332\mu U\sqrt{\frac{U}{\nu x}} \tag{3.3.15}$$

局部壁面摩擦阻力系数的定义为 $C'_f = \dfrac{\tau_w}{\frac{1}{2}\rho U^2}$，则由(3.3.15)式可得著名的**布劳修斯阻力系数公式**

$$C'_f = \frac{\tau_w}{\frac{1}{2}\rho U^2} = \frac{0.332\rho\nu U^{\frac{3}{2}}\nu^{-\frac{1}{2}}x^{-\frac{1}{2}}}{\frac{1}{2}\rho U^2} = 0.664\sqrt{\frac{\nu}{Ux}} = \frac{0.664}{\sqrt{Re_x}} \tag{3.3.16}$$

这里 $Re_x = \dfrac{Ux}{\nu}$。

上述布劳修斯方程解得的结果与层流平板边界层实验结果符合。但在平板边界层前端 ($Re_x < 1000$)，该结果不适用。若 Re_x 大于临界值——该临界值一般在 $(2\sim6)\times10^5$ 范围，通常取为 3.5×10^5——层流边界层将转捩为湍流边界层，上述结果也不再适用。

3.4　边界层的动量积分方程和能量积分方程

本节介绍边界层流动的两种近似解法，即使用动量积分方程和能量积分方程的方法。其特点是不直接求解普朗特边界方程，而是将选定的（假设的）速度廓线形式代入该两种积分方程之一，直接计算边界层流动的各个特征量，如边界层的厚度 δ 及局部壁面摩擦阻力 τ_w 等。

3.4.1　冯·卡曼积分方程

本节推导冯·卡曼的动量积分方程。首先，沿边界层外部一根流线写出理想、不可压缩流体的伯努利方程

$$\frac{U^2}{2}+\frac{p}{\rho}=\text{const} \tag{3.4.1}$$

上式中已将重力势 gz 并入右端常数之中。设自由流动的速度为 $U=U(x)$，对 (3.4.1) 式求导，则有

$$U\frac{\mathrm{d}U}{\mathrm{d}x}+\frac{1}{\rho}\frac{\partial p}{\partial x}=0 \tag{3.4.2}$$

即得径向压力梯度

$$-\frac{1}{\rho}\frac{\partial p}{\partial x}=U\frac{\mathrm{d}U}{\mathrm{d}x} \tag{3.4.3}$$

将之代入普朗特边界层方程（定常 ($\partial/\partial t=0$)），得

$$u\frac{\partial u}{\partial x}+w\frac{\partial u}{\partial z}=U\frac{\mathrm{d}U}{\mathrm{d}x}+\nu\frac{\partial^2 u}{\partial z^2}\rightarrow u\frac{\partial u}{\partial x}+w\frac{\partial u}{\partial z}=U\frac{\mathrm{d}U}{\mathrm{d}x}+\frac{\mu}{\rho}\frac{\partial}{\partial z}\left(\frac{\partial u}{\partial z}\right)$$

$$\rightarrow u\frac{\partial u}{\partial x}+w\frac{\partial u}{\partial z}=U\frac{\mathrm{d}U}{\mathrm{d}x}+\frac{1}{\rho}\frac{\partial \tau}{\partial z} \tag{3.4.4}$$

式中，$\tau=\mu\dfrac{\partial u}{\partial z}$ 为剪切应力。将 (3.4.4) 式右端第一项移到左端，两端对 z 积分，从 $z=0$（壁面）积到 $z=h$（$h>\delta$，超出边界层之外）

$$\int_0^h\left(u\frac{\partial u}{\partial x}+w\frac{\partial u}{\partial z}-U\frac{\mathrm{d}U}{\mathrm{d}x}\right)\mathrm{d}z=\frac{1}{\rho}\int_0^h\frac{\partial \tau}{\partial z}\mathrm{d}z=\frac{1}{\rho}\left(\tau\big|_{z=h}-\tau\big|_{z=0}\right)=-\frac{\tau_w}{\rho} \tag{3.4.5}$$

式中，$\tau_w=\mu\dfrac{\partial u}{\partial z}\bigg|_{z=0}$ 为壁面切应力。因为 $h>\delta$，在边界层之外的 τ 值为零。依连续性方程

$$\frac{\partial u}{\partial x}+\frac{\partial w}{\partial z}=0\quad\rightarrow\quad\frac{\partial w}{\partial z}=-\frac{\partial u}{\partial x} \tag{3.4.6}$$

可得

$$w=-\int_0^z\frac{\partial u}{\partial x}\mathrm{d}z \tag{3.4.7}$$

则 (3.4.5) 式变为

$$\int_0^h\left(u\frac{\partial u}{\partial x}-\frac{\partial u}{\partial z}\cdot\int_0^z\frac{\partial u}{\partial x}\mathrm{d}z-U\frac{\mathrm{d}U}{\mathrm{d}x}\right)\mathrm{d}z=-\frac{\tau_w}{\rho}$$

$$\rightarrow \quad \int_0^h \left(u\,\frac{\partial u}{\partial x} \right)\mathrm{d}z - \int_0^h \frac{\partial u}{\partial z}\left(\int_0^z \frac{\partial u}{\partial x}\mathrm{d}z \right)\mathrm{d}z - \int_0^h \left(U\,\frac{\mathrm{d}U}{\mathrm{d}x} \right)\mathrm{d}z = -\frac{\tau_w}{\rho} \tag{3.4.8}$$

对上式左端积分中的第二项作分步积分

$$\int_0^h \frac{\partial u}{\partial z}\left(\int_0^z \frac{\partial u}{\partial x}\mathrm{d}z \right)\mathrm{d}z = \int_0^h \left(\int_0^z \frac{\partial u}{\partial x}\mathrm{d}z \right)\mathrm{d}u = \left(\int_0^z \frac{\partial u}{\partial x}\mathrm{d}z \right)u\,\Big|_0^h - \int_0^h u\,\frac{\partial u}{\partial x}\mathrm{d}z$$

$$= U\int_0^h \frac{\partial u}{\partial x}\mathrm{d}z - \int_0^h u\,\frac{\partial u}{\partial x}\mathrm{d}z\,(\because u\,|_{z=h} = Uu\,|_{z=0} = 0) \tag{3.4.9}$$

代回(3.4.8)式,得

$$\int_0^h \left(u\,\frac{\partial u}{\partial x} \right)\mathrm{d}z - U\int_0^h \frac{\partial u}{\partial x}\mathrm{d}z + \int_0^h \left(u\,\frac{\partial u}{\partial x} \right)\mathrm{d}z - \int_0^h \left(U\,\frac{\mathrm{d}U}{\mathrm{d}x} \right)\mathrm{d}z = -\frac{\tau_w}{\rho}$$

$$\rightarrow \quad \int_0^h \left(2u\,\frac{\partial u}{\partial x} - U\,\frac{\partial u}{\partial x} - U\,\frac{\mathrm{d}U}{\mathrm{d}x} \right)\mathrm{d}z = -\frac{\tau_w}{\rho} \tag{3.4.10}$$

即得

$$\rightarrow \quad \int_0^h \left(U\,\frac{\partial u}{\partial x} + U\,\frac{\mathrm{d}U}{\mathrm{d}x} - 2u\,\frac{\partial u}{\partial x} \right)\mathrm{d}z = \frac{\tau_w}{\rho}$$

$$\rightarrow \quad \int_0^h \left[(U-u)\,\frac{\partial u}{\partial x} \right]\mathrm{d}z + \frac{\mathrm{d}U}{\mathrm{d}x}\int_0^h (U-u)\,\mathrm{d}z = \frac{\tau_w}{\rho}$$

$$\rightarrow \quad \int_0^h \frac{\partial}{\partial x}\left[u(U-u) \right]\mathrm{d}z + \frac{\mathrm{d}U}{\mathrm{d}x}\int_0^h (U-u)\,\mathrm{d}z = \frac{\tau_w}{\rho} \tag{3.4.11}$$

因为 $h > \delta$,而上式中各被积函数在边界层之外的值均为零,故积分上限 h 可代之以 ∞。下面我们定义**边界层位移厚度**:

对某一给定 x,边界层内任一高度 z 处的速度为 $u(z)$,单位时间通过微元 $\mathrm{d}z$ 的质量(即质量流量)为 $\rho u\mathrm{d}z$;而无黏性流动的质量流量为 $\rho U\mathrm{d}z$,故边界层流动在该处少流过(或亏损)质量流量为 $\rho(U-u)\mathrm{d}z$,对于整个边界层厚度总的质量流量亏损为

$$\int_0^\delta \rho(U-u)\,\mathrm{d}z$$

定义某一厚度 δ_1 为亏损的质量流量正好与无黏性流体在壁面附近厚度为 δ_1 的质量流量相等(如图 3.12 中面积②+③=面积①+③),则

$$\rho U\delta_1 = \int_0^\infty \rho(U-u)\,\mathrm{d}z$$

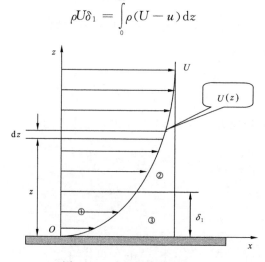

图 3.12　边界层位移厚度 δ_1

对不可压缩流体有

$$\delta_1 = \frac{1}{U} \int_0^\infty (U - u) \, \mathrm{d}z \qquad (3.4.12)$$

它表示在整个边界层厚度内,有黏性流动相对于无黏性流动所亏损的质量流量与单位厚度内无黏性流动的质量流量之比。

　　边界层位移厚度的物理意义可由图 3.13 解释如下:边界层内的黏性滞止作用使流速减小,为了保证流管内的流量不变,则流线必将有一个向外的偏移。位移厚度 δ_1 即表示原在边界层上界($z = \delta$)附近的理想流体的流线被此黏性作用向外排挤出去的距离。如图 3.13 所示,原来平板边界层不存在时的流线 B,由于平板边界层内流动的黏滞作用,移动到了 B' 的位置,δ_1 即代表此移动的距离。

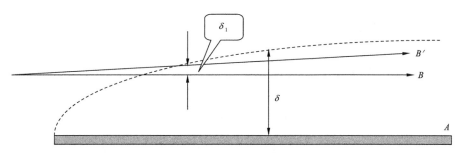

图 3.13　流线的位移与边界层位移厚度 δ_1

定义边界层动量损失厚度

$$\delta_2 = \frac{1}{U^2} \int_0^\infty u(U - u) \, \mathrm{d}z \qquad (3.4.13)$$

　　至于边界层动量损失厚度 δ_2,我们也可由边界层的黏滞作用加以解释。δ_2 **的物理意义:由于与壁面有摩擦,会造成动量的损失。动量损失厚度 δ_2 即代表假设该动量的损失量以理想流动量 ρU^2 向前流去时所需要的厚度。**

　　依布劳修斯解得的速度廓线可计算得,在层流边界层中 δ_1,δ_2 与 δ 有如下关系

$$\delta_1 \approx \frac{\delta}{3}, \delta_2 \approx \frac{\delta}{8}, \frac{u(\delta)}{U} = 99\% \qquad (3.4.14)$$

δ 是前述按 $99\%U$ 定义的边界层厚度。故(3.4.11)式变成

$$\frac{\partial}{\partial x}\left\{ U^2 \int_0^\infty \frac{1}{U^2}\left[u(U - u) \right] \mathrm{d}z \right\} + U \frac{\mathrm{d}U}{\mathrm{d}x} \int_0^\infty \frac{1}{U}(U - u) \, \mathrm{d}z = \frac{\tau_w}{\rho}$$

$$\rightarrow \quad \frac{\tau_w}{\rho} = \frac{\mathrm{d}}{\mathrm{d}x}(U^2 \delta_2) + \delta_1 U \frac{\mathrm{d}U}{\mathrm{d}x} \qquad (3.4.15)$$

此即**二维不可压缩层流边界层的动量积分方程**,它是含有 3 个未知函数 τ_w,δ_1 和 δ_2 的常微分方程(x 为自变量)。当指定相似性边界层速度剖面的函数形式(如布劳修斯的 $\frac{u}{U} = f'(\eta)$)之后,则方程只剩下了一个未知函数 τ_w。还应指出,若 τ_w 定义为湍流壁面切应力,则该动量积分方程也可以用于湍流边界层的计算。

3.4.2　能量积分方程

　　将上节中的方程(3.4.4)乘以 ρu,得

$$\rho\left(u^2\frac{\partial u}{\partial x}+uw\frac{\partial u}{\partial z}\right)=uU\frac{dU}{dx}+\mu u\frac{\partial^2 u}{\partial z^2} \tag{3.4.16}$$

将上式从 $z=0$ 到 $z=h(h>\delta)$ 积分,并将 $w=-\int_0^z\frac{\partial u}{\partial x}dz$ 代入之,得

$$\rho\int_0^h\left[u^2\frac{\partial u}{\partial x}+u\frac{\partial u}{\partial z}\left(\int_0^z\frac{\partial u}{\partial x}dz\right)-uU\frac{dU}{dx}\right]dz=\mu\int_0^h u\frac{\partial^2 u}{\partial z^2}dz \tag{3.4.17}$$

对上式左端第二项作分步积分

$$\int_0^h\left[u\frac{\partial u}{\partial z}\left(\int_0^z\frac{\partial u}{\partial x}dz\right)\right]dz=\int_0^h\left(\int_0^z\frac{\partial u}{\partial x}dz\right)d\left(\frac{u^2}{2}\right)=\left(\int_0^z\frac{\partial u}{\partial x}dz\right)\frac{u^2}{2}\Big|_0^h-\int_0^h\frac{u^2}{2}\frac{\partial u}{\partial x}dz$$

$$=\frac{U^2}{2}\int_0^h\frac{\partial u}{\partial x}dz-\int_0^h\frac{u^2}{2}\frac{\partial u}{\partial x}dz=\frac{1}{2}\int_0^h(U^2-u^2)\frac{\partial u}{\partial x}dz \tag{3.4.18}$$

再将(3.4.17)式中左端的第一、三项合并

$$\int_0^h\left[u^2\frac{\partial u}{\partial x}-uU\frac{dU}{dx}\right]dz=\int_0^h\left[u\frac{\partial}{\partial x}\left(\frac{u^2}{2}\right)-u\frac{d}{dx}\left(\frac{U^2}{2}\right)\right]dz=\frac{1}{2}\int_0^h u\frac{\partial}{\partial x}(u^2-U^2)dz \tag{3.4.19}$$

将上两式右端相加,并交换积分与求导的次序,则(3.4.17)式的左边最终变成

$$\frac{\rho}{2}\left[\int_0^h u\frac{\partial}{\partial x}(u^2-U^2)dz-\int_0^h(U^2-u^2)\frac{\partial u}{\partial x}dz\right]=\frac{\rho}{2}\int_0^h\left[2u^2\frac{\partial u}{\partial x}-u\frac{\partial U^2}{\partial x}-U^2\frac{\partial u}{\partial x}+u^2\frac{\partial u}{\partial x}\right]dz$$

$$=\frac{\rho}{2}\int_0^h\left[3u^2\frac{\partial u}{\partial x}-u\frac{\partial U^2}{\partial x}-U^2\frac{\partial u}{\partial x}\right]dz=\frac{\rho}{2}\int_0^h\left[\frac{\partial u^3}{\partial x}-\left(u\frac{\partial U^2}{\partial x}+U^2\frac{\partial u}{\partial x}\right)\right]dz$$

$$=\frac{\rho}{2}\int_0^h\left[\frac{\partial u^3}{\partial x}-\frac{\partial(uU^2)}{\partial x}\right]dz=\frac{\rho}{2}\frac{d}{dx}\int_0^h(u^3-uU^2)dz=-\frac{\rho}{2}\frac{d}{dx}\int_0^h u(U^2-u^2)dz \tag{3.4.20}$$

再对(3.4.17)式的右边分部积分

$$\mu\int_0^h u\frac{\partial^2 u}{\partial z^2}dz=\mu\int_0^h ud\left(\frac{\partial u}{\partial z}\right)=\mu u\frac{\partial u}{\partial z}\Big|_0^h-\mu\int_0^h\frac{\partial u}{\partial z}du=-\mu\int_0^h\left(\frac{\partial u}{\partial z}\right)^2dz \tag{3.4.21}$$

$$\left[\because\frac{\partial u}{\partial z}\Big|_{z=h}=0(\delta\text{ 之上速度剪切忽略})\frac{\partial u}{\partial z}\Big|_{z=0}=0\quad du=\frac{\partial u}{\partial z}dz\right]$$

最后得到(令上标 $h\to\infty$)

$$\frac{\rho}{2}\frac{d}{dx}\int_0^\infty u(U^2-u^2)dz=\mu\int_0^\infty\left(\frac{\partial u}{\partial z}\right)^2dz \tag{3.4.22}$$

能量积分方程的物理意义:考察(3.4.22)式。因为 $\frac{\rho}{2}u(U^2-u^2)$ 代表与理想流动相比边界层内损失的机械能,故 $\frac{\rho}{2}\int_0^\infty u(U^2-u^2)dz$ 就代表所损失的能量的通量。故(3.4.22)式左端的 $\frac{\rho}{2}\frac{d}{dx}\int_0^\infty u(U^2-u^2)dz$ 代表 x 方向上单位长度所损失的能量的通量的改变率。因为 $\mu\left(\frac{\partial u}{\partial z}\right)^2$ 是单位体积单位时间通过摩擦转换成热的能量耗损,故方程右端的 $\mu\int_0^\infty\left(\frac{\partial u}{\partial z}\right)^2dz$ 表示 x 方向单

位长度整个边界层由于摩擦转换成热的能量耗损。定义边界层能量损失厚度为

$$\delta_3 = \frac{1}{U^3} \int_0^\infty u(U^2 - u^2) \, \mathrm{d}z \tag{3.4.23}$$

则(3.4.22)式可写成

$$\frac{\mathrm{d}}{\mathrm{d}x}(U^3 \delta_3) = 2\nu \int_0^\infty \left(\frac{\partial u}{\partial z}\right)^2 \mathrm{d}z \tag{3.4.24}$$

此即**二维不可压缩层流边界层的能量积分方程**,它含有两个未知函数 u 和 δ_3,当指定相似性边界层速度剖面的函数形式(如布劳修斯的 $\frac{u}{U} = f'(\eta)$)之后,则方程只剩下了一个未知函数 δ_3。

依布劳修斯理解的速度廓线,$\delta_3 \approx \frac{1}{5}\delta$。结合(3.4.14)式,可知

$$\begin{cases} \delta_1 \approx \dfrac{\delta}{3} \\[2mm] \delta_2 \approx \dfrac{\delta}{8} \\[2mm] \delta_3 \approx \dfrac{\delta}{5} \\[2mm] \delta_2 < \delta_3 < \delta_1 < \delta \\[2mm] \dfrac{u(\delta)}{U} = 99\% \end{cases} \tag{3.4.25}$$

顺便指出,能量积分方程(3.4.24)式又可写为

$$\frac{\mathrm{d}}{\mathrm{d}x}(U^3 \delta_3) = 2\int_0^\infty \frac{\tau}{\rho} \frac{\partial u}{\partial z} \mathrm{d}z = C_\mathrm{D} U^3 \tag{3.4.26}$$

这时,它含有两个未知函数 C_D 和 δ_3,C_D 称为**耗散系数**

$$C_\mathrm{D} = \frac{\displaystyle\int_0^\infty \tau \frac{\partial u}{\partial z} \mathrm{d}z}{\dfrac{1}{2}\rho U^3} \tag{3.4.27}$$

第 4 章　湍流理论基础

4.1　湍流的定义

4.1.1　雷诺圆管实验

要介绍湍流概念,首先要介绍 1883 年的雷诺的著名实验。今天我们的流体力学演示实验室大多用(见彩图 4)的实验装置来重复雷诺的工作。将贮水箱与玻璃圆管相连,用水龙头控制流速,并在管中插入一装有染色流体的喷嘴。若流速较慢,则管中染色流体为一直线(染色线),清晰可见,与周围流体并无掺混,也就是说,管内是"层流流动"(图 4.1-1)。若增大流速至一定程度,染色线开始弯曲,成为波状曲线(图 4.1-2)。而当流速进一步增大到超过某一临界数值时,染色线在出喷嘴不远处即与周围流体迅速混合,一小段距离后,整个圆管的流体质点都均匀着色,这表明管内是"湍流"运动(图 4.1-3),简单地说,**在层流状态下,每一个流体质点都沿直线匀速运动,而湍流状态下,所有流体质点互相之间表现出一种强烈的混合**。这样,雷诺的圆管实验就直观地给出了流体两种不同的运动形态的本质差别。

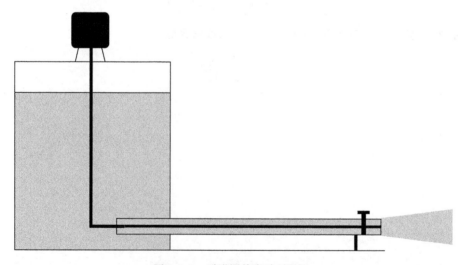

图 4.1-1　雷诺圆管实验(层流)

雷诺的圆管实验还表明,这两种不同的运动形态的决定参数是所谓的雷诺数

$$Re^* = \frac{\overline{w}d}{\nu}$$

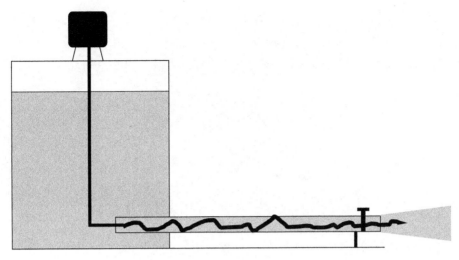

图 4.1-2　雷诺圆管实验(过渡)

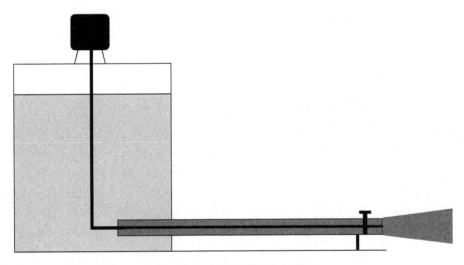

图 4.1-3　雷诺圆管实验(湍流)

式中, $\overline{w} = \dfrac{Q}{A}$ 是平均流速, Q 是体积流量, $A = \dfrac{\pi}{4}d^2$, d 是管的内径; ν 是流体的运动学黏滞系数。

当雷诺数 Re^* 大于某临界值 $Re_c = 2300$ 时流动是湍流,小于该值时是层流。但后人的进一步研究表明,上述临界雷诺数的数值随管道进口段的长度及来流扰动程度的不同而有所变化。已知 Re_c 的数值下限为 2000,曾得到的 Re_c 的最高数值为 40000。

图 4.2 至图 4.6 显示圆柱绕流随着雷诺数的增大,流场从层流向湍流过渡的情景。

4.1.2　湍流的定义

定义 1:"湍流是一种不规则的运动,当流体(液体或气体)流过固体表面,或者甚至当相邻的同类流体相互通过或绕过时,一般会在流体中出现这种不规则运动。"(Taylor, Von Karman, 1937)

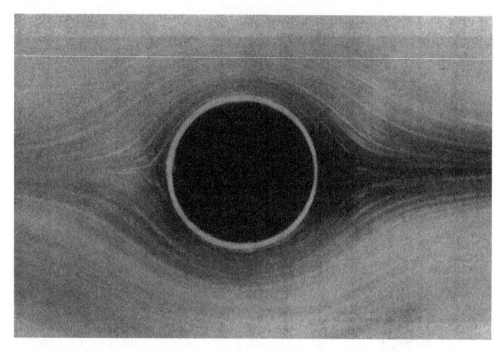

图 4.2　圆柱绕流($Re=0.16$)

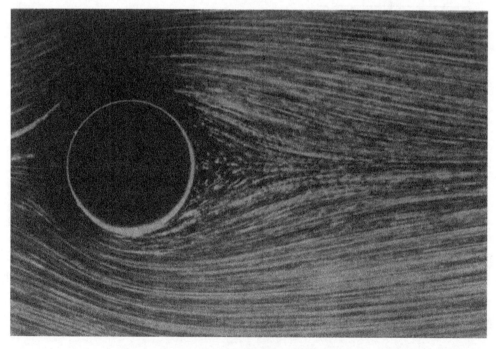

图 4.3　圆柱绕流($Re=9.6$)

　　该定义强调了湍流是"不规则的运动";同时指明了湍流的两大类型:固壁湍流(流体流过固体表面,如管道流动、边界层中的湍流)和自由湍流(相邻的同类流体相互流过或绕过,如射流、混合层中的湍流)。

图 4.4　圆柱绕流($Re=26$)

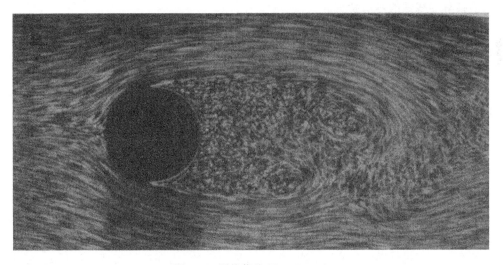

图 4.5　圆柱绕流($Re=20000$)

定义 2:"流体的湍流运动是一种不规则的流动状态,它的各种量随时间与空间坐标表现出随机变化,因而能辨别出不同的统计平均值。"(欣茨,1987)

依照该定义,湍流可以用概率论和随机过程的方法来加以描述;事实上,这也正是我们目前研究湍流的主要手段。该定义虽然似乎更为精确,但我们仍然对湍流的物理本质感到茫然。为此,下面进一步介绍湍流流动的几个重要特征,但此处不作详细的讨论。

特性 1:湍流是连续介质的运动现象,不是分子紊乱运动的结果。

特性 2:湍流是一种时间和空间上的随机现象。

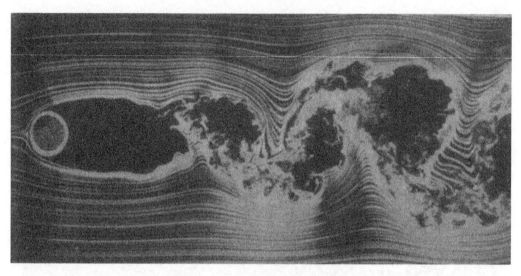

图 4.6　圆柱绕流($Re=40000$)

特性 3：湍流具有强烈的扩散能力，大约是分子扩散能力的 **10 万倍**。

特性 4：湍流具有强烈的耗散性(机械能经摩擦转化为热能)。

特性 5：湍流含有尺度分布极广的大小不同的涡旋，这些涡旋之间有强烈的相互作用，即湍流运动具有非线性的本质特征。

4.2　湍流的产生——层流稳定性理论

雷诺圆管实验直观地表明，湍流是由层流中的扰动发展而形成的。于是，就有所谓层流稳定性理论来解释湍流产生的原因。

4.2.1　层流稳定性理论的原则

层流稳定性理论的原则是所谓的小扰动方法，即将运动看成是在定常的基本流动(层流)上叠加有小的扰动：$u=U+u'$，$v=V+v'$，$w=W+w'$，$p=P+p'$，并假定其中带撇的扰动量远小于大写的基本流动量。进一步假定，不但基本流动量 U,V,W 及 P 满足运动方程组，叠加小扰动后的流动量 u,v,w,p 也满足同样的运动方程组。由此出发，分析扰动量 u',v',w',p' 在流动中的发展。若扰动随时间衰减，则认为流动是稳定的(仍保持层流状态)；反之，若扰动随时间增长，流动就是不稳定的，有可能转变成湍流。

4.2.2　奥尔-索米菲方程

不失一般性，以两固壁间的平行泊肃叶流动为例，来推导层流稳定性理论的扰动基本方程(稳定性方程)，又称奥尔－索米菲(Orr-Sommerfeld)方程。我们的出发方程式是二维均质黏性不可压缩方程组

$$\begin{cases} \dfrac{\partial u}{\partial x}+\dfrac{\partial w}{\partial z}=0 \\[2mm] \dfrac{\partial u}{\partial t}+u\dfrac{\partial u}{\partial x}+w\dfrac{\partial u}{\partial z}=-\dfrac{1}{\rho}\dfrac{\partial p}{\partial x}+\nu\Delta u \\[2mm] \dfrac{\partial w}{\partial t}+u\dfrac{\partial w}{\partial x}+w\dfrac{\partial w}{\partial z}=-g-\dfrac{1}{\rho}\dfrac{\partial p}{\partial z}+\nu\Delta w \end{cases} \tag{4.2.1}$$

(4.2.1)式中,将第 3 式对 x 求偏导数,第 2 式对 z 求偏导数,

$$\frac{\partial^2 u}{\partial t\partial z}+\frac{\partial u}{\partial z}\frac{\partial u}{\partial x}+u\frac{\partial^2 u}{\partial x\partial z}+\frac{\partial w}{\partial z}\frac{\partial u}{\partial z}+w\frac{\partial^2 u}{\partial z^2}=-\frac{1}{\rho}\frac{\partial^2 p}{\partial x\partial z}+\nu\left(\frac{\partial^3 u}{\partial x^2\partial z}+\frac{\partial^3 u}{\partial z^3}\right)$$

$$\frac{\partial^2 w}{\partial t\partial x}+\frac{\partial u}{\partial x}\frac{\partial w}{\partial x}+u\frac{\partial^2 w}{\partial x^2}+\frac{\partial w}{\partial x}\frac{\partial w}{\partial z}+w\frac{\partial^2 w}{\partial z\partial x}=-\frac{1}{\rho}\frac{\partial^2 p}{\partial x\partial z}+\nu\left(\frac{\partial^3 w}{\partial x^3}+\frac{\partial^3 w}{\partial z^2\partial x}\right)$$

二式相减

$$\frac{\partial}{\partial t}\left(\frac{\partial u}{\partial z}-\frac{\partial w}{\partial x}\right)+\frac{\partial u}{\partial x}\left(\frac{\partial u}{\partial z}-\frac{\partial w}{\partial x}\right)+u\frac{\partial}{\partial x}\left(\frac{\partial u}{\partial z}-\frac{\partial w}{\partial x}\right)+\frac{\partial w}{\partial z}\left(\frac{\partial u}{\partial z}-\frac{\partial w}{\partial x}\right)+w\frac{\partial}{\partial z}\left(\frac{\partial u}{\partial z}-\frac{\partial w}{\partial x}\right)$$

$$=\nu\left[\frac{\partial^2}{\partial x^2}\left(\frac{\partial u}{\partial z}-\frac{\partial w}{\partial x}\right)+\frac{\partial^2}{\partial z^2}\left(\frac{\partial u}{\partial z}-\frac{\partial w}{\partial x}\right)\right]$$

并利用第 1 式,可得涡度矢量 Q 的 y 分量 $\Omega_y=\dfrac{\partial u}{\partial z}-\dfrac{\partial w}{\partial x}$ 所满足的方程

$$\frac{\partial\Omega_y}{\partial t}+\left(\frac{\partial u}{\partial x}+\frac{\partial w}{\partial z}\right)\Omega_y+u\frac{\partial\Omega_y}{\partial x}+w\frac{\partial\Omega_y}{\partial z}=\nu\left(\frac{\partial^2\Omega_y}{\partial x^2}+\frac{\partial^2\Omega_y}{\partial z^2}\right)$$

$$\frac{\partial\Omega_y}{\partial t}+u\frac{\partial\Omega_y}{\partial x}+w\frac{\partial\Omega_y}{\partial z}=\nu\Delta\Omega_y \tag{4.2.2}$$

由(4.2.1)式的第 1 式引入流函数 ψ: $u=\dfrac{\partial\psi}{\partial z}$, $w=-\dfrac{\partial\psi}{\partial z}$,且有

$$\Omega_y=\frac{\partial u}{\partial z}-\frac{\partial w}{\partial x}=\frac{\partial^2\psi}{\partial z^2}+\frac{\partial^2\psi}{\partial x^2}=\Delta\psi,\text{则(4.2.2)式化为}$$

$$\frac{\partial}{\partial t}\Delta\psi+\frac{\partial\psi}{\partial z}\frac{\partial\Delta\psi}{\partial x}-\frac{\partial\psi}{\partial x}\frac{\partial\Delta\psi}{\partial z}-\nu\Delta(\Delta\psi)=0 \tag{4.2.3}$$

依小扰动方法,令

$$\psi(x,z,t)=\Psi(x,z)+\psi'(x,z,t) \tag{4.2.4}$$

式中, $\Psi(x,z)$ 是定常的基本流动(层流)的流函数。小扰动方法假定 Ψ 和 ψ' 均满足(4.2.3)式,故得

$$\frac{\partial}{\partial t}\Delta\Psi+\frac{\partial\Psi}{\partial z}\frac{\partial\Delta\Psi}{\partial x}-\frac{\partial\Psi}{\partial x}\frac{\partial\Delta\Psi}{\partial z}-\nu\Delta(\Delta\Psi)=0 \tag{4.2.5}$$

和

$$\frac{\partial}{\partial t}\Delta(\Psi+\psi')+\frac{\partial(\Psi+\psi')}{\partial z}\frac{\partial\Delta(\Psi+\psi')}{\partial x}-\frac{\partial(\Psi+\psi')}{\partial x}\frac{\partial\Delta(\Psi+\psi')}{\partial z}-\nu\Delta(\Delta(\Psi+\psi'))=0 \tag{4.2.6}$$

上两式相减,得

$$\frac{\partial}{\partial t}\Delta\psi'^{[O(\varepsilon)]}+\frac{\partial\Psi}{\partial z}\frac{\partial\Delta\psi'}{\partial x}^{[O(\varepsilon)]}+\frac{\partial\psi'}{\partial x}\frac{\partial\Delta\Psi}{\partial x}^{[=0]}+\frac{\partial\psi'}{\partial z}\frac{\partial\Delta\psi'}{\partial x}^{[O(\varepsilon^2)]}$$

$$-\frac{\partial\psi'}{\partial x}\frac{\partial\Delta\Psi}{\partial z}^{[O(\varepsilon)]}-\frac{\partial\Psi}{\partial x}\frac{\partial\Delta\psi'}{\partial z}^{[=0]}-\frac{\partial\psi'}{\partial x}\frac{\partial\Delta\psi'}{\partial z}^{[O(\varepsilon^2)]}-\nu\Delta(\Delta\psi')^{[O(\varepsilon)]}=0 \tag{4.2.7}$$

上式中略去两个二阶小量：$\dfrac{\partial \psi'}{\partial z}\dfrac{\partial \Delta\psi'}{\partial x}$ 和 $\dfrac{\partial \psi'}{\partial x}\dfrac{\partial \Delta\psi'}{\partial z}$。又因为是平行固壁间的直线流动，基本流动

Ψ 只是 z 的函数 $\Psi=\Psi(z)$，故 $\dfrac{\partial \Psi}{\partial x}=0$，即上式中第 3 和第 5 两项均为零。故(4.2.7)式最终

变成

$$\frac{\partial \Delta\psi'}{\partial t}+\frac{\partial \Psi}{\partial z}\frac{\partial \Delta\psi'}{\partial x}-\frac{\partial \psi'}{\partial x}\frac{\partial^3 \Psi}{\partial z^3}-\nu\Delta(\Delta\psi')=0 \tag{4.2.8}$$

设扰动 ψ' 可表示成下列平面简谐波形式

$$\psi'(x,z,t)=\varphi(z)\exp[\mathrm{i}(\alpha x-\beta t)] \tag{4.2.9}$$

式中，α 是波数，它是一个实数，波长为 $\lambda=\dfrac{2\pi}{\alpha}$，$\beta$ 是复数圆频率

$$\beta=\beta_r+\mathrm{i}\beta_i \tag{4.2.10}$$

β 的实部是真正的振动圆频率，而其虚部系数 β_i 称为放大因子。依(4.2.9)式可知，扰动的实际振幅为 $A=\varphi(z)\exp(\beta_i t)$。故 $\beta_i>0$，即表明扰动振幅将随时间增大，从而基本流动不稳定；而当 $\beta_i<0$ 时，扰动振幅将随时间而减少，即基本流动是稳定的，引入复数波速

$$c=\beta/\alpha=c_r+\mathrm{i}c_i \tag{4.2.11}$$

式中，c_r 是实际的波速(沿 x 方向传播)，c_r 的作用同于 β_i，它的符号表明扰动是放大的或衰减的。将(4.2.9)式代入(4.2.8)式，消去周期震荡因子 $\exp[\mathrm{i}(\alpha x-ct)]$，整理后，即得著名的奥尔-索米菲方程

$$\frac{\partial \Delta\psi'}{\partial t}=\frac{\partial}{\partial t}\left(\frac{\partial^2 \psi'}{\partial x^2}+\frac{\partial^2 \psi'}{\partial z^2}\right)=\frac{\partial}{\partial t}\left(-\alpha^2\varphi(z)\mathrm{e}^{\mathrm{i}(\alpha x-\beta t)}+\frac{\mathrm{d}^2\varphi}{\mathrm{d}z^2}\mathrm{e}^{\mathrm{i}(\alpha x-\beta t)}\right)=-\mathrm{i}\beta(-\alpha^2\varphi+\varphi'')\mathrm{e}^{\mathrm{i}(\alpha x-\beta t)}$$

$$\frac{\partial \Psi}{\partial z}\frac{\partial \Delta\psi'}{\partial x}=U\frac{\partial}{\partial x}\left(\frac{\partial^2 \psi'}{\partial x^2}+\frac{\partial^2 \psi'}{\partial z^2}\right)=U\frac{\partial}{\partial x}\left(-\alpha^2\varphi(z)\mathrm{e}^{\mathrm{i}(\alpha x-\beta t)}+\frac{\mathrm{d}^2\varphi}{\mathrm{d}z^2}\mathrm{e}^{\mathrm{i}(\alpha x-\beta t)}\right)$$

$$=i\alpha U(-\alpha^2\varphi+\varphi'')\varphi\mathrm{e}^{\mathrm{i}(\alpha x-\beta t)}\left(\because u=U+u'=\frac{\partial(\Psi+\psi')}{\partial z}\rightarrow U=\frac{\partial \Psi}{\partial z}\right)$$

$$\frac{\partial^3 \Psi}{\partial z^3}\frac{\partial \psi'}{\partial x}=i\alpha\frac{\partial^2 U}{\partial z^2}\varphi(z)\mathrm{e}^{\mathrm{i}(\alpha x-\beta t)}=\mathrm{i}\alpha U''\varphi\mathrm{e}^{\mathrm{i}(\alpha x-\beta t)}$$

$$\Delta(\Delta\psi')=\Delta\left(\frac{\partial^2 \psi'}{\partial x^2}+\frac{\partial^2 \psi'}{\partial z^2}\right)=\Delta\left[(-\alpha^2\varphi+\varphi'')\mathrm{e}^{\mathrm{i}(\alpha x-\beta t)}\right]$$

$$=\frac{\partial^2}{\partial x^2}\left[(-\alpha^2\varphi+\varphi'')\mathrm{e}^{\mathrm{i}(\alpha x-\beta t)}\right]+\frac{\partial^2}{\partial z^2}\left[(-\alpha^2\varphi+\varphi'')\mathrm{e}^{\mathrm{i}(\alpha x-\beta t)}\right]$$

$$=-\alpha^2(-\alpha^2\varphi+\varphi'')\mathrm{e}^{\mathrm{i}(\alpha x-\beta t)}+(-\alpha^2\varphi''+\varphi'''')\mathrm{e}^{\mathrm{i}(\alpha x-\beta t)}=(\alpha^4\varphi-2\alpha^2\varphi''+\varphi'''')\mathrm{e}^{\mathrm{i}(\alpha x-\beta t)}$$

$$-\mathrm{i}\beta(-\alpha^2\varphi+\varphi'')\mathrm{e}^{\mathrm{i}(\alpha x-\beta t)}+i\alpha U\varphi+\varphi''\mathrm{e}^{\mathrm{i}(\alpha x-\beta t)}-i\alpha U''\varphi\mathrm{e}^{\mathrm{i}(\alpha x-\beta t)}$$

$$-\nu(\alpha^4\varphi-2\alpha^2\varphi''+\varphi'''')\mathrm{e}^{\mathrm{i}(\alpha x-\beta t)}=0$$

$$\rightarrow\quad -\mathrm{i}\beta(-\alpha^2\varphi+\varphi'')+i\alpha U(-\alpha^2\varphi+\varphi'')-i\alpha U''\varphi=\nu(\alpha^4\varphi-2\alpha^2\varphi''+\varphi'''')$$

$$\rightarrow\frac{\beta}{\alpha}(-\alpha^2\varphi+\varphi'')-U(-\alpha^2\varphi+\varphi'')+U''\varphi=\frac{\mathrm{i}\nu}{\alpha}(\alpha^4\varphi-2\alpha^2\varphi''+\varphi'''')(U-c)(\varphi''-\alpha^2\varphi)-U''\varphi$$

$$=-\frac{\mathrm{i}\nu}{\alpha}(\varphi''''-2\alpha^2\varphi''+\alpha^4\varphi) \tag{4.2.12}$$

这是一个关于扰动振幅 $\varphi(z)$ 的 4 阶线性齐次常微分方程。式中 $U=U(z)$ 是基本流动的速度，所有的导数都是对 z 的导数。引入特征速度 U_M(最大速度)、特征长度 h(两板间的距离)，则上式中各量 z,U,c,φ 和 α 均可化为无量纲形式：$z/h,U/U_M,c/U_M,\varphi/U_M h,\alpha h$ 以及雷诺数 Re

$=U_{\mathrm{M}}h/\nu$。将上式中各量均代之以其无量纲形式,但仍用原字母表示,即得无量纲方程,并加相应边界条件以构成方程组

$$\begin{cases}(U-c)(\varphi''-\alpha^2\varphi)-U\varphi''=-\dfrac{\mathrm{i}}{\alpha Re}(\varphi''''-2\alpha^2\varphi''+\alpha^4\varphi)\\ \varphi|_{z=0}=\varphi'_{z=0}=\varphi|_{z=1}=\varphi'|_{z=1}=0\end{cases} \tag{4.2.13}$$

（对于边界层问题,可依同样途径得到(4.2.13)式,只是其中 U 为某个参考位置 x_0 处的基本流速: $U_0=U(x_0,z)=\dfrac{\partial\Psi(x_0,z)}{\partial z}$; 且 $Re=\dfrac{U_0\delta}{\nu}$。边界条件换成 $\varphi|_{z=0}=\varphi'|_{z=0}=0,\varphi(\infty)$ 为有限值。）

基本流速 $U=U(z)$ 的分布应予给定,则(4.2.13)式中尚有 3 个参数:波速 c,波数 α 和雷诺数 Re。这表明,方程(4.2.13)的解应有形式为

$$\varphi=\varphi(z,c,\alpha,Re) \tag{4.2.14}$$

其中 z 是自变量, c,α,Re 都是参数。设该方程本身有 4 个已知的线性无关特解 $\varphi_1,\varphi_2,\varphi_3,\varphi_4$,因为是齐次方程,则其通解应为

$$\varphi=A_1\varphi_1+A_2\varphi_2+A_3\varphi_3+A_4\varphi_4 \tag{4.2.15}$$

其中四个常数 A_1,A_2,A_3,A_4 不同时为零。当把通解(4.2.15)式代回方程组(4.2.13)的 4 个边界条件时,就得到关于 A_1,A_2,A_3,A_4 的线性齐次方程组

$$\begin{cases}A_1\varphi_1(0)+A_2\varphi_2(0)+A_3\varphi_3(0)+A_4\varphi_4(0)=0\\ A_1\varphi'_1(0)+A_2\varphi'_2(0)+A_3\varphi'_3(0)+A_4\varphi'_4(0)=0\\ A_1\varphi_1(1)+A_2\varphi_2(1)+A_3\varphi_3(1)+A_4\varphi_4(1)=0\\ A_1\varphi'_1(1)+A_2\varphi'_2(1)+A_3\varphi'_3(1)+A_4\varphi'_4(1)=0\end{cases} \tag{4.2.16}$$

此方程组要有非零解,就意味着其系数行列式的值必须为 0,即

$$\begin{vmatrix}\varphi_1(0)&\varphi_2(0)&\varphi_3(0)&\varphi_4(0)\\ \varphi'_1(0)&\varphi'_2(0)&\varphi'_3(0)&\varphi'_4(0)\\ \varphi_1(1)&\varphi_2(1)&\varphi_3(1)&\varphi_4(1)\\ \varphi'_1(1)&\varphi'_2(1)&\varphi'_3(1)&\varphi'_4(1)\end{vmatrix}=0 \tag{4.2.17}$$

由(4.2.17)式,应可得函数关系式

$$F(c,\alpha,Re)=0 \tag{4.2.18}$$

解出

$$\begin{cases}c_{\mathrm{r}}=c_{\mathrm{r}}(\alpha,Re)\\ c_{\mathrm{i}}=c_{\mathrm{i}}(\alpha,Re)\end{cases} \tag{4.2.19}$$

在(4.2.19)式的第 2 式中,令 $c_{\mathrm{i}}=0$,就得到了所谓的"中性稳定度曲线"。如图 4.7 所示,该中性稳定度曲线将 Re-α 平面分成稳定区域($c_{\mathrm{i}}<0$)和不稳定区域($c_{\mathrm{i}}>0$)。由图可见,存在一个 Re 数的极限值 Re_{c},称为稳定性极限。

当 $Re<Re_{\mathrm{c}}$ 时,所有小扰动都是衰减的,层流决不会变成湍流;而当 $Re>Re_{\mathrm{c}}$ 时,则在一定波数(波长)范围内的小扰动是增长的,可能使层流破坏,变成湍流。应指出,理论导出的稳定性极限 Re_{c} 的数值与实验测得的临界雷诺数的值有差别。原因之一是因为当流动失稳时,还要过一段时间或距离才能完全变成湍流。尽管这样,层流稳定性理论还是很好地解释了雷诺的圆管实验的结果:只有当 Re 数大于某临界值时,层流才有可能变成湍流。它还进一步指出,即便 Re 数大于临界值,也只有一定波长范围内的扰动可以将层流变成湍流。应当指出,

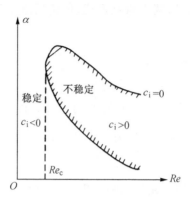

图 4.7 　中性稳定度曲线

尽管层流稳定性理论能够说明层流是如何被破坏的,但它不能说明湍流的形成机制。这个任务有待非线性动力学来完成。

4.2.3 　伯纳德热对流和湍流产生的非线性动力学

伯纳德(Benard)于 20 世纪初对处于加热的固壁底层和上部自由面之间的薄层流体的热对流进行了实验。在叙述该实验的现象和主要结论时,为简化数学表达,往往考虑相距为 d 且水平放置的两个无穷大平行平板,其间充满黏性不可压缩流体,两板温度已知并设下板温度较高:$T_1 < T_0$(图 4.8)。决定该热对流现象的无量纲参数是瑞利(Rayleigh)数 Ra

$$Ra = \frac{\alpha g \Delta T d^3}{\nu k} \tag{4.2.20}$$

式中,a, ν 和 k 分别是流体的热膨胀系数,运动学黏性系数和热传导系数;$\Delta T = T_0 - T_1$,为上、下两板的温差,g 为重力加速度。实验现象主要是:

1)Ra 数很小(两板温度差 ΔT 很小)时,只有分子热传导,液体中逐渐建立起平衡的温度梯度。

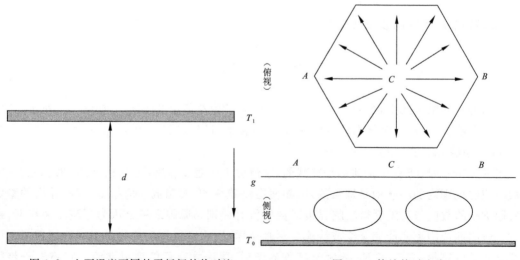

图 4.8 　上下温度不同的平板间的热对流　　　　图 4.9 　伯纳德对流胞

2)Ra 数增大（ΔT 增大）并超过某临界值 Ra_c 时，出现了六角晶胞形状的、有组织的对流（图 4.9）。这是层流，由线性化以后的黏性不可压缩方程组再加上传热方程，即可在适当的边界条件下解得该层流流动的速度场，并进一步讨论其稳定性。

3)Ra 数继续增大（ΔT 继续增大）并超过一个新的上临界值 Ra_c^* 时，有组织的对流胞破坏，变成紊乱的湍流。

本实验表明，从层流到湍流的转化过程，是随某一参数的变化，先出现流动的分岔现象（新的层流），然后才到达湍流（或混沌）。这个过程需要由非线性动力学说明。线性化的动力学方程只适用于小扰动问题。由于不同波数的小扰动之间无相互作用，故线性理论只能说明流动目前的状态是否稳定，而不能预言它的发展。但是，湍流产生过程的物理本质即在于不同波数的扰动（不同尺度的涡旋）之间的相互作用。数学上，即表现为流体力学方程组中（即动量方程中）的非线性项的作用。

4.3　边界层中层流向湍流的过渡（转捩）

首先应指出，层流边界层中在分离点以后，流动是不稳定的，任何扰动都会增长，很可能发展为湍流运动。下面以图 4.10 所示的光滑平板的边界层流动为例，介绍边界层中层流向湍流过渡的实验现象。设从前缘开始，就形成了层流边界层。定义雷诺数为 $Re_x = \dfrac{Ux}{\nu}$。若自由流速 U 不变，随行程 x 的增大（即随 Re_x 的增大），边界层厚度 δ 也不断增大。当 Re_x 超过某临界值 Re_{xc} 时，湍流开始形成，经过一个短暂的过渡区，发展成充分发展的湍流边界层。若沿临近壁面适当高度的 AA' 线（图 4.10）测量径向速度 u_1，则得形如图 4.10 的曲线。该曲线直观地表明了层流向湍流的过渡。开始在层流边界层内，随行程 x 的增大，边界层厚度 δ 也逐渐增大，所以速度剖面逐渐变得不饱满（速度的垂直梯度减小），故有平均速度 u_1 随 x 减小。当进入过渡区后，湍流越来越发展；由于湍流的强动量传输能力，临近壁面同厚度时湍流边界廓线要比层流速度廓线饱满（图 4.11），故进入过渡区后 u_1 急剧增大。待进入湍流边界层以后，随行程 x 的增大，边界层厚度 δ 也持续增加，速度廓线逐渐变得不饱满，故 u_1 值又开始逐渐减小。

对过渡区中的流动形态的观察将有助于我们对一个扰动发展成湍流的物理图像的直观理解。如图 4.10 所示实验中，在过渡区前（$x = x_1$）气流中，在离壁面很小距离上横向放置一个薄的金属板条，在壁面另一侧造成一个磁场。当交流电通过金属板条时，它就由于磁场的作用而振动，并在边界层底部的气流中造成一个周期性的扰动。作为一个人工扰动，该振动将沿流动方向向下游传播并发展。观测表明，过渡区将经历以下几个发展阶段：

1)周期性扰动首先发展成类似波浪的二维托尔明-施利希廷（Tollmien-Schlichting）波。

2)当托尔明-施利希廷波的振幅增大到某一极限值时，二维波动变成三维并形成了涡旋（U 形涡环）。

3)三维波继续增长，在局部区域内瞬时间产生了高的剪切区（涡旋区），即出现湍流的"猝发"现象。

4)在脉动速度大的地方形成一小块一小块的"湍流斑"（湍流区）。这些湍流斑形状不规则，时空位置上均为随机出现，外部被层流流体所围绕。这些湍流斑迅速增长。

5)当这些湍流斑增长到相当大时，其周围的层流流体已被完全卷挟入内，各个湍流斑连成

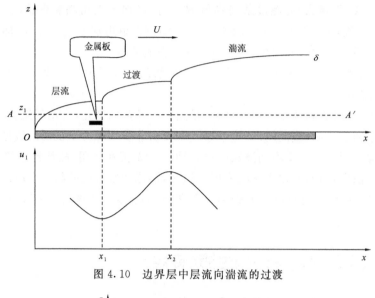

图 4.10　边界层中层流向湍流的过渡

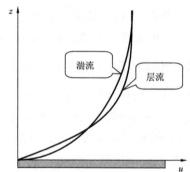

图 4.11　层流边界层和湍流边界层的速度廓线

一片,过渡区结束,层流边界层变成了完全的湍流流动。

　　图 4.12 至图 4.16 为平板上的边界层从层流过渡到湍流的实验照片,随机出现的湍流斑间歇地进行。当每一湍流斑以几分之一来流速度向下游移动并保持其前部为箭头时,它近似地随距离的增加呈线性的扩展。湍流斑的外形随着 Re 数的增加变得更规则,箭头夹角也变得越小(图 4.14)。

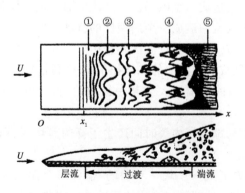

图 4.12　过渡区中的流动形态

图 4.13　湍流斑(侧视)

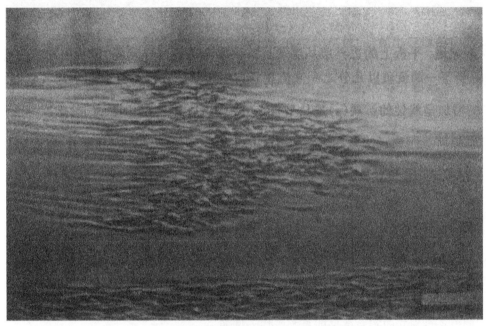

图 4.14　湍流斑(俯视,$Re=2\times10^5$)

图 4.15　湍流斑(俯视,$Re=4\times10^5$)

图 4.16　平板湍流边界层(侧视, $Re=3.5\times10^3$)

4.4　雷诺方程

4.4.1　物理量的平均化运算

依照欣茨(1987)的观点,假定湍流量在空间和时间内都是随机的,具有统计规律性,并以此作为描述湍流运动的出发点。为此,首先要把各物理量写作其平均值(数学期望)和脉动值之和。以欧拉速度 u 为例,应有:$u=\bar{u}+u'$。各物理量的平均值应为系综平均值,即 N 个条件完全相同但各自独立的实验结果的算术平均。例如

$$\bar{u}=\left[u(x_0,y_0,z_0,t_0)\right]_e=\frac{1}{N}\sum_{i=1}^{N}u_i(x_0,y_0,z_0,t_0) \tag{4.4.1}$$

我们有所谓的均匀湍流,即流场各部分的湍流定量地具有相同的结构。对于均匀湍流,可有空间平均运算

$$\left[u(t_0)\right]_s=\lim_{\sqrt{x^2+y^2+z^2}\to0}\frac{1}{V}\iiint\limits_{V}u(x,y,z,t_0)\mathrm{d}v \tag{4.4.2}$$

此外,还有所谓平稳湍流,即各湍流量的概率分布函数不随时间而改变。对平稳湍流,可有时间平均运算

$$\left[u(x_0,y_0,z_0)\right]_t=\lim_{T\to0}\frac{1}{2T}\int_{-T}^{T}u(x_0,y_0,z_0,t)\mathrm{d}t \tag{4.4.3}$$

对于既平稳又均匀的湍流,上述三者是相同的

$$\left[u(x_0,y_0,z_0,t_0)\right]_e=\left[u(t_0)\right]_s=\left[u(x_0,y_0,z_0)\right]_t \tag{4.4.4}$$

但在绝大多数情况下,湍流既不平稳也不均匀,故而上述三种平均的结果是不一致的。实际上,当我们在理论上处理时,应把物理量的平均值看作是系综平均的结果,即(4.4.1)式;而

在实验测量中,由于技术条件的限制,进行的只能是时间平均,即(4.4.3)式。以下在本章中,不对二者再作进一步的区分,并统一表示为

$$[u(x_0,y_0,z_0,t_0)]_e = [u(x_0,y_0,z_0)]_t = \bar{u} \qquad (4.4.5)$$

并重新改写平均值的计算公式为

$$\bar{u}(x,y,z,t) = \frac{1}{T} \int_{t-\frac{T}{2}}^{t+\frac{T}{2}} u(x,y,z,t)\mathrm{d}t \qquad (4.4.6)$$

依平均化运算的定义以及平均值的计算公式(4.4.6)式,易证如下运算法则

$$\begin{cases}
1) & \bar{\bar{u}} = \bar{u} \\
2) & \overline{\bar{u} \cdot v} = \bar{u} \cdot \bar{v} \\
3) & \overline{u+v} = \bar{u} + \bar{v} \\
4) & \overline{u'} = 0 \\
5) & \overline{u \cdot v} = \bar{u} \cdot \bar{v} + \overline{u' \cdot v'} \\
6) & \overline{\frac{\partial u}{\partial x}} = \frac{\partial}{\partial x}\bar{u} \\
7) & \overline{\frac{\partial u}{\partial t}} = \frac{\partial}{\partial t}\bar{u}
\end{cases} \qquad (4.4.7)$$

例如,我们可以证明一下法则(3)

$$左 = \overline{u+v} = \frac{1}{T}\int_{t-\frac{T}{2}}^{t+\frac{T}{2}}(u+v)\mathrm{d}\tau = \frac{1}{T}\int_{t-\frac{T}{2}}^{t+\frac{T}{2}}u\mathrm{d}\tau$$

$$+ \frac{1}{T}\int_{t-\frac{T}{2}}^{t+\frac{T}{2}}v\mathrm{d}\tau = \bar{u} + \bar{v} = 右$$

4.4.2　雷诺方程

不可压缩黏性流体,暂且假定质量力可以忽略;则出发方程为

$$\begin{cases}
\dfrac{\partial u}{\partial x} + \dfrac{\partial v}{\partial y} + \dfrac{\partial w}{\partial z} = 0 \\[2mm]
\dfrac{\partial u}{\partial t} + u\dfrac{\partial u}{\partial x} + v\dfrac{\partial u}{\partial y} + w\dfrac{\partial u}{\partial z} = -\dfrac{1}{\rho}\dfrac{\partial p}{\partial x} + \nu\Delta u \\[2mm]
\dfrac{\partial v}{\partial t} + u\dfrac{\partial v}{\partial x} + v\dfrac{\partial v}{\partial y} + w\dfrac{\partial v}{\partial z} = -\dfrac{1}{\rho}\dfrac{\partial p}{\partial y} + \nu\Delta v \\[2mm]
\dfrac{\partial w}{\partial t} + u\dfrac{\partial w}{\partial x} + v\dfrac{\partial w}{\partial y} + w\dfrac{\partial w}{\partial z} = -\dfrac{1}{\rho}\dfrac{\partial p}{\partial z} + \nu\Delta w
\end{cases} \qquad (4.4.8)$$

利用上面第 1 个方程(连续性方程: $u\dfrac{\partial u}{\partial x} + u\dfrac{\partial v}{\partial y} + u\dfrac{\partial w}{\partial z} = 0$, $v\dfrac{\partial u}{\partial x} + v\dfrac{\partial v}{\partial y} + v\dfrac{\partial w}{\partial z} = 0$, $w\dfrac{\partial u}{\partial x} + w\dfrac{\partial v}{\partial y} + w\dfrac{\partial w}{\partial z} = 0$)。可将方程组改写为

$$\begin{cases} \dfrac{\partial u}{\partial x}+\dfrac{\partial v}{\partial y}+\dfrac{\partial w}{\partial z}=0 \\[2mm] \dfrac{\partial u}{\partial t}+u\dfrac{\partial u}{\partial x}+v\dfrac{\partial u}{\partial y}+w\dfrac{\partial u}{\partial z}+u\dfrac{\partial u}{\partial x}+u\dfrac{\partial v}{\partial y}+u\dfrac{\partial w}{\partial z}=-\dfrac{1}{\rho}\dfrac{\partial p}{\partial x}+\nu\Delta u \\[2mm] \dfrac{\partial v}{\partial t}+u\dfrac{\partial v}{\partial x}+v\dfrac{\partial v}{\partial y}+w\dfrac{\partial v}{\partial z}+v\dfrac{\partial u}{\partial x}+v\dfrac{\partial v}{\partial y}+v\dfrac{\partial w}{\partial z}=-\dfrac{1}{\rho}\dfrac{\partial p}{\partial y}+\nu\Delta v \\[2mm] \dfrac{\partial w}{\partial t}+u\dfrac{\partial w}{\partial x}+v\dfrac{\partial w}{\partial y}+w\dfrac{\partial w}{\partial z}+w\dfrac{\partial u}{\partial x}+w\dfrac{\partial v}{\partial y}+w\dfrac{\partial w}{\partial z}=-\dfrac{1}{\rho}\dfrac{\partial p}{\partial z}+\nu\Delta w \end{cases}$$

$$\rightarrow \begin{cases} \dfrac{\partial u}{\partial x}+\dfrac{\partial v}{\partial y}+\dfrac{\partial w}{\partial z}=0 \\[2mm] \dfrac{\partial u}{\partial t}+2u\dfrac{\partial u}{\partial x}+\left(u\dfrac{\partial v}{\partial y}+v\dfrac{\partial u}{\partial y}\right)+\left(u\dfrac{\partial w}{\partial z}+w\dfrac{\partial u}{\partial z}\right)=-\dfrac{1}{\rho}\dfrac{\partial p}{\partial x}+\nu\Delta u \\[2mm] \dfrac{\partial v}{\partial t}+\left(u\dfrac{\partial v}{\partial x}+v\dfrac{\partial u}{\partial x}\right)+2v\dfrac{\partial v}{\partial y}+\left(v\dfrac{\partial w}{\partial z}+w\dfrac{\partial v}{\partial z}\right)=-\dfrac{1}{\rho}\dfrac{\partial p}{\partial y}+\nu\Delta v \\[2mm] \dfrac{\partial w}{\partial t}+\left(u\dfrac{\partial w}{\partial x}+w\dfrac{\partial u}{\partial x}\right)+\left(v\dfrac{\partial w}{\partial y}+w\dfrac{\partial v}{\partial y}\right)+2w\dfrac{\partial w}{\partial z}=-\dfrac{1}{\rho}\dfrac{\partial p}{\partial z}+\nu\Delta w \end{cases}$$

$$\rightarrow \begin{cases} \dfrac{\partial u}{\partial x}+\dfrac{\partial v}{\partial y}+\dfrac{\partial w}{\partial z}=0 \\[2mm] \dfrac{\partial u}{\partial t}+\dfrac{\partial u^2}{\partial x}+\dfrac{\partial uv}{\partial y}+\dfrac{\partial uw}{\partial z}=-\dfrac{1}{\rho}\dfrac{\partial p}{\partial x}+\nu\Delta u \\[2mm] \dfrac{\partial v}{\partial t}+\dfrac{\partial uv}{\partial x}+\dfrac{\partial v^2}{\partial y}+\dfrac{\partial vw}{\partial z}=-\dfrac{1}{\rho}\dfrac{\partial p}{\partial y}+\nu\Delta v \\[2mm] \dfrac{\partial w}{\partial t}+\dfrac{\partial uw}{\partial x}+\dfrac{\partial vw}{\partial y}+\dfrac{\partial w^2}{\partial z}=-\dfrac{1}{\rho}\dfrac{\partial p}{\partial z}+\nu\Delta w \end{cases} \tag{4.4.9}$$

现将(4.4.9)式中各量均写成平均值与脉动值的和

$$u=\bar{u}+u' \quad v=\bar{v}+v' \quad w=\bar{w}+w' \quad p=\bar{p}+p' \tag{4.4.10}$$

但是,依照布西内斯克近似,密度的脉动只在重力项中考虑,故有 $p=\bar{p}$。然后,对其进行(4.4.6)式定义的平均化运算,并依运算法则(4.4.7)式,可得

$$\begin{cases} \overline{\dfrac{\partial(\bar{u}+u')}{\partial x}+\dfrac{\partial(\bar{v}+v')}{\partial y}+\dfrac{\partial(\bar{w}+w')}{\partial z}}=0 \\[2mm] \overline{\dfrac{\partial(\bar{u}+u')}{\partial t}+\dfrac{\partial(\bar{u}+u')^2}{\partial x}+\dfrac{\partial(\bar{u}+u')(\bar{v}+v')}{\partial y}+\dfrac{\partial(\bar{u}+u')(\bar{w}+w')}{\partial z}} \\[2mm] =\overline{-\dfrac{1}{\rho}\dfrac{\partial\bar{p}}{\partial x}+\nu\left(\dfrac{\partial^2(\bar{u}+u')}{\partial x^2}+\dfrac{\partial^2(\bar{u}+u')}{\partial y^2}+\dfrac{\partial^2(\bar{u}+u')}{\partial z^2}\right)} \\[2mm] \overline{\dfrac{\partial(\bar{v}+v')}{\partial t}+\dfrac{\partial(\bar{u}+u')(\bar{v}+v')}{\partial x}+\dfrac{\partial(\bar{v}+v')^2}{\partial y}+\dfrac{\partial(\bar{v}+v')(\bar{w}+w')}{\partial z}} \\[2mm] =\overline{-\dfrac{1}{\rho}\dfrac{\partial\bar{p}}{\partial y}+\nu\left(\dfrac{\partial^2(\bar{v}+v')}{\partial x^2}+\dfrac{\partial^2(\bar{v}+v')}{\partial y^2}+\dfrac{\partial^2(\bar{v}+v')}{\partial z^2}\right)} \\[2mm] \overline{\dfrac{\partial(\bar{w}+w')}{\partial t}+\dfrac{\partial(\bar{u}+u')(\bar{w}+w')}{\partial x}+\dfrac{\partial(\bar{v}+v')(\bar{w}+w')}{\partial y}+\dfrac{\partial(\bar{w}+w')^2}{\partial z}} \\[2mm] =\overline{-\dfrac{1}{\rho}\dfrac{\partial\bar{p}}{\partial z}+\nu\left(\dfrac{\partial^2(\bar{w}+w')}{\partial x^2}+\dfrac{\partial^2(\bar{w}+w')}{\partial y^2}+\dfrac{\partial^2(\bar{w}+w')}{\partial z^2}\right)} \end{cases}$$

$$\rightarrow \begin{cases} \dfrac{\partial \overline{\overline{u}}}{\partial x}+\dfrac{\partial \overline{u'}}{\partial x}+\dfrac{\partial \overline{\overline{v}}}{\partial y}+\dfrac{\partial \overline{v'}}{\partial y}+\dfrac{\partial \overline{\overline{w}}}{\partial z}+\dfrac{\partial \overline{w'}}{\partial z}=0 \\[2mm] \dfrac{\partial \overline{\overline{u}}}{\partial t}+\dfrac{\partial \overline{u'}}{\partial t}+\dfrac{\partial \overline{\overline{u}}^2}{\partial x}+\dfrac{\partial \overline{u'^2}}{\partial x}+\dfrac{\partial \overline{\overline{u}\cdot\overline{v}}}{\partial y}+\dfrac{\partial \overline{u'\cdot v'}}{\partial y}+\dfrac{\partial \overline{\overline{u}\cdot\overline{w}}}{\partial z}+\dfrac{\partial \overline{u'\cdot w'}}{\partial z} \\[2mm] \quad =-\dfrac{1}{\rho}\dfrac{\partial \overline{p}}{\partial x}+\nu\left(\dfrac{\partial^2 \overline{\overline{u}}}{\partial x^2}+\dfrac{\partial^2 \overline{u'}}{\partial x^2}+\dfrac{\partial^2 \overline{\overline{u}}}{\partial y^2}+\dfrac{\partial^2 \overline{u'}}{\partial y^2}+\dfrac{\partial^2 \overline{\overline{u}}}{\partial z^2}+\dfrac{\partial^2 \overline{u'}}{\partial z^2}\right) \\[2mm] \dfrac{\partial \overline{\overline{v}}}{\partial t}+\dfrac{\partial \overline{v'}}{\partial t}+\dfrac{\partial \overline{\overline{u}\cdot\overline{v}}}{\partial x}+\dfrac{\partial \overline{u'\cdot v'}}{\partial x}+\dfrac{\partial \overline{\overline{v}}^2}{\partial y}+\dfrac{\partial \overline{v'^2}}{\partial y}+\dfrac{\partial \overline{\overline{v}\cdot\overline{w}}}{\partial z}+\dfrac{\partial \overline{v'\cdot w'}}{\partial z} \\[2mm] \quad =-\dfrac{1}{\rho}\dfrac{\partial \overline{p}}{\partial y}+\nu\left(\dfrac{\partial^2 \overline{\overline{v}}}{\partial x^2}+\dfrac{\partial^2 \overline{v'}}{\partial x^2}+\dfrac{\partial^2 \overline{\overline{v}}}{\partial y^2}+\dfrac{\partial^2 \overline{v'}}{\partial y^2}+\dfrac{\partial^2 \overline{\overline{v}}}{\partial z^2}+\dfrac{\partial^2 \overline{v'}}{\partial z^2}\right) \\[2mm] \dfrac{\partial \overline{\overline{w}}}{\partial t}+\dfrac{\partial \overline{w'}}{\partial t}+\dfrac{\partial \overline{\overline{u}\cdot\overline{w}}}{\partial x}+\dfrac{\partial \overline{u'\cdot w'}}{\partial x}+\dfrac{\partial \overline{\overline{v}\cdot\overline{w}}}{\partial y}+\dfrac{\partial \overline{v'\cdot w'}}{\partial y}+\dfrac{\partial \overline{\overline{w}}^2}{\partial z}+\dfrac{\partial \overline{w'^2}}{\partial z} \\[2mm] \quad =-\dfrac{1}{\rho}\dfrac{\partial \overline{p}}{\partial z}+\nu\left(\dfrac{\partial^2 \overline{\overline{w}}}{\partial x^2}+\dfrac{\partial^2 \overline{w'}}{\partial x^2}+\dfrac{\partial^2 \overline{\overline{w}}}{\partial y^2}+\dfrac{\partial^2 \overline{w'}}{\partial y^2}+\dfrac{\partial^2 \overline{\overline{w}}}{\partial z^2}+\dfrac{\partial^2 \overline{w'}}{\partial z^2}\right) \end{cases}$$

$$\rightarrow \begin{cases} \dfrac{\partial \overline{u}}{\partial x}+\dfrac{\partial \overline{v}}{\partial y}+\dfrac{\partial \overline{w}}{\partial z}=0 \\[2mm] \dfrac{\partial \overline{u}}{\partial t}+\dfrac{\partial \overline{u}^2}{\partial x}+\dfrac{\partial \overline{u'^2}}{\partial x}+\dfrac{\partial \overline{uv}}{\partial y}+\dfrac{\partial \overline{u'v'}}{\partial y}+\dfrac{\partial \overline{uw}}{\partial z}+\dfrac{\partial \overline{u'w'}}{\partial z}=-\dfrac{1}{\rho}\dfrac{\partial \overline{p}}{\partial x}+\nu\left(\dfrac{\partial^2 \overline{u}}{\partial x^2}+\dfrac{\partial^2 \overline{u}}{\partial y^2}+\dfrac{\partial^2 \overline{u}}{\partial z^2}\right) \\[2mm] \dfrac{\partial \overline{v}}{\partial t}+\dfrac{\partial \overline{uv}}{\partial x}+\dfrac{\partial \overline{u'v'}}{\partial x}+\dfrac{\partial \overline{v}^2}{\partial y}+\dfrac{\partial \overline{v'^2}}{\partial y}+\dfrac{\partial \overline{vw}}{\partial z}+\dfrac{\partial \overline{v'w'}}{\partial z}=-\dfrac{1}{\rho}\dfrac{\partial \overline{p}}{\partial y}+\nu\left(\dfrac{\partial^2 \overline{v}}{\partial x^2}+\dfrac{\partial^2 \overline{v}}{\partial y^2}+\dfrac{\partial^2 \overline{v}}{\partial z^2}\right) \\[2mm] \dfrac{\partial \overline{w}}{\partial t}+\dfrac{\partial \overline{uw}}{\partial x}+\dfrac{\partial \overline{u'w'}}{\partial x}+\dfrac{\partial \overline{vw}}{\partial y}+\dfrac{\partial \overline{v'w'}}{\partial y}+\dfrac{\partial \overline{w}^2}{\partial z}+\dfrac{\partial \overline{w'^2}}{\partial z} \\[2mm] \quad =-\dfrac{1}{\rho}\dfrac{\partial \overline{p}}{\partial z}+\nu\left(\dfrac{\partial^2 \overline{w}}{\partial x^2}+\dfrac{\partial^2 \overline{w}}{\partial y^2}+\dfrac{\partial^2 \overline{w}}{\partial z^2}\right) \end{cases}$$

$$\begin{cases} \dfrac{\partial \overline{u}}{\partial x}+\dfrac{\partial \overline{v}}{\partial y}+\dfrac{\partial \overline{w}}{\partial z}=0 \\[2mm] \dfrac{\partial \overline{u}}{\partial t}+\overline{u}\dfrac{\partial \overline{u}}{\partial x}+\overline{v}\dfrac{\partial \overline{u}}{\partial y}+\overline{w}\dfrac{\partial \overline{u}}{\partial z}+\overline{u}\dfrac{\partial \overline{u}}{\partial x}+\overline{u}\dfrac{\partial \overline{v}}{\partial y}+\overline{u}\dfrac{\partial \overline{w}}{\partial z}=-\dfrac{1}{\rho}\dfrac{\partial \overline{p}}{\partial x}+\nu\Delta\overline{u}-\dfrac{\partial \overline{u'^2}}{\partial x}-\dfrac{\partial \overline{u'v'}}{\partial y}-\dfrac{\partial \overline{u'w'}}{\partial z} \\[2mm] \dfrac{\partial \overline{v}}{\partial t}+\overline{u}\dfrac{\partial \overline{v}}{\partial x}+\overline{v}\dfrac{\partial \overline{v}}{\partial y}+\overline{w}\dfrac{\partial \overline{v}}{\partial z}+\overline{v}\dfrac{\partial \overline{u}}{\partial x}+\overline{v}\dfrac{\partial \overline{v}}{\partial y}+\overline{v}\dfrac{\partial \overline{w}}{\partial z}=-\dfrac{1}{\rho}\dfrac{\partial \overline{p}}{\partial y}+\nu\Delta\overline{v}-\dfrac{\partial \overline{u'v'}}{\partial x}-\dfrac{\partial \overline{v'^2}}{\partial y}-\dfrac{\partial \overline{v'w'}}{\partial z} \\[2mm] \dfrac{\partial \overline{w}}{\partial t}+\overline{u}\dfrac{\partial \overline{w}}{\partial x}+\overline{v}\dfrac{\partial \overline{w}}{\partial y}+\overline{w}\dfrac{\partial \overline{w}}{\partial z}+\overline{w}\dfrac{\partial \overline{u}}{\partial x}+\overline{w}\dfrac{\partial \overline{v}}{\partial y}+\overline{w}\dfrac{\partial \overline{w}}{\partial z}=-\dfrac{1}{\rho}\dfrac{\partial \overline{p}}{\partial z}+\nu\Delta\overline{w}-\dfrac{\partial \overline{u'w'}}{\partial x}-\dfrac{\partial \overline{v'w'}}{\partial y}-\dfrac{\partial \overline{w'^2}}{\partial z} \end{cases}$$

$$(4.4.11)$$

上式中再利用第 1 个(连续)方程改写一下,即得所谓的雷诺平均运动方程组

$$\begin{cases} \dfrac{\partial \overline{u}}{\partial x}+\dfrac{\partial \overline{v}}{\partial y}+\dfrac{\partial \overline{w}}{\partial z}=0 \\[2mm] \rho\left(\dfrac{\partial \overline{u}}{\partial t}+\overline{u}\dfrac{\partial \overline{u}}{\partial x}+\overline{v}\dfrac{\partial \overline{u}}{\partial y}+\overline{w}\dfrac{\partial \overline{u}}{\partial z}\right)=-\dfrac{\partial \overline{p}}{\partial x}+\mu\Delta\overline{u}+\dfrac{\partial(-\rho\overline{u'^2})}{\partial x}+\dfrac{\partial(-\rho\overline{u'v'})}{\partial y}+\dfrac{\partial(-\rho\overline{u'w'})}{\partial z} \\[2mm] \rho\left(\dfrac{\partial \overline{v}}{\partial t}+\overline{u}\dfrac{\partial \overline{v}}{\partial x}+\overline{v}\dfrac{\partial \overline{v}}{\partial y}+\overline{w}\dfrac{\partial \overline{v}}{\partial z}\right)=-\dfrac{\partial \overline{p}}{\partial y}+\mu\Delta\overline{v}+\dfrac{\partial(-\rho\overline{v'u'})}{\partial x}+\dfrac{\partial(-\rho\overline{v'^2})}{\partial y}+\dfrac{\partial(-\rho\overline{v'w'})}{\partial z} \\[2mm] \rho\left(\dfrac{\partial \overline{w}}{\partial t}+\overline{u}\dfrac{\partial \overline{w}}{\partial x}+\overline{v}\dfrac{\partial \overline{w}}{\partial y}+\overline{w}\dfrac{\partial \overline{w}}{\partial z}\right)=-\dfrac{\partial \overline{p}}{\partial z}+\mu\Delta\overline{w}+\dfrac{\partial(-\rho\overline{w'u'})}{\partial x}+\dfrac{\partial(-\rho\overline{w'v'})}{\partial y}+\dfrac{\partial(-\rho\overline{w'^2})}{\partial z} \end{cases}$$

$$(4.4.12)$$

将平均运动方程组(4.4.12)式与运动方程组(4.4.9)式相减,还可得到雷诺脉动运动方程组,这里略去不提。(4.4.12)式的后 3 式可以合成矢量式

$$\begin{cases} \nabla \cdot \overline{\boldsymbol{V}} = 0 \\ \rho \dfrac{\mathrm{d}\overline{\boldsymbol{V}}}{\mathrm{d}t} = \mathrm{div}\,\overline{\boldsymbol{P}} \end{cases} \tag{4.4.13}$$

(4.4.13)式除了不计入质量力外,形式上与第一章所讲的动量方程(1.3.15)式一致

$$\frac{\mathrm{d}\boldsymbol{V}}{\mathrm{d}t} = \boldsymbol{F} + \frac{1}{\rho}\nabla \cdot \boldsymbol{P}$$

依本构方程(1.2.21)式,在不可压缩情况下,应力张量应为

$$\boldsymbol{P} = -p\boldsymbol{I} + 2\mu\left(\boldsymbol{S} - \frac{1}{3}\boldsymbol{I}\nabla \cdot \boldsymbol{V}\right) = -p\boldsymbol{I} + 2\mu\boldsymbol{S} \tag{4.4.14}$$

而本节中,雷诺方程组里的应力张量为

$$\overline{\boldsymbol{P}} = -p\boldsymbol{I} + 2\mu\boldsymbol{S} + \overline{\boldsymbol{P}'} \tag{4.4.15}$$

比较可知,多了一个二阶对称张量 $\boldsymbol{P}'$。$\boldsymbol{P}'$ 称为雷诺应力张量,或湍流应力张量,它有 6 个分量

$$\boldsymbol{P}' = \begin{bmatrix} \tau'_{xx} & \tau'_{xy} & \tau'_{xz} \\ \tau'_{yx} & \tau'_{yy} & \tau'_{yz} \\ \tau'_{zx} & \tau'_{zy} & \tau'_{zz} \end{bmatrix} = \begin{bmatrix} -\rho\,\overline{u'^2} & -\rho\,\overline{u'v'} & -\rho\,\overline{u'w'} \\ -\rho\,\overline{v'u'} & -\rho\,\overline{v'^2} & -\rho\,\overline{v'w'} \\ -\rho\,\overline{w'u'} & -\rho\,\overline{w'v'} & -\rho\,\overline{w'^2} \end{bmatrix} \tag{4.4.16}$$

由于增加了 6 个未知的函数——雷诺应力张量的 6 个分量,故雷诺方程组(4.4.12)是不闭合的:10 个未知函数,却只有 4 个方程。此为湍流理论的基本困难之一,即所谓的"不闭合困难"。另一个基本困难是所谓的"非线性困难"。二者在本质上是同一的,因为多出来的 6 个雷诺应力函数均是在作平均运算时,产生于动量方程的非线性项。前人提出了两个解决途径,来使雷诺方程组闭合,并可进一步解出各湍流平均量:即所谓的半经验理论和统计理论。关于湍流的统计理论(高阶闭合方案),有许多专著可查阅,这里就不再重述。至于湍流的半经验理论,它的许多结果在大气扩散及环境科学其他各分支中都是作为基本规律而直接引用的,但半经验理论本身在一般的教材中却都语焉不详。事实上,在处理大气扩散及环境流体力学中有关湍流问题时,半经验理论的思想方法经常是最有效的。另一方面,作者认为,没有从半经验理论的学习中领会所谓"闭合"方法的精神实质,湍流的统计理论(高阶闭合方案)也是不好学的。故下面我们将在下面 4.5 节中较为系统地介绍湍流的半经验理论。

雷诺应力张量的物理意义:

1)对角线 3 个分量(雷诺正应力)的和是湍流动能的 2 倍。即单位质量流体的湍流动能为

$$e = \frac{1}{2}\left(\overline{u'^2} + \overline{v'^2} + \overline{w'^2}\right)$$

2)3 个非对角线分量(雷诺剪切应力)代表湍流动量横向的输送(通量)。

4.4.3　湍流边界层方程

假定为二维流动:$\overline{v} = 0$,按照第 3 章得出层流边界层方程组的同样的量阶分析方法对雷诺方程组(4.4.12)作边界层简化

$$\begin{cases} \dfrac{\partial u}{\partial x} + \dfrac{\partial w}{\partial z} = 0 \\ \dfrac{\partial u}{\partial t} + u\dfrac{\partial u}{\partial x} + w\dfrac{\partial u}{\partial z} = -\dfrac{1}{\rho}\dfrac{\partial p}{\partial x} + \nu\dfrac{\partial^2 u}{\partial z^2} \end{cases}$$

对其进行平均化,即

$$\begin{cases} \dfrac{\partial u}{\partial x} + \dfrac{\partial w}{\partial z} = 0 \\[2mm] \dfrac{\partial u}{\partial t} + \dfrac{\partial u^2}{\partial x} + \dfrac{\partial uw}{\partial z} = -\dfrac{1}{\rho}\dfrac{\partial p}{\partial x} + \nu\dfrac{\partial^2 u}{\partial z^2} \quad \left(+\left[u\dfrac{\partial u}{\partial x} + u\dfrac{\partial w}{\partial z}\right]\right) \end{cases}$$

$$\rightarrow \begin{cases} \overline{\dfrac{\partial(\bar u + u')}{\partial x} + \dfrac{\partial(\bar w + w')}{\partial z}} = 0 \\[3mm] \overline{\dfrac{\partial(\bar u + u')}{\partial t} + \dfrac{\partial(\bar u + u')(\bar u + u')}{\partial x} + \dfrac{\partial(\bar u + u')(\bar w + w')}{\partial z}} = -\dfrac{1}{\rho}\dfrac{\partial \bar p}{\partial x} + \nu\dfrac{\partial^2(\bar u + u')}{\partial z^2} \end{cases}$$

$$\rightarrow \begin{cases} \dfrac{\partial \bar{\bar u}}{\partial x} + \dfrac{\partial \overline{u'}}{\partial x} + \dfrac{\partial \bar{\bar w}}{\partial z} + \dfrac{\partial \overline{w'}}{\partial z} = 0 \\[3mm] \dfrac{\partial \bar{\bar u}}{\partial t} + \dfrac{\partial \overline{u'}}{\partial t} + \dfrac{\partial \bar u^2}{\partial x} + \dfrac{\partial \overline{u'^2}}{\partial x} + \dfrac{\partial \overline{uw}}{\partial z} + \dfrac{\partial \overline{u'w'}}{\partial z} = -\dfrac{1}{\rho}\dfrac{\partial \bar p}{\partial x} + \nu\left(\dfrac{\partial^2 \bar u}{\partial z^2} + \dfrac{\partial^2 \overline{u'}}{\partial z^2}\right) \end{cases}$$

因为 $u' \sim w'$,所以 $\overline{u'^2} \sim \overline{u'w'} \rightarrow \dfrac{\partial \overline{u'^2}}{\partial x} \ll \dfrac{\partial \overline{u'w'}}{\partial z}$,故 $\dfrac{\partial \overline{u'^2}}{\partial x}$ 可略去。

$$\rightarrow \begin{cases} \dfrac{\partial \bar u}{\partial x} + \dfrac{\partial \bar w}{\partial z} = 0 \\[3mm] \dfrac{\partial \bar u}{\partial t} + \dfrac{\partial \bar u^2}{\partial x} + \dfrac{\partial \overline{uw}}{\partial z} + \dfrac{\partial \overline{u'w'}}{\partial z} = -\dfrac{1}{\rho}\dfrac{\partial \bar p}{\partial x} + \nu\dfrac{\partial^2 \bar u}{\partial z^2} \end{cases}$$

从而得到湍流边界层方程组

$$\begin{cases} \dfrac{\partial \bar u}{\partial x} + \dfrac{\partial \bar w}{\partial z} = 0 \\[3mm] \dfrac{\partial \bar u}{\partial t} + \bar u\dfrac{\partial \bar u}{\partial x} + \bar w\dfrac{\partial \bar u}{\partial z} = -\dfrac{1}{\rho}\dfrac{\partial \bar p}{\partial x} + \dfrac{\partial}{\partial z}\left(\nu\dfrac{\partial \bar u}{\partial z} - \overline{u'w'}\right) \end{cases} \tag{4.4.17}$$

边界条件为:
$$\begin{aligned} z &= 0: \quad \bar u = \bar w = 0, \quad \overline{u'w'} = 0 \\ z &= \delta(z \rightarrow \infty): \quad \bar u = U(x) \end{aligned}$$

应注意,由法向应力产生的项 $\dfrac{\partial}{\partial x}(\overline{w'^2} - \overline{u'^2})$ 在作量阶分析时已被略去。而已知层流边界层方程组为

$$\begin{cases} \dfrac{\partial u}{\partial x} + \dfrac{\partial w}{\partial z} = 0 \\[3mm] \dfrac{\partial u}{\partial t} + u\dfrac{\partial u}{\partial x} + w\dfrac{\partial u}{\partial z} = -\dfrac{1}{\rho}\dfrac{\partial p}{\partial x} + \nu\dfrac{\partial^2 u}{\partial z^2} \end{cases} \tag{4.4.18}$$

相比较可知:1)层流边界层方程组中的速度分量 u,w 及压力 p 均应以它们的时间平均值 $\bar u,\bar w$ 和 $\bar p$ 来代替之。2)惯性力项和压力项保持不变,而黏性力项 $\nu\dfrac{\partial^2 u}{\partial z^2}$ 应代之以 $\dfrac{\partial}{\partial z}\left(\nu\dfrac{\partial \bar u}{\partial z} - \overline{u'w'}\right)$,增加的部分代表湍流黏性力。再有,层流边界层方程组(4.4.18)的边界条件可同样移植为湍流边界层方程组(4.4.17)的边界条件,即各物理量分别代之以平均量,只需补充一条: $\overline{u'w'}|_{z=0} = 0$,即光滑壁面上的湍流应力为零。补充的这一边界条件意味着,在湍流边界层下部紧贴壁面处,存在着一个层流次层(黏性次层)。由于壁面黏附作用的限制,速度很小,故层流次层中分子黏性力超过惯性力,湍流不能存在(速度扰动被黏性力熄灭)。因为多出一个湍流黏性力项 $\overline{u'w'}$,湍流边界层方程组(4.4.17)也存在不封闭困难。

4.5　湍流的半经验理论

　　仿照广义牛顿假说，半经验理论将湍流应力类比于分子黏性应力，假定雷诺应力分量与平均速度分量之间有某种关系，从而使湍流平均运动方程组闭合，并进而求解。故半经验理论又称为"低阶闭合方案"。本节将对半经验理论的主要假说及其应用方法作系统的介绍。

4.5.1　布西内斯克假定

　　类比于层流的斯托克斯定理 $\tau_{xz}=\mu\dfrac{\partial u}{\partial z}$，布西内斯克假定湍流剪切应力 τ'_{xz} 也有相应的关系式

$$\tau'_{xz}=-\rho\,\overline{u'w'}=A'\frac{\mathrm{d}\overline{u}}{\mathrm{d}z} \tag{4.5.1}$$

式中，A' 称为湍流黏性系数（相应于层流中的运动黏性系数 μ，单位也一样：Pa·s）。后人常用的形式是涡黏性系数（也常常称为湍流动量交换系数）$K_m=A'/\rho$，则（4.5.1）式变成

$$\tau'_{xz}=-\rho\,\overline{u'w'}=\rho K_m\frac{\mathrm{d}\overline{u}}{\mathrm{d}z} \tag{4.5.2}$$

涡黏性系数 K_m 相应于层流中的运动黏性系数 ν，单位也一样：m^2/s。虽然引入了湍流黏性系数 A' 或湍流动量交换系数 K_m，从而雷诺剪切应力 $-\rho\,\overline{u'w'}$ 被写成了平均速度的梯度 $\dfrac{\mathrm{d}\overline{u}}{\mathrm{d}z}$ 的函数，但根本的困难并未解决，因为系数 A' 或 K_m 不是常数，而是流动的函数，其数值一般均依赖于平均速度 $\overline{u}$ 的分布情况（图 4.17）。但是，在分子黏性应力的斯托克斯定理 $\tau_{xz}=\mu\dfrac{\partial u}{\partial z}$ 中，μ 或 ν 是流体的物理性质，是一个常数，与流动情况无关。

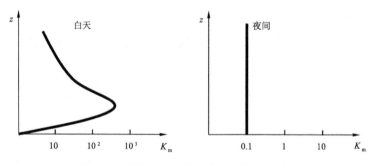

图 4.17　湍流动量交换系数 K_m 的廓线形式

　　类似 K_m 的还有湍流热量交换系数 K_θ 和湍流水汽交换系数 K_q 等

$$-\rho\,\overline{w'\theta'}=c_p K_\theta\frac{\mathrm{d}\overline{\theta}}{\mathrm{d}z},\quad -\rho\,\overline{w'q'}=L_V K_q\frac{\mathrm{d}\overline{q}}{\mathrm{d}z}$$

式中，c_p 为干（湿）空气比定压热容，L_V 为水的蒸发潜热。

4.5.2　普朗特的混合长假说

　　为了建立系数 A' 或 K_m 与平均速度 $\overline{u}$ 之间的函数关系，普朗特提出了著名的混合长假

说,并在各种固壁湍流的计算中获得了极大的成功。

考虑二维平行流动:$\bar{u}=\bar{u}(z),\bar{v}=\bar{w}=0$,则 3 个运动方程分量式中只剩下 1 个 x 方向的分量式,而且在其中只有一个湍流应力分量 $\tau'_{xx}=-\rho\overline{u'w'}$ 有贡献。普朗特就此简单情况引入了**混合长度的概念,它是指沿平均流动方向流动的流体团由于脉动速度 w' 而横向移动的平均距离 l,设移动时保持其 x 方向原有的动量(速度)不变。这是类比于分子碰撞的平均自由程而引入的概念。**如图 4.18,设来自高度(z_1-l)且 x 方向平均速度为 $\bar{u}(z_1-l)$ 的流体团由于横向脉动沿 z 方向移动距离 l 而达到新的高度 z_1,这时它的速度小于当地速度 $\bar{u}(z_1)$,速度差为

$$\Delta u_1=\bar{u}(z_1)-\bar{u}(z_1-l)\approx l\left(\frac{\mathrm{d}\bar{u}}{\mathrm{d}z}\right)_{z=z_1} \tag{4.5.3}$$

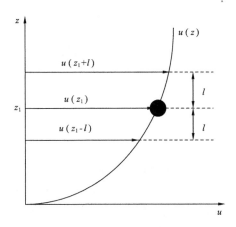

图 4.18　混合长示意图

上式最右边的表达式是将函数 $\bar{u}(z_1-l)$ 展成泰勒级数并略去高阶项而得到的。同样地,自高度(z_1+l)移动到高度 z_1 的流体团,其速度大于当地速度,速度差为

$$\Delta u_2=\bar{u}(z_1+l)-\bar{u}(z_1)\approx l\left(\frac{\mathrm{d}\bar{u}}{\mathrm{d}z}\right)_{z=z_1} \tag{4.5.4}$$

上式横向脉动造成的速度差 Δu_1 及 Δu_2 可当作是 z_1 层流团在 x 方向的脉动分量,故有

$$\overline{|u'|}=\frac{1}{2}(|\Delta u_1|+|\Delta u_2|)=l\left|\left(\frac{\mathrm{d}\bar{u}}{\mathrm{d}z}\right)_{z=z_1}\right| \tag{4.5.5}$$

进一步,普朗特讨论说,上述的两个流体微团,由于分别来自高度(z_1-l)和(z_1+l),其 u' 的符号应当相反(x 方向脉动速度方向相反)。故该两个流体微团在 z_1 高度上相遇时,依照其沿 x 方向位置的先后,或以速度 $2u'$ 相撞,然后向两侧散去,或以速度 $2u'$ 相互离开。总之,两种情况下都将有上下的流体微团来补充所形成的真空,即造成了 z_1 高度上的横向脉动速度 w',且 w' 应与 u' 同量级。故有

$$\overline{|w'|}=c\cdot\overline{|u'|}=c\cdot l\left|\left(\frac{\mathrm{d}\bar{u}}{\mathrm{d}z}\right)_{z=z_1}\right|\quad(c\text{ 为常数}) \tag{4.5.6}$$

由以上分析过程可知,对于自(z_1-l)高度到达 z_1 高度的流体团,应有 $w'>0$,然而其 $u'=-\Delta u_1<0$;反之,自(z_1+l)高度到达 z_1 高度的流体团,$w'<0$,然而其 $u'=-\Delta u_2>0$。这意味着,对于绝大多数的流体微团来说,x 方向脉动速度与 z 方向的脉动速度应是反号的,而且是相关联的,即认为:$\overline{u'w'}<0$。故可有

$$-\overline{u'w'}=c \cdot \overline{|u'|} \cdot \overline{|w'|}=c \cdot l^2 \left(\frac{\mathrm{d}\bar{u}}{\mathrm{d}z}\right)^2_{z=z_1} \tag{4.5.7}$$

由于混合长度 l 尚未确定,可把该常数吸收进 l 中去,从而得到

$$-\overline{u'w'}=l^2 \left(\frac{\mathrm{d}\bar{u}}{\mathrm{d}z}\right)^2_{z=z_1} \tag{4.5.8}$$

或湍流剪切应力

$$\tau'_{xz}=-\rho\,\overline{u'w'}=\rho l^2 \left(\frac{\mathrm{d}\bar{u}}{\mathrm{d}z}\right)^2 \tag{4.5.9}$$

考虑到 τ'_{xz} 的符号应随 $\frac{\mathrm{d}\bar{u}}{\mathrm{d}z}$ 的符号而改变,故普朗特混合长度假说的基本公式写为

$$\tau'_{xz}=\rho l^2 \left|\frac{\mathrm{d}\bar{u}}{\mathrm{d}z}\right|\frac{\mathrm{d}\bar{u}}{\mathrm{d}z} \tag{4.5.10}$$

与布西内斯克假说的(4.5.1)式相比较可知,湍流黏性系数 A' 应为

$$A'=\rho l^2 \left|\frac{\mathrm{d}\bar{u}}{\mathrm{d}z}\right| \tag{4.5.11}$$

而涡黏性系数(湍流动量交换系数)K_m 应为

$$K_m=l^2 \left|\frac{\mathrm{d}\bar{u}}{\mathrm{d}z}\right| \tag{4.5.12}$$

最后应当指出,混合长度 l 也不是流体的性质,仍然是与流动的分布有关(即流动的函数)。但由于混合长度 l 对流动的依赖程度大为减少,在大多数情况下可以和流动的特征长度之间建立简单的关系,从而普朗特混合长度假说可以较容易地用于各种壁湍流和自由湍流的计算。普朗特混合长度假说的应用结果是极为成功的,大多数情况下与实验测量结果符合极好。

4.5.3　泰勒的涡量输运理论

泰勒认为,在流体团横向运动过程中保持不变的物理量应是其旋度(在二维平行流动情况下,即为 $\frac{\mathrm{d}\bar{u}}{\mathrm{d}z}$),而不是动量或平均速度 $\bar{u}$。除此之外,他采用了普朗特假说的其他所有内容。泰勒的流量被称为涡量输运理论,而普朗特的混合长度假说则被称为动量输运理论。涡量输运理论的数学表达要复杂得多,此处不予赘述。泰勒所得到的结果几乎同普朗特的动量输运理论的结果完全一致。

$$\tau'_{xz}=\frac{1}{2}\rho l_w^2 \left|\frac{\mathrm{d}\bar{u}}{\mathrm{d}z}\right|\frac{\mathrm{d}\bar{u}}{\mathrm{d}z} \tag{4.5.13}$$

与普朗特的结果相比,唯一的差别是一个常数因子 $1/2$,即泰勒的混合长度 l_w 是普朗特的混合长度 l 的 $\sqrt{2}$ 倍

$$l_w=\sqrt{2}\,l \tag{4.5.14}$$

4.5.4　冯·卡曼的相似性假设

冯·卡曼假设湍流脉动在流场的所有各点均是相似的,即它们有相同的概率分布函数,差别仅在于速度和长度的尺度因子不同。用湍流切应力可以构成一个表征湍流脉动的速度 u_*,它可以作为速度的尺度因子

$$u_* = \sqrt{\frac{\tau'_{xz}}{\rho}} = \sqrt{-\overline{u'w'}} \tag{4.5.15}$$

u_* 称为摩擦速度,它是湍流涡旋强度的度量,也是存在于 x 与 z 方向脉动分量之间的相关性的度量。因此,摩擦速度 u_* 是所有湍流统计量的速度尺度因子;例如平均速度 $\overline{u}$ 就应当除以 u_* 以构成其无量纲形式。

冯·卡曼取普朗特的混合长度 l 作为长度的尺度因子,因为湍流混合长是与分子平均自由程相类比的量,它表征湍流涡旋的生命维持长度。对于二维平行流动,他证明了比例关系

$$l = \kappa \left| \frac{\dfrac{\mathrm{d}\,\overline{u}}{\mathrm{d}z}}{\dfrac{\mathrm{d}^2\,\overline{u}}{\mathrm{d}z^2}} \right| \tag{4.5.16}$$

这里他引入了著名的普适无量纲常数 κ 作为比例常数,κ 对一切湍流都应当有相同的数值,被后人称为冯·卡曼常数。在各种流动情况下的测量表明,κ 的数值约等于 0.4。由(4.5.16)式可见,混合长度 l 仍然是流动的函数。进一步,他得到了湍流切应力的基本关系式

$$\tau'_{xz} = \rho \kappa^2 \left[\frac{\left(\dfrac{\mathrm{d}\,\overline{u}}{\mathrm{d}z} \right)^4}{\left(\dfrac{\mathrm{d}^2\,\overline{u}}{\mathrm{d}z^2} \right)^2} \right] \tag{4.5.17}$$

4.5.5　光滑壁面附近的湍流运动

作为一个例子,我们应用半经验理论来分析壁湍流的基本规律。设无界平板 AB 上方充满不可压缩黏性流体,流体在等压条件下沿平行板面方向作定常湍流运动(图 4.19)。设壁面是光滑的,求壁面附近湍流运动的速度分布,设壁面切应力 τ_w 为已知。

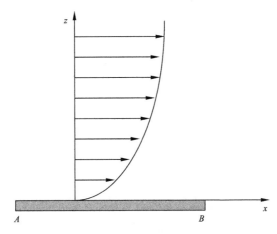

图 4.19　壁湍流

显然,平均流动与 x 无关:$\overline{u} = \overline{u}(z)$,即动量传递仅在 z 方向进行。此时,雷诺方程简化为

$$\mu \frac{\partial^2 \overline{u}}{\partial z^2} + \frac{\partial(-\rho \overline{u'w'})}{\partial z} = 0 \rightarrow \mu \frac{\mathrm{d}^2 \overline{u}}{\mathrm{d}z^2} + \frac{\mathrm{d}\tau'_{xz}}{\mathrm{d}z} = 0 \tag{4.5.18}$$

边界条件为

$$z=0: \quad \overline{u}=0, \quad \tau'_{xz}=-\rho\overline{u'w'}=0, \quad \tau=\mu\frac{\mathrm{d}\overline{u}}{\mathrm{d}z}=\tau_w \tag{4.5.19}$$

将(4.5.18)式积分一次,得

$$\mu\frac{\mathrm{d}\overline{u}}{\mathrm{d}z}+\tau'_{xz}=c \tag{4.5.20}$$

依边界条件(4.5.19),$z=0:\tau'_{xz}=0$,定得上式中常数 $c=\mu\dfrac{\mathrm{d}\overline{u}}{\mathrm{d}z}=\tau_w$,故得

$$\mu\frac{\mathrm{d}\overline{u}}{\mathrm{d}z}+\tau'_{xz}=\tau_w \tag{4.5.21}$$

下面应区分两种不同的区域来求上式的解:

1)紧贴固壁的一个称为层流次层(黏性次层)的区域内,由于固壁的限制,湍流脉动受到抑制,湍流切应力 τ'_{xz} 很小: $\tau'_{xz}\xrightarrow{z\to0}0$。由于速度梯度 $\dfrac{\mathrm{d}\overline{u}}{\mathrm{d}z}$ 极大,故分子黏性力 $\tau=\mu\dfrac{\mathrm{d}\overline{u}}{\mathrm{d}z}$ 很大,流动基本上为层流状态。

2)层流次层之上,经过一个过渡层,就达到所谓湍流核心区,那里湍流切应力 τ'_{xz} 比分子黏性力 τ 大几万倍,故可以忽略。而且,在湍流核心区之中偏下的部分,一般认为湍流动能的产生速率和耗散速率相等,即湍流处于局地平衡状态。可以证明,处于平衡状态的这一层中,τ'_{xz} 不随高度改变:$\tau'_{xz}=\tau_w=\mathrm{const}$。即这里是所谓的"常应力层",又称为湍流内层。

再有,本问题在 x 方向没有特征尺度,故问题的解应是相似形式的解,即不同行程 x 上的速度剖面的函数形式相同,所差的仅仅是其速度尺度因子和长度尺度因子不同。因为本问题讨论的是紧贴壁面的流动,壁面黏性应力 τ_w 为主定参数,故该两尺度因子只能是 $u_*=\sqrt{\dfrac{\tau_w}{\rho}}$ (摩擦速度作为速度尺度因子)和 $\dfrac{\nu}{u_*}$(长度尺度因子)。因此,应有无量纲形式的相似性速度剖面

$$\frac{\overline{u}}{u_*}=f\left(\frac{zu_*}{\nu}\right) \tag{4.5.22}$$

对黏性次层,略去 τ'_{xz},方程(4.5.21)式变成:

$$\mu\frac{\mathrm{d}\overline{u}}{\mathrm{d}z}=\tau_w \tag{4.5.23}$$

再积分一次,得

$$\overline{u}=\frac{\tau_w}{\nu}z+c_1 \tag{4.5.24}$$

将边界条件 $\overline{u}|_{z=0}=0$ 代入上式,定得 $c_1=0$,故得

$$\overline{u}=\frac{\tau_w}{\nu}z \tag{4.5.25}$$

改写成(4.5.22)式的无量纲形式,就得到线性速度分布

$$\frac{\overline{u}}{u_*}=\frac{zu_*}{\nu} \tag{4.5.26}$$

对常应力层,略去 $\tau=\mu\dfrac{\mathrm{d}\overline{u}}{\mathrm{d}z}$,则方程(4.5.21)变成

$$\tau'_{xz}=\tau_w=\mathrm{const} \tag{4.5.27}$$

依普朗特混合长理论,有

$$\tau'_{xz} = -\rho \overline{u'w'} = \rho l^2 \left(\frac{\mathrm{d}\overline{u}}{\mathrm{d}z}\right)^2 = \tau_w \qquad (4.5.28)$$

进一步的计算需要先对混合长 l 做出具体的假设。普朗特从类比于分子平均自由程受固壁限制的事实出发,认为混合长度 l 也应正比于到固壁的距离:$l \propto z$。后人更进一步证明了该正比关系的比例系数即为冯・卡曼常数 κ,即

$$l = \kappa z \qquad (4.5.29)$$

故有

$$\tau_w = \rho \kappa^2 z^2 \left(\frac{\mathrm{d}\overline{u}}{\mathrm{d}z}\right)^2 = \rho u_*^2 \qquad (4.5.30)$$

开方得

$$\frac{\mathrm{d}\overline{u}}{\mathrm{d}z} = \frac{u_*}{\kappa} \cdot \frac{1}{z} \qquad (4.5.31)$$

积分得

$$\int_0^z \mathrm{d}\overline{u} = \int_0^z \frac{u_*}{\kappa} \cdot \frac{1}{z}\mathrm{d}z \rightarrow \overline{u} = \frac{u_*}{\kappa}\ln z + c_2 \qquad (4.5.32)$$

上式中 c_2 为常数。写成(4.5.22)式的无量纲形式,即得对数速度分布

$$\frac{\overline{u}}{u_*} = \frac{1}{\kappa}\ln\left(\frac{zu_*}{\nu}\right) + B \qquad (4.5.33)$$

式中,常数 B 须由实验确定之。

黏性次层速度分布的线性关系(4.5.26)式和湍流内层(常应力层)速度分布的对数形式(4.5.33)式合在一起通称为**界壁律**(wall law)。管道流动、沟槽流动及二维湍流边界层流动的速度廓线均已被实验证明满足界壁律。图 4.20 是圆管流动实验的界壁律速度廓线,且由该半对数坐标图中的速度廓线的直线段(对数律)的斜率定得(4.5.33)式中的实验常数为 $B = 5.5$。图 4.20 中速度廓线的直线段(对数律)与左下端曲线弧(线性律)的交点约在雷诺数 $\frac{zu_*}{\nu} = 11.6$ 处,这可以认为是黏性次层与湍流核心区的衔接点。实验数据表明,两层之间有一过渡层,但数学上很难处理,一般均予忽略,而假定黏性次层与湍流核心区直接相衔接。

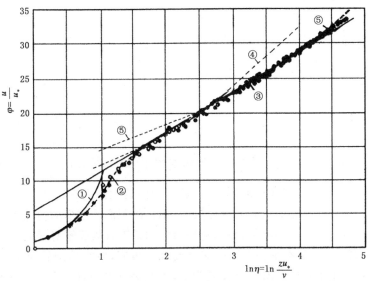

图 4.20 圆管流动的固壁律

第 5 章　平板湍流边界层流动

本章我们主要介绍二维无穷长平板在零压力梯度($-\dfrac{\mathrm{d}p}{\mathrm{d}x}=0$)和零攻角($\alpha=0$，即平板与来流速度平行)条件下的湍流边界层流动的基本实验规律。当萨顿于 20 世纪 40 年代末期提出大气边界层的概念时，平板湍流边界层的这些规律几乎全都被他移植过去。首先必须指出的是，平板湍流边界层大致可分成 5 个次层，自壁面向外依次为：1)黏性次层(速度线性律成立，$z/\delta<0.01$)；2)过渡层；3)湍流内层(速度对数律成立，$0.01<z/\delta<0.20$)，以上三层直接受壁面的影响，称为壁区；4)湍流外层(外层受壁面的影响是间接的)；5)卷挟层(边界层外的流体由于湍流涡旋的作用而被卷挟进边界层中来，同时也有边界层内的流体被卷出，湍流的间歇现象很明显)。主要由于人们对黏性次层及过渡层的了解很少，故尽管已经在 4.4 节中得到了湍流边界层方程，但迄今仍不可能在一定边界条件下得到该方程的精确解，如同层流边界层方程的布劳修斯解一样。我们所能做到的是，从实验实出发，规定湍流边界层的相似性速度剖面的函数形式，将其代入 3.4 节中介绍的动量积分方程，从而对位移厚度 δ_1、动量损失厚度 δ_2 以及壁面摩擦应力 τ_w 等边界层特性参数进行近似计算。其次，平板湍流边界层的壁面切应力 τ_w 的直接测量极其困难，而圆管湍流流动中 τ_w 的实验测试却很容易。因此，历史上有关平板湍流边界层的实验研究工作基本上是依照普朗特的建议，把圆管流动得到的实验规律移植过来，再对公式及其参数通过实验进行修正。鉴于同为固壁附近的湍流运动，二者的相似是毋庸置疑的。因此，我们必须在讨论湍流边界层之前，对圆管湍流流动的实验规律作一简单的介绍。从本章开始，平均量之上的横杠"－"将省略不写。

5.1　圆管湍流流动

5.1.1　光滑圆管

首先应当指出，圆管流动是由径向压力梯度($-\dfrac{\mathrm{d}p}{\mathrm{d}x}>0$)驱动的流动，这是它与我们希望讨论的平板边界层流动——其前提为径向压力梯度等于零($-\dfrac{\mathrm{d}p}{\mathrm{d}x}=0$)——的区别。其次，当流体从一个大容器流入一个内壁光滑的圆管时，进口段内速度剖面在摩擦力作用下随距离而逐渐改变，直到在某个特定截面上达到充分形成的、不再随距离而改变的速度剖面。层流进口段的长度约为圆管直径的 150～300 倍，而湍流进口段的长度仅为圆管直径的 25～100 倍。我们下文只讨论进口段之后、湍流充分发展的湍流流动。再有，应指出圆管流动中壁面的切应力 τ_w 是易于测量的。如图 5.1，考虑一个长度为 L，半径为 r 以圆管中心线为轴线的流体柱体。设为匀速流动，即这个柱体不受任何惯性力的作用，则作用在柱体侧面的摩擦力和作用在两个

端面的压力差相平衡

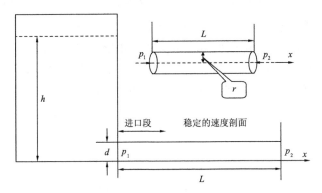

图 5.1　光滑圆管流动

$$\tau \cdot 2\pi r L = (p_1 - p_2)\pi r^2 \tag{5.1.1}$$

即
$$\tau = \frac{p_1 - p_2}{L} \cdot \frac{r}{2} \tag{5.1.2}$$

令 $r \rightarrow R$（圆管内半径）即得壁面切应力 τ_w

$$\tau_w = \frac{p_1 - p_2}{L} \cdot \frac{R}{2} \tag{5.1.3}$$

沿圆管的压力梯度 $\frac{p_1 - p_2}{L}$ 易于测量，因为一般情况下压力差是由容器内水面与圆管出口之间的高度差决定的。故依（5.1.3）式可直接求得壁面摩擦应力（壁面切应力）τ_w。依照水工学传统，定义无量纲管流阻力系数 λ

$$\frac{p_1 - p_2}{l} = \frac{\lambda}{d} \cdot \frac{\rho}{2} \overline{u}^2 \tag{5.1.4}$$

式中，直径 $d = 2R$，平均速度 $\overline{u} = \frac{Q}{\pi R^2}$，$Q$ 是测得的体积流量（m³/s）。由（5.1.4）和（5.1.3）两式可得壁面切应力 τ_w

$$\tau_w = \frac{1}{8}\lambda \rho \overline{u}^2 \tag{5.1.5}$$

布劳修斯总结了大量实验数据，得到光滑圆管湍流流动的阻力公式

$$\lambda = \frac{0.3164}{Re_1^{0.25}} \tag{5.1.6}$$

这里雷诺数 $Re_1 = \frac{\overline{u}d}{\nu}$。该公式可用于 $Re_1 < 10^5$ 情况。

尼古拉兹（J. Nikuradse）的实验测量，给出光滑圆管湍流流动的速度剖面的幂次律形式

$$\frac{u}{U_{max}} = \left(\frac{z}{R}\right)^n \tag{5.1.7}$$

式中，U_{max} 为圆管中心处的最大速度，z 是到管壁的距离。该公式用于很宽的雷诺数范围：$4 \times 10^3 \leqslant Re_1 \leqslant 3.2 \times 10^6$。幂指数的值与雷诺数有关：从 Re_1 数最低端的 $\frac{1}{6}$ 变到 Re_1 数最高端的 $\frac{1}{10}$。中等雷诺数（$Re_1 \sim 10^5$）时，通常取 $n = \frac{1}{7}$。有趣的是，普朗特指出，从（5.1.6）式的阻力公

式可直接推出(5.1.7)式的幂次律逆度剖面,而且 $n = \dfrac{1}{7}$!

　　幂次律形式的速度剖面易用于实验数据的处理,故在工程方面得到了广泛的应用。但是,它缺乏理论依据,且其幂指数 n 的值取决于雷诺数。相比之下,对数形式的速度剖面具有普适性;只要雷诺数充分大,它就成立,且与雷诺数无关。但对数形式的速度剖面只存在于速度剖面中在湍流内层的一部分。光滑圆管湍流流动的界壁律为

$$\frac{\bar{u}}{u_*} = \begin{cases} \dfrac{z u_*}{\nu} & \text{黏性次层}\left(0 < \dfrac{z u_*}{\nu} < 5\right) \\[2mm] & \text{过渡层}\left(5 < \dfrac{z u_*}{\nu} < 70\right) \\[2mm] \dfrac{1}{\kappa}\ln\left(\dfrac{z u_*}{\nu}\right) + B & \text{湍流内层}\left(70 < \dfrac{z u_*}{\nu}\right) \end{cases} \tag{5.1.8}$$

式中,依照实验数据定得冯·卡曼常数 $\kappa = 0.40, B = 5.5$。过渡层不另给出剖面的形式,一般可假定黏性次层与湍流内层的公式直接衔接,衔接点依照实验数据定为 $\dfrac{z u_*}{\nu} = 11.6$ 处。

　　而在除壁区以外的整个流动区域中,我们有所谓的速度欠数律,它是普适的速度分布规律

$$\frac{U_{\max} - u}{u_*} = F\left(\frac{z}{R}\right) \tag{5.1.9}$$

　　下面我们从理论上来推导它。首先必须指出,在壁面附近(z 很小),普朗特的混合长度 l 与到壁面的距离 z 成正比:$l = \kappa z$。随着到壁面距离的增大,壁面对流体微团的横向运动的限制减弱,上述比例关系不复存在。图 5.2 是尼古拉兹得出的光滑圆管情形下,混合长度的变化曲线($l - z$ 曲线)。

　　该曲线可写为

$$l = \kappa z \cdot f\left(\frac{z}{R}\right) \tag{5.1.10}$$

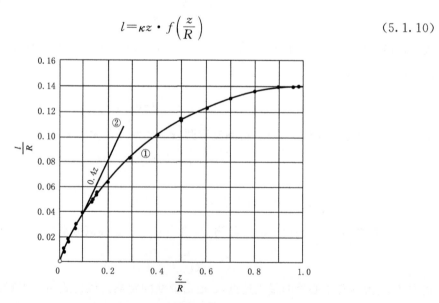

图 5.2　光滑圆管的混合长

式中,当 $z/R \to 0$ 时,$f\left(\dfrac{z}{R}\right) \to 1$。又,(5.1.2)式告诉我们,切应力 τ 是沿半径 r 线性分布的,故

可有

$$\tau = \tau_w \left(1 - \frac{z}{R} \right) \tag{5.1.11}$$

将(5.1.10)和(5.1.11)式代入普朗特假说

$$\tau = \rho l^2 \left(\frac{\mathrm{d}u}{\mathrm{d}z} \right)^2 \tag{5.1.12}$$

并令 $\dfrac{\tau_w}{\rho} = u_*^2$，我们可得

$$\frac{\mathrm{d}u}{\mathrm{d}z} = \frac{1}{l} \sqrt{\frac{\tau}{\rho}} = \frac{\sqrt{\dfrac{\tau_w}{\rho}\left(1-\dfrac{z}{R}\right)}}{\kappa z \cdot f\left(\dfrac{z}{R}\right)} = \frac{u_*}{\kappa} \cdot \frac{\sqrt{1-\dfrac{z}{R}}}{z \cdot f\left(\dfrac{z}{R}\right)} \tag{5.1.13}$$

积分上式可得

$$u = \frac{u_*}{\kappa} \int_{\frac{z_0}{R}}^{\frac{z}{R}} \frac{\sqrt{1-\dfrac{z}{R}}}{\dfrac{z}{R} \cdot f\left(\dfrac{z}{R}\right)} \mathrm{d}\left(\frac{z}{R}\right) \tag{5.1.14}$$

式中,积分下限 z_0 具有层流次层厚度的量级,而且我们假定 $u|_{z=z_0}=0$(即忽略掉层流次层的存在)。令(5.1.14)式中的积分上限 $\dfrac{z}{R}=1$,则得圆管中心处极大流速 $U_{\max}$

$$U_{\max} = \frac{u_*}{\kappa} \int_{\frac{z_0}{R}}^{1} \frac{\sqrt{1-\dfrac{z}{R}}}{\dfrac{z}{R} \cdot f\left(\dfrac{z}{R}\right)} \mathrm{d}\left(\frac{z}{R}\right) \tag{5.1.15}$$

上两式相减,即得

$$\frac{U_{\max}-u}{u_*} = \frac{1}{\kappa} \int_{\frac{z}{R}}^{1} \frac{\sqrt{1-\dfrac{z}{R}}}{\dfrac{z}{R} \cdot f\left(\dfrac{z}{R}\right)} \mathrm{d}\left(\frac{z}{R}\right) = F\left(\frac{z}{R}\right) \tag{5.1.16}$$

此即为可操作形式的速度欠数律(5.1.9)式

$$\frac{U_{\max}-u}{u_*} = F\left(\frac{z}{R}\right)$$

在(5.1.16)式中,选取函数 $F\left(\dfrac{z}{R}\right)$ 的适当形式,即可得速度欠数律的具体函数形式。速度欠数律也可在壁面附近应用,但精度当然低于界壁律。

由界壁律(5.1.8)式,可得出普适光滑圆管阻力规律为

$$\frac{1}{\sqrt{\lambda}} = 2.035\ln\left(\frac{\overline{u}d}{\nu}\sqrt{\lambda}\right) - 0.91 \tag{5.1.17}$$

经过实验数据的修正,上述阻力规律变为常用公式

$$\frac{1}{\sqrt{\lambda}} = 2.01\ln\left(\frac{\overline{u}d}{\nu}\sqrt{\lambda}\right) - 0.8 \tag{5.1.18}$$

上式表明,阻力系数 λ 是雷诺数 $Re_1 = \dfrac{\overline{u}d}{\nu}$ 的函数。该公式可用于直至 $Re_1 = 3.4 \times 10^6$ 以

至更高的雷诺数。

5.1.2 粗糙圆管和等效沙砾粗糙度

尼古拉兹的粗糙圆管是将圆管的内壁上尽可能紧密地黏附一定尺度(直径)的砂粒,砂粒的平均直径 k_s 为砂粒粗糙度。他测量了光滑及不同粗糙程度的圆管流动的阻力规律及速度剖面。实验结果表明,圆管流动的状态可分成截然不同的两大类:水力学光滑的湍流流动和水力学粗糙的湍流流动(以及其中间的过渡状态),而且决定因素是流动的雷诺数 $\dfrac{u_* k_s}{\nu}$ 的取值范围,而不仅仅是壁面的几何条件(砂粒粗糙度 k_s):当 $0 \leqslant \dfrac{u_* k_s}{\nu} \leqslant 5$ 时,为水力学光滑流动;而 $\dfrac{u_* k_s}{\nu} > 70$ 当时,为水力学粗糙流动。当 $5 \leqslant \dfrac{u_* k_s}{\nu} \leqslant 70$,流动处于过渡状态。

水力学光滑流动的阻力系数 λ 只与雷诺数 $Re_1 = \dfrac{\bar{u}d}{\nu}$ 有关:$\lambda = \lambda(Re_1)$。而水力学粗糙流动的阻力系数 λ 只取决于相对粗糙度 $\dfrac{k_s}{R}$,而与雷诺数 Re_1 无关:$\lambda = \lambda\left(\dfrac{k_s}{R}\right)$。过渡状态的阻力关系比较复杂,阻力系数 λ 与二者均有关:$\lambda = \lambda\left(Re_1, \dfrac{k_s}{R}\right)$。从物理图像上看,水力学光滑流动和水力学粗糙流动的根本区别在于,对水力学光滑流动,所有壁面突起物都埋在层流次层内;而对水力学粗糙流动,所有壁面突起物都伸出于层流次层之外,这些突起物形成的阻力构成了壁面摩擦阻力的绝大部分。这就决定了它们截然不同的阻力规律。图 5.3 是圆管湍流流动的阻力曲线,它表明阻力系数 λ 随雷诺数 Re_1 的变化情况。图中曲线①是光滑凹管层流流动时的阻力关系

$$\lambda = \frac{64}{Re_1} \tag{5.1.19}$$

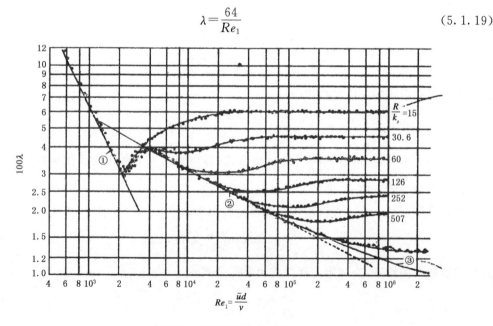

图 5.3　圆管阻力系数曲线

而曲线②是光滑圆管湍流流动时的阻力关系,即布劳修斯公式

$$\lambda = \frac{0.3164}{Re_1^{0.25}}$$

而曲线②由图 5.3 中可见,无论层流还是湍流,最初圆管阻力系数 λ 都是随雷诺数 Re_1 的增大而减小的。但是,在从层流向湍流转掾的过程中,可见有阻力系数的突然增大。图 5.3 中又可见,决定层流向湍流转掾的临界雷诺数 Re_c 的值略大于 2000。图 5.3 中从光滑圆管的阻力关系曲线①、②上分离出来的曲线均为粗糙圆管阻力关系曲线,每根曲线均有其确定的相对粗糙度 $\frac{k_s}{R}$ 的值。为说明其含义,我们以一个特定的粗糙圆管为例,其相对粗糙度 $\frac{k_s}{R} = \frac{1}{60}$,相应于图中某一条 λ-Re_1 曲线。由图 5.3 可见,当雷诺数比较小(即流速比较小——若圆管直径不改变)的时候,流动总是处于层流的状态;而且随着雷诺数的增大(流速的增大),阻力系数 λ 沿曲线①减小。当雷诺数 Re_1 的值增大到超过临界值及 Re_c 时,层流变为了湍流,阻力关系从曲线①跳到曲线②。此后,随着雷诺数 Re_1 的继续增大,阻力系数 λ 随曲线②一起变化;这时候属于水力学光滑的圆管湍流流动。从某一点起,阻力关系曲线开始向上偏离曲线②,即圆管流动进入过渡状态;而当该曲线变得水平(系数 λ＝const)时,过渡状态结束,流动变成水力学粗糙的圆管湍流流动。如上所述,可以将粗糙圆管流动的特性总结如下:

1)在层流区,所有粗糙圆管都有和光滑圆管同样的阻力规律。

2)对于给定相对粗糙度 $\frac{k_s}{R}$ 的圆管,在湍流区某个雷诺数范围内,它的性质仍与光滑圆管一样,即 λ 只取决于 Re_1,流动仍然是水力学光滑的湍流流动。

3)从 Re_1 数的某个临界数值 Re^* 开始(Re^* 随 $\frac{k_s}{R}$ 的减小而增大),阻力曲线偏离光滑圆管的阻力关系曲线(进入过渡区)。在 Re_1 数增大到某个更高的临界数值 Re_{c1} 之后,阻力曲线变得水平,并与 Re_1 数的继续增大无关;这时候流动变成是水力学粗糙的湍流流动了。

4)水力学粗糙流动的阻力关系称为平方阻力定律区,即因为摩擦阻力系数 λ＝const,故摩擦阻力 τ_w 正比于平均速度的平方:$\tau_w = \frac{1}{8}\lambda\rho\bar{u}^2 \propto \bar{u}^2$。对水力学粗糙的流动,摩擦阻力系数 λ 仅是相对粗糙度 $\frac{k_s}{R}$ 的函数,与雷诺数无关;而且在同样的雷诺数之下,$\frac{k_s}{R}$ 越大,λ 也越大。

由以上分析可知,所谓的光滑圆管和粗糙圆管,不仅仅是指圆管的内壁的几何性质;流动的性质究竟如何,还要看流动的雷诺数。

经理论证明及实验数据修正,水力学粗糙圆管的阻力公式为

$$\lambda = \left[0.87\ln\left(\frac{R}{k_s}\right) + 1.74\right]^{-2} \tag{5.1.20}$$

当用幂次律公式

$$\frac{u}{U_{max}} = \left(\frac{z}{R}\right)^n \tag{5.1.21}$$

(U_{max} 为圆管中心流速)来拟合水力学粗糙的圆管流动的速度廓线(图 5.4)时,所得幂指数 n 的值为 $n = \frac{1}{4} \sim \frac{1}{5}$;且当相对粗糙度 $\frac{k_s}{R}$ 较大时,n 也较大。

在图 5.5 中,曲线①、②是光滑圆管速度廓线的界壁律。其中曲线弧①是黏性次层的线性

律,即:(5.1.8)中第1式。

$$\frac{u}{u_*}=\frac{zu_*}{\nu}$$

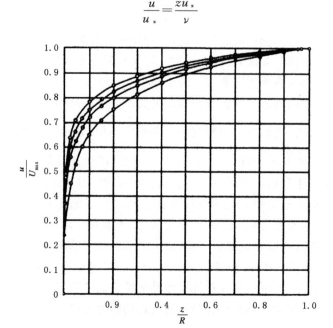

图 5.4　圆管内的幂次律速度廓线

（四根曲线自外向内 1.光滑；2.$\frac{R}{k_s}=507$；3.$\frac{R}{k_s}=126$；4.$\frac{R}{k_s}=30.6$）

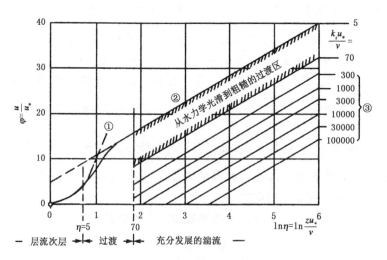

图 5.5　粗糙圆管的内层固壁律

直线段②代表湍流内层的对数律,即:(5.1.8)中第2式。

$$\frac{u}{u_*}=\frac{1}{\kappa}\ln\left(\frac{zu_*}{\nu}\right)+B$$

直线段②之下的数条平行直线段代表水力学粗糙圆管的湍流内层的速度廓线,每一条都有特定的雷诺数 $\frac{u_* k_s}{\nu}$ 的数值。这表明,粗糙圆管的湍流内层仍有对数律,但较之水力学光滑

圆管的界壁律曲线将有一速度的亏损 $\dfrac{\Delta u}{u_*}$

$$\frac{u}{u_*}=\frac{1}{\kappa}\ln\left(\frac{zu_*}{\nu}\right)+B-\frac{\Delta u}{u_*} \tag{5.1.22}$$

该速度亏损 $\dfrac{\Delta u}{u_*}$ 又称为粗糙度函数,它取决于雷诺数 $\dfrac{u_*k_s}{\nu}$

$$\frac{\Delta u}{u_*}=\frac{1}{\kappa}\ln\left(\frac{k_su_*}{\nu}\right)-3 \tag{5.1.23}$$

应当指出,对水力学粗糙的圆管流动,黏性次层不复存在,湍流内层之下经过一过渡区即直接到壁面。该过渡区有时称为粗糙层。其中的速度分布是不规则的,受到粗糙元素的形状及排列的严重影响。

在整个流动区域,特别是在圆管中心附近,仍有速度欠数律成立

$$\frac{U_{\max}-u}{u_*}=F_1\left(\frac{z}{R}\right) \tag{5.1.24}$$

无量纲函数 $F_1\left(\dfrac{z}{R}\right)$ 的形状随相对粗糙度 $\dfrac{k_s}{R}$ 而略有变化。

实际情况下,粗糙元素的形状、排列密度及排列方式均有很大不同。为此施利希廷(H. Schlichting)(1991)引入等效砂粒粗糙度的概念,其定义为:在水力学粗糙的流动条件下,将测得的阻力系数 λ 的数值代入(5.1.20)式所计算得到的 k_s 的值,就称为该种条件下的等效砂粒粗糙度,仍记作 k_s。

实际意义:

早期人们对圆管流动中速度剖面、阻力系数等的研究,实际用途在于输水管道的设计,如大到泵站功率的估算、小到流体流量的测定。随着航空航海业的发展,将圆管流动的结果向平板流动移植,如船体、机翼(可看成半无穷大平板)的设计。而本课程又进一步向大气边界层(地球表面可看成无穷大平板)拓展。

5.2　水力学光滑与水力学粗糙的平板湍流边界层

首先应指出的是,平板边界层的前部是层流性质的;须待一定距离(即雷诺数 Re_x 大于临界值)之后,才能发展成完全湍流性质的边界层流动。其次,圆管流动与平板边界层流动之间的差别,除了本章开始所提到的径向压力梯度不同以外,还有横向尺度的不同:圆管流动的横向尺度是固定的,即圆管内半径 R;而平板边界层流动的横向尺度——即边界层的厚度 δ 却是随着行程 x 而持续增大的。本章将把圆管湍流流动的速度廓线及阻力规律移植到平板湍流边界层流动,同时,对横向尺度作相应的改变,以及对其中常数值进行实验修正。

平板湍流边界层流动同样分为水力学光滑($\dfrac{u_*k_s}{\nu}\leqslant 5$)和水力学粗糙($\dfrac{u_*k_s}{\nu}>70$)两种典型类型;其间亦有过渡状态存在。

5.2.1　光滑平板

水力学光滑的平板湍流边界层的速度廓线的固壁律为

$$\frac{\overline{u}}{u_*}=\begin{cases}\dfrac{zu_*}{\nu} & 0<\dfrac{zu_*}{\nu}<5 \\[2mm] \dfrac{1}{\kappa}\ln\left(\dfrac{zu_*}{\nu}\right)+B & 70<\dfrac{zu_*}{\nu}\end{cases} \tag{5.2.1}$$

依照不同作者的平板实验数据的拟合,上面第二式(湍流内层对数律)中的常数 B 曾有 $4.9,5.0,5.5,5.56$ 等值。冯·卡曼常数 κ 的值被定为 $0.39\sim0.41$。我们建议的数值是 $\kappa=0.40,B=4.9$。

整层适用的速度欠数律仍然存在

$$\frac{U-u}{u_*}=F_2\left(\frac{z}{\delta}\right) \tag{5.2.2}$$

式中,U 是边界层外($z>\delta$ 处)的自由流速度,普适函数 $F_2\left(\dfrac{z}{\delta}\right)$ 的具体形式可仿照圆管流动情况作类似的处理。(5.2.2)式给我们指出了测量边界层完整速度剖面时处理实验数据的一种方法。

实验结果表明,在雷诺数 $Re_x=\dfrac{Ux}{\nu}<10^6$ 时,光滑平板湍流边界层也有 $\dfrac{1}{7}$ 幂次律速度剖面

$$\frac{u}{U}=\left(\frac{z}{\delta}\right)^{\frac{1}{7}} \tag{5.2.3}$$

这一点与光滑圆管流动完全相同。普朗特发现,$\dfrac{1}{7}$ 幂次律速度剖面的成立,意味着布劳修斯阻力公式也依然成立。现把光滑圆管流动的阻力关系(5.1.5)式改写为平板湍流边界层流动所需的形式

$$C'_f=\frac{\tau_w}{\frac{1}{2}\rho U^2}=\frac{0.045}{Re_\delta^{0.25}} \tag{5.2.4}$$

式中,C'_f 称为**平板湍流边界层的局部摩擦阻力系数**,雷诺数 $Re_\delta=\dfrac{U\delta}{\nu}$,下面我们用动量积分方法对 $\dfrac{1}{7}$ 幂次速度剖面情况计算平板湍流边界层的阻力系数 C'_f。首先,将(5.2.3)式代入第 3 章的动量损失厚度 δ_2 的定义式(3.4.13)

$$\delta_2=\frac{1}{U^2}\int_0^\delta u(U-u)\,\mathrm{d}z$$

可得　　　$\delta_2=\dfrac{1}{U^2}\displaystyle\int_0^\delta U\left(\dfrac{z}{\delta}\right)^{\frac{1}{7}}\left[U-U\left(\dfrac{z}{\delta}\right)^{\frac{1}{7}}\right]\mathrm{d}z=\int_0^\delta\left(\dfrac{z}{\delta}\right)^{\frac{1}{7}}\left[1-\left(\dfrac{z}{\delta}\right)^{\frac{1}{7}}\right]\mathrm{d}z$

$$=\delta\int_0^\delta\left[\left(\frac{z}{\delta}\right)^{\frac{1}{7}}-\left(\frac{z}{\delta}\right)^{\frac{2}{7}}\right]\mathrm{d}\left(\frac{z}{\delta}\right)=\delta\left[\frac{7}{8}\left(\frac{z}{\delta}\right)^{\frac{8}{7}}-\frac{7}{9}\left(\frac{z}{\delta}\right)^{\frac{9}{7}}\right]_0^\delta=\frac{7}{72}\delta \tag{5.2.5}$$

将第 3 章导出的二维不可压缩边界层的动量积分方程(3.4.15)式

$$\frac{\tau_w}{\rho}=\frac{\mathrm{d}}{\mathrm{d}x}(U^2\delta_2)+\delta_1 U\frac{\mathrm{d}U}{\mathrm{d}x}$$

中的径向压力梯度设为零:$U\dfrac{\mathrm{d}U}{\mathrm{d}x}=0$,可得

$$C'_f = \frac{\tau_w}{\frac{1}{2}\rho U^2} = \frac{\rho U^2 \frac{d\delta_2}{dx}}{\frac{1}{2}\rho U^2} = 2\frac{d\delta_2}{dx} \tag{5.2.6}$$

考虑到(5.2.4)式及(5.2.5)式,(5.2.6)式可写成

$$\frac{C'_f}{2} = \frac{d\delta_2}{dx} = \frac{7}{72}\frac{d\delta}{dx} = \frac{0.0225}{Re_\delta^{0.25}} = 0.0225Re_\delta^{-\frac{1}{4}} \tag{5.2.7}$$

又令 $Re_x = \frac{Ux}{\nu}$,则上式可写成

$$\frac{d\delta}{dx} = \frac{d\left(\frac{Re_\delta \nu}{U}\right)}{d\left(\frac{Re_x \nu}{U}\right)} = \frac{dRe_\delta}{dRe_x} = \frac{72}{7}\times 0.0225Re_\delta^{-\frac{1}{4}} = 0.231Re_\delta^{-\frac{1}{4}} \tag{5.2.8}$$

积分之,得到无量纲普适关系

$$\int Re_\delta^{\frac{1}{4}}dRe_\delta = 0.231\int dRe_x \rightarrow \frac{4}{5}Re_\delta^{\frac{5}{4}} = 0.231Re_x$$

$$Re_\delta = 0.37Re_x^{\frac{4}{5}} \tag{5.2.9}$$

代回(5.2.4)式即可得阻力系数 C'_f

$$C'_f = 0.0576Re_x^{-\frac{1}{5}} \tag{5.2.10}$$

(5.2.10)式的适用范围是 $5\times 10^5 < Re_x < 10^7$。

　　我们已经知道层流边界层的厚度 δ 随行程 x 而增大,且有比例关系 $\delta \propto x^{0.5}$。但(5.2.9)式告诉我们,湍流边界层的厚度 δ 与 $x^{0.8}$ 成正比:$\delta \propto x^{0.8}$,这表明湍流边界层比层流边界层要厚,而且随行程 x 增长得快。又已知,层流边界层的壁面摩擦阻力 τ_w 与 $U^{1.5}$ 成正比。而(5.2.10)式告诉我们,湍流边界层的壁面摩擦阻力 τ_w 与 $U^{1.8}$ 成正比:$\tau_w \propto U^{1.8}$,即湍流边界层的摩擦阻力比层流边界层要大。最后,(5.2.10)式指出,平板湍流边界层的壁面摩擦阻力 τ_w 随行程 x 的增大而减小,且有 $\tau_w \propto x^{-0.2}$,而平板层流边界层的规律为 $\tau_w \propto x^{-0.5}$,即湍流边界层的阻力 τ_w 随行程 x 减小得比较慢。

　　最后要补充一点的是,当雷诺数 $Re_x > 10^7$ 时,(5.2.10)式就不太适用了。这是因为 1/7 幂次速度剖面之适用于一定的雷诺数范围。为了在湍流情况下能得到各种雷诺数都适用的阻力公式,普朗特利用不依赖于雷诺数的速度廓线固壁律中的对数律,即(5.2.1)式中的第二式

$$\frac{u}{u_*} = \frac{1}{\kappa}\ln\left(\frac{zu_*}{\nu}\right) + B$$

上式中取修正了的常数 $\kappa = 0.394, B = 5.56$。将 $z = \delta, u = U$ 代入上式,得

$$\frac{U}{u_*} = \frac{1}{\kappa}\ln\left(\frac{\delta u_*}{\nu}\right) + B \tag{5.2.11}$$

　　以上两式相减,得

$$\frac{U-u}{u_*} = -\frac{1}{\kappa}\ln\left(\frac{z}{\delta}\right) \tag{5.2.12}$$

又因为

$$C'_f = \frac{\tau_w}{\frac{1}{2}\rho U^2} = \frac{\rho u_*^2}{\frac{1}{2}\rho U^2} = 2\frac{u_*^2}{U^2} \rightarrow \frac{U}{u_*} = \sqrt{\frac{2}{C'_f}} \tag{5.2.13}$$

由(5.2.6)式有

$$\frac{\mathrm{d}\delta_2}{\mathrm{d}x} = \frac{\mathrm{d}\left(\frac{Re_{\delta_2}\nu}{U_\infty}\right)}{\mathrm{d}\left(\frac{Re_x\nu}{U_\infty}\right)} = \frac{\mathrm{d}Re_{\delta_2}}{\mathrm{d}Re_x} = \frac{1}{2}C'_f \tag{5.2.14}$$

从动量损失厚度 δ_2 的定义式出发

$$\delta_2 = \frac{1}{U^2}\int_0^\delta u(U-u)\mathrm{d}z \quad \frac{Re_{\delta_2}}{Re_\delta} = \frac{\dfrac{U_\infty\delta_2}{\nu}}{\dfrac{U_\infty\delta}{\nu}} = \frac{\delta_2}{\delta}$$

$$\frac{Re_{\delta_2}}{Re_\delta} = \frac{1}{U^2}\int_0^1 u(U-u)\mathrm{d}\left(\frac{z}{\delta}\right) = \frac{u_*^2}{U^2}\int_0^1 \frac{u}{u_*}\left(\frac{U-u}{u_*}\right)\mathrm{d}\left(\frac{z}{\delta}\right) = \frac{u_*^2}{U^2}\int_0^1\left(\frac{U}{u_*} - \frac{U-u}{u_*}\right)\left(\frac{U-u}{u_*}\right)\mathrm{d}\left(\frac{z}{\delta}\right)$$

$$= -\frac{1}{\kappa}\frac{u_*^2}{U^2}\int_0^1\left[\frac{U}{u_*} + \frac{1}{\kappa}\ln\left(\frac{z}{\delta}\right)\right]\ln\left(\frac{z}{\delta}\right)\mathrm{d}\left(\frac{z}{\delta}\right) = \frac{1}{\kappa}\frac{u_*}{U_\infty} - \frac{2}{\kappa^2}\left(\frac{u_*}{U}\right)^2 = 2.54\sqrt{\frac{C'_f}{2}} - 12.9\frac{C'_f}{2}$$

将(5.2.13)式代入,得

$$\frac{Re_{\delta_2}}{Re_\delta} = 2.54\sqrt{\frac{C'_f}{2}} - 12.9\frac{C'_f}{2} \tag{5.2.15}$$

另外,将(5.2.13)式代入(5.2.11)式,有

$$\sqrt{\frac{2}{C'_f}} = 2.54\ln\left(Re_\delta\sqrt{\frac{C'_f}{2}}\right) + 5.56$$

将(5.2.15)式代入上式得

$$\sqrt{\frac{2}{C'_f}} = 2.54\left[\ln(Re_{\delta_2}) - \ln\left(1 - 5.08\sqrt{\frac{C'_f}{2}}\right)\right] + 3.19 \tag{5.2.16}$$

微分方程(5.2.14)式和超越方程(5.2.16)式组成了决定 $Re_{\delta2}$ 和 C'_f 的方程组,其边界条件为 $Re_x = 0$ 时,$Re_{\delta2} = 0$。

$$\begin{cases} \dfrac{\mathrm{d}Re_{\delta_2}}{\mathrm{d}Re_x} = \dfrac{1}{2}C'_f \\ \sqrt{\dfrac{2}{C'_f}} = 2.54\left[\ln(Re_{\delta_2}) - \ln\left(1 - 5.08\sqrt{\dfrac{C'_f}{2}}\right)\right] + 3.19 \end{cases} \tag{5.2.17}$$

　　虽然可以通过数值积分来解该方程组,但数值积分的结果使用起来很不方便。因此通常使用经验公式

$$\frac{1}{2}C'_f = 0.00655Re_{\delta_2}^{-\frac{1}{6}} \tag{5.2.18}$$

来代替复杂的超越方程(5.2.16)式,这样就可很容易地对(5.2.14)式进行积分,并利用其边界条件得到

$$Re_{\delta_2} = 0.0153Re_x^{\frac{6}{7}} \tag{5.2.19}$$

最后将(5.2.19)式代回(5.2.18)式,就得到可适用于更高雷诺数的阻力公式

$$C'_f = 0.0263Re_x^{-\frac{1}{7}} \tag{5.2.20}$$

　　利用上式计算出的结果与实验吻合得很好,它比(5.2.19)式适用的雷诺数范围要广得多。从对数速度剖面出发,同样利用动量积分方程(3.4.15)式所得阻力公式可适用于更广的雷诺数范围。

5.2.2　粗糙平板

首先应指出,由于边界层厚度 δ 的持续增大,若粗糙元素的高度不变,则相对粗糙度 k_s/δ 将持续减小,以至于原来全部凸出在黏性次层之外的粗糙凸起物将逐渐被不断增厚的黏性次层所淹没。与此同时,壁面摩擦应力 τ_w(以及摩擦速度 u_*)也将持续减小。因此,粗糙平板的前部将是水力学粗糙的湍流边界层流动($\frac{u_* k_s}{\nu} > 70$);但随着距离 x 的增大,只要平板足够长,则该粗糙平板边界层流动在通过一个过渡状态($5 < \frac{u_* k_s}{\nu} < 70$)之后,终将变成水力学光滑的流动($\frac{u_* k_s}{\nu} < 5$)。

对水力学粗糙的平板湍流边界层流动,湍流外层速度欠数律依然成立

$$\frac{U-u}{u_*} = F_2\left(\frac{z}{\delta}\right) \tag{5.2.21}$$

而其湍流内层的界壁律(对数律)也成立

$$\frac{u}{u_*} = \frac{1}{\kappa}\ln\left(\frac{zu_*}{\nu}\right) + B - \frac{\Delta u}{u_*} \tag{5.2.22}$$

式中, $\kappa = 0.40$, $B = 4.9$;而粗糙度函数 $\frac{\Delta u}{u_*}$ 满足

$$\frac{\Delta u}{u_*} = \frac{1}{\kappa}\ln\left(\frac{k_s u_*}{\nu}\right) - 3 \tag{5.2.23}$$

式中, k_s 是施利希廷的等效砂粒粗糙度。整层速度廓线的幂次律也仍然成立

$$\frac{u}{U} = \left(\frac{z}{\delta}\right)^n \tag{5.2.24}$$

带指数 n 的数值依赖于壁面的粗糙程度: $\frac{1}{7} < n < \frac{1}{3}$。

普朗特和施利希廷利用粗糙圆管的结果进行了和光滑平板类似的计算,得到粗糙平板的局部摩擦阻力系数 $C'_f = \dfrac{\tau_w}{\frac{1}{2}\rho U^2}$ 相对于雷诺数 $Re_x = \dfrac{Ux}{\nu}$ 的关系(图 5.6)。

图 5.6 中曲线组的意义如下:最下面一条倾斜的曲线是水力学光滑平板的阻力系数曲线,从该阻力系数曲线上分岔出许多条相对粗糙度 $\frac{x}{k_s}$ 为常数的曲线,这些曲线逐渐平直。设想在水力学粗糙流动的条件下,考虑平板上固定距离 x,若粗糙凸起物在平板表面的分布均匀,即 $k_s = \text{const}$,则相对粗糙度 $\frac{k_s}{x}$ 为常数(例如 10^{-4})。当自由流动速度 U 很小(流动的雷诺数 $Re_x = \frac{Ux}{\nu}$ 很小)时,边界层及其中的黏性次层均较厚,流动仍然属于水力学光滑情况。这时,随着雷诺数 Re_x 的增大,该处的摩擦阻力系数 C'_f 沿水力学光滑平板的阻力系数曲线而减小。当雷诺数 Re_x 的值达到某一临界数值时(该数值依赖于相对粗糙度 $\frac{x}{k_s}$,对本例约为 10^6),其摩擦阻力系数曲线开始偏离水力学光滑平板的阻力系数曲线而上抬,即流动进入了过渡状态。当

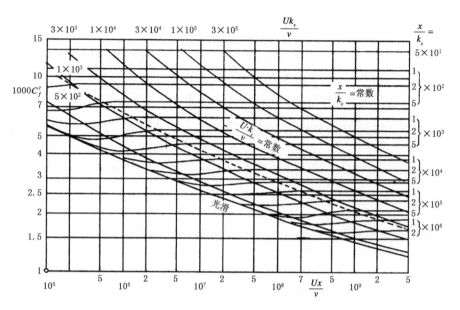

图 5.6　平板边界层流动的局部摩擦阻力系数

Re_x 增大到 $2×10^7$,摩擦阻力系数曲线变成平直的,过渡区结束,流动就进入了水力学粗糙的状态。这时,摩擦阻力系数 C'_f 为常数:$C'_f=$const(该常数值也依赖于相对粗糙度 $\dfrac{k_s}{x}$),故摩擦阻力 τ_w 与 U^2 成正比(平方阻力关系):$\tau_w \propto U^2$。图 5.6 中倾斜虚线以上的区域即为湍流平板边界层的水力学粗糙范围。而该倾斜虚线与最下面一条倾斜实线(水力学光滑平板的阻力系数曲线)之间,即是所谓的过渡状态的流动区域。下面解释图 5.6 中另一族倾斜实线即 $\dfrac{Uk_s}{\nu}$ 为常数的曲线的意义。它们表示在 $\dfrac{Uk_s}{\nu}$ 不变的条件下摩擦阻力系数 C'_f 随雷诺数的变化关系,即当粗糙凸起物在板表面的分布均匀($k_s=$const),且自由流动的速度不变($U=$const)时,摩擦阻力系数 C'_f(或摩擦应力 τ_w)随行程 x 而减小的过程。上图中,在水力学粗糙流动范围内,有插值公式

$$C'_f=\left[2.87+1.58\ln\left(\frac{x}{k_s}\right)\right]^{-2.5} \tag{5.2.25}$$

它表明摩擦阻力系数 C'_f 与相对粗糙度 $\dfrac{x}{k_s}$ 之间的函数关系。(5.2.25)式适用于 $10^2<\dfrac{x}{k_s}<10^6$ 的范围。

　　这里我们指出,粗糙平板的摩擦阻力 τ_w 的数值大于相同雷诺数 $\dfrac{Ux}{\nu}$ 下光滑平板的摩擦阻力。而且,粗糙平板的摩擦阻力基本上是由其上部突出于黏性次层之外的粗糙凸起物(又称粗糙元素)的形阻力——即由其几何形状所决定的迎风面与背风面之间的压力差造成的阻力——构成的。

结论:

　　1)粗糙度 k_s 与临界雷诺数 Re_{x} 成反比,与局部摩擦阻力系数 C'_f 成正比,即平板越粗糙,

临界雷诺数就越小,局部摩擦阻力系数就越大。

　　2)摩擦阻力 τ_w 与 U^2 呈平方阻力关系:$\tau_w \propto U^2$

　　3)局部摩擦阻力系数 C'_f(或摩擦阻力 τ_w)随行程 x 的增大而减小;平板越粗糙,局部摩擦阻力系数就越大。

　　研究水力学粗糙平板边界层流动的实际意义:

　　只有当雷诺数 Re 大于临界雷诺数 Re_c 时,风洞内模拟的大气边界层才能与真实的大气边界层达到动力学相似,或者说湍流结构相似。这就要求一定要有一定的粗糙元,达到水力学粗糙流动。

5.3　粗糙度的进一步讨论

5.3.1　粗糙长度 z_0 与统一的内层速度对数律

　　我们可以把光滑平板湍流内层速度的对数律

$$\frac{u}{u_*} = \frac{1}{\kappa}\ln\left(\frac{zu_*}{\nu}\right) + B \tag{5.3.1}$$

改写成如下形式

$$\frac{u}{u_*} = \frac{1}{\kappa}\ln\left(\frac{z}{z_0}\right) \tag{5.3.2}$$

式中,z_0 称为**粗糙长度**(简称为**粗糙度**,又称为**气象学粗糙度**)。由上两式的比较可知

$$\frac{1}{\kappa}\left[\ln\left(\frac{zu_*}{\nu}\right) - \ln\left(\frac{z}{z_0}\right)\right] + B = 0 \quad \rightarrow \quad \ln\left(\frac{u_* z_0}{\nu}\right) = -\kappa B$$

$$z_0 = \frac{\nu}{u_*}\exp(-\kappa B) \tag{5.3.3}$$

(5.3.3)式表明,对于光滑平板来说,粗糙度 z_0 不是常数,而是流动的函数。因为摩擦速度 u_* 随行程 x 而连续减小,故 z_0 随 x 的增大而增大。粗糙平板湍流内层速度的对数律为

$$\frac{u}{u_*} = \frac{1}{\kappa}\ln\left(\frac{zu_*}{\nu}\right) + B - \frac{\Delta u}{u_*} \tag{5.3.4}$$

其中的粗糙函数 $\dfrac{\Delta u}{u_*}$ 为

$$\frac{\Delta u}{u_*} = \frac{1}{\kappa}\ln\left(\frac{k_s u_*}{\nu}\right) - 3 \tag{5.3.5}$$

将(5.3.5)式代入(5.3.4)式,整理后同样可化成(5.3.2)式,即对光滑平板和粗糙平板有相同的内层对数速度廓线。不过,在粗糙平板情况下,粗糙度 z_0 仅是壁面参数(常数),而与流动无关。(5.3.4)式中取常数 $B = 5.5$,可知

$$\frac{u}{u_*} = \frac{1}{\kappa}\ln\left(\frac{zu_*}{\nu}\right) - \frac{1}{\kappa}\ln\left(\frac{k_s u_*}{\nu}\right) + B + 3 \rightarrow 0 = \frac{1}{\kappa}\ln\left(\frac{z_0}{k_s}\right) + 8.5 \rightarrow z_0 = k_s\exp(-8.5\kappa)$$

$$z_0 \approx \frac{k_s}{30} \tag{5.3.6}$$

式中,k_s 为尼古拉兹圆管实验中的**砂粒粗糙度**(砂粒平均直径)或施利希廷的**等效砂粒粗糙度**。在实际大气环境的现场研究工作中,因为地面凸起物的排列及密度不同,作为粗略估算,

可将粗糙长度 z_0 的数值估计为地面凸起物高度 k 的 $\frac{1}{5} \sim \frac{1}{30}$。

总之,由于粗糙长度 z_0 的引入,湍流内层的界壁律对于光滑、粗糙两种情况可以有统一的表达式,即(5.3.2)式。除了 z_0 外,该式的另一参数为摩擦速度 u_*。这表明,z_0 和 u_* 分别是平板湍流边界层内层的长度尺度和速度尺度,从而也就成为湍流边界层的两个最重要的特征参数。

这里顺便指出一个常见的错误,即从(5.3.2)式出发,把 z_0 说成是平均速度为零的高度($z = z_0, u = 0$)。事实上,(5.3.2)式只适用于湍流内层,那里平均速度 u 远大于零。而 $z = z_0$ 的高度在湍流内层之下,且该处的速度也不为零。实际上,粗糙长度 z_0 是将湍流内层各高度 z 上的平均速度 u 的数值代入(5.3.2)式作线性回归计算时所得的两个拟合常数之一(另一个是 u_*)。具体作图方法是,将测量数据点在 $u - \ln z$ 图上,并将拟合所得的直线段外延至纵轴,则纵轴上的截距即为 z_0(图 5.7)。对于光滑平板来说,z_0 高度上的平均风速绝不会是零;而对于粗糙平板,z_0 高度是在各粗糙元素顶部之下的空隙里,流动很紊乱、无规则,但平均风速也不会是零(图 5.8)。

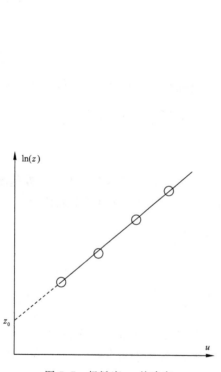

图 5.7 粗糙度 z_0 的确定

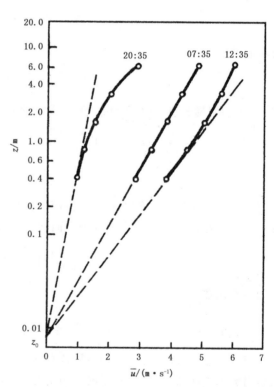

图 5.8 不同稳定度条件下的典型风廓线

另外,我们介绍两种粗糙度的计算方法。Lettau(1969)提出

$$z_0 = 0.5 h^* \left(\frac{S_S}{S_L} \right)$$

式中,h^* 为粗糙元素的平均垂直范围,S_S 为粗糙元素迎风面的(平均)表面积,S_L 则为每个粗糙元素的(平均)占地面积。而 Knodo 和 Yamazawa(1986)则认为

$$z_0 = \frac{0.25}{S_T} \sum_{i=1}^{N} h_i s_i = \frac{0.25}{L_T} \sum_{i=1}^{N} h_i w_i$$

式中，S_T 表示 N 个粗糙元所占的总面积，L_T 为在该长度上所有粗糙元长度的总和，h_i,s_i 和 w_i 分别表示第 i 个粗糙元的高度、占地面积和纵向宽度。图 5.9 为各类下垫面的粗糙度数值。

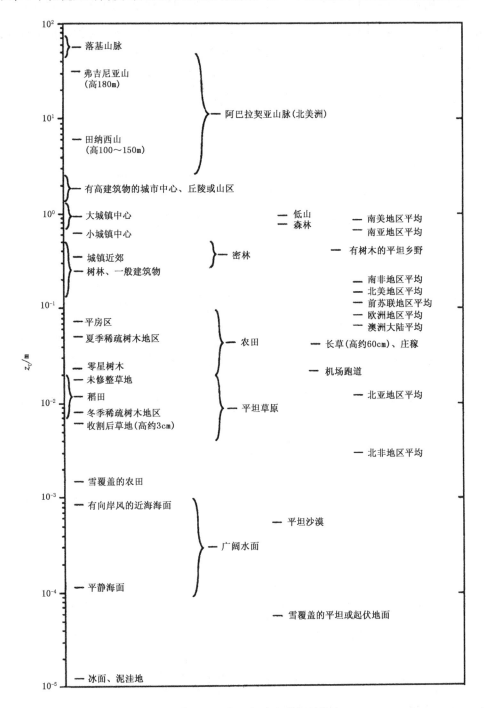

图 5.9　典型地形的空气动力学粗糙长度 z_0

5.3.2　原点修正 ε 与 k 型、d 型两种粗糙类型

对于粗糙平板,垂直坐标 z 的原点一般定为粗糙元素的顶端(粗糙元素的高度设为 k,如图 5.10)。否则便无法准确地测量。但因为贴近壁面处的平均速度的梯度 $\dfrac{\mathrm{d}u}{\mathrm{d}z}$ 很大,故可知 z 坐标数值的微小改变都将造成湍流内层速度剖面的函数形式(半对数坐标图中的 $u\sim\ln z$ 曲线的形状)的很大改变。事实上,对粗糙平板,测量数据直接绘出的内层 $u\sim\ln z$ 曲线并不是对数直线形状,而且 $z=0$ 高度上的平均速度也不为零:$u|_{z=0}\neq0$。必须用试算的方法对 z 坐标加上一适当的修正值 $\varepsilon(0<\varepsilon<k)$,才有对数线性关系出现

$$u=C_1\ln(z+\varepsilon)+C_2 \tag{5.3.7}$$

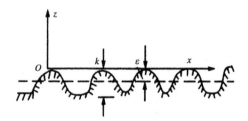

图 5.10　原点修正

或写成实验室研究工作中使用的形式

$$\frac{u}{u_*}=\frac{1}{\kappa}\ln\left[\frac{(z+\varepsilon)u_*}{\nu}\right]+B-\frac{\Delta u}{u_*} \tag{5.3.8}$$

式中,ε 称为**原点修正或零平面位移**。顺便指出一个常见的错误,即以为在零平面(即图 5.10 中虚线所示平面)内,平均速度为零($z=-\varepsilon,u=0$)。这种错误来自对"零平面位移"这个名称的望文生义,故建议今后统一将 ε 称为"原点修正"。上述方程又可写成大气环境现场观测工作中使用的形式

$$\frac{u}{u_*}=\frac{1}{\kappa}\ln\left[\frac{z-d}{z_0}\right] \tag{5.3.9}$$

式中,z 是从地面量起的垂直坐标,d 的意义类似于(5.3.8)式中的 ε。在实测中,为了得到位移距离 d 的数值,通常做法是分别将 3 个不同高度 z_1,z_2 和 z_3 的风速 u_1,u_2 与 u_3 代入(5.3.9)式,得

$$\frac{u_1}{u_*}=\frac{1}{\kappa}\ln\left[\frac{(z_1-d)u_*}{z_0}\right],\frac{u_2}{u_*}=\frac{1}{\kappa}\ln\left[\frac{(z_2-d)u_*}{z_0}\right],\frac{u_3}{u_*}=\frac{1}{\kappa}\ln\left[\frac{(z_3-d)u_*}{z_0}\right]$$

然后用后两式分别减去第一式,消去了粗糙度 z_0 和摩擦速度 u_*,得

$$\begin{cases}\dfrac{u_2-u_1}{u_*}=\dfrac{1}{\kappa}\ln\left(\dfrac{z_2-d}{z_1-d}\right)\\[2mm]\dfrac{u_3-u_1}{u_*}=\dfrac{1}{\kappa}\ln\left(\dfrac{z_3-d}{z_1-d}\right)\end{cases}\xrightarrow{\text{两式相除}}\frac{u_2-u_1}{u_3-u_1}\ln\left(\frac{z_3-d}{z_1-d}\right)=\ln\left(\frac{z_2-d}{z_1-d}\right)$$

$$\rightarrow\frac{z_3-d}{z_1-d}\exp\left(\frac{u_2-u_1}{u_3-u_1}\right)=\frac{z_2-d}{z_1-d}$$

对上式进行迭代计算,就可得出位移距离 d。

进一步的研究表明,当粗糙元素为如图 5.11 所示的二维横风向放置的柱体,且其间距约

为其高度 k 的 3 倍(即间距～$3k$)时,原点修正 ε 是一常数,且与行程 x 无关:$\varepsilon=$const。汤森 (Townsend,1957)称这种情况为 k 型粗糙。如图 5.12 所示,若间距缩小为等于其高度 k 时, 原点修正 ε 随行程 x 的增大而减小,即 ε 是 x 的函数:$\varepsilon=\varepsilon(x)$,这种情况称为 d 型粗糙。当然 k 型粗糙表面与 d 型粗糙表面的构成不仅仅是这里所举的两种形式。两种粗糙类型的平板在 流动的物理图像上有重大的区别:k 型粗糙元素背风面的涡旋易于脱落,而且这许多涡旋的脱 落是随机的、各自独立的;而 d 型粗糙元素背风面的涡旋不易脱落,只能在外部流动(自由流) 有大尺度的扰动时,这些涡旋才一齐脱落。当壁面粗糙度的分布情况从某个 x_s 位置上开始发 生了突然的变化时,若是 d 型粗糙,则壁面粗糙度的这个突然的变化可认为是加在原来边界 层流动的湍流结构上的一个小扰动,在较短的距离上可望到达新的湍流结构的平衡。若为 k 型粗糙,则该变化是一个强烈的扰动,在极长的距离——超过 x_s 位置边界层厚度 δ_s150 倍——之后,仍然不能建立起新的平衡状态的湍流边界层结构。

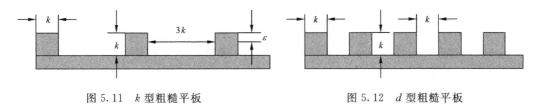

图 5.11　k 型粗糙平板　　　　　　　　　　图 5.12　d 型粗糙平板

区分两种类型粗糙度的实际意义:

　　原点修正 ε(或 d)及 k,d 两种粗糙类型的区别,对于边界层实验测量以及大气扩散的模拟 实验是极为重要的。另外,应当指出,大气现场的地面粗糙度绝大多数属于 k 型粗糙。这意味 着任何在大气现场进行的边界层平均流动及湍流结构的测量,必须考虑上风向充分远距离的 地面的起伏和粗糙情况及其变化(必须保证上风向充分远距离内有均匀一致的地面条件)。

5.3.3　等效动黏系数 ν_e 与统一的界壁律

　　不但引入粗糙长度 z_0 可以把光滑平板及粗糙平板的内层对数速度分布写成统一的形式, 引入等效动黏系数 ν_e 也可以同样做到这一点

$$\frac{u}{u_*}=\frac{1}{\kappa}\ln\left(\frac{zu_*}{\nu_e}\right)+B \tag{5.3.10}$$

(5.3.10)式即是此统一的内层对数速度分布公式。对于光滑平板,显然等效动黏系数即是流 体的动黏系数:$\nu_e=\nu=$const。这时(5.3.10)式和(5.3.1)式完全相同。而对于粗糙平板,与 (5.3.4)式相比较,我们有

$$\frac{1}{\kappa}\ln\left(\frac{zu_*}{\nu_e}\right)+B=\frac{1}{\kappa}\ln\left(\frac{zu_*}{\nu}\right)+B-\frac{\Delta u}{u_*}\rightarrow\kappa\frac{\Delta u}{u_*}=\ln\left(\frac{zu_*}{\nu}\right)-\ln\left(\frac{zu_*}{\nu_e}\right)$$

$$\rightarrow\quad \kappa\frac{\Delta u}{u_*}=\ln\left(\frac{\nu_e}{\nu}\right)\quad\rightarrow\quad \nu_e=\nu\exp\left(\kappa\frac{\Delta u}{u_*}\right) \tag{5.3.11}$$

即等效动黏系数 ν_e 是粗糙函数 $\dfrac{\Delta u}{u_*}$ 的函数。或依(5.3.5)式,ν_e 应是等效砂粒粗糙度 k_s 及摩擦 速度 u_* 的函数。因为 u_* 随行程 x 的增大而减小,ν_e 应是随行程 x 而增大的。这时(5.3.10) 式也就是(5.3.4)式

$$\frac{u}{u_*} = \frac{1}{\kappa}\ln\left(\frac{zu_*}{\nu}\right) + B - \frac{\Delta u}{u_*}$$

关于光滑平板的黏性次层,它的物理功能是:1)流体与固壁的摩擦发生在这一层;2)它的最下一薄层流体实际上黏附在固壁表面不动,而上面的流体以某一"滑移速度"在这一薄层黏滞不动的流体上流过。故而,黏性次层就其物理功能而言应称为"摩擦—滑移层"。摩擦速度 u_* 是该"滑移速度"的量度,粗糙度 z_0 是该摩擦——滑移层的厚度的量度。粗糙平板的湍流内层之下也应有一个执行上述摩擦——滑移功能的次层,显然它只能是粗糙次层。尽管在该次层内平均速度的分布紊乱无规律,但边界层的数值计算及理论解析的需要是,对这一次层也应规定一个平均速度的壁函数,使湍流内层的速度廓线得以在此层中逐步递减至壁面的零值。应用等效动黏系数 ν_e 所得的线性壁函数显然是最好的选择

$$\frac{u}{u_*} = \frac{zu_*}{\nu_e} \tag{5.3.12}$$

上式即是对光滑平板的黏性次层和粗糙平板的粗糙次层均适用的统一的壁函数。当 $\nu_e = \nu$ 时,它反映了光滑平板情况下真实的速度分布。而在粗糙平板情况下,(5.3.12)式提供了一个最合理的壁函数以使湍流内层下边缘的平均速度逐步递减至壁面的零值。

总之,引入等效动黏系数对于水力学光滑和水力学粗糙的两种平板湍流边界层流动,我们得到统一的界壁律,采用克劳泽(Clauser)的常数值 $\kappa = 0.40, B = 0.49$。

内层:

$$\frac{u}{u_*} = \frac{1}{\kappa}\ln\left(\frac{zu_*}{\nu_e}\right) + B \quad \frac{zu_*}{\nu_e} > 10.7$$

内层之下至壁面:

$$\frac{u}{u_*} = \frac{zu_*}{\nu_e} \quad 0 < \frac{zu_*}{\nu_e} < 10.7 \tag{5.3.13}$$

粗糙长度 z_0 在大气环境科学中得到了广泛的应用,而等效动黏系数 ν_e 却不为一般人所了解。但在边界层的湍流结构失去平衡(例如壁面条件有突然的改变)的时候,ν_e 表现出复杂的非线性响应过程,而 ν_e 的数值却和平衡状态下一样,从而可以成功地用来研究平衡状态的破坏和恢复过程。

5.4 边界层内湍流能量的局地平衡

汤森(Townsend,1957)提出的剪切湍流(边界层湍流即为最重要的剪切湍流)中的湍流能量的局地平衡理论在环境流体力学中有着重要的应用。可是,一般的教材中对他的理论却很少提及。本节将首先推导湍流动能方程,在此基础上简要地介绍汤森的湍流能量的局地平衡理论。下节将介绍与湍流能量的局地平衡理论有关的一些湍流边界层特性的实验结果。

1)湍流能量的局地平衡——湍流能量的局地生成等于它的局地耗散。

2)均匀湍流——所有统计量不随空间变化的湍流(空间上某点测量的结果与相邻的其他点测得的结果相同,如平坦的开阔地,均可使用这种假设)。

3)定常(平稳)湍流——所有统计量不随时间变化的湍流(前后两个相等时段内计算的方差相类似)。

4)各向同性湍流——所有统计量与坐标轴旋转无关的湍流(其各速度分量的方差相等,σ_u

$=\sigma_v=\sigma_w)$。

定理：

1)各向同性条件的要求为湍流是均匀的。

2)湍流能量的局地平衡要求为湍流是均匀且定常的。

5.4.1　不可压缩均质流体的动能方程

在推导本节的各方程时，为简化书写，改用下列符号。

1)矢量

坐标 3 分量 x, y 和 z 分别用 x_1, x_2 和 x_3 代替，记作 $x_i(i=1,2,3)$；速度 3 分量 u, v 和 w 分别用 u_1, u_2 和 u_3 代替，记作 $u_i(i=1,2,3)$。其他向量同样处理。

2)张量(矩阵)

应力张量各分量写作 $p_{ij}=-p\delta_{ij}+\tau_{ij}$，$(i,j=1,2,3)$。例如 p_{21} 即 p_{yx}，τ_{13} 即 τ_{xz}。符号 δ_{ij} 为二阶单位张量(矩阵)，即

$$\delta_{ij}=\begin{cases}1 & (i=j) \\ 0 & (i\neq j)\end{cases} \quad\leftrightarrow\quad \delta=\begin{bmatrix}1 & 0 & 0 \\ 0 & 1 & 0 \\ 0 & 0 & 1\end{bmatrix}$$

变形速度张量 **s** 的各分量写作

$$s_{ij}=\frac{1}{2}\left(\frac{\partial u_i}{\partial x_j}+\frac{\partial u_j}{\partial x_i}\right)\quad \text{例如}\quad s_{11}=\frac{1}{2}\left(\frac{\partial u_1}{\partial x_1}+\frac{\partial u_1}{\partial x_1}\right)=\frac{\partial u_1}{\partial x_1}=\frac{\partial u}{\partial x}$$

$$\text{而}\quad s_{12}=\frac{1}{2}\left(\frac{\partial u_1}{\partial x_2}+\frac{\partial u_2}{\partial x_1}\right)=\frac{1}{2}\left(\frac{\partial u}{\partial y}+\frac{\partial v}{\partial x}\right)$$

$$\left[\frac{\partial u_i}{\partial x_j}\right]=\begin{bmatrix}\dfrac{\partial u}{\partial x} & \dfrac{\partial u}{\partial y} & \dfrac{\partial u}{\partial z} \\[2mm] \dfrac{\partial v}{\partial x} & \dfrac{\partial v}{\partial y} & \dfrac{\partial v}{\partial z} \\[2mm] \dfrac{\partial w}{\partial x} & \dfrac{\partial w}{\partial y} & \dfrac{\partial w}{\partial z}\end{bmatrix}\quad\text{或}\quad \left[\frac{\partial u_i}{\partial x_j}\right]=\begin{bmatrix}\dfrac{\partial u}{\partial x} & \dfrac{\partial v}{\partial x} & \dfrac{\partial w}{\partial x} \\[2mm] \dfrac{\partial u}{\partial y} & \dfrac{\partial v}{\partial y} & \dfrac{\partial w}{\partial y} \\[2mm] \dfrac{\partial u}{\partial z} & \dfrac{\partial v}{\partial z} & \dfrac{\partial w}{\partial z}\end{bmatrix}$$

其排列格式由与前后张量的运算格式决定。

3)约定求和法则

同一项里若同一脚标 i(或 j)出现 2 次，则对该脚标 $i=1,2,3$ 的 3 个表达式求和，例如 $a_ib_i=a_1b_1+a_2b_2+a_3b_3$

$$\nabla=\frac{\partial}{\partial x_i}=\frac{\partial}{\partial x_1}+\frac{\partial}{\partial x_2}+\frac{\partial}{\partial x_3}=\frac{\partial}{\partial x}+\frac{\partial}{\partial y}+\frac{\partial}{\partial z}$$

连续方程　$\dfrac{\partial u_i}{\partial x_i}=\dfrac{\partial u_1}{\partial x_1}+\dfrac{\partial u_2}{\partial x_2}+\dfrac{\partial u_3}{\partial x_3}=\dfrac{\partial u}{\partial x}+\dfrac{\partial v}{\partial y}+\dfrac{\partial w}{\partial z}$

湍流动能　$\dfrac{u_iu_i}{2}=\dfrac{1}{2}(u_1^2+u_2^2+u_3^2)=\dfrac{1}{2}(u^2+v^2+w^2)$

在 1.3 节中我们已经得到流体运动的能量方程

$$\frac{\mathrm{d}}{\mathrm{d}t}\left(e+\frac{V^2}{2}\right)=\mathbf{F}\cdot\mathbf{V}+\frac{1}{\rho}\nabla\cdot(\mathbf{P}\cdot\mathbf{V})+\frac{1}{\rho}\nabla\cdot(k\nabla T)+q \tag{5.4.1}$$

假定为不可压缩均质流体，暂且不考虑质量力，则有 $\nabla\cdot\mathbf{V}=0$，$\rho=\text{const}$，$\mathbf{F}=0$。又，设常温

$(T=\text{const})$、无辐射或化学相变$(q=0)$，则(5.4.1)式变成

$$\frac{\mathrm{d}}{\mathrm{d}t}\frac{V^2}{2}=\frac{1}{\rho}\nabla\cdot(\boldsymbol{P}\cdot\boldsymbol{V})\tag{5.4.2}$$

考虑到不可压缩流体的本构方程

$$p_{ij}=-p\delta_{ij}+2\mu s_{ij}\quad(i,j=1,2,3)\tag{5.4.3}$$

$$\boldsymbol{P}=[p_{ij}]=\begin{bmatrix}p_{11}&p_{21}&p_{31}\\p_{12}&p_{22}&p_{32}\\p_{13}&p_{23}&p_{33}\end{bmatrix}=\begin{bmatrix}p_{xx}&p_{yx}&p_{zx}\\p_{xy}&p_{yy}&p_{zy}\\p_{xz}&p_{yz}&p_{zz}\end{bmatrix}$$

分量式

$$=\begin{bmatrix}-p&0&0\\0&-p&0\\0&0&-p\end{bmatrix}+\mu\begin{bmatrix}2\dfrac{\partial u}{\partial x}&\dfrac{\partial v}{\partial x}+\dfrac{\partial u}{\partial y}&\dfrac{\partial w}{\partial x}+\dfrac{\partial u}{\partial z}\\[2mm]\dfrac{\partial v}{\partial x}+\dfrac{\partial u}{\partial y}&2\dfrac{\partial v}{\partial y}&\dfrac{\partial w}{\partial y}+\dfrac{\partial v}{\partial z}\\[2mm]\dfrac{\partial w}{\partial x}+\dfrac{\partial u}{\partial z}&\dfrac{\partial w}{\partial y}+\dfrac{\partial v}{\partial z}&2\dfrac{\partial w}{\partial z}\end{bmatrix}$$

代入(5.4.2)式，得到张量形式的动能方程

$$\frac{\mathrm{d}}{\mathrm{d}t}\frac{u_iu_i}{2}=\frac{\partial}{\partial x_j}\left\{\left[-\frac{p}{\rho}\delta_{ij}+\nu\left(\frac{\partial u_i}{\partial x_j}+\frac{\partial u_j}{\partial x_i}\right)\right]u_i\right\}\tag{5.4.4}$$

依复合函数微商法则，有

$$\frac{\partial}{\partial x_j}\left[\nu\left(\frac{\partial u_i}{\partial x_j}+\frac{\partial u_j}{\partial x_i}\right)u_i\right]=u_i\frac{\partial}{\partial x_j}\left[\nu\left(\frac{\partial u_i}{\partial x_j}+\frac{\partial u_j}{\partial x_i}\right)\right]+\nu\left(\frac{\partial u_i}{\partial x_j}+\frac{\partial u_j}{\partial x_i}\right)\frac{\partial u_i}{\partial x_j}\tag{5.4.5}$$

又知

$$\left(-\frac{p}{\rho}\delta_{ij}\right)\frac{\partial u_i}{\partial x_j}=-\frac{p}{\rho}\frac{\partial u_i}{\partial x_i}=-\frac{p}{\rho}\left(\frac{\partial u}{\partial x}+\frac{\partial v}{\partial y}+\frac{\partial w}{\partial z}\right)=0$$

$$u_i\frac{\partial}{\partial x_j}\left(-\frac{p}{\rho}\delta_{ij}\right)=u_i\frac{\partial}{\partial x_j}\left(-\frac{p}{\rho}\right)\tag{5.4.6}$$

再考虑到随体导数的定义

$$\frac{\mathrm{d}}{\mathrm{d}t}=\frac{\partial}{\partial t}+u_j\frac{\partial}{\partial x_j}\tag{5.4.7}$$

则(5.4.4)式可变成

$$\frac{\mathrm{d}}{\mathrm{d}t}\frac{u_iu_i}{2}=u_i\frac{\partial}{\partial x_j}\left[-\frac{p}{\rho}\delta_{ij}+\nu\left(\frac{\partial u_i}{\partial x_j}+\frac{\partial u_j}{\partial x_i}\right)\right]+\nu\left(\frac{\partial u_i}{\partial x_j}+\frac{\partial u_j}{\partial x_i}\right)\frac{\partial u_i}{\partial x_j}$$

$$\frac{\partial}{\partial t}\frac{u_iu_i}{2}+u_j\frac{\partial}{\partial x_j}\left(\frac{u_iu_i}{2}\right)=-u_i\frac{\partial}{\partial x_j}\frac{p}{\rho}+\nu\frac{\partial}{\partial x_j}\left[u_i\left(\frac{\partial u_i}{\partial x_j}+\frac{\partial u_j}{\partial x_i}\right)\right]-\nu\left(\frac{\partial u_i}{\partial x_j}+\frac{\partial u_j}{\partial x_i}\right)\frac{\partial u_i}{\partial x_j}\tag{5.4.8}$$

分量式为

$$\frac{\mathrm{d}}{\mathrm{d}t}\left(\frac{u^2+v^2+w^2}{2}\right)=\left[\frac{\partial}{\partial x}\frac{\partial}{\partial y}\frac{\partial}{\partial z}\right]\cdot\left(\begin{bmatrix}-\dfrac{p}{\rho}+2\nu\dfrac{\partial u}{\partial x}&\nu\left(\dfrac{\partial u}{\partial y}+\dfrac{\partial v}{\partial x}\right)&\nu\left(\dfrac{\partial u}{\partial z}+\dfrac{\partial w}{\partial x}\right)\\[2mm]\nu\left(\dfrac{\partial v}{\partial x}+\dfrac{\partial u}{\partial y}\right)&-\dfrac{p}{\rho}+2\nu\dfrac{\partial v}{\partial y}&\nu\left(\dfrac{\partial v}{\partial z}+\dfrac{\partial w}{\partial y}\right)\\[2mm]\nu\left(\dfrac{\partial w}{\partial x}+\dfrac{\partial u}{\partial z}\right)&\nu\left(\dfrac{\partial w}{\partial y}+\dfrac{\partial v}{\partial z}\right)&-\dfrac{p}{\rho}+2\nu\dfrac{\partial w}{\partial z}\end{bmatrix}\cdot\begin{bmatrix}u\\v\\w\end{bmatrix}\right)$$

$$= \begin{bmatrix} \dfrac{\partial}{\partial x} & \dfrac{\partial}{\partial y} & \dfrac{\partial}{\partial z} \end{bmatrix} \cdot \begin{bmatrix} \left(-\dfrac{p}{\rho}+2\nu\dfrac{\partial u}{\partial x}\right)u+\nu\left(\dfrac{\partial u}{\partial y}+\dfrac{\partial v}{\partial x}\right)v+\nu\left(\dfrac{\partial u}{\partial z}+\dfrac{\partial w}{\partial x}\right)w \\ \nu\left(\dfrac{\partial v}{\partial x}+\dfrac{\partial u}{\partial y}\right)u+\left(-\dfrac{p}{\rho}+2\nu\dfrac{\partial v}{\partial y}\right)v+\nu\left(\dfrac{\partial v}{\partial z}+\dfrac{\partial w}{\partial y}\right)w \\ \nu\left(\dfrac{\partial w}{\partial x}+\dfrac{\partial u}{\partial z}\right)u+\nu\left(\dfrac{\partial w}{\partial y}+\dfrac{\partial v}{\partial z}\right)v+\left(-\dfrac{p}{\rho}+2\nu\dfrac{\partial w}{\partial z}\right)w \end{bmatrix}$$

$$=\frac{\partial}{\partial x}\left[\left(-\frac{p}{\rho}+2\nu\frac{\partial u}{\partial x}\right)u+\nu\left(\frac{\partial u}{\partial y}+\frac{\partial v}{\partial x}\right)v+\nu\left(\frac{\partial u}{\partial z}+\frac{\partial w}{\partial x}\right)w\right]$$

$$+\frac{\partial}{\partial y}\left[\nu\left(\frac{\partial v}{\partial x}+\frac{\partial u}{\partial y}\right)u+\left(-\frac{p}{\rho}+2\nu\frac{\partial v}{\partial y}\right)v+\nu\left(\frac{\partial v}{\partial z}+\frac{\partial w}{\partial y}\right)w\right]$$

$$+\frac{\partial}{\partial z}\left[\nu\left(\frac{\partial w}{\partial x}+\frac{\partial u}{\partial z}\right)u+\nu\left(\frac{\partial w}{\partial y}+\frac{\partial v}{\partial z}\right)v+\left(-\frac{p}{\rho}+2\nu\frac{\partial w}{\partial z}\right)w\right]$$

$$=u\frac{\partial}{\partial x}\left(-\frac{p}{\rho}+2\nu\frac{\partial u}{\partial x}\right)+\left(-\frac{p}{\rho}+2\nu\frac{\partial u}{\partial x}\right)\frac{\partial u}{\partial x}+\nu v\frac{\partial}{\partial x}\left(\frac{\partial u}{\partial y}+\frac{\partial v}{\partial x}\right)+\nu\left(\frac{\partial u}{\partial y}+\frac{\partial v}{\partial x}\right)\frac{\partial v}{\partial x}$$

$$+\nu w\frac{\partial}{\partial x}\left(\frac{\partial u}{\partial z}+\frac{\partial w}{\partial x}\right)+\nu\left(\frac{\partial u}{\partial z}+\frac{\partial w}{\partial x}\right)\frac{\partial w}{\partial x}+\nu u\frac{\partial}{\partial y}\left(\frac{\partial v}{\partial x}+\frac{\partial u}{\partial y}\right)+\nu\left(\frac{\partial v}{\partial x}+\frac{\partial u}{\partial y}\right)\frac{\partial u}{\partial y}$$

$$+v\frac{\partial}{\partial y}\left(-\frac{p}{\rho}+2\nu\frac{\partial v}{\partial y}\right)+\left(-\frac{p}{\rho}+2\nu\frac{\partial v}{\partial y}\right)\frac{\partial v}{\partial y}+\nu w\frac{\partial}{\partial y}\left(\frac{\partial v}{\partial z}+\frac{\partial w}{\partial y}\right)+\nu\left(\frac{\partial v}{\partial z}+\frac{\partial w}{\partial y}\right)\frac{\partial w}{\partial y}$$

$$+\nu u\frac{\partial}{\partial z}\left(\frac{\partial w}{\partial x}+\frac{\partial u}{\partial z}\right)+\nu\left(\frac{\partial w}{\partial x}+\frac{\partial u}{\partial z}\right)\frac{\partial u}{\partial z}+\nu v\frac{\partial}{\partial z}\left(\frac{\partial w}{\partial y}+\frac{\partial v}{\partial z}\right)$$

$$+\nu\left(\frac{\partial w}{\partial y}+\frac{\partial v}{\partial z}\right)\frac{\partial v}{\partial z}+w\frac{\partial}{\partial z}\left(-\frac{p}{\rho}+2\nu\frac{\partial w}{\partial z}\right)+\left(-\frac{p}{\rho}+2\nu\frac{\partial w}{\partial z}\right)\frac{\partial w}{\partial z}$$

$$=u\left[\frac{\partial}{\partial x}\left(-\frac{p}{\rho}+2\nu\frac{\partial u}{\partial x}\right)+\nu\frac{\partial}{\partial y}\left(\frac{\partial v}{\partial x}+\frac{\partial u}{\partial y}\right)+\nu\frac{\partial}{\partial z}\left(\frac{\partial w}{\partial x}+\frac{\partial u}{\partial z}\right)\right]$$

$$+\nu\left[\nu\frac{\partial}{\partial x}\left(\frac{\partial u}{\partial y}+\frac{\partial v}{\partial x}\right)+\frac{\partial}{\partial y}\left(-\frac{p}{\rho}+\nu2\frac{\partial v}{\partial y}\right)+\nu\frac{\partial}{\partial z}\left(\frac{\partial w}{\partial y}+\frac{\partial v}{\partial z}\right)\right]$$

$$+w\left[\nu\frac{\partial}{\partial x}\left(\frac{\partial u}{\partial z}+\frac{\partial w}{\partial x}\right)+\nu\frac{\partial}{\partial y}\left(\frac{\partial v}{\partial z}+\frac{\partial w}{\partial y}\right)+\frac{\partial}{\partial z}\left(-\frac{p}{\rho}+2\nu\frac{\partial w}{\partial z}\right)\right]$$

$$+\nu\left[\left(2\frac{\partial u}{\partial x}\right)\frac{\partial u}{\partial x}+\left(\frac{\partial u}{\partial y}+\frac{\partial v}{\partial x}\right)\frac{\partial v}{\partial x}+\left(\frac{\partial u}{\partial z}+\frac{\partial w}{\partial x}\right)\frac{\partial w}{\partial x}+\left(\frac{\partial u}{\partial y}+\frac{\partial v}{\partial x}\right)\frac{\partial u}{\partial y}+\left(2\frac{\partial v}{\partial y}\right)\frac{\partial v}{\partial y}\right.$$

$$\left.+\left(\frac{\partial v}{\partial z}+\frac{\partial w}{\partial y}\right)\frac{\partial w}{\partial y}+\left(\frac{\partial w}{\partial x}+\frac{\partial u}{\partial z}\right)\frac{\partial u}{\partial z}+\left(\frac{\partial w}{\partial y}+\frac{\partial v}{\partial z}\right)\frac{\partial v}{\partial z}+\left(2\frac{\partial w}{\partial z}\right)\frac{\partial w}{\partial z}\right]$$

$$+\left(-\frac{p}{\rho}\right)\left(\frac{\partial u}{\partial x}+\frac{\partial v}{\partial y}+\frac{\partial w}{\partial z}\right)^{[=0]}$$

依复合函数微商法则,有

$$\frac{\partial}{\partial x_j}\left[\left(\frac{p}{\rho}+\frac{u_iu_i}{2}\right)u_j\right]=u_j\frac{\partial}{\partial x_j}\left(\frac{p}{\rho}+\frac{u_iu_i}{2}\right)+\left(\frac{p}{\rho}+\frac{u_iu_i}{2}\right)\frac{\partial u_j}{\partial x_j}$$

$$=u_j\frac{\partial}{\partial x_j}\left(\frac{p}{\rho}+\frac{u_iu_i}{2}\right) \qquad (5.4.9)$$

上式中应用了不可压缩条件

$$\frac{\partial u_j}{\partial x_j}=\frac{\partial u}{\partial x}+\frac{\partial v}{\partial y}+\frac{\partial w}{\partial z}=0 \qquad (5.4.10)$$

故(5.4.8)式可进一步化简为通用的动能方程(5.4.11)式

$$\frac{\partial}{\partial t}\frac{u_i u_i}{2}=-\frac{\partial}{\partial x_j}\left[\left(\frac{p}{\rho}+\frac{u_i u_i}{2}\right)u_j\right]+\nu\frac{\partial}{\partial x_j}\left[u_i\left(\frac{\partial u_i}{\partial x_j}+\frac{\partial u_j}{\partial x_i}\right)\right]-\nu\left(\frac{\partial u_i}{\partial x_j}+\frac{\partial u_j}{\partial x_i}\right)\frac{\partial u_i}{\partial x_j} \quad (5.4.11)$$

分量式如下(上标数字表示张量式的第几项)

$$\frac{\partial}{\partial t}\left(\frac{u^2+v^2+w^2}{2}\right)=-\frac{\partial}{\partial x}\left[u\left(\frac{p}{\rho}+\frac{u^2+v^2+w^2}{2}\right)\right]^{(1)}-\frac{\partial}{\partial y}\left[v\left(\frac{p}{\rho}+\frac{u^2+v^2+w^2}{2}\right)\right]^{(1)}$$

$$-\frac{\partial}{\partial z}\left[w\left(\frac{p}{\rho}+\frac{u^2+v^2+w^2}{2}\right)\right]^{(1)}+u\left[\nu\frac{\partial}{\partial x}\left(2\frac{\partial u}{\partial x}\right)+\nu\frac{\partial}{\partial y}\left(\frac{\partial v}{\partial x}+\frac{\partial u}{\partial y}\right)+\nu\frac{\partial}{\partial z}\left(\frac{\partial w}{\partial x}+\frac{\partial u}{\partial z}\right)\right]^{(2)}$$

$$+v\left[\nu\frac{\partial}{\partial x}\left(\frac{\partial u}{\partial y}+\frac{\partial v}{\partial x}\right)+\nu\frac{\partial}{\partial y}\left(2\frac{\partial v}{\partial y}\right)+\nu\frac{\partial}{\partial z}\left(\frac{\partial w}{\partial y}+\frac{\partial v}{\partial z}\right)\right]^{(2)}$$

$$+w\left[\nu\frac{\partial}{\partial x}\left(\frac{\partial u}{\partial z}+\frac{\partial w}{\partial x}\right)+\nu\frac{\partial}{\partial y}\left(\frac{\partial v}{\partial z}+\frac{\partial w}{\partial y}\right)+\nu\frac{\partial}{\partial z}\left(2\frac{\partial w}{\partial z}\right)\right]^{(2)}$$

$$-\nu\left[\left(2\frac{\partial u}{\partial x}\right)\frac{\partial u}{\partial x}+\left(\frac{\partial u}{\partial y}+\frac{\partial v}{\partial x}\right)\frac{\partial v}{\partial x}+\left(\frac{\partial u}{\partial z}+\frac{\partial w}{\partial x}\right)\frac{\partial w}{\partial x}+\left(\frac{\partial u}{\partial y}+\frac{\partial v}{\partial x}\right)\frac{\partial u}{\partial y}+\left(2\frac{\partial v}{\partial y}\right)\frac{\partial v}{\partial y}\right.$$

$$\left.+\left(\frac{\partial v}{\partial z}+\frac{\partial w}{\partial y}\right)\frac{\partial w}{\partial y}+\left(\frac{\partial w}{\partial x}+\frac{\partial u}{\partial z}\right)\frac{\partial u}{\partial z}+\left(\frac{\partial w}{\partial y}+\frac{\partial v}{\partial z}\right)\frac{\partial v}{\partial z}+\left(2\frac{\partial w}{\partial z}\right)\frac{\partial w}{\partial z}\right]^{(3)}$$

式中,各项的物理意义解释如下:左端代表单位质量流体、单位时间内,动能的局地变化,它应等于右端 3 项之和。右端第 1 项代表单位质量流体、单位时间内,机械能(压力能+动能)的对流输运。右端第 2 项代表单位质量流体、单位时间内,黏性应力所做的功。右端第 3 项代表单位质量流体、单位时间内,动能的耗散(转化为热能)。

5.4.2　平均运动动能方程

我们在 4.4 节中得到不可压缩流体(忽略质量力)的平均运动的雷诺方程的矢量式为

$$\rho\frac{\mathrm{d}\overline{\boldsymbol{V}}}{\mathrm{d}t}=\operatorname{div}\overline{\boldsymbol{P}} \quad (5.4.12)$$

现将式中由黏性应力和雷诺应力两部分组成的完全应力张量 $\overline{\boldsymbol{P}}$ 用新的符号写成

$$\overline{p_{ij}}=-\overline{p}\delta_{ij}+\overline{\tau_{ij}}+\overline{\tau'}_{ij}=-\overline{p}\delta_{ij}+\mu\left(\frac{\partial\overline{u_i}}{\partial x_j}+\frac{\partial\overline{u_j}}{\partial x_i}\right)-\rho\overline{u'_i u'_j} \quad (5.4.13)$$

分量式为

$$\begin{bmatrix}\overline{p_{xx}} & \overline{p_{yx}} & \overline{p_{zx}}\\ \overline{p_{xy}} & \overline{p_{yy}} & \overline{p_{zy}}\\ \overline{p_{xz}} & \overline{p_{yz}} & \overline{p_{zz}}\end{bmatrix}=\begin{bmatrix}-\overline{p} & 0 & 0\\ 0 & -\overline{p} & 0\\ 0 & 0 & -\overline{p}\end{bmatrix}+\mu\begin{bmatrix}2\dfrac{\partial u}{\partial x} & \dfrac{\partial v}{\partial x}+\dfrac{\partial u}{\partial y} & \dfrac{\partial w}{\partial x}+\dfrac{\partial u}{\partial z}\\ \dfrac{\partial v}{\partial x}+\dfrac{\partial u}{\partial y} & 2\dfrac{\partial v}{\partial y} & \dfrac{\partial v}{\partial z}+\dfrac{\partial w}{\partial y}\\ \dfrac{\partial w}{\partial x}+\dfrac{\partial u}{\partial z} & \dfrac{\partial v}{\partial z}+\dfrac{\partial w}{\partial y} & 2\dfrac{\partial w}{\partial z}\end{bmatrix}$$

$$-\rho\begin{bmatrix}\overline{u'u'} & \overline{u'v'} & \overline{u'w'}\\ \overline{u'v'} & \overline{v'v'} & \overline{v'w'}\\ \overline{u'w'} & \overline{v'w'} & \overline{w'w'}\end{bmatrix}$$

则雷诺方程可写为

$$\rho\left(\frac{\partial\overline{u_i}}{\partial t}+\overline{u_j}\frac{\partial\overline{u_i}}{\partial x_j}\right)=-\frac{\partial\overline{p}}{\partial x_i}+\frac{\partial}{\partial x_j}\left(\mu\frac{\partial\overline{u_i}}{\partial x_j}-\rho\overline{u'_i u'_j}\right) \quad (5.4.14)$$

上式就是不可压缩流体($\nabla\cdot\boldsymbol{V}=0$),且忽略质量力($\boldsymbol{F}=0$)的纳维-斯托克斯方程,其分量式为

$$
\left\{
\begin{aligned}
&\rho\left(\frac{\partial \overline{u}}{\partial t}+\overline{u}\frac{\partial \overline{u}}{\partial x}+\overline{v}\frac{\partial \overline{u}}{\partial y}+\overline{w}\frac{\partial \overline{u}}{\partial z}\right)\\
&=-\frac{\partial \overline{p}}{\partial x}+\frac{\partial}{\partial x}\left(\mu\frac{\partial \overline{u}}{\partial x}-\rho\overline{u'^2}\right)+\frac{\partial}{\partial y}\left(\mu\frac{\partial \overline{u}}{\partial y}-\rho\overline{u'v'}\right)+\frac{\partial}{\partial z}\left(\mu\frac{\partial \overline{u}}{\partial z}-\rho\overline{u'w'}\right)\\
&\rho\left(\frac{\partial \overline{v}}{\partial t}+\overline{u}\frac{\partial \overline{v}}{\partial x}+\overline{v}\frac{\partial \overline{v}}{\partial y}+\overline{w}\frac{\partial \overline{v}}{\partial z}\right)\\
&=-\frac{\partial \overline{p}}{\partial y}+\frac{\partial}{\partial x}\left(\mu\frac{\partial \overline{v}}{\partial x}-\rho\overline{u'v'}\right)+\frac{\partial}{\partial y}\left(\mu\frac{\partial \overline{v}}{\partial y}-\rho\overline{v'^2}\right)+\frac{\partial}{\partial z}\left(\mu\frac{\partial \overline{v}}{\partial z}-\rho\overline{v'w'}\right)\\
&\rho\left(\frac{\partial \overline{w}}{\partial t}+\overline{u}\frac{\partial \overline{w}}{\partial x}+\overline{v}\frac{\partial \overline{w}}{\partial y}+\overline{w}\frac{\partial \overline{w}}{\partial z}\right)\\
&=-\frac{\partial \overline{p}}{\partial z}+\frac{\partial}{\partial x}\left(\mu\frac{\partial \overline{w}}{\partial x}-\rho\overline{u'w'}\right)+\frac{\partial}{\partial y}\left(\mu\frac{\partial \overline{w}}{\partial y}-\rho\overline{v'w'}\right)+\frac{\partial}{\partial z}\left(\mu\frac{\partial \overline{w}}{\partial z}-\rho\overline{w'^2}\right)
\end{aligned}
\right.
$$

上式两端乘以 $\overline{u}_i$，得

$$
\rho\left(\frac{\partial \overline{u_i u_i}}{\partial t}+\overline{u_i u_j}\frac{\partial \overline{u_i}}{\partial x_j}\right)=-\overline{u_i}\frac{\partial \overline{p}}{\partial x_j}+\overline{u_i}\frac{\partial}{\partial x_j}\left(\mu\frac{\partial \overline{u_i}}{\partial x_j}-\rho\overline{u'_i u'_j}\right) \tag{5.4.15}
$$

分量式为

$$
\left\{
\begin{aligned}
&\rho\left(\frac{\partial}{\partial t}\frac{\overline{uu}}{2}+\overline{uu}\frac{\partial \overline{u}}{\partial x}+\overline{uv}\frac{\partial \overline{u}}{\partial y}+\overline{uw}\frac{\partial \overline{u}}{\partial z}\right)=-\overline{u}\frac{\partial \overline{p}}{\partial x}\\
&+\overline{u}\frac{\partial}{\partial x}\left(\mu\frac{\partial \overline{u}}{\partial x}-\rho\overline{u'^2}\right)+\overline{u}\frac{\partial}{\partial y}\left(\mu\frac{\partial \overline{u}}{\partial y}-\rho\overline{u'v'}\right)+\overline{u}\frac{\partial}{\partial z}\left(\mu\frac{\partial \overline{u}}{\partial z}-\rho\overline{u'w'}\right)\\
&\rho\left(\frac{\partial}{\partial t}\frac{\overline{vv}}{2}+\overline{uv}\frac{\partial \overline{v}}{\partial x}+\overline{vv}\frac{\partial \overline{v}}{\partial y}+\overline{vw}\frac{\partial \overline{v}}{\partial z}\right)=-\overline{v}\frac{\partial \overline{p}}{\partial y}\\
&+\overline{v}\frac{\partial}{\partial x}\left(\mu\frac{\partial \overline{v}}{\partial x}-\rho\overline{u'v'}\right)+\overline{v}\frac{\partial}{\partial y}\left(\mu\frac{\partial \overline{v}}{\partial y}-\rho\overline{v'^2}\right)+\overline{v}\frac{\partial}{\partial z}\left(\mu\frac{\partial \overline{v}}{\partial z}-\rho\overline{v'w'}\right)\\
&\rho\left(\frac{\partial}{\partial t}\frac{\overline{ww}}{2}+\overline{uw}\frac{\partial \overline{w}}{\partial x}+\overline{vw}\frac{\partial \overline{w}}{\partial y}+\overline{ww}\frac{\partial \overline{w}}{\partial z}\right)=-\overline{w}\frac{\partial \overline{p}}{\partial z}\\
&+\overline{w}\frac{\partial}{\partial x}\left(\mu\frac{\partial \overline{w}}{\partial x}-\rho\overline{u'w'}\right)+\overline{w}\frac{\partial}{\partial y}\left(\mu\frac{\partial \overline{w}}{\partial y}-\rho\overline{v'w'}\right)+\overline{w}\frac{\partial}{\partial z}\left(\mu\frac{\partial \overline{w}}{\partial z}-\rho\overline{w'^2}\right)
\end{aligned}
\right.
$$

考虑到　$\overline{u_i}\frac{\partial}{\partial x_i}=\overline{u_j}\frac{\partial}{\partial x_j},\quad \frac{\overline{u_i u_i}}{2}=\frac{\overline{u_j u_j}}{2},\quad \frac{\partial \overline{u_i}}{\partial x_i}=\frac{\partial u}{\partial x}+\frac{\partial v}{\partial y}+\frac{\partial w}{\partial z}=0$ \quad (5.4.16)

则有

$$
\frac{\partial}{\partial x_j}\left[\overline{u_j}\left(\frac{\overline{p}}{\rho}+\frac{\overline{u_i u_i}}{2}\right)\right]=\frac{\partial}{\partial x_i}\left[\overline{u_i}\left(\frac{\overline{p}}{\rho}+\frac{\overline{u_i u_i}}{2}\right)\right]=\overline{u_i}\frac{\partial}{\partial x_i}\left(\frac{\overline{p}}{\rho}+\frac{\overline{u_i u_i}}{2}\right)+\left(\frac{\overline{p}}{\rho}+\frac{\overline{u_i u_i}}{2}\right)\frac{\partial \overline{u_i}}{\partial x_i}
$$

$$
=\overline{u_i}\frac{\partial}{\partial x_i}\left(\frac{\overline{p}}{\rho}+\frac{\overline{u_i u_i}}{2}\right)=\overline{u_i}\frac{\partial}{\partial x_i}\left(\frac{\overline{p}}{\rho}\right)+\overline{u_j}\frac{\partial}{\partial x_j}\frac{\overline{u_i u_i}}{2}=\overline{u_i}\frac{\partial}{\partial x_i}\left(\frac{\overline{p}}{\rho}\right)+\overline{u_i u_j}\frac{\partial \overline{u_i}}{\partial x_j} \tag{5.4.17}
$$

又因为

$$
\frac{\partial}{\partial x_j}(-\overline{u'_i u'_j u_i})=\overline{u_i}\frac{\partial}{\partial x_j}(-\overline{u'_i u'_j})-\overline{u'_i u'_j}\frac{\partial \overline{u_i}}{\partial x_j} \tag{5.4.18}
$$

以及

$$
\frac{\partial}{\partial x_j}\left(\frac{\partial \overline{u_i}}{\partial x_j}\overline{u_i}\right)=\overline{u_i}\frac{\partial}{\partial x_j}\left(\frac{\partial \overline{u_i}}{\partial x_j}\right)+\frac{\partial \overline{u_i}}{\partial x_j}\frac{\partial \overline{u_i}}{\partial x_j} \tag{5.4.19}
$$

故(5.4.15)式变成

$$
\frac{\partial}{\partial t}\frac{\overline{u_i u_i}}{2}=-\frac{\partial}{\partial x_j}\left[\overline{u_j}\left(\frac{\overline{p}}{\rho}+\frac{\overline{u_i u_i}}{2}\right)\right]-(-\overline{u'_i u'_j})\frac{\partial \overline{u_i}}{\partial x_j}+\frac{\partial}{\partial x_j}(-\overline{u'_i u'_j u_i})
$$

$$+ \nu \frac{\partial}{\partial x_j} \left(\frac{\partial \overline{u_i}}{\partial x_j} \overline{u_i} \right) - \nu \frac{\partial \overline{u_i}}{\partial x_j} \frac{\partial \overline{u_i}}{\partial x_j} \tag{5.4.20}$$

因为

$$\frac{\partial}{\partial x_j} \left(\overline{u_i} \frac{\partial \overline{u_j}}{\partial x_i} \right) = \frac{\partial \overline{u_i}}{\partial x_j} \frac{\partial \overline{u_j}}{\partial x_i} + \overline{u_i} \frac{\partial}{\partial x_j} \left(\frac{\partial \overline{u_j}}{\partial x_i} \right) = \frac{\partial \overline{u_i}}{\partial x_j} \frac{\partial \overline{u_j}}{\partial x_i} + \overline{u_i} \frac{\partial}{\partial x_i} \left(\frac{\partial \overline{u_j}}{\partial x_j} \right)^{[=0]} = \frac{\partial \overline{u_i}}{\partial x_j} \frac{\partial \overline{u_j}}{\partial x_i} \tag{5.4.21}$$

故可在(5.4.20)式右边的最后一项中增加一个 $-\nu \dfrac{\partial \overline{u_i}}{\partial x_j} \dfrac{\partial \overline{u_j}}{\partial x_i}$，倒数第 2 项中增加一个 $\nu \dfrac{\partial}{\partial x_j}$ $\left(\overline{u_i} \dfrac{\partial \overline{u_j}}{\partial x_i} \right)$，得到湍流平均运动动能方程的一般形式

$$\frac{\partial}{\partial t} \frac{\overline{u_i u_i}}{2} = -\frac{\partial}{\partial x_j} \left[\overline{u_j} \left(\frac{\overline{p}}{\rho} + \frac{\overline{u_i u_i}}{2} \right) \right] - (-\overline{u'_i u'_j}) \frac{\partial \overline{u_i}}{\partial x_j} + \frac{\partial}{\partial x_j} (-\overline{u'_i u'_j u_i})$$

$$+ \nu \left[\frac{\partial}{\partial x_j} \left(\overline{u_i} \frac{\partial \overline{u_i}}{\partial x_j} \right) + \frac{\partial}{\partial x_j} \left(\overline{u_i} \frac{\partial \overline{u_j}}{\partial x_i} \right) \right] - \nu \left(\frac{\partial \overline{u_i}}{\partial x_j} \frac{\partial \overline{u_i}}{\partial x_j} + \frac{\partial \overline{u_i}}{\partial x_j} \frac{\partial \overline{u_j}}{\partial x_i} \right)$$

$$\rightarrow \frac{\partial}{\partial t} \frac{\overline{u_i u_i}}{2} = -\frac{\partial}{\partial x_j} \left[\overline{u_j} \left(\frac{\overline{p}}{\rho} + \frac{\overline{u_i u_i}}{2} \right) \right]^{(1)} - (-\overline{u'_i u'_j}) \frac{\partial \overline{u_i}}{\partial x_j}^{(2)} + \frac{\partial}{\partial x_j} (-\overline{u'_i u'_j u_i})^{(3)}$$

$$+ \nu \frac{\partial}{\partial x_j} \left[\overline{u_i} \left(\frac{\partial \overline{u_i}}{\partial x_j} + \frac{\partial \overline{u_j}}{\partial x_i} \right) \right]^{(4)} - \nu \left(\frac{\partial \overline{u_i}}{\partial x_j} + \frac{\partial \overline{u_j}}{\partial x_i} \right) \frac{\partial \overline{u_i}}{\partial x_j}^{(5)} \tag{5.4.22}$$

(5.4.22)式(上标的数字表示第几项)即是湍流平均运动方程,实际是(5.4.15)式的三个分量的和,其分量式为

$$\frac{\partial}{\partial t} \frac{\overline{uu} + \overline{vv} + \overline{ww}}{2} = -\frac{\partial}{\partial x} \left[\overline{u} \left(\frac{\overline{p}}{\rho} + \frac{\overline{uu} + \overline{vv} + \overline{ww}}{2} \right) \right]^{(1)} - \frac{\partial}{\partial y} \left[\overline{v} \left(\frac{\overline{p}}{\rho} + \frac{\overline{uu} + \overline{vv} + \overline{ww}}{2} \right) \right]^{(1)}$$

$$-\frac{\partial}{\partial z} \left[\overline{w} \left(\frac{\overline{p}}{\rho} + \frac{\overline{uu} + \overline{vv} + \overline{ww}}{2} \right) \right]^{(1)} - (-\overline{u'^2}) \frac{\partial \overline{u}}{\partial x}^{(2)} - (-\overline{u'v'}) \frac{\partial \overline{u}}{\partial y}^{(2)} - (-\overline{u'w'}) \frac{\partial \overline{u}}{\partial z}^{(2)}$$

$$- (-\overline{v'u'}) \frac{\partial \overline{v}}{\partial x}^{(2)} - (-\overline{v'^2}) \frac{\partial \overline{v}}{\partial y}^{(2)} - (-\overline{v'w'}) \frac{\partial \overline{v}}{\partial z}^{(2)} - (-\overline{w'u'}) \frac{\partial \overline{w}}{\partial x}^{(2)}$$

$$- (-\overline{w'v'}) \frac{\partial \overline{w}}{\partial y}^{(2)} - (-\overline{w'^2}) \frac{\partial \overline{w}}{\partial z}^{(2)} + \frac{\partial}{\partial x} (-\overline{u'^2 u})^{(3)} + \frac{\partial}{\partial y} (-\overline{u'v'u})^{(3)}$$

$$+ \frac{\partial}{\partial z} (-\overline{u'w'u})^{(3)} + \frac{\partial}{\partial x} (-\overline{v'u'v})^{(3)} + \frac{\partial}{\partial y} (-\overline{v'^2 v})^{(3)}$$

$$+ \frac{\partial}{\partial z} (-\overline{v'w'v})^{(3)} + \frac{\partial}{\partial x} (-\overline{w'u'w})^{(3)} + \frac{\partial}{\partial y} (-\overline{w'v'w})^{(3)} + \frac{\partial}{\partial z} (-\overline{w'^2 w})^{(3)}$$

$$+ \nu \left\{ \frac{\partial}{\partial x} \left(2 \overline{u} \frac{\partial \overline{u}}{\partial x} \right) + \frac{\partial}{\partial y} \left[\overline{u} \left(\frac{\partial \overline{u}}{\partial y} + \frac{\partial \overline{v}}{\partial x} \right) \right] + \frac{\partial}{\partial z} \left[\overline{u} \left(\frac{\partial \overline{u}}{\partial z} + \frac{\partial \overline{w}}{\partial x} \right) \right] + \frac{\partial}{\partial x} \left[\overline{v} \left(\frac{\partial \overline{u}}{\partial y} + \frac{\partial \overline{v}}{\partial x} \right) \right] \right.$$

$$+ \frac{\partial}{\partial y} \left(2 \overline{v} \frac{\partial \overline{v}}{\partial y} \right) + \frac{\partial}{\partial z} \left[\overline{v} \left(\frac{\partial \overline{v}}{\partial z} + \frac{\partial \overline{w}}{\partial y} \right) \right] + \frac{\partial}{\partial x} \left[\overline{w} \left(\frac{\partial \overline{u}}{\partial z} + \frac{\partial \overline{w}}{\partial x} \right) \right] + \frac{\partial}{\partial y} \left[\overline{w} \left(\frac{\partial \overline{v}}{\partial z} + \frac{\partial \overline{w}}{\partial y} \right) \right]$$

$$\left. + \frac{\partial}{\partial z} \left[2 \overline{w} \frac{\partial \overline{w}}{\partial z} \right] \right\}^{(4)} - \nu \left\{ 2 \left(\frac{\partial \overline{u}}{\partial x} \right)^2 + \left(\frac{\partial \overline{u}}{\partial y} + \frac{\partial \overline{v}}{\partial x} \right) \frac{\partial \overline{u}}{\partial y} + \left(\frac{\partial \overline{u}}{\partial z} + \frac{\partial \overline{w}}{\partial x} \right) \frac{\partial \overline{u}}{\partial z} + \left(\frac{\partial \overline{u}}{\partial y} + \frac{\partial \overline{v}}{\partial x} \right) \frac{\partial \overline{v}}{\partial x} \right.$$

$$\left. + 2 \left(\frac{\partial \overline{v}}{\partial y} \right)^2 + \left(\frac{\partial \overline{v}}{\partial z} + \frac{\partial \overline{w}}{\partial y} \right) \frac{\partial \overline{v}}{\partial z} + \left(\frac{\partial \overline{w}}{\partial x} + \frac{\partial \overline{u}}{\partial z} \right) \frac{\partial \overline{w}}{\partial x} + \left(\frac{\partial \overline{w}}{\partial y} + \frac{\partial \overline{v}}{\partial z} \right) \frac{\partial \overline{w}}{\partial y} + 2 \left(\frac{\partial \overline{w}}{\partial z} \right)^2 \right\}^{(5)}$$

现解释湍流平均运动动能方程中各项的意义如下:方程左端代表单位质量流体、单位时间内,平均运动动能的局地变化。右端第 1 项代表单位质量流体、单位时间内,平均运动机械能(动能+压力能)的对流输运。右端第 4 项代表单位质量流体、单位时间内,黏性应力对平均运动所做的功。右端第 5 项代表单位质量流体、单位时间内,平均运动对耗散的贡献。以上 4 项

对应于动能方程(5.4.11)中的各项。与(5.4.11)式相比较,(5.4.22)式多了两项:右端第 2 项和第 3 项。右端第 2 项是湍流应力对平均运动的变形功。其中当 $i\neq j$ 时,$-\overline{u'_i u'_j}$ 代表湍流切应力,它与 $\dfrac{\partial \overline{u_i}}{\partial x_j}$ 符号是相同的,故这一项符号为负:$-\left(-\overline{u'_i u'_j}\right)\dfrac{\partial \overline{u_i}}{\partial x_j}<0$。它的负号表明,是平均运动的能量转化为湍流动能。而当 $i=j$ 时,这一项可正可负,依赖于 $\dfrac{\partial \overline{u_i}}{\partial x_j}$ 的符号。右端第 3 项是单位质量流体、单位时间内,湍流应力所做的功。

5.4.3　湍流脉动运动动能方程

依照雷诺的做法,令

$$u_i=\overline{u_i}+u'_i,\quad p=\overline{p}+p',\quad \rho=\text{const} \tag{5.4.23}$$

并有

$$u_i u_i=(\overline{u_i}+u'_i)(\overline{u_i}+u'_i)=\overline{u_i u_i}+2\overline{u_i}u'_i+u'_i u'_i=\overline{u_i u_i}+2\overline{u_i}u'_i+q^2 \tag{5.4.24}$$

式中,$q^2=u'_i u'_i=u'^2+v'^2+w'^2$ 是湍流脉动动能的 2 倍。将上两式代回(5.4.11)式的动能方程,然后作时间平均,注意到 4.4 节的平均运算法则,可得

$$\overline{\frac{\partial}{\partial t}\frac{(\overline{u_i}+u'_i)(\overline{u_i}+u'_i)}{2}}=-\overline{\frac{\partial}{\partial x_j}\left[\left(\frac{\overline{p}+p'}{\rho}+\frac{(\overline{u_i}+u'_i)(\overline{u_i}+u'_i)}{2}\right)(\overline{u_j}+u'_j)\right]}$$

$$+\overline{\nu\frac{\partial}{\partial x_j}\left[(\overline{u_i}+u'_i)\left(\frac{\partial(\overline{u_i}+u'_i)}{\partial x_j}+\frac{\partial(\overline{u_j}+u'_j)}{\partial x_i}\right)\right]}-\overline{\nu\left(\frac{\partial(\overline{u_i}+u'_i)}{\partial x_j}+\frac{\partial(\overline{u_j}+u'_j)}{\partial x_i}\right)\frac{\partial(\overline{u_i}+u'_i)}{\partial x_j}}$$

$$\frac{\partial}{\partial t}\frac{\overline{u_i u_i}+2\overline{u_i u'_i}+\overline{u'_i u'_i}}{2}=-\frac{\partial}{\partial x_j}\left[\overline{u_j}\left(\frac{\overline{\overline{p}+p'}}{\rho}+\frac{\overline{u_i u_i}+2\overline{u_i u'_i}+\overline{u'_i u'_i}}{2}\right)\right]$$

$$-\frac{\partial}{\partial x_j}\overline{\left[u'_j\left(\frac{\overline{p}+p'}{\rho}+\frac{\overline{u_i u_i}+2\overline{u_i u'_i}+\overline{u'_i u'_i}}{2}\right)\right]}+\nu\frac{\partial}{\partial x_j}\left\{\overline{u_i}\left[\frac{\partial(\overline{u_i}+\overline{u'_i})}{\partial x_j}+\frac{\partial(\overline{u_j}+\overline{u'_j})}{\partial x_i}\right]\right\}$$

$$\to+\nu\frac{\partial}{\partial x_j}\left\{\overline{u'_i\left[\frac{\partial(\overline{u_i}+u'_i)}{\partial x_j}+\frac{\partial(\overline{u_j}+u'_j)}{\partial x_i}\right]}\right\}-\nu\left[\frac{\partial(\overline{\overline{u_i}+\overline{u'_i}})}{\partial x_j}+\frac{\partial(\overline{\overline{u_j}+\overline{u'_j}})}{\partial x_i}\right]\frac{\partial \overline{u_i}}{\partial x_j}$$

$$-\nu\overline{\left[\frac{\partial(\overline{u_i}+u'_i)}{\partial x_j}+\frac{\partial(\overline{u_j}+u'_j)}{\partial x_i}\right]\frac{\partial u'_i}{\partial x_j}}$$

$$\frac{\partial}{\partial t}\frac{\overline{u_i u_i}}{2}+\frac{\partial}{\partial t}\frac{\overline{q^2}}{2}=-\frac{\partial}{\partial x_j}\left[\overline{u_j}\left(\frac{\overline{p}}{\rho}+\frac{\overline{u_i u_i}}{2}\right)\right]-\frac{\partial}{\partial x_j}\overline{\left[u'_j\left(\frac{p'}{\rho}+\frac{q^2}{2}\right)\right]}$$

$$\to-\frac{\partial}{\partial x_i}\left(\overline{u_i}\frac{\overline{q^2}}{2}\right)+\frac{\partial}{\partial x_i}(-\overline{u'_i u'_j}\,\overline{u_i})+\nu\frac{\partial}{\partial x_j}\left[\overline{u_i}\left(\frac{\partial \overline{u_i}}{\partial x_j}+\frac{\partial \overline{u_j}}{\partial x_i}\right)\right]$$

$$+\nu\frac{\partial}{\partial x_j}\overline{\left[u'_i\left(\frac{\partial u'_i}{\partial x_j}+\frac{\partial u'_j}{\partial x_i}\right)\right]}-\nu\left(\frac{\partial \overline{u_i}}{\partial x_j}+\frac{\partial \overline{u_j}}{\partial x_i}\right)\frac{\partial \overline{u_i}}{\partial x_j}-\nu\overline{\left(\frac{\partial u'_i}{\partial x_j}+\frac{\partial u'_j}{\partial x_i}\right)\frac{\partial u'_i}{\partial x_j}} \tag{5.4.25}$$

将(5.4.25)式减去(5.4.22)式(湍流平均运动动能方程),并注意到

$$\frac{\partial}{\partial x_i}\left(\overline{u_i}\frac{\overline{q^2}}{2}\right)=\overline{u_i}\frac{\partial}{\partial x_i}\frac{\overline{q^2}}{2}+\frac{\overline{q^2}}{2}\frac{\partial \overline{u_i}}{\partial x_i}=\overline{u_i}\frac{\partial}{\partial x_i}\frac{\overline{q^2}}{2} \tag{5.4.26}$$

即得湍流脉动运动的动能方程

$$\frac{\partial}{\partial t}\frac{\overline{q^2}}{2}+\overline{u_j}\frac{\partial}{\partial x_j}\frac{\overline{q^2}}{2}=-\frac{\partial}{\partial x_j}\overline{\left[u'_j\left(\frac{p'}{\rho}+\frac{q^2}{2}\right)\right]}-\overline{u'_i u'_j}\frac{\partial \overline{u_i}}{\partial x_j}$$

$$+\nu\frac{\partial}{\partial x_j}\overline{\left[u'_i\left(\frac{\partial u'_i}{\partial x_j}+\frac{\partial u'_j}{\partial x_i}\right)\right]}-\nu\overline{\left(\frac{\partial u'_i}{\partial x_j}+\frac{\partial u'_j}{\partial x_i}\right)\frac{\partial u'_i}{\partial x_j}} \tag{5.4.27}$$

分量式(上标的数字表示第几项)为

$$\frac{\partial}{\partial t}\frac{\overline{q^2}}{2}^{(1)}+\overline{u}\frac{\partial}{\partial x}\frac{\overline{q^2}}{2}^{(2)}+\overline{v}\frac{\partial}{\partial y}\frac{\overline{q^2}}{2}^{(2)}+\overline{w}\frac{\partial}{\partial z}\frac{\overline{q^2}}{2}^{(2)}=-\frac{\partial}{\partial x}\overline{\left[u'\left(\frac{p'}{\rho}+\frac{q^2}{2}\right)\right]}^{(1)}$$

$$-\frac{\partial}{\partial y}\overline{\left[v'\left(\frac{p'}{\rho}+\frac{q^2}{2}\right)\right]}^{(1)}-\frac{\partial}{\partial z}\overline{\left[w'\left(\frac{p'}{\rho}+\frac{q^2}{2}\right)\right]}^{(1)}-\overline{u'^2}\frac{\partial\overline{u}}{\partial x}^{(2)}-\overline{u'v}\frac{\partial\overline{u}}{\partial y}^{(2)}-\overline{u'w}\frac{\partial\overline{u}}{\partial z}^{(2)}$$

$$-\overline{v'u}\frac{\partial\overline{v}}{\partial x}^{(2)}-\overline{v'^2}\frac{\partial\overline{v}}{\partial y}^{(2)}-\overline{v'w}\frac{\partial\overline{v}}{\partial z}^{(2)}$$

$$-\overline{w'u}\frac{\partial\overline{w}}{\partial x}^{(2)}-\overline{w'v}\frac{\partial\overline{w}}{\partial y}^{(2)}-\overline{w'^2}\frac{\partial\overline{w}}{\partial z}^{(2)}+\nu\left\{\frac{\partial}{\partial x}\overline{\left(2u'\frac{\partial u'}{\partial x}\right)}+\frac{\partial}{\partial y}\overline{\left[u'\left(\frac{\partial u'}{\partial y}+\frac{\partial v'}{\partial x}\right)\right]}\right.$$

$$+\frac{\partial}{\partial z}\overline{\left[u'\left(\frac{\partial u'}{\partial z}+\frac{\partial w'}{\partial x}\right)\right]}+\frac{\partial}{\partial x}\overline{\left[v'\left(\frac{\partial u'}{\partial y}+\frac{\partial v'}{\partial x}\right)\right]}+\frac{\partial}{\partial y}\overline{\left(2v'\frac{\partial v'}{\partial y}\right)}+\frac{\partial}{\partial z}\overline{\left[v'\left(\frac{\partial v'}{\partial z}+\frac{\partial w'}{\partial y}\right)\right]}$$

$$+\frac{\partial}{\partial x}\overline{\left[w'\left(\frac{\partial u'}{\partial z}+\frac{\partial w'}{\partial x}\right)\right]}+\frac{\partial}{\partial y}\overline{\left[w'\left(\frac{\partial v'}{\partial z}+\frac{\partial w'}{\partial y}\right)\right]}+\frac{\partial}{\partial z}\overline{\left(2w'\frac{\partial w'}{\partial z}\right)}\right\}^{(3)}$$

$$-\nu\left\{\overline{2\left(\frac{\partial u'}{\partial x}\right)^2}+\overline{\left(\frac{\partial u'}{\partial y}+\frac{\partial v'}{\partial x}\right)\frac{\partial u}{\partial y}}+\overline{\left(\frac{\partial u'}{\partial z}+\frac{\partial w'}{\partial x}\right)\frac{\partial u}{\partial z}}+\overline{\left(\frac{\partial v'}{\partial y}+\frac{\partial u'}{\partial y}\right)\frac{\partial v'}{\partial x}}+\overline{2\left(\frac{\partial v'}{\partial y}\right)^2}\right.$$

$$+\overline{\left(\frac{\partial v'}{\partial z}+\frac{\partial w'}{\partial y}\right)\frac{\partial v'}{\partial z}}+\overline{\left(\frac{\partial w'}{\partial x}+\frac{\partial u'}{\partial z}\right)\frac{\partial w'}{\partial x}}+\overline{\left(\frac{\partial w'}{\partial y}+\frac{\partial v'}{\partial y}\right)\frac{\partial w'}{\partial y}}+\overline{2\left(\frac{\partial w'}{\partial z}\right)^2}\right\}^{(4)}$$

式中各项意义解释如下:方程左端代表单位质量流体、单位时间内湍流动能的随体变化,其中第 1 项是湍流动能的局地变化,第 2 项是平均运动对湍流动能的对流传输。右端第 1 项代表单位质量流体、单位时间内(下同)湍流机械能(湍流动能＋湍流压力能)被湍流运动引起的扩散。右端第 2 项代表湍流应力对平均运动的变形功;$i\neq j$ 时它是正的,代表平均运动传递至湍流运动的能量,故它称为湍能生成项。右端第 3 项是湍流运动中黏性切应力所做的功。右端第 4 项代表湍流运动引起的黏性耗散;这一项通常称为耗散项,记作

$$\varepsilon_{ij}=\nu\overline{\left(\frac{\partial u'_i}{\partial x_j}+\frac{\partial u'_j}{\partial x_i}\right)\frac{\partial u'_i}{\partial x_j}} \tag{5.4.28}$$

对于均匀湍流,因为各湍流统计与空间坐标无关,故湍流动能方程(5.4.27)式变成

$$\frac{\partial}{\partial t}\frac{\overline{q^2}}{2}=-\overline{u'_i u'_j}\frac{\partial\overline{u_i}}{\partial x_j}-\varepsilon_{ij} \tag{5.4.29}$$

上式意味着,对均匀湍流而言,湍流动能的生成与耗散的差等于局地湍流动能的增加。若湍流是均匀且平稳的,即各湍流统计量也不随时间而变化,则有

$$-\overline{u'_i u'_j}\frac{\partial\overline{u_i}}{\partial x_j}=\varepsilon_{ij} \tag{5.4.30}$$

(5.4.29)式意味着,对于空间上均匀、时间上平稳的湍流,湍流动能的局地生成即等于它的局地耗散,这时称湍流处于"湍能局地平衡"状态。

　　汤森(Townsend,1957)指出,在平板边界层的湍流内层区域,湍能生成项和耗散项要比湍能方程中其他几项大得多,且二者约略相等,湍能局地平衡状态近似成立。一般来说,只要保证边界层流动的径向压力梯度为零: $-\frac{\partial p}{\partial x}=0$,而且壁面粗糙元素分布均匀,则在湍流内层中就存在着这种湍能局地平衡状态。

　　从湍能方程出发,我们还可以对雷诺数 $Re=\frac{UL}{\nu}$ 作为圆管或边界层流动从层流向湍流转化的判据的意义作出更清晰的说明。当流场中湍能的产生大于其耗散时,湍流运动才能发展

成功,即要求比值

$$\lambda = \frac{\iiint\limits_{V}\left(-\overline{u'_i u'_j}\,\dfrac{\partial \overline{u_i}}{\partial x_j}\right)\rho\,\mathrm{d}\tau}{\nu\iiint\limits_{V}\overline{\left(\dfrac{\partial u'_i}{\partial x_j}+\dfrac{\partial u'_j}{\partial x_i}\right)\dfrac{\partial u'_i}{\partial x_j}}\rho\,\mathrm{d}\tau} > 1 \tag{5.4.31}$$

将上式中分子、分母中的被积函数用特征速度 U、特征长度 L 无量纲化后,得到

$$\lambda = \frac{UL}{\nu}\cdot\frac{\iiint\limits_{V}E^*\,\mathrm{d}\tau}{\iiint\limits_{V}\varepsilon^*\,\mathrm{d}\tau} > 1 \tag{5.4.32}$$

式中,E^* 和 ε^* 分别代表无量纲的湍能生成项和耗散项。故湍流得以发展的条件可简化为

$$Re = \frac{UL}{\nu} > Re_c = \frac{\iiint\limits_{V}\varepsilon^*\,\mathrm{d}\tau}{\iiint\limits_{V}E^*\,\mathrm{d}\tau} \tag{5.4.33}$$

即要求雷诺数 Re 必须大于临界雷诺数 Re_c,而且(5.4.33)式指出,雷诺数的物理意义是:它是流场中湍流动能的生成速率与耗散速率之比。应指出,依(5.4.33)式得到的临界雷诺数 Re_c 的数值通常小于实验测得的数值。

5.4.4　边界层内湍流能量的平衡

图 5.13 是在水力学光滑平板湍流边界层内测量的湍能方程(5.4.27)式中各项的分布情况。由图 5.13 可见,在湍流内层($z/\delta<0.2$),对流项和扩散项相对很小,相比之下,生成项和耗散项要大得多,且近似相等。故在平板湍流边界层的湍流内层,湍流是近似地处于湍能局地平衡状态的。

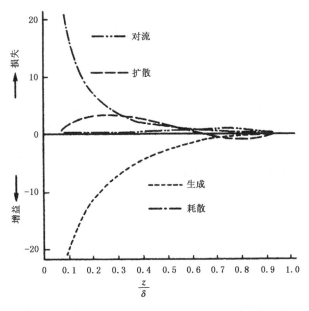

图 5.13　边界层内湍流能量的平衡

汤森(Townsend,1957)进一步指出,经常用于湍流边界层内层的一些假定,诸如普朗特的混合长假定、内层为常应力层的假定、对数律的速度剖面以及在下面 5.5 节所述通过实验验证的一些规律,都必须以湍能局地平衡状态(近似的)为前提。若湍能局地平衡状态被破坏,则上述规律均不再成立。例如,汤森推导出,在湍能局地平衡状态之下,湍流边界层的内层中,湍流切应力与湍能的比应为常数,即

$$\frac{-\overline{u'w'}}{\overline{q^2}} = \text{const} \tag{5.4.34}$$

实验的结果非常令人鼓舞:几乎横跨整个湍流边界层,(5.4.34)式均告成立,且测得该常数等于 0.15(见下面 5.5 节的图 5.14)。甚至,在非湍能局地平衡态的湍流边界层中也仍然可以观测到上述规律的成立!(5.4.34)式在湍流高阶闭合方案和大气湍流的理论处理中起着非常重要的作用。

5.5　边界层湍流的统计特征(实验规律)

本节介绍实验测得的光滑平板湍流边界层的一些统计特征量——湍流间歇因子、雷诺应力各分量、湍流动能以及湍流交换系数等的廓线。这些廓线将使我们对平板边界层的湍流结构有较为明晰的物理图像。

5.5.1　间歇因子

只有在湍流内层中才有严格意义的连续湍流。通常在边界层厚度的外侧 70% 的范围内湍流都是间歇的。如图 5.14 所示的瞬时风速的记录,我们定义湍流时间 T_t 与总时间 T 的比为间歇因子 Ω

$$\Omega = \frac{T_{t1} + T_{t2} + T_{t3}}{T} \tag{5.5.1}$$

当边界层各湍流量的测量值作间歇因子修正(即乘以 $\frac{1}{\Omega}$ 时),它往往可以表现出湍流的"局地各向同性"性质,从而边界层湍流与自由剪切湍流的规律表现出相似性。所谓局地各向同性,即是当雷诺数充分大的时候,湍流中较小尺度的涡旋的性质与坐标方向无关。图 5.15 是光滑平板湍流边界层的间歇因子的测量结果,它表现出一种高斯(Gauss)型的分布。

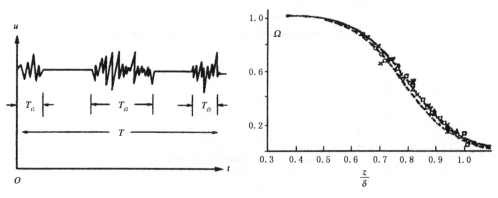

图 5.14　湍流的间歇　　　　　　　　　　图 5.15　间歇因子

5.5.2　雷诺应力及涡黏性系数

图 5.16 是零压力梯度、水力学光滑的平板湍流边界层内的 3 个相对湍流强度分量 $\dfrac{\sqrt{\overline{u'^2}}}{U}$，

$\dfrac{\sqrt{\overline{v'^2}}}{U}$ 和 $\dfrac{\sqrt{\overline{w'^2}}}{U}$ 的曲线。它们表现出边界层湍流结构的一个普遍特点，即在边界层主要内部区域中，有

$$\sqrt{\overline{w'^2}} < \sqrt{\overline{v'^2}} < \sqrt{\overline{u'^2}} \tag{5.5.2}$$

这充分显示出，固壁附近的湍流是各向异性的。其次，应当指出，在相同的雷诺数 Re_δ 情况下，对水力学粗糙的平板湍流边界层的测量得出定性上完全相同的结果，但 $\dfrac{\sqrt{\overline{u'^2}}}{U}$，$\dfrac{\sqrt{\overline{v'^2}}}{U}$ 和 $\dfrac{\sqrt{\overline{w'^2}}}{U}$ 的数值较之光滑平板均有相应增大。

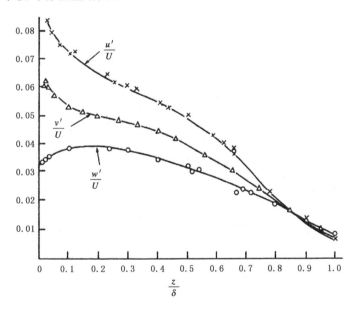

图 5.16　三个湍流强度分量

图 5.17 为光滑平板湍流边界层壁区内的湍流剪切应力 $-\overline{u'w'}$ 的廓线。由图 5.17 可见，在黏性次层（$z/\delta < 0.01$），湍流剪切应力 $-\overline{u'w'}$ 与到壁面的距离 z 大致成线性关系。而在湍流内层（忽略过渡层，$0.01 < z/\delta < 0.2$），剪切应力 $-\overline{u'w'}$ 大致等于常数：$-\overline{u'w'} = \text{const}$，而且有 $\dfrac{-\overline{u'w'}}{u_*^2} \approx 1$。

图 5.18 中，偏上面一根曲线为横跨整个光滑平板湍流边界层的湍流切应力廓线。若经过间歇效应修正，则在湍流外层的 $\dfrac{-\overline{u'w'}}{\Omega u_*^2}$ 是随 $\dfrac{z}{\delta}$ 线性下降的。下面一根曲线是湍流动能（实为湍流动能的 2 倍）$\overline{q^2} = \overline{u'^2} + \overline{v'^2} + \overline{w'^2}$ 横跨整个光滑平板湍流边界层的分布。由图 5.18 可见，它随距离 z/δ 的增大而减小，在边界层的上界处减小为零。

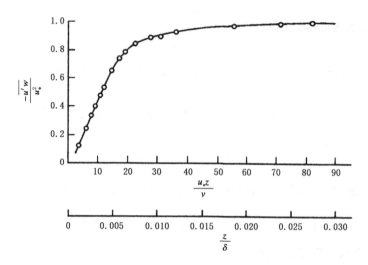

图 5.17　壁区内的湍流剪切应力

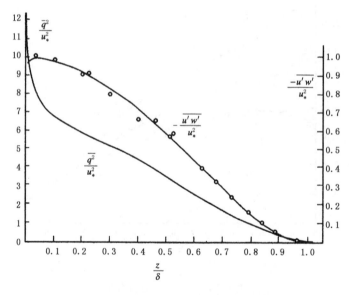

图 5.18　湍流剪切应力廓线和湍流能量廓线

图 5.19 是湍流切应力与湍流动能之比 $\dfrac{-\overline{u'w'}}{\overline{q^2}}$ 的曲线。它表明,除了紧贴壁面及紧贴边界层外边界处,几乎整个边界层内均有 $\dfrac{-\overline{u'w'}}{\overline{q^2}}=$ const,该值约为 0.15。这是由汤森的湍能局地平衡理论推出的有关平板湍流边界层的一条非常重要的性质,并在广泛的条件下得到了实验的证实。它在湍流理论的许多方面——例如湍流的高阶闭合方案中——都起着重要的作用。

图 5.20 是横跨整个边界层的涡黏性系数(湍流交换系数)K_m 的分布。由图 5.20 可见,在湍流内层($\dfrac{z}{\delta}<0.2$),普朗特假设的混合长关系 $l \propto z$(即 $K_m \propto z$)是正确的。若经过间歇修正,则内层以外直至边界层的上界,得到涡黏性系数关系 $\dfrac{K_m}{\Omega u_* \delta}=$ const。

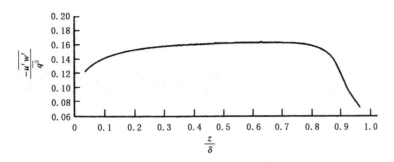

图 5.19　湍流剪切应力与湍流能量之比

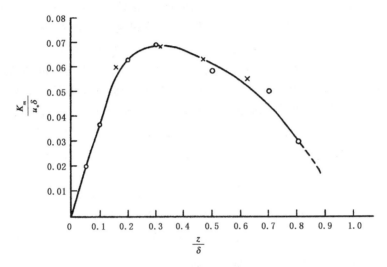

图 5.20　湍流交换系数廓线

第 6 章　　湍流扩散与低层大气中的质量迁移

6.1　被动标量的输运与对流扩散方程

环境流体力学的重要内容之一,是研究污染物的排放、传输与扩散。对于空气中的气态污染物或气溶胶粒子,可以忽略它们对空气的反作用,而看作仅仅是被空气所携带。本章即是讨论这样一个被动标量 γ 的输运过程。γ 通常是温度 T 或污染物质的含量(浓度)c。所谓被动标量通常应具有以下两方面的含义:1)被动性,即标量 γ 的存在与变化对流动的速度场无影响;2)跟随性,即标量 γ 不与携带它的流体微团分离。例如,若标量 γ 即是污染物浓度 c,这意味着污染物无惯性,且与捎带它的流体微团无相对运动。显然,上述两条假设是近似的。温度 T 或污染物浓度 c 都要影响到流体的密度,造成正的或负的浮力或阻力。跟随性的要求更是与流动的湍流涡旋结构的概念相抵触。然而,在通常的精度范围内,该两条假设都是可以接受的。

输运过程可简化为由平均运动的(沿流动方向的)对流传输和湍流运动的(向各个方向的)扩散两种机制所构成。这二者在下面要推导的对流扩散方程中用不同的项来表达。

依照分子扩散的梯度传输机制,假定穿过某一控制面的标量 γ 的通量与沿该平面法线方向该标量的梯度 $-\dfrac{\partial \gamma}{\partial n}$ 成正比,负号表示扩散的方向沿 γ 减小的方向。考虑一个体积为 τ、表面积为 s 的流体微团,其中标量 γ 的随体导数应等于边界面上 γ 的扩散的负值(不考虑标量的产生及消灭),即

$$\frac{\mathrm{d}}{\mathrm{d}t}\int_{\tau}\gamma\mathrm{d}\tau=-\int_{s}\left(-k\frac{\partial \gamma}{\partial n}\right)\mathrm{d}s \tag{6.1.1}$$

式中,k 为分子输运(传热或质量交换)系数。将左端微商与积分交换次序,右端用奥高公式$\left(\int_{s}\boldsymbol{A}\cdot\mathrm{d}s=\int_{s}(\boldsymbol{A}\cdot n)\mathrm{d}s=\int_{s}(n\cdot\boldsymbol{A})\mathrm{d}s=\int_{\tau}\mathrm{div}\boldsymbol{A}\mathrm{d}\tau=\int_{\tau}\nabla\cdot\boldsymbol{A}\mathrm{d}\tau\right)$,则(6.1.1)式变成

$$\int_{\tau}\frac{\mathrm{d}\gamma}{\mathrm{d}t}\mathrm{d}\tau=\int_{\tau}\nabla\cdot\left(k\frac{\partial \gamma}{\partial n}\right)\mathrm{d}\tau \tag{6.1.2}$$

因为两端的积分体积 τ 相同且是任意的,故上式中应去掉积分号得 $\dfrac{\mathrm{d}\gamma}{\mathrm{d}t}=\nabla\cdot\left(k\dfrac{\partial \gamma}{\partial n}\right)$。将左端的随体导数 $\dfrac{\mathrm{d}\gamma}{\mathrm{d}t}$ 展开成局地导数和位变导数之和,即得描写分子输运(扩散)过程的对流扩散方程

$$\frac{\partial \gamma}{\partial t}+u\frac{\partial \gamma}{\partial x}+v\frac{\partial \gamma}{\partial y}+w\frac{\partial \gamma}{\partial z}=\frac{\partial}{\partial x}\left(k\frac{\partial \gamma}{\partial x}\right)+\frac{\partial}{\partial y}\left(k\frac{\partial \gamma}{\partial y}\right)+\frac{\partial}{\partial z}\left(k\frac{\partial \gamma}{\partial z}\right) \tag{6.1.3}$$

将湍流扩散过程类比于分子扩散过程,即假定扩散方程(6.1.3)式也可用于描述湍流扩散,则

首先应对其进行平均化运算,即令 $\gamma=\bar{\gamma}+\gamma'$,$u=\bar{u}+u'$,$v=\bar{v}+v'$,$w=\bar{w}+w'$,并将其代回 (6.1.3)式进行平均化运算。运算中考虑到第 4.4 节中的平均化运算法则,并设不可压缩流体的连续性方程成立,即

$$\frac{\partial u}{\partial x}+\frac{\partial v}{\partial y}+\frac{\partial w}{\partial z}=0 \quad \rightarrow \quad \gamma\frac{\partial u}{\partial x}+\gamma\frac{\partial v}{\partial y}+\gamma\frac{\partial w}{\partial z}=0 \tag{6.1.4}$$

最后,得到所谓的湍流扩散方程

$$\frac{\partial\gamma}{\partial t}+u\frac{\partial\gamma}{\partial x}+\gamma\frac{\partial u}{\partial x}+v\frac{\partial\gamma}{\partial y}+\gamma\frac{\partial v}{\partial y}+w\frac{\partial\gamma}{\partial z}+\gamma\frac{\partial w}{\partial z}=\frac{\partial}{\partial x}\left(k\frac{\partial\gamma}{\partial x}\right)+\frac{\partial}{\partial y}\left(k\frac{\partial\gamma}{\partial y}\right)+\frac{\partial}{\partial z}\left(k\frac{\partial\gamma}{\partial z}\right)$$

$$\frac{\partial\gamma}{\partial t}+\frac{\partial(u\gamma)}{\partial x}+\frac{\partial(v\gamma)}{\partial y}+\frac{\partial(w\gamma)}{\partial z}=\frac{\partial}{\partial x}\left(k\frac{\partial\gamma}{\partial x}\right)+\frac{\partial}{\partial y}\left(k\frac{\partial\gamma}{\partial y}\right)+\frac{\partial}{\partial z}\left(k\frac{\partial\gamma}{\partial z}\right)$$

$$\rightarrow \quad \overline{\frac{\partial(\bar{\gamma}+\gamma')}{\partial t}+\frac{\partial[(\bar{u}+u')(\bar{\gamma}+\gamma')]}{\partial x}+\frac{\partial[(\bar{v}+v')(\bar{\gamma}+\gamma')]}{\partial y}+\frac{\partial[(\bar{w}+w')(\bar{\gamma}+\gamma')]}{\partial z}}$$

$$=\overline{\frac{\partial}{\partial x}\left[k\frac{\partial(\bar{\gamma}+\gamma')}{\partial x}\right]+\frac{\partial}{\partial y}\left[k\frac{\partial(\bar{\gamma}+\gamma')}{\partial y}\right]+\frac{\partial}{\partial z}\left[k\frac{\partial(\bar{\gamma}+\gamma')}{\partial z}\right]}$$

$$\rightarrow \quad \frac{\partial(\bar{\bar{\gamma}}+\bar{\gamma'})}{\partial t}+\frac{\partial(\bar{u}\cdot\bar{\gamma}+\bar{\bar{\gamma}}\cdot\bar{u'}+\bar{u}\cdot\bar{\gamma'}+\overline{u'\cdot\gamma'})}{\partial x}+\frac{\partial(\bar{v}\cdot\bar{\gamma}+\bar{\bar{\gamma}}\cdot\bar{v'}+\bar{v}\cdot\bar{\gamma'}+\overline{v'\cdot\gamma'})}{\partial y}$$

$$+\frac{\partial(\bar{w}\cdot\bar{\gamma}+\bar{\bar{\gamma}}\cdot\bar{w'}+\bar{w}\cdot\bar{\gamma'}+\overline{w'\cdot\gamma'})}{\partial z}=\frac{\partial}{\partial x}\left[k\frac{\partial(\bar{\bar{\gamma}}+\bar{\gamma'})}{\partial x}\right]+\frac{\partial}{\partial y}\left[k\frac{\partial(\bar{\bar{\gamma}}+\bar{\gamma'})}{\partial x}\right]$$

$$+\frac{\partial}{\partial z}\left[k\frac{\partial(\bar{\bar{\gamma}}+\bar{\gamma'})}{\partial x}\right]$$

$$\frac{\partial\bar{\gamma}}{\partial t}+\frac{\partial(\bar{u}\cdot\bar{\gamma}+\overline{u'\cdot\gamma'})}{\partial x}+\frac{\partial(\bar{v}\cdot\bar{\gamma}+\overline{v'\cdot\gamma'})}{\partial y}+\frac{\partial(\bar{w}\cdot\bar{\gamma}+\overline{w'\cdot\gamma'})}{\partial z}$$

$$\rightarrow \quad =\frac{\partial}{\partial x}\left(k\frac{\partial\bar{\gamma}}{\partial x}\right)+\frac{\partial}{\partial y}\left(k\frac{\partial\bar{\gamma}}{\partial y}\right)+\frac{\partial}{\partial z}\left(k\frac{\partial\bar{\gamma}}{\partial z}\right)$$

$$\frac{\partial\bar{\gamma}}{\partial t}+\bar{u}\frac{\partial\bar{\gamma}}{\partial x}+\frac{\partial\overline{u'\gamma'}}{\partial x}+\bar{v}\frac{\partial\bar{\gamma}}{\partial y}+\frac{\partial\overline{v'\gamma'}}{\partial y}+\bar{w}\frac{\partial\bar{\gamma}}{\partial z}+\frac{\partial\overline{w'\gamma'}}{\partial z}$$

$$\rightarrow \quad +\bar{\gamma}\frac{\partial\bar{u}}{\partial x}+\bar{\gamma}\frac{\partial\bar{v}}{\partial y}+\bar{\gamma}\frac{\partial\bar{w}}{\partial z}=\frac{\partial}{\partial x}\left(k\frac{\partial\bar{\gamma}}{\partial x}\right)+\frac{\partial}{\partial y}\left(k\frac{\partial\bar{\gamma}}{\partial y}\right)+\frac{\partial}{\partial z}\left(k\frac{\partial\bar{\gamma}}{\partial z}\right)$$

$$\frac{\partial\bar{\gamma}}{\partial t}+\bar{u}\frac{\partial\bar{\gamma}}{\partial x}+\bar{v}\frac{\partial\bar{\gamma}}{\partial y}+\bar{w}\frac{\partial\bar{\gamma}}{\partial z}+\frac{\partial\overline{u'\gamma'}}{\partial x}+\frac{\partial\overline{v'\gamma'}}{\partial y}+\frac{\partial\overline{w'\gamma'}}{\partial z}$$

$$\rightarrow \quad =\frac{\partial}{\partial x}\left(k\frac{\partial\bar{\gamma}}{\partial x}\right)+\frac{\partial}{\partial y}\left(k\frac{\partial\bar{\gamma}}{\partial y}\right)+\frac{\partial}{\partial z}\left(k\frac{\partial\bar{\gamma}}{\partial z}\right) \tag{6.1.5}$$

上式左端最后三项是湍流扩散项,它们比方程右端相应的三项分子扩散项大得多,故后者可以忽略掉。通常将标量 γ 的湍流通量 $-\overline{u'\gamma'}$,$-\overline{v'\gamma'}$ 和 $-\overline{w'\gamma'}$ 类比于分子扩散通量,即假设涡旋输运系数(又称为湍流扩散系数)K_r 存在,且有

$$-\overline{u'\gamma'}=K_x\frac{\partial\bar{\gamma}}{\partial x}, \quad -\overline{v'\gamma'}=K_y\frac{\partial\bar{\gamma}}{\partial y}, \quad -\overline{w'\gamma'}=K_z\frac{\partial\bar{\gamma}}{\partial z} \tag{6.1.6}$$

湍流扩散参数 K_r 为一个二阶对称张量,但通常忽略非对角线分量,只考虑 3 个主对角线分量 K_x,K_y 和 K_z。这样我们就得到了描述湍流输运过程的对流扩散方程

$$\frac{\partial\bar{\gamma}}{\partial t}+\bar{u}\frac{\partial\bar{\gamma}}{\partial x}+\bar{v}\frac{\partial\bar{\gamma}}{\partial y}+\bar{w}\frac{\partial\bar{\gamma}}{\partial z}=\frac{\partial}{\partial x}\left(k_x\frac{\partial\bar{\gamma}}{\partial x}\right)+\frac{\partial}{\partial y}\left(k_y\frac{\partial\bar{\gamma}}{\partial y}\right)+\frac{\partial}{\partial z}\left(k_z\frac{\partial\bar{\gamma}}{\partial z}\right) \tag{6.1.7}$$

方程左端第 1 项代表标量 $\bar{\gamma}$ 的局地导数,其他 3 项是标量 $\bar{\gamma}$ 的位变导数,是表示平均运动对标

量的对流传输。右端 3 项表示 3 个方向上的湍流扩散。系数 K_x,K_y 和 K_z 对于不同的标量 γ 而有不同;而且它们不是常数(不仅仅是流体的物理性质),而是流动的湍流结构的函数。相比之下,(6.1.3)式中的分子扩散系数 k 是由流体的物理性质决定的常数。于是我们在这里又遇到了湍流的根本困难,即在平均化运算过程中由方程的非线性项产生的不封闭问题。

6.2 质量浓度输运的 K 模式

对流扩散方程(6.1.7)式常用来计算污染物浓度 c 的空间分布。这时,首先要做的就是对湍流扩散参数 K_x,K_y 和 K_z 在地面附近的分布给出确定的函数形式。应当指出,于水平方向的湍流扩散系数 K_x 和 K_y,除了它们大于垂直方向的湍流扩散系数 K_z 之外,我们几乎是一无所知。至于垂直方向的湍流扩散系数我们实际上是按照普朗特的混合长理论,假设 K_z 随高度 z 的变化与湍流交换系数 K_m 在边界层中随离壁面距离 z 的变化一致。再有了平均速度 $\bar{u}$,$\bar{v}$ 和 $\bar{w}$ 的空间分布及适当边界条件之后,即可对方程(6.1.7)求数值解,就是通常所谓的 K **模式(梯度传输模式)**。该方程在较简单的情况下的解析解已经被前人充分讨论过,这里只介绍几个简单的结果,以期读者能由此对于被动标量在低层大气中的分布特点有一定的了解(从本节下面开始去掉平均量上方的横杠)。

6.2.1 湍流扩散参数

虽然我们有了对流扩散方程(6.1.7)式来计算污染物浓度的空间分布,但是我们并不清楚湍流扩散参数 K_x,K_y,K_z 和 K_θ(热量的垂直扩散参数,因为在大气扩散中,温度对污染物的扩散也起了相当重要的作用)准确的函数形式,尤其是水平扩散参数 K_x 和 K_y。所以我们先介绍这些湍流扩散参数的计算方法。

1)垂直扩散参数

对于垂直扩散参数 K_z 就有近百种形式,最常用的几种形式介绍如下。

①**常数形式**——从地面到边界层顶为一常数,即 $K_z = K_\theta = \mathrm{const}$。

②**线性递减形式**——随高度的增加而线性减小,直至边界层顶为零。

③**指数形式**——随高度呈指数变化。

例如污染气象学中常用的是 Shir 和 Shieh 的修正形式

$$K_V(z) = K_V(z_1)\frac{z}{z_1}\exp\left[-\frac{\rho(z-z_1)}{h}\right] \tag{6.2.1}$$

式中,z_1 为地面风测站的高度(一般取 10m),h 为边界层厚度,$K_V(z_1)$ 和 ρ 的数值由大气稳定度分类决定(表 6.1)。

表 6.1 各稳定度下 $K_V(z_1)$ 和 ρ 的数值

Pasquill 稳定度分类	$K_V(z_1)$(m^2/s)	ρ	Pasquill 稳定度分类	$K_V(z_1)$(m^2/s)	ρ
A(极不稳定)	45.0	6	D(中性)	2.0	4
B(不稳定)	15.0	6	E(稳定)	0.4	2
C(稍不稳定)	6.0	4	F(极稳定)	0.2	2

④**局地扩散参数**

在稳定大气边界层中,Blackadar 建议采用以下形式的扩散参数

$$K_z = K_\theta = \begin{cases} \dfrac{1.1}{Ri_c}(Ri_c - Ri)l^2 \dfrac{\partial}{\partial z}\left[(u^2+v^2)^{\frac{1}{2}}\right] & Ri \leqslant Ri_c \\ 0 & Ri > Ri_c \end{cases} \tag{6.2.2}$$

式中,l 为混合长

$$l = \begin{cases} 0.35z & z < 200\text{m} \\ 70 & z \geqslant 200\text{m} \end{cases} \tag{6.2.3}$$

式中,Ri 为里查森(Richardson)数,是一个非常重要的无量纲参数,它反映了气块反抗浮力做功的动能消耗与平均动能转化为湍流能量的产生率之比

$$Ri = \frac{\dfrac{g}{\theta} \cdot \dfrac{\partial \theta}{\partial z}}{\left(\dfrac{\partial u}{\partial z}\right)^2 + \left(\dfrac{\partial v}{\partial z}\right)^2} \tag{6.2.4}$$

式中,θ 为温度。当 $Ri > 0$ 时,为稳定层结;当 $Ri < 0$ 时,为不稳定层结;当 $Ri = 0$ 时,为中性层结;$Ri_c = 0.25$ 为临界里查森数。

⑤**布辛格(Businger)-奥布恩(O'Brien)廊线形式的垂直扩散参数**

在近地面层,布辛格根据相似性理论得出

$$K_\theta = \frac{\kappa u_* z}{\varphi_2} \tag{6.2.5}$$

$$K_z = \frac{\kappa u_* z}{\varphi_1} \tag{6.2.6}$$

式中,$\kappa = 0.4$ 为冯·卡曼常数,φ_1 和 φ_2 分别为风速与标量(温度或污染物浓度)的廊线函数,它们的形式为

$$\varphi_1 = \frac{\kappa z}{u_*}\frac{\partial}{\partial z}\left[(u^2+v^2)^{\frac{1}{2}}\right] = \begin{cases} \left(1-15\dfrac{z}{L}\right)^{-\frac{1}{4}} & \dfrac{z}{L} \leqslant 0 \\ 1+4.7\dfrac{z}{L} & \dfrac{z}{L} > 0 \end{cases} \tag{6.2.7}$$

$$\varphi_2 = \frac{\kappa z}{\theta_*}\frac{\partial \theta}{\partial z} = \frac{\kappa z}{c_*}\frac{\partial c}{\partial z} = \begin{cases} 0.74\left(1-9\dfrac{z}{L}\right)^{-\frac{1}{2}} & \dfrac{z}{L} \leqslant 0 \\ 0.74+4.7\dfrac{z}{L} & \dfrac{z}{L} > 0 \end{cases} \tag{6.2.8}$$

式中,c 为污染物浓度,z 为高度,u_* 为摩擦速度,θ_* 和 c_* 分别为特征位温和特征浓度,它们的形式为

$$u_* = \frac{\kappa(u^2+v^2)^{\frac{1}{2}}}{\ln\left(\dfrac{z}{z_0}\right) - \psi_1\left(\dfrac{z}{L}\right)} \tag{6.2.9}$$

$$\theta_* = \frac{\kappa(\theta - \theta_0)}{0.74\left[\ln\left(\dfrac{z}{z_0}\right) - \psi_2\left(\dfrac{z}{L}\right)\right]} \tag{6.2.10}$$

$$c_* = \frac{\kappa(c - c_0)}{0.74\left[\ln\left(\dfrac{z}{z_0}\right) - \psi_2\left(\dfrac{z}{L}\right)\right]} \tag{6.2.11}$$

式中,θ_0 和 c_0 分别为 $z=z_0$ 处的位温和浓度。ψ_1 和 ψ_2 的函数形式为

$$\psi_1\left(\frac{z}{L}\right)=\begin{cases}2\ln\left(\frac{1+\varphi_1^{-1}}{2}\right)+\ln\left(\frac{1+\varphi_1^{-2}}{2}\right)-2\tan^{-1}(\varphi_1^{-1})+\dfrac{\pi}{2} & \dfrac{z}{L}\leqslant 0\\[2mm]-4.7\dfrac{z}{L} & \dfrac{z}{L}>0\end{cases} \quad (6.2.12)$$

$$\psi_2\left(\frac{z}{L}\right)=\begin{cases}2\ln\left(\frac{1+0.47\varphi_2^{-1}}{2}\right) & \dfrac{z}{L}\leqslant 0\\[2mm]-6.35\dfrac{z}{L} & \dfrac{z}{L}>0\end{cases} \quad (6.2.13)$$

在这里我们又得到一个非常重要的边界层参数——莫宁-奥布霍夫(Monin-Obukhov)长度 L

$$L=-\frac{\bar{\theta}u_*^3}{\kappa g\,\overline{w'\theta'}}=\frac{\bar{\theta}u_*^2}{\kappa g\theta_*} \quad (6.2.14)$$

其物理意义为:在高度 L 处浮力产生的湍流能量开始超过剪切应力产生的湍流能量。它也是区分稳定度的一个参数,即当 $L<0$ 时,为不稳定层结;当 $L>0$ 时,为稳定层结;当 $L=\infty$ 时,为中性层结。

计算方法:

(1)根据近地面层高度 $z=h_s$ 处的风速 u_s,v_s 和位温 θ_s,以及地面 $z=z_0$ 处的位温 θ_0,并设 $\psi_1=\psi_2=0$,将它们代入(6.2.9)和(6.2.10)式,求出 u_*,θ_*。

(2)将 u_* 和 θ_* 代入(6.2.14)式求出 L。

(3)然后将 z/L 代入(6.2.9)和(6.2.10)式求出 φ_1 和 φ_2。

(4)将 φ_1 和 φ_2 代入(6.2.12)和(6.2.13)式求出 ψ_1 和 ψ_2。

(5)将 ψ_1 和 ψ_2 再代回(6.2.9)和(6.2.10)式,求出新的 u_* 和 θ_*。

(6)从第(2)步开始,依次顺序,反复迭代直到满足给定的 u_* 和 θ_* 的精度要求为止。

(7)最后将 u_*,θ_*,φ_1 和 φ_2 代回(6.2.5)和(6.2.6)式,求出 K_z 和 K_θ。

通常迭代四、五步就可以达到精度要求。

对于近地面层之上的垂直扩散参数廓线,奥布恩提出的形式为

$$K(z)=K_h+\left(\frac{h-z}{h-h_s}\right)^2\left[K_{hs}-K_h+(z-h_s)\left(\frac{\partial K}{\partial z}\Big|_{h_s}+2\frac{K_{hs}-K_h}{h-h_s}\right)\right] \quad (6.2.15)$$

式中,$K(z)$ 可以是 K_z 和 K_θ,h 和 h_s 分别是边界层厚度和近地面层高度,K_{hs} 和 $\dfrac{\partial K}{\partial z}\Big|_{hs}$ 可分别从 (6.2.5)和(6.2.6)式得到,K_h 为任意小数,如 $0.001\mathrm{m}^2/\mathrm{s}$。

布辛格-奥布恩的垂直扩散参数公式,反映了温度层结和风速廓线在决定湍流扩散能力中的作用。特别是在温度场和风场变化比较大的地方,这组公式能够反映出扩散参数在水平空间分布的细致差别。所以,虽然这组公式是在平坦地形上推导出来的,但也可以在复杂地形上使用。

⑥风速变形场决定的扩散参数

Cotton 和 Tripoli 提出的垂直湍流扩散参数的基本形式为

$$K=\frac{(\Delta x\Delta y\Delta z)^{\frac{2}{3}}}{16\sqrt{2}}\left[1-Ri\left(\frac{K_\theta}{K_z}\right)\right]|D| \quad (6.2.16)$$

式中,$\Delta x,\Delta y$ 和 Δz 分别为网格的水平与垂直尺度,Ri 为里查森数,D 为风速变形张量

$$D=\left[\left(\frac{\partial u_i}{\partial x_j}+\frac{\partial u_j}{\partial x_i}\right)^2\right]^{\frac{1}{2}} \tag{6.2.17}$$

最后,风速和标量的垂直扩散参数为

$$K_z=\frac{\Delta z^2 K}{(\Delta x\Delta y\Delta z)^{\frac{2}{3}}}, \quad K_\theta=3K_z \tag{6.2.18}$$

⑦根据观测资料计算垂直扩散参数

由于我们可以利用实测数据直接得出整体里查森(bulk Richardson)数

$$Ri_b=\frac{gz}{\overline{T}}\frac{\Delta\theta}{U^2} \tag{6.2.19}$$

其中 $\overline{T}$ 为环境温度,z 为观测高度,U 为水平风速,$\Delta\theta$ 为位温梯度。又因为 Ri_b 与 Ri 之间有关系

$$Ri_b=Ri\left[\frac{\ln\left(\frac{z}{z_0}\right)-\psi_1}{\varphi_1}\right]^{-2} \tag{6.2.20}$$

式中,φ_1 和 ψ_1 都是 Ri 的函数

$$\varphi_1=\begin{cases}(1-5Ri)^{-1} & Ri_b>0\\(1-15Ri)^{-\frac{1}{4}} & Ri_b<0\end{cases} \tag{6.2.21}$$

$$\psi_1=\begin{cases}-5Ri(1-5Ri)^{-1} & Ri_b>0\\\ln\left(\frac{z}{z_0}\right)-\left\{\ln\left[\frac{(\zeta-1)(\zeta_0+1)}{(\zeta+1)(\zeta_0-1)}\right]+2(\tan^{-1}\zeta-\tan^{-1}\zeta_0)\right\} & Ri_b<0\end{cases} \tag{6.2.22}$$

其中 $\zeta=(1-15Ri)^{\frac{1}{4}}$, $\zeta_0=\left(1-15Ri\frac{z_0}{z}\right)^{\frac{1}{4}}$

所以,利用以上(6.2.20)至(6.2.22)式可迭代求出 Ri,然后求出莫宁-奥布霍夫长度 L

$$\frac{z}{L}=\begin{cases}Ri & Ri<0\\Ri(1-5Ri)^{-1} & Ri\geqslant0\end{cases} \tag{6.2.23}$$

再按下式求出摩擦速度 u_*

$$u_*=\frac{\kappa U}{\ln\left(\frac{z}{z_0}\right)-\psi_1} \tag{6.2.24}$$

由于我们得到了 z/L 和 u_*,最后利用**布辛格-奥布恩廓线**形式的垂直扩散参数的(6.2.5)至(6.2.8)式就可得出 K_z 和 K_θ。

⑧垂直扩散参数的直接算法

设在近地面层中的某一高度 z 上,测得水平风速 $U(z)$ 和位温差 $\Delta\theta=\theta(z)-\theta_0$。根据关系

$$U(z)=\frac{u_*}{\kappa}\left[\ln\left(\frac{z}{z_0}\right)-\psi_1\left(\frac{z}{L}\right)+\psi_1\left(\frac{z_0}{L}\right)\right] \tag{6.2.25}$$

$$\Delta\theta=0.74\frac{\theta_*}{\kappa}\left[\ln\left(\frac{z}{z_0}\right)-\psi_2\left(\frac{z}{L}\right)+\psi_2\left(\frac{z_0}{L}\right)\right] \tag{6.2.26}$$

可得到莫宁-奥布霍夫长度 L 的表达式为

$$L=\frac{\bar{\theta}u_*^2}{\kappa g\theta_*}=\frac{0.74\,\bar{\theta}U^2(z)}{g\,\Delta\theta}\cdot\frac{\ln\left(\frac{z}{z_0}\right)-\psi_2\left(\frac{z}{L}\right)+\psi_2\left(\frac{z_0}{L}\right)}{\left[\ln\left(\frac{z}{z_0}\right)-\psi_1\left(\frac{z}{L}\right)+\psi_1\left(\frac{z_0}{L}\right)\right]^2} \tag{6.2.27}$$

根据整体里查森数

$$Ri_b=\frac{g}{\bar{T}}\frac{z}{U^2}\Delta\theta \tag{6.2.28}$$

摩擦速度 u_* 与特征温度 θ_* 可表示为

$$u_*^2=\begin{cases}\left[\dfrac{\kappa U}{\ln\left(\frac{z}{z_0}\right)}\right]^2\left\{1-\dfrac{2Ri_b}{1+15.8\left[\dfrac{\kappa}{\ln\left(\frac{z}{z_0}\right)}\right]^2\cdot\left[\left(\frac{z}{z_0}\right)\mid Ri_b\mid\right]^{\frac{1}{2}}}\right\} & Ri_b<0\\[30pt]\dfrac{1}{(1+9.4Ri_b)^2} & Ri_b>0\end{cases} \tag{6.2.29}$$

$$u_*\theta_*=\begin{cases}\dfrac{U\Delta\theta}{0.74}\left[\dfrac{\kappa}{\ln\left(\frac{z}{z_0}\right)}\right]^2\left\{1-\dfrac{2Ri_b}{1+10.6\left[\dfrac{\kappa}{\ln\left(\frac{z}{z_0}\right)}\right]^2\cdot\left[\left(\frac{z}{z_0}\right)\mid Ri_b\mid\right]^{\frac{1}{2}}}\right\} & Ri_b<0\\[30pt]\dfrac{U\Delta\theta}{0.74}\left[\dfrac{\kappa}{\ln\left(\frac{z}{z_0}\right)}\right]^2\dfrac{1}{(1+9.4Ri_b)^2} & Ri_b>0\end{cases} \tag{6.2.30}$$

因此,计算方法是先将 $U(z)$ 和 $\Delta\theta$ 代入 (6.2.28) 式,得出 Ri_b,然后根据 (6.2.29) 与 (6.2.30) 式得到 u_* 和 θ_*,然后根据 (6.2.27) 式算出 L,最后按 (6.2.5) 至 (6.2.8) 式就可求出 φ_1,φ_2,K_z 和 K_θ。

⑨垂直扩散参数的预报模式

根据湍流动能扩散方程

$$\frac{\partial q^2}{\partial t}=-u\frac{\partial q^2}{\partial x}-v\frac{\partial q^2}{\partial y}-w\frac{\partial q^2}{\partial z}+K_H\left(\frac{\partial^2 q^2}{\partial x^2}+\frac{\partial^2 q^2}{\partial y^2}\right)+\frac{\partial}{\partial z}\left(K_E\frac{\partial q^2}{\partial z}\right)$$
$$+K_z\left[\left(\frac{\partial u}{\partial z}\right)^2+\left(\frac{\partial v}{\partial z}\right)^2\right]-K_\theta\frac{g}{\theta}\frac{\partial\theta}{\partial z}-\frac{q^3}{B_1 l} \tag{6.2.31}$$

式中,$B_1=10.6$ 为常数,q^2 为湍流动能

$$q^2=\frac{1}{2}(\overline{u'^2}+\overline{v'^2}+\overline{w'^2}) \tag{6.2.32}$$

l 为混合长

$$l=\sqrt{S_m}\frac{\kappa Z}{1+\frac{\kappa Z}{l_\infty}} \tag{6.2.33}$$

式中,$\kappa=0.4$ 为卡曼常数,l_∞ 为最大混合长

$$l_\infty=0.1\left(\int_0^\infty qz\,\mathrm{d}z\Big/\int_0^\infty q\,\mathrm{d}z\right) \tag{6.2.34}$$

S_m 为比例系数

$$S_m=\begin{cases}1.96\dfrac{(0.1912-Ri_f)(0.2341-Ri_f)}{(1.0-Ri_f)(0.2231-Ri_f)}\\[12pt]0.085\end{cases} \tag{6.2.35}$$

其中 Ri_f 为通量里查森数

$$Ri_f = \begin{cases} 0.6588[Ri+0.1776-(Ri^2-0.3221Ri+0.03156)^{\frac{1}{2}}] & Ri < Ri_c \\ Ri_{fc} & Ri \geqslant Ri_c \end{cases} \tag{6.2.36}$$

式中，$Ri_c = 0.195$ 为临界梯度里查森数，$Ri_{fc} = 0.191$ 为临界通量里查森数，Ri 为梯度里查森数，即

$$Ri = \frac{g}{\theta} \frac{\Delta z \Delta \theta}{u^2 + v^2} \tag{6.2.37}$$

动能垂直扩散参数 K_z 为

$$K_z = S_m l \sqrt{2} q \tag{6.2.38}$$

位温垂直扩散参数 K_θ 为

$$K_\theta = \alpha S_m l \sqrt{2} q \tag{6.2.39}$$

湍流动能垂直扩散参数 K_E 为

$$K_E = S_q l \sqrt{2} q \tag{6.2.40}$$

其中比例系数 $S_q = 0.2$，α 为湍流普朗特数的倒数，计算公式如下

$$\alpha = \begin{cases} 1.318 \dfrac{0.2231 - Ri_f}{0.2341 - Ri_f} & Ri_f < 0.16 \\ 1.25 & Ri_f \geqslant 0.16 \end{cases} \tag{6.2.41}$$

计算方法：

(1)用(6.2.34)式计算出最大混合长 l_∞。

(2)用(6.2.37)式计算出梯度里查森数 Ri。

(3)用(6.2.36)式计算出通量里查森数 Ri_f。

(4)用(6.2.35)式计算出比例系数 S_m。

(5)用(6.2.33)式计算出混合长 l。

(6)用(6.2.41)式计算出湍流普朗特数的倒数 α。

(7)用(6.2.38)至(6.2.40)式计算出 K_z，K_θ 和 K_E。

2)水平扩散参数

通常认为 x 与 y 方向的水平扩散参数相等，即 $K_x = K_y = K_H$。

①常数形式

水平扩散参数的数值大小是按稳定度分类来确定的(表 6.2)。

表 6.2　不同稳定度下的水平扩散参数

稳定度分类	A	B	C	D	E	F
K_H(m²/s)	250	100	30	10	3	1

②根据相似性理论计算

根据湍流相似理论，水平扩散参数 K_H 如下式

$$K_H = \frac{5}{4}(\alpha \cdot \Delta)^2 |\boldsymbol{Def}| \tag{6.2.42}$$

式中，Δ 为网格距，系数 $\alpha \approx 0.28$，$\boldsymbol{Def}$ 为速度变形张量

$$| \boldsymbol{Def} | = \left[\left(\frac{\partial V}{\partial x} + \frac{\partial U}{\partial y} \right)^2 + \left(\frac{\partial U}{\partial x} + \frac{\partial V}{\partial y} \right)^2 \right]^{\frac{1}{2}} \tag{6.2.43}$$

总结:

虽然扩散参数的形式很多,但使用时应注意,复杂函数形式的扩散参数并不一定效果就好,有时形式简单的扩散参数,反而能模拟出比较好的结果。

6.2.2　无穷大瞬时面源(地面),无风,$K_z = \mathrm{const}$

因为 $u = v = w = 0$,方程变为

$$\frac{\partial \gamma}{\partial t} = K_z \frac{\partial^2 \gamma}{\partial z^2} \tag{6.2.44}$$

边界条件为

$$\begin{cases} 1) t \to \infty, \gamma \to 0 (z \geqslant 0) \\ 2) t \to 0, \gamma \to 0 (z > 0;在 z = 0 处, \gamma \to \infty) \\ 3) \int_0^\infty \gamma \mathrm{d}z = Q' \end{cases} \tag{6.2.45}$$

式中,Q' 是瞬时面源的强度(kg/m²)。(6.2.45)式是标准的振动方程,由分离变量法可得其满足(6.2.45)式边界条件的解

$$\gamma = \frac{Q'}{\sqrt{\pi K_z t}} \exp\left(-\frac{z^2}{4K_z t} \right) \tag{6.2.46}$$

这是半个高斯(正态)分布($z \geqslant 0$),且最大值在地面 $z = 0$ 处。这个 E 态分布的唯一参数就是它的标准差 σ_z,即空间某处的浓度 γ 应写为

$$\gamma = \frac{2Q'}{\sqrt{2\pi}\sigma_z} \exp\left(-\frac{z^2}{2\sigma_z} \right) \tag{6.2.47}$$

上式中把地面看成全反射面,故高斯函数前应乘以系数 2。由(6.2.46)与(6.2.47)两式的比较可知

$$\sigma_z = \sqrt{2K_z t} \tag{6.2.48}$$

即污染物扩散的厚度与时间的平方根成正比($\sigma_z \propto t^{\frac{1}{2}}$),浓度最大值 $\gamma_{\max}$ 在地面 $z = 0$ 处($\gamma_{\max} = \frac{2Q'}{\sqrt{2\pi}\sigma_z}$)。更一般情况下(非高斯分布,非地面源),标准差 σ_z 不再是唯一的分布参数,但它仍有污染物扩散的厚度的物理意义。一般情况下的标准差 σ_z 的普遍定义为

$$\sigma_z^2 = \int_{-\infty}^\infty \gamma z^2 \mathrm{d}z \Big/ \int_{-\infty}^\infty \gamma \mathrm{d}z \tag{6.2.49}$$

应当指出,应用梯度输运原理的前提是:对扩散过程起重要作用的湍流涡旋的尺度应小于污染物在与扩散方向垂直的横截面上的分布的尺度,或扩散时间应大于湍流涡旋的时间尺度。本例满足上述要求。本例的实际背景是考虑地球下垫面向大气层输送水气、灰尘和热量,这时大气边界层是很薄的一层,假定其中的扩散系数 K_z 为常数也是完全合理的,这是很精确的解的一个例子。

6.2.3　无风瞬时点源的解

设大气处于静止状态,即 $u = v = w = 0$,湍流扩散参数为常数,并且各向同性,即 $k_x = k_y =$

$k_z = K = \text{const}$。若在 $t=0$ 时刻，在坐标原点释放污染物 $Q(g)$，则对流扩散方程(6.1.7)式变为

$$\frac{\partial \gamma}{\partial t} = K\left(\frac{\partial^2 \gamma}{\partial x^2} + \frac{\partial^2 \gamma}{\partial y^2} + \frac{\partial^2 \gamma}{\partial z^2}\right) \tag{6.2.50}$$

其边界条件为

①当 $t \to 0$ 时，若 $x^2 + y^2 + z^2 = 0$，则 $\gamma \to \infty$；反之 $\gamma \to 0$；

②当 $t \to \infty$ 时，$\gamma \to 0$；

③满足连续性条件，即 $Q = \int\int_{-\infty}^{\infty}\int \gamma \mathrm{d}x\mathrm{d}y\mathrm{d}z$

条件①表示除了在排放源处(原点)空间任一点在开始排放的瞬间，污染物尚未扩散到该点之前，浓度为零。条件②表示扩散时间足够长时，污染物向无穷空间扩散，各点浓度趋于零。条件③为设释放出的污染物质量守恒，即在扩散过程中无化学反应与干湿沉积，在空间中的总质量保持不变。

根据以上条件，扩散方程(6.2.50)式解得

$$\gamma(x,y,z,t) = \frac{Q}{8(\pi K t)^{\frac{3}{2}}}\exp\left[-\frac{1}{4Kt}(x^2 + y^2 + z^2)\right] \tag{6.2.51}$$

上式表示了一个在原点 $(0,0,0)$，$t=0$ 时刻瞬间喷发的烟团，在 t 时刻空间某点 (x,y,z) 处的浓度。这说明一个烟团随时间膨胀稀释的过程，其浓度在同一时间随距离的增加按指数律衰减，并呈三维高斯(正态)分布。在 x 方向分布的方差为

$$\sigma_x^2 = \frac{\int_{-\infty}^{\infty} \gamma x^2 \mathrm{d}x}{\int_{-\infty}^{\infty} \gamma \mathrm{d}x} = 2Kt \tag{6.2.52}$$

同理，有 $\sigma_y^2 = \sigma_z^2 = 2Kt$，(6.2.51)式可写成

$$\gamma(x,y,z,t) = \frac{Q}{(2\pi)^{\frac{3}{2}}\sigma_x\sigma_y\sigma_z}\exp\left[-\left(\frac{x^2}{2\sigma_x^2} + \frac{y^2}{2\sigma_y^2} + \frac{z^2}{2\sigma_z^2}\right)\right] \tag{6.2.53}$$

6.2.4　无风连续点源的解

因为是连续点源排放，可以认为浓度处于定常状态($\frac{\partial \gamma}{\partial t} = 0$)，即不随时间变化，而仅是空间坐标的函数，故可以从瞬时源的解(6.2.51)式对时间 t 从 $0 \to \infty$ 积分求得

$$\gamma(x,y,z) = \int_0^{\infty} \gamma(x,y,z,t)\mathrm{d}t = \frac{Q}{8(\pi K)^{\frac{3}{2}}}\int_0^{\infty} t^{-\frac{3}{2}}\exp\left[-\frac{x^2+y^2+z^2}{4Kt}\right]\mathrm{d}t \tag{6.2.54}$$

作积分变换，令 $t = 1/T^2$，则 $\mathrm{d}t = -2T^{-3}\mathrm{d}T$，$t^{-3/2} = T^3$，代入上式，得

$$\gamma(x,y,z) = \frac{Q}{8(\pi K)^{\frac{3}{2}}}\int_{\infty}^{0} T^3(-2T^{-3})\exp\left[-\frac{x^2+y^2+z^2}{4K}T^2\right]\mathrm{d}T$$

$$= \frac{Q}{4(\pi K)^{\frac{3}{2}}}\int_0^{\infty}\exp\left[-\frac{x^2+y^2+z^2}{4K}T^2\right]\mathrm{d}T$$

$$= \frac{Q}{4\,(\pi K)^{\frac{3}{2}}}\,\frac{\sqrt{\pi}}{2\sqrt{\dfrac{(x^2+y^2+z^2)}{4K}}} = \frac{Q}{4\pi K\,\sqrt{x^2+y^2+z^2}} \tag{6.2.55}$$

上式就是无风连续点源扩散公式,由(6.2.55)式可见,浓度 γ 与排放量 Q 成正比,与距排放源的距离成反比,与时间无关。同时与扩散参数 K 呈反比,即湍流运动越强烈,扩散能力就越强,浓度值就越小。

6.2.5　有风瞬时点源的解

设风速为 $V=(u,0,0)$,即沿 x 轴运动,取一移动坐标系 $O'X'Y'Z'$ 随风速移动,所以原坐标系 $OXYZ$ 中任一点 (x,y,z),在移动坐标系 $O'X'Y'Z'$ 中的坐标为 $(x-ut,y,z)$。有风时将点源放在移动坐标系的原点上,则有风瞬时点源的解便可从无风瞬时的点源的一般解得到,其形式与(6.2.53)式几乎雷同

$$\gamma(x,y,z,t) = \frac{Q}{(2\pi)^{\frac{3}{2}}\sigma_x\sigma_y\sigma_z}\exp\left\{-\left[\frac{(x-ut)^2}{2\sigma_x^2}+\frac{y^2}{2\sigma_y^2}+\frac{z^2}{2\sigma_z^2}\right]\right\} \tag{6.2.56}$$

6.2.6　连续点源、定常、平均风速及扩散系数均为常数

设无界空间中在坐标原点 $(0,0,0)$ 有一连续点源,源强 $Q(\mathrm{kg/s})$,令 x 轴沿平均风速方向(即 $v=w=0,u=\mathrm{const}$)一般认为,沿平均风向 u,污染物的对流携带远大于湍流扩散,即

$$u\frac{\partial\gamma}{\partial x}\gg\frac{\partial}{\partial x}\left(K_x\frac{\partial\gamma}{\partial x}\right) \tag{6.2.57}$$

故定常状态下的对流扩散方程变为

$$u\frac{\partial\gamma}{\partial x}=K_y\frac{\partial^2\gamma}{\partial y^2}+K_z\frac{\partial^2\gamma}{\partial z^2} \tag{6.2.58}$$

而边界条件为

$$\begin{cases} 1)\gamma\to\infty\,(x=y=z=0);\gamma\to0\,(x,y,z\to\infty) \\[2mm] 2)K_z\dfrac{\partial\gamma}{\partial z}\to0\,(z\to0) \\[2mm] 3)\displaystyle\int_{-\infty}^{\infty}\int_{-\infty}^{\infty}u\gamma\,\mathrm{d}y\mathrm{d}z=Q\,(x>0) \end{cases} \tag{6.2.59}$$

上面的第 2)式意味着 $z=0$ 平面是不可穿透的。因为风速 $u=\mathrm{const}$,且认为 K_y 与 K_z 均为常数,不难验证下面的联合高斯分布满足方程(6.2.58)式及其边条件(6.2.59)式

$$\gamma(x,y,z) = \frac{Q}{4\pi x\,\sqrt{K_yK_z}}\exp\left[-\frac{u}{4x}\left(\frac{y^2}{K_y^2}+\frac{z^2}{K_z^2}\right)\right] \tag{6.2.60}$$

即烟羽横截面上的浓度分布为二维高斯分布。烟羽横向扩散的标准差 σ_y 和 σ_z 的定义是

$$\sigma_y^2 = \int_{-\infty}^{\infty}\int_{-\infty}^{\infty}\gamma y^2\,\mathrm{d}y\mathrm{d}z\Big/\int_{-\infty}^{\infty}\int_{-\infty}^{\infty}\gamma\mathrm{d}y\mathrm{d}z \tag{6.2.61}$$

和

$$\sigma_z^2 = \int_{-\infty}^{\infty}\int_{-\infty}^{\infty}\gamma z^2\,\mathrm{d}y\mathrm{d}z\Big/\int_{-\infty}^{\infty}\int_{-\infty}^{\infty}\gamma\mathrm{d}y\mathrm{d}z \tag{6.2.62}$$

将(6.2.60)式分别代入(6.2.61)和(6.2.62)式,再开方,即得

$$\sigma_y = \sqrt{\frac{2K_y x}{u}} \,, \sigma_z = \sqrt{\frac{2K_z x}{u}} \tag{6.2.63}$$

标准差 σ_y 和 σ_z 分别代表 y 方向和 z 方向烟羽的横向宽度。即(6.2.63)式表明,烟羽的横向宽度与下风距离 x 的平方根成正比:$\sigma_{y,z} \propto x^{\frac{1}{2}}$。

由于起主要扩散作用的涡旋的尺度大于烟羽的横向宽度,故梯度传输假定严格说来是不适用于烟羽扩散的。进一步说,无界空间的假定以及令 u, K_y, K_z 为常数都是太强的要求,在实际低层大气中是不能满足的。但(6.2.60)式建议了最通用的所谓高斯(正态)烟羽模式,它的各种变化构成了各种实用的污染扩散模式的基础。

考虑到 $x = ut$,则(6.2.63)式可写成

$$\gamma(x, y, z) = \frac{Q}{2\pi u \sigma_y \sigma_z} \exp\left[-\left(\frac{y^2}{2\sigma_y^2} + \frac{z^2}{2\sigma_z^2}\right)\right] \tag{6.2.64}$$

此即为扩散参数为常数的斐克(Fick)扩散解。由上式可知,对于有风连续点源的污染物浓度:①与源强成正比;②与下风向距离成反比;③与湍流扩散参数成反比;④在横侧风向和垂直方向上符合高斯(正态)分布。这些定性分析的结论与(风洞)实验结果吻合得很好。

6.2.7 数值解法

以上几节介绍的都是理想条件下对流扩散方程(6.1.7)式的解析解,经过了大量的简化。但在实际应用中,扩散条件通常是很复杂,不可能总得到类似上述的解析解,而目前理论上又无法得出完整的解析解。幸好现代计算机技术的飞速发展,为我们对扩散方程进行数值解带来了便利的条件。

1)基本原理

为了简便,我们以一维对流扩散方程为例来说明数值解法的基本原理。设标量 γ 的一维扩散方程为

$$\frac{\partial \gamma}{\partial t} = -u \frac{\partial \gamma}{\partial x} + K \frac{\partial^2 \gamma}{\partial x^2} \tag{6.2.65}$$

其自变量 x 的变化范围为 a 至 b,将 $b-a$ 划分成 $N-1$ 个等间距的网格(也可以是不等间距的),网格距 $\Delta x = (b-a)/(N-1)$,则(网)格点 $x_i = a + i\Delta x (i = 1, 2, \cdots, N)$,且 $x_1 = a, x_N = b$。根据泰勒级数展开定理

$$f(x) = \sum_{n=0}^{\infty} \frac{f^{(n)}(a)}{n!} (x-a)^n$$

标量 $\gamma(x, t)$ 在格点 x_i 上的值 $\gamma_i = \gamma(x_i, t)$,那么在格点 x_{i+1} 上的值 $\gamma_{i+1} = \gamma(x_{i+1}, t)$ 可展为泰勒级数

$$\gamma_{i+1} = \gamma_i + \frac{\partial \gamma}{\partial x}\bigg|_i (x_{i+1} - x_i) + \frac{1}{2} \frac{\partial^2 \gamma}{\partial x^2}\bigg|_i (x_{i+1} - x_i)^2 + \cdots + \lim_{n \to \infty} \frac{1}{n!} \frac{\partial^n \gamma}{\partial x^n}\bigg|_i (x_{i+1} - x_i)^n$$

$$= \gamma_i + \frac{\partial \gamma}{\partial x}\bigg|_i \Delta x + \frac{1}{2} \frac{\partial^2 \gamma}{\partial x^2}\bigg|_i \Delta x^2 + O(\Delta x^2) \tag{6.2.66}$$

$$\to \frac{\partial \gamma}{\partial x}\bigg|_i \Delta x = \gamma_{i+1} - \gamma_i - \frac{1}{2} \frac{\partial^2 \gamma}{\partial x^2}\bigg|_i \Delta x^2 + O(\Delta x^2) \to \frac{\partial \gamma}{\partial x}\bigg|_i = \frac{\gamma_{i+1} - \gamma_i}{\Delta x} - \frac{1}{2} \frac{\partial^2 \gamma}{\partial x^2}\bigg|_i \Delta x + O(\Delta x^2)$$

$$\to \frac{\partial \gamma}{\partial x}\bigg|_i = \frac{\gamma_{i+1} - \gamma_i}{\Delta x} + O(\Delta x) \to \frac{\delta \gamma}{\delta x}\bigg|_i = \frac{\gamma_{i+1} - \gamma_i}{\Delta x} \tag{6.2.67}$$

上式称为向前差分近似,具有一阶精度,其中$(\gamma_{i+1}-\gamma_i)/\Delta x$ 称为$\partial\gamma/\partial x$ 的差分表达式,记作 $\delta\gamma/\delta x$。同理,在格点 x_{i-1} 上的值 $\gamma_{i-1}=\gamma(x_{i-1},t)$ 也可展为泰勒级数

$$\gamma_{i-1}=\gamma_i-\frac{\partial\gamma}{\partial x}\bigg|_i\Delta x+\frac{1}{2}\frac{\partial^2\gamma}{\partial x^2}\bigg|_i\Delta x^2+O(\Delta x^2) \tag{6.2.68}$$

$$\rightarrow\quad \frac{\partial\gamma}{\partial x}\bigg|_i=\frac{\gamma_i-\gamma_{i-1}}{\Delta x}+\frac{1}{2}\frac{\partial^2\gamma}{\partial x^2}\bigg|_i\Delta x+O(\Delta x^2)$$

$$\rightarrow\quad \frac{\partial\gamma}{\partial x}\bigg|_i=\frac{\gamma_i-\gamma_{i-1}}{\Delta x}+O(\Delta x)\quad\rightarrow\quad\frac{\delta\gamma}{\delta x}\bigg|_i=\frac{\gamma_i-\gamma_{i-1}}{\Delta x} \tag{6.2.69}$$

上式称为向后差分近似,也具有一阶精度。如果把(6.2.67)式和(6.2.69)式相减,得

$$\frac{\partial\gamma}{\partial x}\bigg|_i=\frac{\gamma_{i+1}-\gamma_{i-1}}{2\Delta x}+O(\Delta x^2)\rightarrow\frac{\delta\gamma}{\delta x}\bigg|_i=\frac{\gamma_{i+1}-\gamma_{i-1}}{2\Delta x} \tag{6.2.70}$$

则称之为中心差分近似,具有二阶精度。

同理,对于时间 t 的偏导数 $\partial\gamma/\partial t$,也有同样的差分格式

$$时间向前差:\frac{\delta\gamma}{\delta t}\bigg|_i^n=\frac{\gamma_i^{n+1}-\gamma_i^n}{\Delta t} \tag{6.2.71}$$

$$时间向后差:\frac{\delta\gamma}{\delta t}\bigg|_i^n=\frac{\gamma_i^n-\gamma_i^{n-1}}{\Delta t} \tag{6.2.72}$$

$$时间中心差:\frac{\delta\gamma}{\delta t}\bigg|_i^n=\frac{\gamma_i^{n+1}-\gamma_i^{n-1}}{2\Delta t} \tag{6.2.73}$$

式中,上标 n 和 $n+1$ 分别表示在格点 x_i 上 $t=n\Delta t$ 和 $t=(n+1)\Delta t$ 时刻的值。

如果将(6.2.66)式与(6.2.68)式相加,得

$$\gamma_{i+1}+\gamma_{i-1}=2\gamma_i+\frac{\partial^2\gamma}{\partial x^2}\bigg|_i\Delta x^2+O(\Delta x^2)\rightarrow\frac{\partial^2\gamma}{\partial x^2}\bigg|_i=\frac{\gamma_{i+1}+\gamma_{i-1}-2\gamma_i}{\Delta x^2}+O(\Delta x^2)$$

$$\rightarrow\frac{\delta^2\gamma}{\delta x^2}\bigg|_i=\frac{\gamma_{i+1}+\gamma_{i-1}-2\gamma_i}{\Delta x^2} \tag{6.2.74}$$

这也是中心差分,具有二阶精度。最后将(6.2.71)式、(6.2.67)式和(6.2.74)式代入扩散方程 (6.2.62)式(也可用其他差分格式),就得到了其差分格式

$$\frac{\gamma_i^{n+1}-\gamma_i^n}{\Delta t}=-\frac{u_{i+1}^n\gamma_{i+1}^n-u_i^n\gamma_i^n}{\Delta x}+K\frac{\gamma_{i+1}^n+\gamma_{i-1}^n-2\gamma_i^n}{\Delta x^2}$$

$$\rightarrow\quad \gamma_i^{n+1}=\gamma_i^n-\frac{\Delta t}{\Delta x}(u_{i+1}^n\gamma_{i+1}^n-u_i^n\gamma_i^n)+\frac{K\Delta t}{\Delta x^2}(\gamma_{i+1}^n+\gamma_{i-1}^n-2\gamma_i^n) \tag{6.2.75}$$

如果我们已知在 $t=n\Delta t$ 时刻所有格点上的标量值 $\gamma_i^n(i=1,2,\cdots,N)$,则下一时刻 $t=(n+1)\Delta t$ 各格点的标量值 $\gamma_i^{n+1}(i=1,2,\cdots,N)$ 就可以用上式求出来。

在实际应用时,我们主要面对的是多维扩散方程。对此,可采用分步解法,即将多维扩散 方程分解为多个一维扩散方程,逐个迭代积分。下面我们还以(6.1.7)式为例来介绍多维扩散 方程的数值解法。

设我们已知 $t=n\Delta t$ 时刻的三维标量场 $\gamma_{i,j,k}^n(i=1,2,\cdots,N;j=1,2,\cdots,M;k=1,2,\cdots,L)$ 将其分解为 3 个一维方程,然后分别代入(6.2.75)式,最后用(6.2.76)式迭代积分求解出 $t=(n+1)\Delta t$ 时刻的三维标量场 $\gamma_{i,j,k}^{n+1}$。

$$
\begin{cases}
\dfrac{\partial \gamma}{\partial t} = -u \dfrac{\partial \gamma}{\partial x} \\[2mm]
\dfrac{\partial \gamma}{\partial t} = -v \dfrac{\partial \gamma}{\partial y} \\[2mm]
\dfrac{\partial \gamma}{\partial t} = -w \dfrac{\partial \gamma}{\partial z} \\[2mm]
\dfrac{\partial \gamma}{\partial t} = K_x \dfrac{\partial^2 \gamma}{\partial x^2} \\[2mm]
\dfrac{\partial \gamma}{\partial t} = K_y \dfrac{\partial^2 \gamma}{\partial y^2} \\[2mm]
\dfrac{\partial \gamma}{\partial t} = K_z \dfrac{\partial^2 \gamma}{\partial z^2}
\end{cases}
\rightarrow
\begin{cases}
\gamma_{i,j,k}^{*} = \gamma_{i,j,k}^{n} - \dfrac{\Delta t}{\Delta x}(u_{i+1,j,k}^{n}\gamma_{i+1,j,k}^{n} - u_{i,j,k}^{n}\gamma_{i,j,k}^{n}) \\[2mm]
\gamma_{i,j,k}^{**} = \gamma_{i,j,k}^{*} - \dfrac{\Delta t}{\Delta y}(v_{i,j+1,k}^{n}\gamma_{i,j+1,k}^{*} - v_{i,j,k}^{n}\gamma_{i,j,k}^{*}) \\[2mm]
\gamma_{i,j,k}^{***} = \gamma_{i,j,k}^{**} - \dfrac{\Delta t}{\Delta z}(w_{i,j,k+1}^{n}\gamma_{i,j,k+1}^{**} - w_{i,j,k}^{n}\gamma_{i,j,k}^{**}) \\[2mm]
\gamma_{i,j,k}^{****} = \dfrac{K_x \Delta t}{\Delta x^2}(\gamma_{i+1,j,k}^{***} + \gamma_{i-1,j,k}^{***} - 2\gamma_{i,j,k}^{***}) \\[2mm]
\gamma_{i,j,k}^{*****} = \dfrac{K_y \Delta t}{\Delta y^2}(\gamma_{i,j+1,k}^{****} + \gamma_{i,j-1,k}^{****} - 2\gamma_{i,j,k}^{****}) \\[2mm]
\gamma_{i,j,k}^{n+1} = \dfrac{K_z \Delta t}{\Delta z^2}(\gamma_{i,j,k+1}^{*****} + \gamma_{i,j,k-1}^{*****} - 2\gamma_{i,j,k}^{*****})
\end{cases}
\tag{6.2.76}
$$

但在使用差分方法计算扩散方程时,我们要注意以下三个主要问题。

① 稳定性问题

假设在 $t = n\Delta t$ 时刻,所有格点上的标量值均为一常数 c,风速值也均为常数 u,由于在网格点 x_i 上有了扰动量 ε,则该点上的标量值 $\gamma_i^n = c + \varepsilon$,将其代入(6.2.75)式,得

$$
\begin{aligned}
\gamma_i^{n+1} &= (c+\varepsilon) - \frac{u\Delta t}{\Delta x}[c - (c+\varepsilon)] + \frac{K\Delta t}{\Delta x^2}[c + c - 2(c+\varepsilon)] \\
&= (c+\varepsilon) + \frac{\varepsilon u\Delta t}{\Delta x} - \frac{2\varepsilon K\Delta t}{\Delta x^2} = c + \varepsilon\left(1 + \frac{u\Delta t}{\Delta x} - \frac{2K\Delta t}{\Delta x^2}\right) \\
&\rightarrow \gamma_i^{n+1} = c + \varepsilon(1 + b - d)
\end{aligned}
\tag{6.2.77}
$$

式中, $b = u\Delta t/\Delta x$ 称为克朗(Courant)数, $d = 2K\Delta t/\Delta x^2$。显而易见,为了使计算稳定, γ_i^{n+1} 不随着迭代而变得无穷大,必须保证

$$
|1 + b - d| \leqslant 1 \rightarrow -1 \leqslant 1 + b - d \leqslant 1 \rightarrow -2 \leqslant b - d \leqslant 0
$$

$$
\rightarrow -2 \leqslant \Delta t\left(\frac{u}{\Delta x} - \frac{2K}{\Delta x^2}\right) \leqslant 0 \rightarrow 1 \geqslant \Delta t\left(\frac{K}{\Delta x^2} - \frac{u}{2\Delta x}\right) \geqslant 0
$$

$$
\rightarrow \Delta t \leqslant \frac{2\Delta x^2}{2K - u\Delta x}
\tag{6.2.78}
$$

可见,当选取了一定的网格距 Δx 后,估算出扩散参数 K 和风速 u 的最大值后,时间积分步长 Δt 必须要满足(6.2.78)式的要求。否则就会出现计算溢出的情况。当然,差分格式上百种,选用不同的差分格式,(6.2.78)式也会有不同的形式。

② 数值耗散

从(6.2.67)式、(6.2.69)式、(6.2.70)式和(6.2.74)式可看出,实际上任何形式的差分格式只是对偏导数取近似,即

$$
\left.\frac{\partial \gamma}{\partial x}\right|_i \approx \frac{\gamma_{i+1} - \gamma_i}{\Delta x}, \left.\frac{\partial \gamma}{\partial x}\right|_i \approx \frac{\gamma_i - \gamma_{i-1}}{\Delta x}, \left.\frac{\partial \gamma}{\partial x}\right|_i \approx \frac{\gamma_{i+1} - \gamma_{i-1}}{2\Delta x}, \left.\frac{\partial^2 \gamma}{\partial x^2}\right|_i \approx \frac{\gamma_{i+1} + \gamma_{i-1} - 2\gamma_i}{\Delta x^2}
$$

所以由于略去了高阶小量 $O(\Delta x)$ 或 $O(\Delta x^2)$,随着迭代的累积,必然会导致与理论值的误差,这就是数值耗散。我们以一维纯平流扩散方程为例

$$
\frac{\partial \gamma}{\partial t} = -u \frac{\partial \gamma}{\partial x}
\tag{6.2.79}
$$

其理论解与数值解的差异见图 6.1。

当然,如果我们把网格加密(缩小网格距 Δx),减小时间积分步长 Δt,就能够减小数值耗

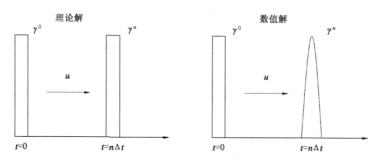

图 6.1　数值耗散示意图

散，但由此产生的是计算量成几何倍数的增加（通常是网格距缩小一倍，时间积分步长也要缩短一倍，计算量就是原来的 4 倍。对于实际应用中的三维网格，计算量就变为原来的 16 倍）。所以在实际应用时，选择稳定性强、数值耗散小的差分格式是非常重要的。另外，在扩散方程中人为的加入反扩散项，可以大大地减少数值耗散，在这里就不介绍了。

③边界条件

最简单的做法是令边界上的值为一不随时间变化常数，即 $\gamma_0 = \gamma_N = \text{const}$，或等于与它相邻网格点的值，另外，还有使靠近边界的最近几个格点线性递减至零。

2）应用举例

这里我们介绍一个简单的污染物中尺度（水平尺度为几十至几百千米，垂直尺度为 5km，平坦地形）三维预报（K）模式。它由以下 6 个方程组成

$$\frac{\partial u}{\partial t} = -u\frac{\partial u}{\partial x} - v\frac{\partial u}{\partial y} - w\frac{\partial u}{\partial z} - \theta\frac{\partial \pi}{\partial x} + fv + K_H\left(\frac{\partial^2 u}{\partial x^2} + \frac{\partial^2 u}{\partial y^2}\right) + K_z\frac{\partial^2 u}{\partial z^2} \quad (6.2.80a)$$

$$\frac{\partial v}{\partial t} = -u\frac{\partial v}{\partial x} - v\frac{\partial v}{\partial y} - w\frac{\partial v}{\partial z} - \theta\frac{\partial \pi}{\partial y} - fu + K_H\left(\frac{\partial^2 v}{\partial x^2} + \frac{\partial^2 v}{\partial y^2}\right) + K_z\frac{\partial^2 v}{\partial z^2} \quad (6.2.80b)$$

$$\frac{\partial \pi}{\partial z} = -\frac{g}{\theta} \quad (6.2.80c)$$

$$\frac{\partial u}{\partial x} + \frac{\partial v}{\partial y} + \frac{\partial w}{\partial z} = 0 \quad (6.2.80d)$$

$$\frac{\partial \theta}{\partial t} = -u\frac{\partial \theta}{\partial x} - v\frac{\partial \theta}{\partial y} - w\frac{\partial \theta}{\partial z} + K_H\left(\frac{\partial^2 \theta}{\partial x^2} + \frac{\partial^2 \theta}{\partial y^2}\right) + K_\theta\frac{\partial^2 \theta}{\partial z^2} \quad (6.2.80e)$$

$$\frac{\partial cl}{\partial t} = -u\frac{\partial cl}{\partial x} - v\frac{\partial cl}{\partial y} - w\frac{\partial cl}{\partial z} + K_H\left(\frac{\partial^2 cl}{\partial x^2} + \frac{\partial^2 cl}{\partial y^2}\right) + K_d\frac{\partial^2 cl}{\partial z^2} + Sl + Dl + Rl \quad (6.2.80f)$$

其中（6.2.80a）式和（6.2.80b）式为水平运动方程，（6.2.80c）式为准静力方程，（6.2.80d）式为连续方程，（6.2.80e）式为热量扩散方程，（6.2.80f）式为污染物扩散方程。u, v 和 w 为 XYZ 坐标系中的三维分量，θ 为位温，cl 为第 l 种污染物的浓度，Sl, Dl 和 Rl 分别为污染物的生成项、沉积项和化学转化项，π 为 Exner 函数

$$\pi = c_p\left(\frac{P}{P_0}\right)^{R/c_p} \quad (6.2.81)$$

式中，$P_0 = 1013.15\text{hPa}$ 为参考大气压，P 为大气压，$c_p = 1004.0\text{J} \cdot \text{kg}^{-1} \cdot \text{K}^{-1}$ 为比定压热容，$R = 287.04\text{J} \cdot \text{kg}^{-1} \cdot \text{K}^{-1}$ 为气体常数。$f = 2\omega\sin(\varphi)$ 为科氏力，ω 为地球的自转角速度，φ 为模拟区域的纬度，$g = 9.8\text{m/s}^2$ 为重力加速度。水平扩散参数 K_H、垂直扩散参数 K_z、温度垂直扩

散参数 K_θ 和第 l 种污染物垂直扩散参数 K_d 均为常数。

网格划分为 X 方向：$i=1,2,\cdots,L$，Y 方向：$j=1,2,\cdots,M$，Z 方向：$k=1,2,\cdots,N$。X,Y 和 Z 方向的网格距均为等间距，即 $\Delta x,\Delta y$ 和 Δz。

该模式的基本原理是根据初始时刻 $t=t_0$ 的三维风场 $u^0_{i,j,k}$，$v^0_{i,j,k}$，$w^0_{i,j,k}$、温度场 $\theta^0_{i,j,k}$、气压场 $\pi^0_{i,j,k}$ 和污染物浓度场 $cl^0_{i,j,k}$，首先利用(6.2.80a)至(6.2.80e)式迭代计算出下一时刻 $t=\Delta t$ 的三维风场 $u^1_{i,j,k}$，$v^1_{i,j,k}$，$w^1_{i,j,k}$、温度场 $\theta^1_{i,j,k}$ 和气压场 $\pi^1_{i,j,k}$，然后用(6.2.80f)式求出下一时刻的污染物浓度场 $cl^1_{i,j,k}$。再计算 $t=2\Delta t$ 时刻的三维风场 $u^2_{i,j,k}$，$v^2_{i,j,k}$，$w^2_{i,j,k}$、温度场 $\theta^2_{i,j,k}$ 和气压场 $\pi^2_{i,j,k}$，以及污染物浓度场 $cl^2_{i,j,k}$。反复迭代，直至到所要预报的 $t=n\Delta t$ 时刻的污染物浓度场 $cl^n_{i,j,k}$。

在计算方法上，对于平流项，采用气象学上常用的施主格式，而扩散项采用中心差分格式。具体计算方法如下：

①水平运动方程(6.2.80a)式

$$\frac{\partial u}{\partial t}=-u\frac{\partial u}{\partial x}\quad\rightarrow\quad u^*_{i,j,k}=\begin{cases}u^n_{i,j,k}-(u^n_{i,j,k}-u^n_{i-1,j,k})\dfrac{u^n_{i,j,k}\Delta t}{\Delta x}&u^n_{i,j,k}\geqslant0\\[2mm]u^n_{i,j,k}-(u^n_{i+1,j,k}-u^n_{i,j,k})\dfrac{u^n_{i,j,k}\Delta t}{\Delta x}&u^n_{i,j,k}<0\end{cases}$$

$$\frac{\partial u}{\partial t}=-v\frac{\partial u}{\partial y}\quad\rightarrow\quad u^{**}_{i,j,k}=\begin{cases}u^*_{i,j,k}-(u^*_{i,j,k}-u^*_{i,j-1,k})\dfrac{\overline{\overline{v}}\Delta t}{\Delta y}&\overline{\overline{v}}\geqslant0\\[2mm]u^*_{i,j,k}-(u^*_{i,j+1,k}-u^*_{i,j,k})\dfrac{\overline{\overline{v}}\Delta t}{\Delta y}&\overline{\overline{v}}<0\end{cases}$$

$$\frac{\partial u}{\partial t}=-w\frac{\partial u}{\partial z}\quad\rightarrow\quad u^{***}_{i,j,k}=\begin{cases}u^{**}_{i,j,k}-(u^{**}_{i,j,k}-u^{**}_{i,j,k-1})\dfrac{\overline{\overline{w}}\Delta t}{\Delta z}&\overline{\overline{w}}\geqslant0\\[2mm]u^{**}_{i,j,k}-(u^{**}_{i,j,k+1}-u^{**}_{i,j,k})\dfrac{\overline{\overline{w}}\Delta t}{\Delta z}&\overline{\overline{w}}<0\end{cases}$$

$$\frac{\partial u}{\partial t}=-\theta\frac{\partial\pi}{\partial x}+fv\quad\rightarrow\quad u^{****}_{i,j,k}=u^{***}_{i,j,k}-\frac{\overline{\theta}\Delta t}{\Delta x}(u^{***}_{i+1,j,k}+u^{***}_{i,j,k})+fv^n_{i,j,k}\Delta t$$

$$\frac{\partial u}{\partial t}=K_H\frac{\partial^2 u}{\partial x^2}\quad\rightarrow\quad u^{*****}_{i,j,k}=\frac{K_H\Delta t}{\Delta x^2}(u^{****}_{i+1,j,k}+u^{****}_{i-1,j,k}-2u^{****}_{i,j,k})$$

$$\frac{\partial u}{\partial t}=K_H\frac{\partial^2 u}{\partial y^2}\quad\rightarrow\quad u^{******}_{i,j,k}=\frac{K_H\Delta t}{\Delta y^2}(u^{*****}_{i,j+1,k}+u^{*****}_{i,j-1,k}-2u^{*****}_{i,j,k})$$

$$\frac{\partial u}{\partial t}=K_z\frac{\partial^2 u}{\partial z^2}\quad\rightarrow\quad u^{n+1}_{i,j,k}=\frac{K_z\Delta t}{\Delta z^2}(u^{******}_{i,j,k+1}+u^{******}_{i,j,k-1}-2u^{******}_{i,j,k})$$

其中

$$\begin{cases}\overline{\overline{v}}=\dfrac{1}{4}(v^n_{i-1,j,k}+v^n_{i-1,j+1,k}+v^n_{i,j,k}+v^n_{i,j+1,k})\\[2mm]\overline{\overline{w}}=\dfrac{1}{4}(w^n_{i-1,j,k}+w^n_{i-1,j,k+1}+w^n_{i,j,k}+w^n_{i,j,k+1})\\[2mm]\overline{\theta}=\dfrac{1}{2}(\theta^n_{i,j,k}+\theta^n_{i-1,j,k})\end{cases}$$

②水平运动方程(6.2.80b)式

$$\frac{\partial v}{\partial t}=-u\frac{\partial v}{\partial x}\quad\rightarrow\quad v^*_{i,j,k}=\begin{cases}v^n_{i,j,k}-(v^n_{i,j,k}-v^n_{i-1,j,k})\overline{\overline{u}}\Delta t/\Delta x&\overline{\overline{u}}\geqslant0\\[2mm]u^n_{i,j,k}-(v^n_{i+1,j,k}-v^n_{i,j,k})\overline{\overline{u}}\Delta t/\Delta x&\overline{\overline{u}}<0\end{cases}$$

$$\frac{\partial v}{\partial t}=-v\frac{\partial v}{\partial y} \quad \rightarrow \quad v_{i,j,k}^{**}=\begin{cases}v_{i,j,k}^{*}-(v_{i,j,k}^{*}-v_{i,j-1,k}^{*})v_{i,j,k}^{n}\Delta t/\Delta y & v_{i,j,k}^{n}\geqslant 0\\ v_{i,j,k}^{*}-(v_{i,j+1,k}^{*}-v_{i,j,k}^{*})v_{i,j,k}^{n}\Delta t/\Delta y & v_{i,j,k}^{n}<0\end{cases}$$

$$\frac{\partial v}{\partial t}=-w\frac{\partial v}{\partial z} \quad \rightarrow \quad v_{i,j,k}^{***}=\begin{cases}v_{i,j,k}^{**}-(v_{i,j,k}^{**}-v_{i,j,k-1}^{**})\overline{\overline{w}}\Delta t/\Delta z & \overline{\overline{w}}\geqslant 0\\ v_{i,j,k}^{**}-(v_{i,j,k+1}^{**}-v_{i,j,k}^{**})\overline{\overline{w}}\Delta t/\Delta z & \overline{\overline{w}}<0\end{cases}$$

$$\frac{\partial v}{\partial t}=-\theta\frac{\partial \pi}{\partial y}-fu \quad \rightarrow \quad v_{i,j,k}^{****}=v_{i,j,k}^{***}-\frac{\overline{\theta}\Delta t}{\Delta y}(v_{i+1,j,k}^{***}+v_{i,j,k}^{***})-fu_{i,j,k}^{n}\Delta t$$

$$\frac{\partial v}{\partial t}=K_{H}\frac{\partial^{2}v}{\partial x^{2}} \quad \rightarrow \quad v_{i,j,k}^{*****}=\frac{K_{H}\Delta t}{\Delta x^{2}}(v_{i+1,j,k}^{****}+v_{i-1,j,k}^{****}-2v_{i,j,k}^{****})$$

$$\frac{\partial v}{\partial t}=K_{H}\frac{\partial^{2}v}{\partial y^{2}} \quad \rightarrow \quad v_{i,j,k}^{******}=\frac{K_{H}\Delta t}{\Delta y^{2}}(v_{i,j+1,k}^{*****}+v_{i,j-1,k}^{*****}-2v_{i,j,k}^{*****})$$

$$\frac{\partial v}{\partial t}=K_{z}\frac{\partial^{2}v}{\partial z^{2}} \quad \rightarrow \quad v_{i,j,k}^{n+1}=\frac{K_{z}\Delta t}{\Delta z^{2}}(v_{i,j,k+1}^{******}+v_{i,j,k-1}^{******}-2v_{i,j,k}^{******})$$

其中
$$\begin{cases}\overline{\overline{u}}=\frac{1}{4}(u_{i,j-1,k}^{n}+u_{i+1,j-1,k}^{n}+u_{i,j,k}^{n}+u_{i+1,j,k}^{n})\\ \overline{\overline{w}}=\frac{1}{4}(w_{i,j-1,k}^{n}+w_{i,j-1,k+1}^{n}+w_{i,j,k}^{n}+w_{i,j,k+1}^{n})\\ \overline{\theta}=\frac{1}{2}(\theta_{i,j,k}^{n}+\theta_{i,j-1,k}^{n})\end{cases}$$

③准静力方程(6.2.80c)式

$$\pi_{i,j,N-k}^{n}=\pi_{i,j,N-k+1}^{n}+\frac{g\Delta z}{(\theta_{i,j,N-k}^{n}-\theta_{i,j,N-k+1}^{n})}$$

④连续方程(6.2.80d)式

$$w_{i,j,k}^{n+1}=w_{i,j,k-1}^{n+1}-\left(\frac{u_{i+1,j,k-1}^{n+1}-u_{i,j,k-1}^{n+1}}{\Delta x}+\frac{v_{i,j+1,k-1}^{n+1}-v_{i,j,k-1}^{n+1}}{\Delta y}\right)\Delta z$$

根据质量守恒法则,用预报出来的下一时刻的 u 和 v 来推算出 w。

⑤热量扩散方程(6.2.80e)式

$$\frac{\partial \theta}{\partial t}=-u\frac{\partial \theta}{\partial x} \quad \rightarrow \quad \theta_{i,j,k}^{*}=\begin{cases}\theta_{i,j,k}^{n}-(\theta_{i,j,k}^{n}-\theta_{i-1,j,k}^{n})\overline{u}\Delta t/\Delta x & \overline{u}\geqslant 0\\ \theta_{i,j,k}^{n}-(\theta_{i+1,j,k}^{n}-\theta_{i,j,k}^{n})\overline{u}\Delta t/\Delta x & \overline{u}<0\end{cases}$$

$$\frac{\partial \theta}{\partial t}=-v\frac{\partial \theta}{\partial y} \quad \rightarrow \quad \theta_{i,j,k}^{**}=\begin{cases}\theta_{i,j,k}^{*}-(\theta_{i,j,k}^{*}-\theta_{i,j-1,k}^{*})\overline{v}\Delta t/\Delta y & \overline{v}\geqslant 0\\ \theta_{i,j,k}^{*}-(\theta_{i,j+1,k}^{*}-\theta_{i,j,k}^{*})\overline{v}\Delta t/\Delta y & \overline{v}<0\end{cases}$$

$$\frac{\partial \theta}{\partial t}=-w\frac{\partial \theta}{\partial z} \quad \rightarrow \quad \theta_{i,j,k}^{***}=\begin{cases}\theta_{i,j,k}^{**}-(\theta_{i,j,k}^{**}-\theta_{i,j,k-1}^{**})\overline{w}\Delta t/\Delta z & \overline{w}\geqslant 0\\ \theta_{i,j,k}^{**}-(\theta_{i,j,k+1}^{**}-\theta_{i,j,k}^{**})\overline{w}\Delta t/\Delta z & \overline{w}<0\end{cases}$$

$$\frac{\partial \theta}{\partial t}=K_{H}\frac{\partial^{2}\theta}{\partial x^{2}} \quad \rightarrow \quad \theta_{i,j,k}^{****}=\frac{K_{H}\Delta t}{\Delta x^{2}}(\theta_{i+1,j,k}^{***}+\theta_{i-1,j,k}^{***}-2\theta_{i,j,k}^{***})$$

$$\frac{\partial \theta}{\partial t}=K_{H}\frac{\partial^{2}\theta}{\partial y^{2}} \quad \rightarrow \quad \theta_{i,j,k}^{*****}=\frac{K_{H}\Delta t}{\Delta y^{2}}(\theta_{i,j+1,k}^{****}+\theta_{i,j-1,k}^{****}-2\theta_{i,j,k}^{****})$$

$$\frac{\partial \theta}{\partial t}=K_{\theta}\frac{\partial^{2}\theta}{\partial z^{2}} \quad \rightarrow \quad \theta_{i,j,k}^{n+1}=\frac{K_{\theta}\Delta t}{\Delta z^{2}}(\theta_{i,j,k+1}^{*****}+\theta_{i,j,k-1}^{*****}-2\theta_{i,j,k}^{*****})$$

其中
$$\begin{cases} \overline{u}=\dfrac{1}{2}\,(u^n_{i,j,k}+u^n_{i+1,j,k}) \\[2mm] \overline{v}=\dfrac{1}{2}\,(v^n_{i,j,k}+v^n_{i,j+1,k}) \\[2mm] \overline{w}=\dfrac{1}{2}\,(w^n_{i,j,k}+w^n_{i,j,k+1}) \end{cases}\qquad(6.2.82)$$

⑥污染物扩散方程(6.2.80f)式

$$\dfrac{\partial cl}{\partial t}=-u\,\dfrac{\partial cl}{\partial x}\ \rightarrow\ cl^*_{i,j,k}=\begin{cases} cl^n_{i,j,k}-(cl^n_{i,j,k}-cl^n_{i-1,j,k})\,\overline{u}\,\Delta t/\Delta x & \overline{u}\geqslant 0 \\[2mm] cl^n_{i,j,k}-(cl^n_{i+1,j,k}-cl^n_{i,j,k})\,\overline{u}\,\Delta t/\Delta x & \overline{u}<0 \end{cases}$$

$$\dfrac{\partial cl}{\partial t}=-v\,\dfrac{\partial cl}{\partial y}\ \rightarrow\ cl^{**}_{i,j,k}=\begin{cases} cl^*_{i,j,k}-(cl^*_{i,j,k}-cl^*_{i,j-1,k})\,\overline{v}\,\Delta t/\Delta y & \overline{v}\geqslant 0 \\[2mm] cl^*_{i,j,k}-(cl^*_{i,j+1,k}-cl^*_{i,j,k})\,\overline{v}\,\Delta t/\Delta y & \overline{v}<0 \end{cases}$$

$$\dfrac{\partial cl}{\partial t}=-w\,\dfrac{\partial cl}{\partial z}\ \rightarrow\ cl^{***}_{i,j,k}=\begin{cases} cl^{**}_{i,j,k}-(cl^{**}_{i,j,k}-cl^{**}_{i,j,k-1})\,\overline{w}\,\Delta t/\Delta z & \overline{w}\geqslant 0 \\[2mm] cl^{**}_{i,j,k}-(cl^{**}_{i,j,k+1}-cl^{**}_{i,j,k})\,\overline{w}\,\Delta t/\Delta z & \overline{w}<0 \end{cases}$$

$$\dfrac{\partial cl}{\partial t}=K_H\,\dfrac{\partial^2 cl}{\partial x^2}\ \rightarrow\ cl^{****}_{i,j,k}=\dfrac{K_H\Delta t}{\Delta x^2}(cl^{***}_{i+1,j,k}+cl^{***}_{i-1,j,k}-2cl^{***}_{i,j,k})$$

$$\dfrac{\partial cl}{\partial t}=K_H\,\dfrac{\partial^2 cl}{\partial y^2}\ \rightarrow\ cl^{*****}_{i,j,k}=\dfrac{K_H\Delta t}{\Delta y^2}(cl^{****}_{i,j+1,k}+cl^{****}_{i,j-1,k}-2cl^{****}_{i,j,k})$$

$$\dfrac{\partial cl}{\partial t}=K_d\,\dfrac{\partial^2 cl}{\partial z^2}\ \rightarrow\ cl^{******}_{i,j,k}=\dfrac{K_d\Delta t}{\Delta z^2}(cl^{*****}_{i,j,k+1}+cl^{*****}_{i,j,k-1}-2cl^{*****}_{i,j,k})$$

$$\dfrac{\partial cl}{\partial t}=Sl+Dl+Rl\ \rightarrow\ cl^{n+1}_{i,j,k}=cl^{******}_{i,j,k}+(Sl^n_{i,j,k}+Dl^n_{i,j,k}+Rl^n_{i,j,k})$$

式中，$\overline{u},\overline{v},\overline{w}$ 的形式与(6.2.82)式完全相同。

⑦边界条件的处理方法

a.在西侧边界 $x=0(i=1)$ 处

$$\begin{cases} u^n_{1,j,k}=u^n_{1,j,k} & v^n_{1,j,k}=v^n_{1,j,k} & w^n_{1,j,k}=w^n_{1,j,k} & \theta^n_{1,j,k}=\theta^n_{1,j,k} & cl^n_{1,j,k}=cl^n_{1,j,k} & u^n_{1,j,k}\geqslant 0 \\[2mm] u^n_{1,j,k}=u^n_{2,j,k} & v^n_{1,j,k}=v^n_{2,j,k} & w^n_{1,j,k}=w^n_{2,j,k} & \theta^n_{1,j,k}=\theta^n_{2,j,k} & cl^n_{1,j,k}=cl^n_{2,j,k} & u^n_{1,j,k}<0 \end{cases}$$

b.在东侧边界 $x=L\times\Delta x(i=L)$ 处

$$\begin{cases} u^n_{L,j,k}=u^n_{L-1,j,k} \quad v^n_{L,j,k}=v^n_{L-1,j,k} \quad w^n_{L,j,k}=w^n_{L-1,j,k} \\[1mm] \theta^n_{L,j,k}=\theta^n_{L-1,j,k}, \quad cl^n_{L,j,k}=cl^n_{L-1,j,k} \end{cases}\quad u^n_{L,j,k}\geqslant 0$$
$$\begin{cases} u^n_{L,j,k}=u^n_{L,j,k} \quad v^n_{L,j,k}=v^n_{L,j,k} \quad w^n_{L,j,k}=w^n_{L,j,k} \\[1mm] \theta^n_{L,j,k}=\theta^n_{L,j,k}, \quad cl^n_{L,j,k}=cl^n_{L,j,k} \end{cases}\quad u^n_{L,j,k}<0$$

c.在南侧边界 $y=0(j=1)$ 处

$$\begin{cases} u^n_{i,1,k}=u^n_{i,1,k} & v^n_{i,1,k}=v^n_{i,1,k} & w^n_{i,1,k}=w^n_{i,1,k} & \theta^n_{i,1,k}=\theta^n_{i,1,k} & cl^n_{i,1,k}=cl^n_{i,1,k} & v^n_{i,1,k}\geqslant 0 \\[2mm] u^n_{i,1,k}=u^n_{i,2,k} & v^n_{i,1,k}=v^n_{i,2,k} & w^n_{i,1,k}=w^n_{i,2,k} & \theta^n_{i,1,k}=\theta^n_{i,2,k} & cl^n_{i,1,k}=cl^n_{i,2,k} & v^n_{i,1,k}<0 \end{cases}$$

d.在北侧边界 $y=M\times\Delta y(j=M)$ 处

$$\begin{cases} u^n_{i,M,k}=u^n_{i,M-1,k} \quad v^n_{i,M,k}=v^n_{i,M-1,k} \quad w^n_{i,M,k}=w^n_{i,M-1,k} \\[1mm] \theta^n_{i,M,k}=\theta^n_{i,M-1,k}, \quad cl^n_{i,M,k}=cl^n_{i,M-1,k} \end{cases}\quad v^n_{i,M,k}\geqslant 0$$
$$\begin{cases} u^n_{i,M,k}=u^n_{i,M,k} \quad v^n_{i,M,k}=v^n_{1,M,k} \quad w^n_{i,M,k}=w^n_{1,M,k} \\[1mm] \theta^n_{i,M,k}=\theta^n_{i,M,k}, \quad cl^n_{i,M,k}=cl^n_{i,M,k} \end{cases}\quad u^n_{i,M,k}<0$$

e. 在顶部边界 $z=N\times\Delta z(k=N)$ 处

$$\begin{cases} u_{i,j,k}^n = u_{i,j,k}^n - \dfrac{(u_{i,j,k}^n - u_{i,j,N}^n)(k-N+5)}{5} \\[2mm] v_{i,j,k}^n = v_{i,j,k}^n - \dfrac{(v_{i,j,k}^n - v_{i,j,N}^n)(k-N+5)}{5} \\[2mm] w_{i,j,k}^n = w_{i,j,k}^n - \dfrac{(w_{i,j,k}^n - w_{i,j,N}^n)(k-N+5)}{5} \\[2mm] \theta_{i,j,k}^n = \theta_{i,j,k}^n - \dfrac{(\theta_{i,j,k}^n - \theta_{i,j,N}^n)(k-N+5)}{5} \\[2mm] cl_{i,j,k}^n = cl_{i,j,k}^n - \dfrac{(cl_{i,j,k}^n - cl_{i,j,N}^n)(k-N+5)}{5} \end{cases} \qquad (6.2.83)$$

f. 在底部边界 $z=0(k=1)$ 处

$$\begin{cases} u_{i,j,1}^n = v_{i,j,1}^n = w_{i,j,1}^n = 0 \\[2mm] \theta_{i,j,1}^n = \theta(t), \quad cl_{i,j,1}^n = cl_{i,j,2}^n \end{cases}$$

式中, $\theta(t)$ 为地表温度随时间变化的规律, 这是一个非常重要的函数。正是由于它的存在, 才导致模拟区域内风场、温度场等的变化, 从而影响到污染物的输送与扩散。

6.3　连续源的高斯模式

6.2.6 节对于无界空间中的连续点源, 在定常条件下, 假定平均风速 u 及湍流交换系数 K_y 与 K_z 均为常数, 得到了解析解(6.2.64)式。该式即为标准的高斯(Gauss)烟羽模式

$$\gamma(x,y,z) = \frac{Q}{2\pi u \sigma_y \sigma_z} \exp\left[-\left(\frac{y^2}{2\sigma_y^2} + \frac{z^2}{2\sigma_z^2} \right) \right] \qquad (6.3.1)$$

上式意味着烟囱口在坐标原点 $(0,0,0)$, x 轴沿平均风速 u 的方向(图 6.2)。标准差 σ_y 和 σ_z 分别代表 y,z 方向代表烟流的宽度(浓度的横向分布)。依照概率密度的正态分布规律, 设烟流 A——A′ 剖面上中心点的相对浓度为 1.0, 则曲线 $\dfrac{y^2}{\sigma_y^2} + \dfrac{z^2}{\sigma_z^2} = 1$ 即为相对浓度等于 0.61 的等值线。考虑到源的不同情况(点源, 线源, 面源), 并假设地面的全反射条件, 以及考虑到抬升或混合层高度等, 可得到各种以(6.3.1)式的高斯模式为基础的实用公式。各种高斯模式所需参数为源强 Q, 风速 u 以及大气稳定度等类别。下面简要介绍低层大气的稳定度分类方法。

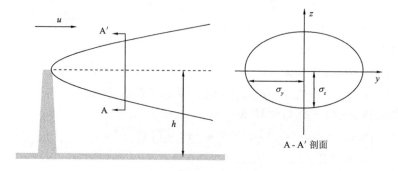

图 6.2　烟流浓度分布示意图

通常可依照位温垂直梯度的符号和其绝对值把低层大气定性地分为 6 种稳定度,见表 6.3。

表 6.3　大气稳定度分类

类别	A	B	C	D	E	F
稳定度	极不稳定	不稳定	略不稳定	中性	稳定	极稳定
位温梯度 $\frac{\partial\theta}{\partial z}$	$\ll 0$	<0	$<$ 或 ≈ 0	$=0$	>0	$\gg 0$

布里格斯(Briggs)给出了不同稳定度下扩散参数 σ_y 和 σ_z 随下风距离 x 而变化的经验公式,见表 6.4(表中 σ_y,σ_z 和 x 的单位均为 m)。

该组公式适用于开阔农村条件。应当指出,还有许多其他方法来对低层大气进行稳定度分类,同样也有许多其他方法给出不同稳定度下扩散参数 σ_y 和 σ_z 随下风距离 x 的变化规律(经验公式或曲线),它们分别来自于不同的实验结果的总结,并有不同的适用条件。

表 6.4　布里格斯的不同稳定度下横向扩散参数 σ_y 和 σ_z

与下风距离 x 而变化的经验公式

稳定度	$\sigma_y(\mathrm{m})$	$\sigma_z(\mathrm{m})$
A	$\dfrac{0.22x}{\sqrt{1+0.0001x}}$	$0.20x$
B	$\dfrac{0.16x}{\sqrt{1+0.0001x}}$	$0.12x$
C	$\dfrac{0.11x}{\sqrt{1+0.0001x}}$	$\dfrac{0.08x}{\sqrt{1+0.0002x}}$
D	$\dfrac{0.08x}{\sqrt{1+0.0001x}}$	$\dfrac{0.06x}{\sqrt{1+0.0015x}}$
E	$\dfrac{0.06x}{\sqrt{1+0.0001x}}$	$\dfrac{0.03x}{1+0.003x}$
F	$\dfrac{0.04x}{\sqrt{1+0.0001x}}$	$\dfrac{0.016x}{1+0.003x}$

应用高斯模式所需要的另一个参数是烟流中心轴线的有效高度 h,它应为烟囱的实际高度 h_s,与烟流抬升高度 Δh 的和:$h=h_s+\Delta h$。为考虑烟流的抬升,当烟流从烟囱口向上喷出时,把它看成是一个侧向湍流射流。由于初始动量和环境气流的相互作用,它的轴线将倾斜抬升(图 6.3)。此即所谓动量抬升。由于我们此处不涉及湍流射流内部的细节,故仅介绍其轴线所满足的下述经验公式

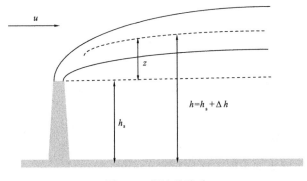

图 6.3　烟流的抬升

$$\frac{x}{d} = \frac{q_a}{q_s} \left(\frac{z}{d}\right)^{2.55} + \frac{z}{d}\left(1 + \frac{q_a}{q_s}\right)\cos(\alpha) \tag{6.3.2}$$

式中,坐标原点在烟囱口处,x 轴沿平均风向,z 轴垂直向上;α 是烟流轴线的倾角;d 是烟囱口直径;q_a 是烟囱口处环境水平气流的动能:$q_a = \frac{1}{2}\rho_a u^2$;$q_s$ 是烟气出口时的初始动能:$q_s = \frac{1}{2}\rho_s w^2$,这里 w 是烟气的出口速度,ρ_a 和 ρ_s 分别是空气密度和烟气(出口时)的密度。

(6.3.2)式告诉我们,烟流的动量抬升取决于出口时烟气与环境气流的动能之比 $\frac{q_a}{q_s} = \frac{\rho_a u^2}{\rho_s w^2}$。显然,当烟气密度 ρ_s 与空气密度 ρ_a 接近时,抬升取决于烟气出口时速度比 $\frac{u}{w}$。实际上,不仅烟流的抬升,在中性大气中,烟羽在出口附近的形态(例如下洗)基本取决于速度比 $\frac{u}{w}$。

另一个决定烟流抬升高度的重要参数是烟气出口时的温度 T_s。当烟气刚刚从烟囱出口喷出时,一般其自身的温度 T_s 高于环境空气的温度 T_a,此时烟气不仅有动量抬升,还有浮力抬升,且浮力抬升的高度远大于动量抬升的高度。在中性层结条件下,烟流的动量抬升规律为

$$z = \left(\frac{3F_z}{\beta^2}\right)^{\frac{1}{3}} u^{-\frac{2}{3}} x^{\frac{1}{3}} \tag{6.3.3}$$

式中,z 为抬升高度,u 为风速,x 为下风距离,$\beta = 0.4 + 1.2/R$ 为无量纲卷夹系数,$R = w_0/u$,w_0 为烟气出口速度,F_z 为浮力通量参数

$$F_z = R_0^2 w_0 g \frac{T_s - T_a}{T_s} \tag{6.3.4}$$

式中,R_0 为烟囱出口半径,g 为重力加速度,(6.3.3)式被称为“三分之一次律”。

而烟流的热力抬升规律为

$$z = \left(\frac{3F_z}{2\beta^2}\right)^{\frac{1}{3}} u^{-1} x^{\frac{2}{3}} \tag{6.3.5}$$

式中,$\beta = 0.6$,为无量纲卷夹系数,即是“三分之二次律”。

对于稳定层结和不稳定层结,一般套用中性层结的结果,只不过是在系数上加以修正。由此我们得出两个规律:

动量抬升(射流)：　　　　　　$z \propto x^{1/3}$ 　　　　　　 (6.3.6)

热力抬升(热羽)：　　　　　　$z \propto x^{2/3}$ 　　　　　　 (6.3.7)

由于在实际应用中,大部分污染源是高架源(烟囱),所以(6.3.1)式变成

$$\gamma(x, y, z) = \frac{Q}{2\pi u \sigma_y \sigma_z} \exp\left\{-\left[\frac{y^2}{2\sigma_y^2} + \frac{(z-h)^2}{2\sigma_z^2}\right]\right\} \tag{6.3.8}$$

式中,h 如图 6.3 所示,称为有效源高。其中抬升高度 Δh 受诸多因素影响,如烟气密度、温度、排放量与出口速度,稳定度层结、风速等,具体形式可参考国标公式。因为考虑到“镜像”因素,即污染物没有沉降,全被地面反射回来(这只是一种假设),故上式只是“实源”,应增加了一项“虚源”

$$\gamma_i(x, y, z) = \frac{Q}{2\pi u \sigma_y \sigma_z} \exp\left\{-\left[\frac{y^2}{2\sigma_y^2} + \frac{(z+h)^2}{2\sigma_z^2}\right]\right\} \tag{6.3.9}$$

使空间任一点的浓度值等效于实源与虚源相叠加(图 6.4),即

$$\gamma(x, y, z) = \gamma_r(x, y, z) + \gamma_i(x, y, z)$$

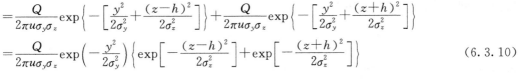

$$= \frac{Q}{2\pi u\sigma_y\sigma_z}\exp\left\{-\left[\frac{y^2}{2\sigma_y^2}+\frac{(z-h)^2}{2\sigma_z^2}\right]\right\}+\frac{Q}{2\pi u\sigma_y\sigma_z}\exp\left\{-\left[\frac{y^2}{2\sigma_y^2}+\frac{(z+h)^2}{2\sigma_z^2}\right]\right\}$$

$$= \frac{Q}{2\pi u\sigma_y\sigma_z}\exp\left(-\frac{y^2}{2\sigma_y^2}\right)\left\{\exp\left[-\frac{(z-h)^2}{2\sigma_z^2}\right]+\exp\left[-\frac{(z+h)^2}{2\sigma_z^2}\right]\right\} \tag{6.3.10}$$

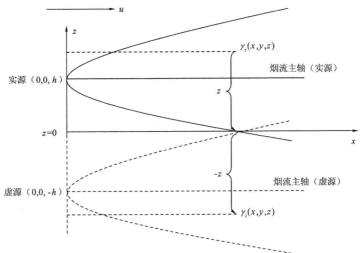

图 6.4　镜像法示意图

1）地面浓度与地面最大浓度

因为我们最关心的是污染物在地面附近的浓度（人的身高一般在 2m 以下），故在（6.3.8）式中，令 $z=0$，就得到高架源的地面浓度公式

$$\gamma(x,y,0)=\frac{Q}{\pi u\sigma_y\sigma_z}\exp\left[-\left(\frac{y^2}{2\sigma_y^2}+\frac{h^2}{2\sigma_z^2}\right)\right] \tag{6.3.11}$$

再令 $y=0$，便得到高架源的地面轴线浓度公式

$$\gamma(x,0,0)=\frac{Q}{\pi u\sigma_y\sigma_z}\exp\left(-\frac{h^2}{2\sigma_z^2}\right) \tag{6.3.12}$$

另外，地面最大浓度 $\gamma_{\max}$ 和出现地面最大浓度的距离 $x_{\max}$ 也是我们非常关心的两个参数。通常烟羽横向扩散的标准差 σ_y 和 σ_z 可拟和为：$\sigma_y=ax^b$，$\sigma_z=cx^d$；将它们代入上式，得

$$\gamma(x,0,0)=\frac{Q}{\pi uacx^{b+d}}\exp\left(-\frac{h^2}{2c^2x^{2d}}\right) \tag{6.3.13}$$

根据极值定理，有 $\mathrm{d}\gamma_{\max}/\mathrm{d}x=0$，所以

$$\frac{d\gamma}{\mathrm{d}x}=\frac{Q}{\pi uac}\frac{d}{\mathrm{d}x}\left[x^{-(b+d)}\exp\left(-\frac{h^2}{2c^2x^{2d}}\right)\right]$$

$$=\frac{Q}{\pi uac}\left[-(b+d)x^{-(b+d+1)}\exp\left(-\frac{h^2}{2c^2x^{2d}}\right)+x^{-(b+d)}\exp\left(-\frac{h^2}{2c^2x^{2d}}\right)\frac{2dh^2}{2c^2}x^{-2d-1}\right]$$

$$=\frac{Q}{\pi uacx^{b+d+1}}\left[\frac{dh^2}{c^2x^{2d}}-(b+d)\right]\exp\left(-\frac{h^2}{2c^2x^{2d}}\right)$$

$$=\frac{Q}{\pi ux\sigma_y\sigma_z}\left[\frac{dh^2}{\sigma_z^2}-(b+d)\right]\exp\left(-\frac{h^2}{2\sigma_z^2}\right)=0$$

$$\rightarrow\quad\frac{dh^2}{\sigma_z^2}=b+d\quad\rightarrow\quad\sigma_z^2=\frac{d}{b+d}h^2\quad\rightarrow\quad cx^d=\frac{h}{\sqrt{1+b/d}}$$

得到地面最大浓度出现的位置为

$$x_{max} = \left(\frac{h}{c\sqrt{1+b/d}} \right)^{\frac{1}{d}} \tag{6.3.14}$$

将(6.3.14)式代回(6.3.13)式,就得到地面最大浓度

$$\gamma_{max} = \frac{Q}{\pi uac} \left(\frac{c\sqrt{1+(b/d)}}{h} \right)^{1+\frac{b}{d}} \exp\left(-\frac{1}{2} - \frac{b}{d} \right) \tag{6.3.15}$$

2)高斯模式的适用范围

高斯模式的应用是有一定的条件的,因为它是建立在正态分布基础上的数学模型。所以在中性及稳定条件下(在不稳定条件下,烟羽会直接被下沉气流携带而碰撞地面,造成近距离地面的高浓度)的低层大气中,风速不是很大(否则就会出现下洗现象),风向变化小(否则就会出现烟流左右摆动,不是正态分布)的气象条件下,且地形平坦的中小尺度范围内(<20km),可以获得比较好的结果。

最后应当指出,在中性及稳定条件下的低层大气中,烟羽中的长时间平均浓度分布确实符合正态分布规律,这可由统计学原理(大数定律)证明之,因为烟羽中某点的平均浓度可认为是烟气粒子在该处出现的概率密度。但在不稳定的大气边界层气流中,特别是在估算近距离和中距离地面浓度时,高斯模式是不适用的。这时的烟羽是直接被下沉气流携带而碰撞地面,造成近距离地面的高浓度,垂直方向上的湍流扩散反而退居次要地位。在此种情况下,应对不稳定大气边界层中的上升及下沉气流的出现频率以及上升速度和下沉速度加以研究,从而得出相应的统计学模式。20 世纪 80 年代,米斯拉(Misra)和文卡特拉姆(Venkatram)等沿这个方向先后提出了烟羽在不稳定的大气边界层气流中扩散的概率模式,其计算结果经与现场实测相比较,二者极为一致。

附:稳定度的分类方法简介

1)P-T 法

该方法在实际应用中最常用,是帕斯奎尔(Pasquill)在 1961 年提出的稳定度分类法,他将大气稳定度分为强不稳定、不稳定、弱不稳定、中性、弱稳定和稳定六类,分别用 A,B,C,D,E 和 F 来表示。1964 年特纳(Turner)对此作了改进,根据太阳辐射等级来划分白天辐射状况。其具体做法是先根据太阳高度角、总云量和低云量来判断太阳辐射等级。表 6.5 中的太阳高度角 $h_{\odot}$(°)用下式计算

$$h_{\odot} = \arcsin[\sin\varphi\sin\delta + \cos\varphi\cos\delta\cos(15t+\lambda-300)] \cdot \frac{180}{\pi}$$

式中,φ 为当地纬度(°);λ 为当地经度(°);t 为观测时的北京时间(小时);δ 为太阳倾角(°),其计算公式为

$$\delta = (0.006918 - 0.399912\cos\theta_0 + 0.070257\sin\theta_0 - 0.006758\cos2\theta_0$$
$$+ 0.000907\sin2\theta_0 - 0.002697\cos3\theta_0 + 0.00148\sin3\theta_0) \cdot \frac{180}{\pi}$$

式中,$\theta_0 = 360d_n/365$;其中 d_n 为天数,从 1 月 1 日的 0 到 12 月 31 日的 364。然后再根据附表 6.6 就可确定大气稳定度。

表 6.6 中 A－B 表示 A 类和 B 类内插,B－C 表示 B 类和 C 类内插,C－D 表示 C 类和 D

类内插。

表 6.5　根据太阳高度角、总云量和低云量判断太阳辐射等级

总云量/ 低云量	太阳高度角 $h_\odot$				
	夜间	$h_\odot \leqslant 15°$	$15° < h_\odot \leqslant 35°$	$35° < h_\odot \leqslant 65°$	$h_\odot > 65°$
$\leqslant 4/\leqslant 4$	−2	−1	1	2	3
5~7/$\leqslant 4$	−1	0	1	2	3
$\geqslant 8/\leqslant 4$	−1	0	0	1	1
$\geqslant 5/5$~7	0	0	0	0	1
$\geqslant 8/\geqslant 8$	0	0	0	0	0

表 6.6　根据地面风速和太阳辐射等级确定大气稳定度分类

地面风速(m/s)	太阳辐射等级					
	3	2	1	0	−1	−2
$\leqslant 1.9$	A	A−B	B	D	E	F
2~2.9	A−B	B	C	D	E	F
3~4.9	B	B−C	C	D	D	D
5~5.9	C	C−D	D	D	D	D
$\geqslant 6$	D	D	D	D	D	D

2)ΔT 法

ΔT 法是采用 40m 处与 10m 处的温差来确定大气稳定度,表 6.7 给出了划分标准。

表 6.7　ΔT 法确定大气稳定度分类

ΔT(K/100m)	< -1.9	-1.9~-1.7	-1.7~-1.5	-1.5~-0.5	-0.5~1.7	>1.5
稳定度分类	A	B	C	D	E	F

3)$\Delta T/U$ 法

基于温度梯度与风速相组合的 $\Delta T/U$ 法明显优于简单的 P-T 法。因为它能较好地既反映热力湍流又反映机械湍流两者的影响,该分类方法已成为国际原子能机构(IAEA)所建议的三个基本方法之一。它是采用 100m 处与 10m 处的温差联合地面风速 U(实际计算时用铁塔 10m 高度的风速)来确定大气稳定度,表 6.8 给出了划分标准。

表 6.8　$\Delta T/U$ 法确定大气稳定度分类

U(m/s)	ΔT(K/100m)						
	< -1.5	-1.4~-1.2	-1.1~-0.9	-0.8~-0.7	-0.6~0.0	0.1~2.0	>2.0
<1	A	A	B	C	D	F	F
1~2	A	B	B	C	D	F	F
2~3	A	B	C	D	D	E	F
3~5	B	B	C	D	D	D	E
5~7	C	C	D	D	D	D	E
>7	D	D	D	D	D	D	D

另一种 $\Delta T/U$ 法的分类比表 6.8 更细致,见表 6.9。其中,U 取 40m 高度的风速,ΔT 为 30m 与 100m 之间的温度梯度。

表 6.9 $\Delta T/U$ 法 2 确定大气稳定度分类

U(m/s)	ΔT(K/100m)
0.0～0.9	A≤−1.13<B≤−1.03<C≤−0.91<D≤−0.37<E≤0.78<F
1.0～1.9	A≤−1.18<B≤−1.05<C≤−0.91<D≤−0.22<E≤1.12<F
2.0～2.9	A≤−1.39<B≤−1.18<C≤−0.97<D≤−0.16<E≤1.25<F
3.0～3.9	A≤−1.61<B≤−1.33<C≤−1.00<D≤−0.10<E≤1.32<F
4.0～4.9	A≤−1.82<B≤−1.48<C≤−1.04<D≤−0.04<E≤1.39<F
5.0～5.9	B≤−1.62<C≤−1.08<D≤0.02<E≤1.46<F
6.0～6.9	B≤−1.77<C≤−1.16<D≤0.08<E
7.0～7.9	C≤−1.25<D
8.0～8.9	C≤−1.40<D
≥10.0	D

引自:胡二邦,陈家宜.核电厂大气扩散及其环境影响评价.北京:原子能出版社,1999:105.

4)$\Delta T/U^2$ 法

该方法是通过计算整体里查森数 Ri_b 来判断稳定度,在近地面层可用下式计算

$$Ri_b = \frac{g}{T_2} \cdot \frac{\Delta\theta}{u_2^2} z_2$$

式中,g 为重力加速度,T_2 取 30m 高度的温度,u_2 为 30m 高度的风速,z_2 为 30m,$\Delta\theta$ 为 10m 与 30m 之间的温度差,最后根据表 6.10 对计算出的 Ri_b 进行稳定度分类。

表 6.10 整体里查森数 Ri_b 确定大气稳定度分类

Ri_b	<−0.03	−0.03～−0.02	−0.02～−0.01	−0.01～0.004	0.004～0.05	>0.05
稳定度分类	A	B	C	D	E	F

5)辐射分类法

由于 P-T 法需要借助云量来判别辐射强弱,而云量的观测完全靠人工肉眼判断,主观因素太大。故辐射分类法利用辐射表对太阳辐射的准确测量,可对 P-T 法进行更加准确、客观的修正,其分类标准见表 6.11。

表 6.11 辐射分类法确定大气稳定度分类

辐射		风速(m/s)				
		<2.0	2.0～3.0	3.0～4.0	4.0～6.0	>6.0
白天用太阳辐射 (W/m²)	>700	A	A−B	B	C	C
	350～700	A−B	B	B−C	C−D	D
	50～350	B	C	C	D	D
	0～50	D	D	D	D	D
夜间用净辐射 (W/m²)	−25～0	D	D	D	D	D
	−50～−25	—	E	D	D	D
	<−50	—	F	E	D	D

6)水平风向标准差(σ_θ)法

水平风向标准差(σ_θ)法是 1h 的水平风向标准差来确定大气稳定度,表 6.12 给出了划分标准。

表 6.12　水平风向标准差(σ_θ)法确定大气稳定度分类

$\sigma_\theta(°)$	>22.5	17.5~22.5	12.5~17.5	7.5~12.5	3.75~7.5	<3.75
稳定度分类	A	B	C	D	E	F

6.4　随机游走模式

从统计学原理出发处理质点的湍流扩散的另一途径是所谓的随机游走模式。该模式把质点从原点(源点)出发后 t 时刻的横向位移 $z(t)$ 看作是由许多单独的随机的步长叠加而成的。设点源在原点,恒定平均风速 u 沿 x 方向。令 h 为 x 方向的步长,k 为 z 方向的步长。质点在 x 方向以恒速 u 运动,仅在 z 方向有扩散。作为最简单的假设,粒子在 x 方向每前进一步,在 z 方向也必前进一步,但向左(+z 方向)向右(-z 方向)的概率相等,各为 1/2。则在 n 步内,所有可能的路径数为 2^n。考虑步长数坐标(n,m)点,设粒子到达这一点的过程中共向左移 l 步,向右移 r 步,则必有 $l-r=m$;又已知总步数为 n,故 $l+r=n$。从上二式中消去 r,可知 $l=\frac{m+n}{2}$。故,粒子到达坐标点(n,m)的路径数为 C_n^l,即从 n 个不同元素中每次取出 l 个的组合数,从而粒子到达(n,m)点的概率,也就认为是该点的粒子浓度为

$$p(n,m)=\frac{1}{2^n}C_n^l=\frac{1}{2^n}\frac{n!}{l!\ (n-l)!}=\frac{1}{2^n}\frac{n!}{\left(\frac{n+m}{2}\right)!\ \left(\frac{n-m}{2}\right)!} \tag{6.4.1}$$

这是离散型随机变量的伯努利分布;当 n 值很大时,它趋近于高斯(正态)分布

$$n\to\infty,\quad p(m,n)=\sqrt{\frac{2}{\pi n}}\exp\left(-\frac{m^2}{2n}\right) \tag{6.4.2}$$

上述的原理型随机游走模式假定粒子这一步的横向运动与上一步的横向运动无关,即粒子的横向脉动是"无记忆"的,这实际上是假定横向脉动速度 w' 的拉格朗日自相关 $R_L(\tau)=0$。这里拉格朗日横向自相关的定义为

$$R_L(\tau)=\frac{\overline{w'(t')w'(t'+\tau)}}{\overline{w'^2}} \tag{6.4.3}$$

但这是分子热运动的图像,而不是湍流运动的图像。然而可以想象,当所讨论的扩散的时间尺度 T 比湍流的拉格朗日自相关的尺度 T_L 大得多时:$T\gg T_L$,上述处理方法对湍流扩散也是正确的。而上述处理过程不可避免地导致(6.4.2)式的正态分布。这说明:1)所有各种以高斯分布为基础的正态扩散模式是有统计学理论作依据的;2)所有各正态扩散模式适用于输运物质的浓度在极长时间内的平均值,而决不能用于短时间的平均值甚至瞬时值。

为更好地适用于湍流扩散,上述模式须加以改进。首先,x 方向风速 u 应改为平均风速 $\bar{u}$ 与湍流分量 u' 的和

$$u=\bar{u}+u' \tag{6.4.4}$$

而湍流分量 u' 为相关分量与随机分量之和

$$u' = u'(t - \Delta t)R(\Delta t) + u'' \tag{6.4.5}$$

式中,Δt 为时间步长,随机分量 u'' 设为高斯分布,具体参数由低层大气湍流测量给出。作了上述改进的随机游走模式称为蒙特卡罗模式,可用于计算大量粒子的轨迹,从而对其概率分布做出各种统计。具体方法是用大量标记粒子的释放来表征污染物的连续排放,让它们在流畅在平均风输送,同时又用一系列随机位移来模拟湍流扩散,并跟踪它们的运动轨迹,最后统计这些粒子在时间和空间上的总体分布,也就知道污染物浓度的扩散规律。

设共释放 N_p 个标记粒子,第 i_p 个标记粒子在 $t = n\Delta t$ 时刻的坐标为 $(x_{ip}^n, y_{ip}^n, z_{ip}^n)$,则它在 $t = (n+1)\Delta t$ 时刻的坐标为

$$\begin{cases} x_{ip}^{n+1} = x_{ip}^n + u(t)\Delta t \\ y_{ip}^{n+1} = y_{ip}^n + v(t)\Delta t \\ z_{ip}^{n+1} = z_{ip}^n + w(t)\Delta t \end{cases} \tag{6.4.6}$$

式中,$u(t)$,$v(t)$ 和 $w(t)$ 为 $t = n\Delta t$ 时刻的粒子速度,形式为

$$\begin{cases} u(t) = \bar{u} + u'(t) \\ v(t) = \bar{v} + v'(t) \\ w(t) = \bar{w} + w'(t) \end{cases} \tag{6.4.7}$$

式中,$\bar{u}$,$\bar{v}$ 和 $\bar{w}$ 为平流速度(每小时的风速平均值),一般由观测站或预报模式(如 K 模式)提供。脉动速度 $u'(t)$,$v'(t)$ 和 $w'(t)$ 的表达式为

$$\begin{cases} u'(t) = u'(t - \Delta t)R_{Lu}(\Delta t) + \sigma_u [1 - R_{Lu}^2(\Delta t)]^{\frac{1}{2}} \nu \\ v'(t) = v'(t - \Delta t)R_{Lv}(\Delta t) + \sigma_v [1 - R_{Lv}^2(\Delta t)]^{\frac{1}{2}} \nu \\ w'(t) = w'(t - \Delta t)R_{Lw}(\Delta t) + \sigma_w [1 - R_{Lw}^2(\Delta t)]^{\frac{1}{2}} \nu \end{cases} \tag{6.4.8}$$

式中,σ_u,σ_v 和 σ_w 分别为 u, v 和 w 的标准差,$u'(t - \Delta t)$,$v'(t - \Delta t)$ 和 $w'(t - \Delta t)$ 则分别为 u, v 和 w 在 $t = (n-1)\Delta t$ 时刻的脉动速度,ν 是一个由计算机产生的均值为 A,方差为 σ 的且符合正态分布的随机数,其公式为

$$\begin{cases} R_{ip} = \mathrm{mod}(317 \times R_{ip-1}, \quad 1.0 \quad) \\ \nu = A + \dfrac{\sigma}{\sqrt{n/12}} \left(\displaystyle\sum_{ir=1}^{n} R_{ir} - \dfrac{n}{2} \right) \end{cases} \tag{6.4.9}$$

式中,$\mathrm{mod}()$ 为求余函数,R_{ir-1} 为上一个随机数,上式的原理是用第一个公式产生 n 的随机数(通常取 $n = 12$ 就可以满足精度了),然后再用第二个公式计算出 ν。$R_{Lu}(\Delta t)$,$R_{Lv}(\Delta t)$ 和 $R_{Lw}(\Delta t)$ 分别为 u, v 和 w 的拉格朗日自相关系数

$$\begin{cases} R_{Lu}(\Delta t) = \exp(-\Delta t/T_{Lu}) \\ R_{Lv}(\Delta t) = \exp(-\Delta t/T_{Lv}) \\ R_{Lw}(\Delta t) = \exp(-\Delta t/T_{Lw}) \end{cases} \tag{6.4.10}$$

最后用下式计算每个网格中的污染物浓度

$$\gamma_{i,j,k} = \frac{Q \displaystyle\sum_{ip=1}^{Np} T_{i,j,k,ip}}{Np \Delta x \Delta y \Delta z} \tag{6.4.11}$$

式中,$\Delta x \Delta y \Delta z$ 为网格的体积,Q 为源强,$T_{i,j,k,ip}$ 为第 ip 个粒子在网格 (i,j,k) 中的逗留时间。因此,只要我们知道了风速 u, v, w 的拉格朗日时间尺度 T_{Lu}, T_{Lv}, T_{Lw} 和标准差 $\sigma_u, \sigma_v, \sigma_w$,利用

(6.4.10)式求出拉格朗日自相关系数 R_{Lu}，R_{Lv} 和 R_{Lw}，再用(6.4.8)式求出风速的脉动量，最后用(6.4.7)式和(6.4.6)式即可得出粒子的空间位置。所以问题的关键在于得到 T_{Lu}，T_{Lv}，T_{Lw}，σ_u，σ_v 和 σ_w，在这里我们仅介绍一个常用的半经验公式。下式中的 z_i 为边界层厚度，L 为莫宁-奥布霍夫长度(见(6.2.14)式)，$f = 2\omega \sin(\varphi)$ 为科氏力参数，u_* 和 w_* 分别为摩擦速度和对流特征速度，即

$$u_* = (\overline{u'w'}^2 + \overline{v'w'}^2)^{\frac{1}{4}} \tag{6.4.12}$$

$$w_* = \left(\frac{g z_i}{\bar{\theta}} \overline{w'\theta'}\right)^{\frac{1}{3}} \tag{6.4.13}$$

1)在不稳定边界层中

$$\sigma_u = \sigma_v = u_* \left(12 + \frac{0.5 z_i}{|L|}\right)^{\frac{1}{3}} \tag{6.4.14}$$

$$\sigma_w = \begin{cases} 0.96 w_* \left[\dfrac{3z-L}{z_i}\right]^{\frac{1}{3}} & \dfrac{z}{z_i} < 0.03 \\[2mm] w_* \min\left\{0.96\left[\dfrac{3z-L}{z_i}\right]^{\frac{1}{3}}, 0.763\left(\dfrac{z}{z_i}\right)^{0.175}\right\} & 0.03 < \dfrac{z}{z_i} < 0.4 \\[2mm] 0.722 w_* \left(1 - \dfrac{z}{z_i}\right)^{0.207} & 0.4 < \dfrac{z}{z_i} < 0.96 \\[2mm] 0.37 w_* & 0.96 < \dfrac{z}{z_i} < 1 \end{cases} \tag{6.4.15}$$

$$T_{Lu} = T_{Lv} = \frac{0.15 z_i}{\sigma_u} \tag{6.4.16}$$

$$T_{Lw} = \begin{cases} \dfrac{0.1z}{\sigma_w[0.55 + 0.38(z-z_0)/L]} & \dfrac{z}{z_i} < 0.1, \quad -\dfrac{z-z_0}{L} < 1 \\[2mm] \dfrac{0.59z}{\sigma_w} & \dfrac{z}{z_i} = 0.1, \quad -\dfrac{z-z_0}{L} < 1 \\[2mm] \dfrac{0.15 z_i}{\sigma_w[1 - \exp(-5z/z_i)]} & \dfrac{z}{z_i} > 0.1 \end{cases} \tag{6.4.17}$$

2)在中性边界层中

$$\begin{cases} \sigma_u = 2 u_* \exp\left(-\dfrac{3fz}{u_*}\right) \\[2mm] \sigma_v = \sigma_w = 1.3 u_* \exp\left(-\dfrac{2fz}{u_*}\right) \end{cases} \tag{6.4.18}$$

$$T_{Lu} = T_{Lv} = T_{Lw} = \frac{0.5 z/\sigma_w}{1 + 15 fz/u_*} \tag{6.4.19}$$

3)在稳定边界层中

$$\begin{cases} \sigma_u = 2 u_* \left(1 - \dfrac{z}{z_i}\right) \\[2mm] \sigma_v = \sigma_w = 1.3 u_* \left(1 - \dfrac{z}{z_i}\right) \end{cases} \tag{6.4.20}$$

$$
\begin{cases}
T_{Lu} = \dfrac{0.15\sqrt{z \cdot z_i}}{\sigma_u} \\[3mm]
T_{Lv} = \dfrac{0.07\sqrt{z \cdot z_i}}{\sigma_v} \\[3mm]
T_{Lw} = \dfrac{0.10 z_i}{\sigma_w}\left(\dfrac{z}{z_i}\right)^{0.8}
\end{cases}
\tag{6.4.21}
$$

随机游走模式的特点是计算方法简单,易于程序化,而且不必考虑计算的稳定性及边界条件的处理(如果粒子游走出模式区域,在计算浓度时略去不计),但是必须释放大量的例子进行跟踪,故计算量较大。人们使用它对城市、海滨等复杂地形,以及海陆风、内边界层等复杂气象条件下的污染物扩散进行模拟,都得到了很好的结果。

随机游走粒子-烟团模式(又称 RPPM 模式)是粒子随机游走方法的进一步发展,它对随机游走的粒子引入核函数或烟团的概念,以改善浓度计算并提高计算效率。它是应用一种恰当的核函数对随机游动粒子的分布进行取样。对任一时刻 t 和空间位置 $\boldsymbol{r}$ 的浓度计算,由核函数或烟团概念,有

$$
c(\boldsymbol{r}, t) = \frac{A(\boldsymbol{r})}{l^3} \sum_i m_i K(\boldsymbol{r}_i - \boldsymbol{r}, l)
\tag{6.4.22}
$$

式中,c 为浓度,$\boldsymbol{r}_i$ 和 m_i 为第 i 个粒子的空间位置和质量,K 为核函数。l 为核函数或烟团的特征尺度,原则上由粒子的空间分布密度决定。$A(\boldsymbol{r})$ 为近边界处的浓度修正因子,对无边界的情况有 $A(\boldsymbol{r}) \equiv 1$。取高斯函数形式的核函数,则上式极类似于高斯烟团公式,即

$$
K(\boldsymbol{r}_i - \boldsymbol{r}, l) = \frac{1}{(2\pi)^{3/2}} \exp\left(-\frac{|\boldsymbol{r}_i - \boldsymbol{r}|^2}{2l^2}\right)
\tag{6.4.23}
$$

6.5 湍流扩散的统计学描述——泰勒公式

由于近地面层大气总是处于湍流状态,而在充分发展的湍流中,速度和其他特征量都是时间和空间的随机量,即湍流运动具有高度的随机性,也就是说,单个的流体(污染物)微团(粒子)的运动极不规则,但对于大量的微团运动却具有一定的统计规律。湍流统计理论就是从研究湍流脉动场的统计性质出发,如相关、湍流强度和湍流谱等,来描述大气的扩散规律。统计学方法是跟踪某个粒子的运动轨迹来研究污染物的扩散规律,即拉格朗日方法。而 6.2 节我们介绍的梯度输送方法(K 理论),则是在某一固定点来观察污染物的扩散规律,即所谓的欧拉方法。

泰勒追踪一个带标记的质点在流场中的运动,并以此作为研究湍流扩散过程的出发点。如图 6.5,令 $w'(t)$ 为该质点在 z 方向的湍流速度,设 $t=0$ 时刻质点在坐标原点,x 轴沿平均风速 u 的方向,且假定湍流场对空间和时间都是均匀的。t 时刻以后,该质点横向(z 向)位移为

$$
z(t) = \int_0^t w'(\tau)\,\mathrm{d}\tau = \int_0^t w'(t+\tau)\,\mathrm{d}\tau
\tag{6.5.1}
$$

因为 $w'(t)$ 是一个随机变量,故大量质点的位移的平均值 $\overline{z(t)} = 0$,但其横向分布的方差 $\overline{z^2(t)} \neq 0$。依平均运算法则

$$
\frac{\mathrm{d}}{\mathrm{d}t}\overline{z^2(t)} = \overline{\frac{\mathrm{d}z^2(t)}{\mathrm{d}t}} = 2\overline{\frac{z(t)\,\mathrm{d}z(t)}{\mathrm{d}t}} = 2\overline{z(t)w'(t)} = 2\overline{\left[\int_0^t w'(t+\tau)\,\mathrm{d}\tau\right]w'(t)}
$$

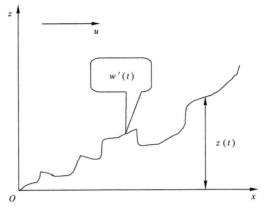

图 6.5 标记粒子的运动

$$= 2\overline{\int_0^t w'(t+\tau)w'(t)\mathrm{d}\tau} = 2\int_0^t \overline{w'(t)w'(t+\tau)}\mathrm{d}\tau \tag{6.5.2}$$

两边积分,得

$$\longrightarrow \quad \overline{z^2(t)} = 2\int_0^t \mathrm{d}t'\int_0^{t'} \overline{w'(t')w'(t'+\tau)}\mathrm{d}\tau \tag{6.5.3}$$

(6.5.3)式称为泰勒公式,它还可进一步化简。分部积分(6.5.3)式,积分时考虑到湍流在时间上的均匀性

$$\int_0^t \mathrm{d}t'\int_0^{t'} \overline{w'(t')w'(t'+\tau)}\mathrm{d}\tau = t'\int_0^{t'} \overline{w'(t')w'(t'+\tau)}\mathrm{d}\tau \Big|_0^t - \int_0^t t'\mathrm{d}\Big[\int_0^{t'} \overline{w'(t')w'(t'+\tau)}\mathrm{d}\tau\Big]$$

$$= t\int_0^t \overline{w'(t')w'(t'+\tau)}\mathrm{d}\tau - \int_0^t t'\overline{w'(s)w'(t'+s)}\mathrm{d}t'$$

$$= t\int_0^t \overline{w'(t')w'(t'+\tau)}\mathrm{d}\tau - \int_0^t \tau\overline{w'(t')w'(t'+\tau)}\mathrm{d}\tau = \int_0^t (t-\tau)\overline{w'(t')w'(t'+\tau)}\mathrm{d}\tau \tag{6.5.4}$$

即得

$$\longrightarrow \quad \overline{z^2(t)} = 2\int_0^t (t-\tau)\overline{w'(t')w'(t'+\tau)}\mathrm{d}\tau \tag{6.5.5}$$

式中,$\overline{w'(t')w'(t'+\tau)}$是拉格朗日横向自相关函数,考虑到湍流在时间上的均匀性,定义拉格朗日横向自相关系数为

$$R_{\mathrm{L}}(\tau) = \frac{\overline{w'(t')w'(t'+\tau)}}{\overline{w'^2}} \tag{6.5.6}$$

湍流的拉格朗日横向自相关系数 $R_{\mathrm{L}}(\tau)$ 代表湍流的"记忆性",即一个质点在经过 τ 时刻之后的横向脉动速度 $w'(t+\tau)$ 与它原来时刻 t 的横向脉动速度 $w'(t)$ 的相关性。"长记忆"特性是湍流运动区别于分子热运动的又一大特征。当 $\tau \to 0$ 时,$R_{\mathrm{L}}(\tau) \to 1$;$\tau \to \infty$ 时,$R_{\mathrm{L}}(\tau) \to 0$,说明 $w'(t)$ 与 $w'(t+\tau)$ 互相独立。定义 T_{L} 为拉格朗日横向自相关系数 $R_{\mathrm{L}}(t)$ 的时间尺度,其含义见图 6.6,因为我们不知道 $R_{\mathrm{L}}(t)$ 的准确表达式,故只能用 T_{L} 来表示。

$$T_{\mathrm{L}} = \int\limits_0^\infty R_{\mathrm{L}}(\tau)\mathrm{d}\tau$$

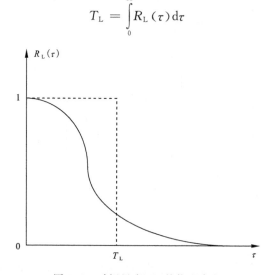

图 6.6　时间尺度 T_{L} 的物理意义

依统计学的规定,$\overline{w'^2}=\sigma_w^2$ 为 z 方向脉动速度的方差,$\overline{z^2}=\sigma_z^2$ 为质点 t 时刻 z 坐标的方差。则(6.5.5)式可写成

$$\sigma_z^2 = 2\sigma_w^2 \int\limits_0^t (t-\tau)R_{\mathrm{L}}(\tau)\mathrm{d}\tau \qquad (6.5.7)$$

上式为经坎珀·德费里奥(Kampe de Feriot)改写过的泰勒公式。

泰勒公式的物理意义:

表示从原点散布的许多粒子经过 t 时段,在 x 方向移动 $x=ut$ 距离后,它们在 z 方向位移的方差,以及 z 方向的位移方差和脉动速度 w' 的自相关系数 $R_{\mathrm{L}}(\tau)$ 的关系。从上式可以看出,在定常均匀湍流场中,粒子的湍流扩散范围取决于湍流脉动速度方差 σ_w^2 与拉格朗日相关性 $R_{\mathrm{L}}(\tau)$,湍流强度愈大,脉动速度的拉格朗日自相关函数就愈高(湍流涡旋尺度愈大),粒子散布的范围也愈大。

同理,我们可得到 x 和 y 方向的位移方差

$$\begin{cases} \sigma_x^2 = 2\sigma_u^2 \int\limits_0^t (t-\tau)R_{\mathrm{L}u}(\tau)\mathrm{d}\tau \\[2mm] \sigma_y^2 = 2\sigma_v^2 \int\limits_0^t (t-\tau)R_{\mathrm{L}v}(\tau)\mathrm{d}\tau \end{cases}$$

式中,$R_{\mathrm{L}u}$ 和 $R_{\mathrm{L}v}$ 分别为 u 和 v 速度分量的拉格朗日自相关系数,即

$$\begin{cases} R_{\mathrm{L}u}(\tau) = \dfrac{\overline{u'(t')u'(t'+\tau)}}{\overline{u'^2}} \\[3mm] R_{\mathrm{L}v}(\tau) = \dfrac{\overline{v'(t')v'(t'+\tau)}}{\overline{v'^2}} \end{cases}$$

下面给出泰勒公式的一个解析解作为例子。取最简单(可能也是最好)的拉格朗日横向自相关系数形式

$$R_{\rm L}(t) = \exp\left(-\frac{t}{T_{\rm L}}\right) \tag{6.5.8}$$

式中，$T_{\rm L}$ 是拉格朗日横向自相关系数 $R_{\rm L}(t)$ 的时间尺度。将(6.5.8)式代回泰勒公式(6.5.7)式，得到

$$\sigma_z^2 = 2\sigma_w^2 \int_0^t (t-\tau)\exp\left(-\frac{\tau}{T_{\rm L}}\right){\rm d}\tau \tag{6.5.9}$$

积分之，得到解

$$\sigma_z^2 = 2\sigma_w^2 \left[t\int_0^t \exp\left(-\frac{\tau}{T_{\rm L}}\right){\rm d}\tau - \int_0^t \tau\exp\left(-\frac{\tau}{T_{\rm L}}\right){\rm d}\tau\right]$$

$$= 2\sigma_w^2 T_{\rm L}\left[-t\int_0^t \exp\left(-\frac{\tau}{T_{\rm L}}\right){\rm d}\left(-\frac{\tau}{T_{\rm L}}\right) + \int_0^t \tau\exp\left(-\frac{\tau}{T_{\rm L}}\right){\rm d}\left(-\frac{\tau}{T_{\rm L}}\right)\right]$$

$$= 2\sigma_w^2 T_{\rm L}\left[-t\exp\left(-\frac{\tau}{T_{\rm L}}\right)\Big|_0^t + \tau\exp\left(-\frac{\tau}{T_{\rm L}}\right)\Big|_0^t - \int_0^t \exp\left(-\frac{\tau}{T_{\rm L}}\right){\rm d}\tau\right]$$

$$= 2\sigma_w^2 T_{\rm L}\left[t + T_{\rm L}\int_0^t \exp\left(-\frac{\tau}{T_{\rm L}}\right){\rm d}\left(-\frac{\tau}{T_{\rm L}}\right)\right] = 2\sigma_w^2 T_{\rm L}\left[t + T_{\rm L}\exp\left(-\frac{\tau}{T_{\rm L}}\right)\Big|_0^t\right]$$

$$\rightarrow \quad \sigma_z^2 = 2\sigma_w^2 T_{\rm L}^2\left[\frac{t}{T_{\rm L}} - 1 + \exp\left(-\frac{t}{T_{\rm L}}\right)\right] \tag{6.5.10}$$

其函数曲线如图 6.7 所示。当 $\frac{t}{T_{\rm L}}$ 很小时，将 $\exp\left(-\frac{t}{T_{\rm L}}\right)$ 展开成泰勒级数，并保留当前 3 项，$\exp\left(-\frac{t}{T_{\rm L}}\right) = 1 - \frac{t}{T_{\rm L}} + \frac{t^2}{2T_{\rm L}^2} + \cdots$ 则有渐近线①

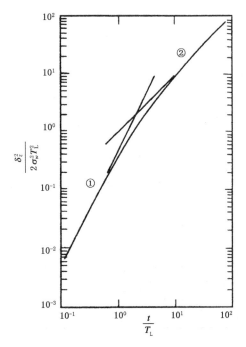

图 6.7 短时间和长时间的扩散

$$\sigma_z^2 = \sigma_w^2 t^2 \tag{6.5.11}$$

它表明,在扩散初期($\dfrac{t}{T_L}$很小时),连续点源发出的粒子流的宽度是与扩散时间成正比而增长的,即

$$\sigma_z \propto t \tag{6.5.12}$$

而当$\left(\dfrac{t}{T_L}\right)$很大时,$\exp\left(-\dfrac{t}{T_L}\right) \approx 1$,则有另一条渐近线②

$$\sigma_z^2 = 2\sigma_w^2 T_L t \tag{6.5.13}$$

它表明,扩散时间足够长后($\dfrac{t}{T_L}$很大时),连续点源发出的粒子流的宽度与扩散时间的平方根成正比,即

$$\sigma_z \propto \sqrt{t} \tag{6.5.14}$$

两个渐近直线的交点约在$\dfrac{t}{T_L} = 2$处。

6.6　湍流的相关尺度和功率与扩散的关系

依照泰勒公式(6.5.7)式,欲知连续点源发出的粒子流的横向扩散标准差 σ_z,除了知道横向脉动速度的均方根值 σ_w 外,还应知道拉格朗日横向自相关系数 $R_L(\tau)$。但对 $R_L(\tau)$,我们知之甚少;只能推测说,在平稳均匀的湍流场中:1)$R_L(0) = 1$;2)$R_L(-\tau) = R_L(\tau)$,即 $R_L(\tau)$ 是偶函数;3)$R_L(\tau)$ 随 τ 的增大单调下降,且 $\tau \to \infty$ 时,$R_L(\tau) \to 0$。实际上拉格朗日横向自相关系数 $R_L(\tau)$ 是无法精确测量的,可以较为精确地测量的只有欧拉横向自相关系数 $R_E(\tau)$,即在空间某固定点上不同时刻的横向脉动速度的相关(同样假设在平稳、均匀的湍流场中)。

$$R_E(\tau) = \frac{\overline{w'(t')w'(t'+\tau)}}{\overline{w'^2}} \tag{6.6.1}$$

它与拉格朗日横向自相关系数 $R_L(\tau)$ 具有完全相同的三条性质:1)$R_E(0) = 1$;2)$R_E(-\tau) = R_E(\tau)$;3)$R_E(\tau)$ 随 τ 的增大单调下降,且当 $\tau \to \infty$ 时,$R_E(\tau) \to 0$。此外,我们还可以合理地推测说,$R_E(\tau)$ 随 τ 的衰减要快。假定,$R_L(\tau)$ 和 $R_E(\tau)$ 有相同的函数形式,则其差别仅在于时间尺度的不同,$T_E < T_L$(图 6.8)。故可有简单关系

$$R_L(\beta\tau) = R_E(\tau) \tag{6.6.2}$$

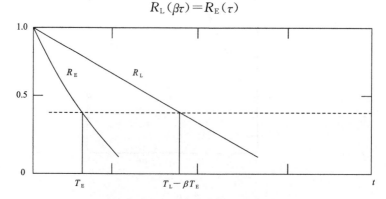

图 6.8　拉格朗日与欧拉横向自相关系数

式中,β 为拉格朗日时间尺度与欧拉时间尺度之比

$$\beta = T_L / T_E \tag{6.6.3}$$

泰勒提出的"冰冻湍流"假说认为,沿平均风速 u 的方向相距 L 的两点,后一点完全重复前一点 L/u 时间之前的湍流脉动过程。"冰冻湍流"假说可用来推导尺度比 β。如图 6.9,考虑与坐标原点相切的一个"圆车轮"状的湍流涡旋,涡旋半径为 R。它一方面被平均风速 u 携带向 x 方向移动,一方面绕自己的中心轴旋转,边缘线速度为 v^*。则跟踪"圆车轮"上某质点测得横向脉动速度 w' 的一个周期为 $T_L = \dfrac{2\pi R}{v^*}$,而其振幅为 $v = \sqrt{\overline{w'^2}}$。另一方面,固定在坐标原点处测得该湍流涡旋经过所造成的一个 w' 的全振动,其振幅同样为 v,但周期却为 $T_L = \dfrac{2R}{u}$,故知

$$\beta = \frac{T_L}{T_E} = \frac{\dfrac{2\pi R}{v^*}}{\dfrac{2R}{u}} = \frac{\pi}{\dfrac{v^*}{u}} = \frac{\pi}{\dfrac{\sqrt{\overline{w'^2}}}{u}} \tag{6.6.4}$$

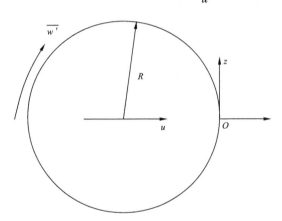

图 6.9　"冰冻"湍流假设

定义湍流度 $i_1 = \dfrac{\sqrt{\overline{w'^2}}}{u}$,即得

$$\beta = \frac{\pi}{i_1} \tag{6.6.5}$$

上式表明 β 值与湍流强度成反比(从而 β 也与大气稳定度有关),这已被大气现场的实验观测所证实。但与实验数据拟合较好的公式为

$$\beta = \frac{0.5}{i_1} \tag{6.6.6}$$

在低层大气中,极稳定条件下、平坦地形时,$\beta \to 10$;中性时,$\beta \approx 4$;极不稳定、地形复杂时,$\beta \to 1$。归根结底,由于测量的困难,β 的数据极为发散。

由两个自相关系数的积分可得到湍流横向脉动的拉格朗日积分时间尺度 T_L 和欧拉积分时间尺度 T_E

$$T_L = \int_0^\infty R_L(t)\,\mathrm{d}t \tag{6.6.7}$$

和
$$T_E = \int_0^\infty R_E(t)\,dt \tag{6.6.8}$$

K 模式的适用要求之一,即为扩散时间 $t \gg T$。显然有 $T_L = \beta T_E$ 关系成立。作(6.5.6)式中拉格朗日横向自相关系数 $R_L(t)$ 和(6.6.1)式中欧拉横向自相关系数 $R_E(t)$ 的傅里叶(Fourier)余弦变换,得湍流横向脉动的拉格朗日功率谱 $F_L(n)$ 和欧拉功率谱 $F_E(n)$

$$F_L(n) = 4\int_0^\infty R_L(t)\cos(2\pi nt)\,dt \tag{6.6.9}$$

和
$$F_E(n) = 4\int_0^\infty R_E(t)\cos(2\pi nt)\,dt \tag{6.6.10}$$

上两式中,n 为涡流脉动的频率。功率谱表明湍流脉动的能量在不同频率(即不同尺度的涡旋)上的分布情况。一般认为拉格朗日功率谱 $F_L(n)$ 和欧拉功率谱 $F_E(n)$ 有相似的函数形式,即

$$nF_L(n) = \beta nF_E(n) \tag{6.6.11}$$

(6.6.11)式假定,两个谱曲线是相似的,仅相差一尺度因子 β(图 6.10)。上述关系也表示为功率谱峰值频率之间的下述关系

$$n_{Lm} = n_{Em}/\beta \tag{6.6.12}$$

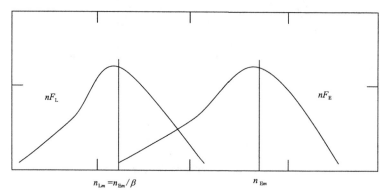

图 6.10 拉格朗日与欧拉横向脉动的功率谱

(6.6.9)式的逆变换为

$$R_L(t) = 4\int_0^\infty F_L(n)\cos(2\pi nt)\,dn \tag{6.6.13}$$

将(6.6.13)式代回泰勒方程(6.5.7)式,得

$$\sigma_z^2 = 2\sigma_w^2 \int_0^t (t-\tau)\,d\tau \int_0^\infty F_L(n)\cos(2\pi n\tau)\,dn$$
$$= 2\sigma_w^2 \int_0^\infty F_L(n)\,dn \int_0^t (t-\tau)\cos(2\pi n\tau)\,d\tau \tag{6.6.14}$$

由分部积分法易得

$$\int_0^t (t-\tau)\cos(2\pi n\tau)\mathrm{d}\tau = \frac{1}{2\pi n}\int_0^t (t-\tau)\mathrm{d}[\sin(2\pi n\tau)]$$

$$= \frac{1}{2\pi n}\left[-(t-\tau)\sin(2\pi n\tau)\Big|_0^t - \int_0^t \sin(2\pi n\tau)\mathrm{d}(t-\tau)\right]$$

$$= \frac{1}{2\pi n}\int_0^t \sin(2\pi n\tau)\mathrm{d}\tau = \frac{-1}{(2\pi n)^2}\cos(2\pi n\tau)\Big|_0^t$$

$$= \frac{1}{(2\pi n)^2}[1-\cos(2\pi nt)] = \frac{\sin^2(\pi nt)}{2n^2\pi^2} \tag{6.6.15}$$

故

$$\sigma_z^2 = 2\sigma_w^2\int_0^\infty F_\mathrm{L}(n)\mathrm{d}n\int_0^t (t-\tau)\cos(2\pi n\tau)\mathrm{d}\tau = \sigma_w^2 t^2\int_0^\infty F_\mathrm{L}(n)\frac{\sin^2(\pi nt)}{(\pi nt)^2}\mathrm{d}n \tag{6.6.16}$$

即得粒子流横向扩散的方差

$$\overline{z^2(t)} = \sigma_z^2 = \sigma_w^2 t^2\int_0^\infty F_\mathrm{L}(n)\frac{\sin^2(\pi nt)}{(\pi nt)^2}\mathrm{d}n \tag{6.6.17}$$

(6.6.17)式是泰勒公式(6.5.7)式的变形。式中的权重函数 $\dfrac{\sin^2(\pi nt)}{(\pi nt)^2}$ 相当于一个低通滤波器,它表明不同尺度(即不同频率 n)的涡旋对横向扩散的贡献是不同的。这里 t 是扩散时间,即粒子从出发到达该点的时间,故 $\dfrac{1}{t}$ 具有频率的量纲。如图 6.11,对于频率 $n\ll\dfrac{1}{t}$ 的较大尺度的涡旋,权重函数 $\dfrac{\sin^2(\pi nt)}{(\pi nt)^2}\approx 1$;而对于 $n>\dfrac{1}{t}$ 的小尺度涡旋,权重函数 $\dfrac{\sin^2(\pi nt)}{(\pi nt)^2}\approx 0$。这一点从物理直观上亦好理解。尺度比质量流(烟流)横截面的直径小得多的涡旋只对横截面内质量的分配起作用(使更均匀),而整体上质量流的横向扩散要靠尺度与横截面的直径尺度相仿或更大的涡旋的贡献。

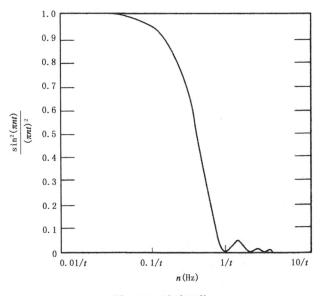

图 6.11　滤波函数

问题还有另一个方面，即当我们对于湍流量进行 4.4.1 节规定的平均运算时，取样平均时间 T 的选择也将影响到不同尺度的湍流涡旋所体现的作用。例如说，很大尺度(时间尺度 $T^* \gg T$)的涡旋的作用将被排除在外。略去数学推导的细节，我们此处仅指出其结果相当于在湍谱 $F_L(n)$ 上再乘上一个权重函数 $1 - \dfrac{\sin^2(\pi nT)}{(\pi nT)^2}$。这个权重函数的作用相当于一个高通滤波器。从而对烟流的横向扩散作主要贡献的将是被带通滤波器 $\left[1 - \dfrac{\sin^2(\pi nT)}{(\pi nT)^2}\right]\dfrac{\sin^2(\pi nt)}{(\pi nt)^2}$ 所限定的频率介于范围 $\dfrac{1}{T} < n < \dfrac{1}{t}$ 内(或周期介于范围 $t < T^* < T$ 内)的湍流涡旋(设 $T > t$)。考虑到取样平均时间的作用，粒子流横向扩散的方差应依下式求得

$$\overline{z^2(t)} = \sigma_z^2 = \sigma_w^2 t^2 \int_0^\infty F_L(n)\left[1 - \frac{\sin^2(\pi nT)}{(\pi nT)^2}\right]\frac{\sin^2(\pi nt)}{(\pi nt)^2}\,\mathrm{d}n \qquad (6.6.18)$$

对于一般的大气污染扩散实验，这意味着当取 $T \gg t$，即取样平均时间 T 比烟粒子运行时间 t 大得多时，就保证了是"连续源"的扩散，而非"瞬时源"的扩散。

6.7　湍流扩散的单粒子问题和双粒子问题

设从某个点源瞬时释放了一个被动粒子的烟团(图 6.12)。要描述该烟团今后的机械运动状态，问题可分解为两部分：1)烟团质心的轨迹；2)全部粒子相对于质心的分布。前者应当用所谓"单粒子问题"——又称"绝对扩散"或"持续烟流的扩散"——加以描述，后者即是所谓的"双粒子问题"，又称"相对扩散"或"瞬时烟团的扩散"。这是大气扩散领域中最基本的概念，然而它们也最容易被人用错。

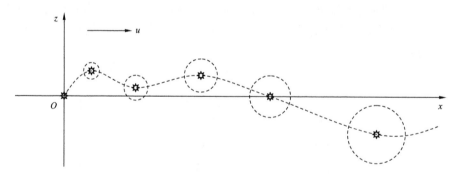

图 6.12　瞬时释放的烟团

6.7.1　单粒子问题

设湍流场在空间上是均匀的，在时间上是平稳的。又设平均风速 u 沿 x 轴方向(图 6.12)，为简化问题起见，设为二维流动。单粒子问题或绝对扩散讨论的是，初始时刻从位于原点的点源释放的一个粒子在 t 时刻的横向位移为 $z(t)$。因为是随机过程，故有描述该粒子在 t 时刻到达横向位移 z 的概率密度函数 $p(z,t)$。显然该密度函数的期望为 $\bar{z} = 0$，而其方差 $\sigma_z^2 = \overline{z^2(t)}$ 应由泰勒方程(6.5.7)式给出。若在系综平均的意义下考虑 t 时刻(即在 $x = ut$ 的截

面上)粒子的平均速度 γ，则必有

$$\gamma(z,t)=C_0 p(z,t) \tag{6.7.1}$$

这里 C_0 为归一化常数

$$C_0 = \int_0^{+\infty} \gamma(z,t)\mathrm{d}z \tag{6.7.2}$$

系综平均的基本要求是：到达 $x=ut$ 截面的大数目的粒子的运动是各自独立，互不相关的，即它们处于不同的湍流涡旋之中。但已知湍流在空间和时间上都有一定范围内的相关性，故要严格满足上述理论要求，除了保证湍流场的均匀、平稳以外，还必须是每次从烟囱口只释放一个粒子，且前后两个粒子的释放应相隔足够长的时间($t \gg T_L$)才行。这也是"单粒子扩散"这个名称的由来。因此，一个点源瞬时释放的烟团，虽然包含大量的粒子，但这些粒子包含在同一涡旋内，它们的运动不是互相独立的，而是相关的。故该烟团在 t 时刻的浓度分布满足(6.7.1)式。例如非常明显的事实是，它的质心不在 x 轴上(图 6.12)。前已述及，当平均风速 u 均匀，且沿 x 轴时，概率密度函数 $p(z,t)$ 的数学期望是 $\sigma_z^2 = \overline{z^2(t)}$。即是连续释放的点源，若对其释放的质量流的截面取样时间很短，则同样存在上述现象。例如一次曝光拍摄的照片形状(图 6.13，虚线)，相当于许多连续释放的瞬时烟囱的简单叠加，其浓度分布也是不适用于公式(6.7.1)的。

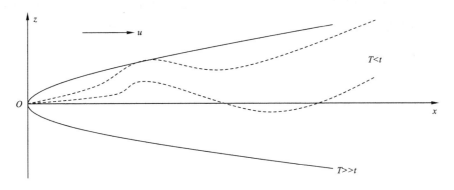

图 6.13　曝光时间常和短的烟流照片

若浓度取样时间足够长，例如多张瞬时曝光拍摄的烟流照片的叠加，或长时间连续曝光的烟流照片(图 6.13，实线)，其轴线将沿 x 轴(平均风向)，其扩散行为(如横向扩散参数 σ_y，σ_z)也将满足本章迄今所描述的一切规律。这就是说，本章迄今所描述的一切规律均适用于连续源的排放，并要求取样时间足够长；或者说它们都是用来描述单粒子扩散问题的。上节指出，若 $T \gg t$，即在 $x=ut$ 的位置上，浓度 γ 的取样时间 T 大于粒子到达该位置的运行时间 t，则对横向扩散有贡献的湍流涡旋的周期 T^* 将介于 t 和 T 之间，即 $t<T^*<T$。这就意味着，对于任何一个有扩散作用的涡旋(即其周期 T^* 取 (t,T) 间的某一数值)来说，采样所得的粒子中既有大量的粒子处在它的内部，也有大量的粒子是处在它的外部，而两部分粒子之间的运动是相互独立的。因此，满足 $T \gg t$ 的条件的连续烟流，其扩散属于单粒子问题，即相对于固定轴线的绝对扩散。或者我们设想有扩散作用的涡旋的平均周期为 $\overline{T^*} = \dfrac{1}{T-t}\displaystyle\int_{\frac{1}{T}}^{\frac{1}{t}} F_L(n)\mathrm{d}n$，并假设

横向扩散作用均是由周期为 $\overline{T^*}$ 的单一尺度的涡旋所造成的。由于浓度采样时间 $T > \overline{T^*}$，故采得的粒子中有相当大的数量是相互独立（即不处在同一个涡旋中）的。反之，当 $T < t$，即使是连续释放的烟流，其扩散规律也与绝对扩散（与单粒子问题）有相当的偏差。若 $T \ll t$，则肯定是与瞬时烟团的相对扩散（双粒子问题）有同样的规律了。

6.7.2　双粒子问题

烟团粒子相对于其质心的弥散可简化为从点源 O 同时释放的两个粒子的相对运动。如图 6.14，设初始时刻（$t = 0$）两个质点的相对距离为 $\Delta z(0) = z_1(0) - z_2(0)$，$t$ 时刻的相对距离为 $\Delta z(t) = z_1(t) - z_2(t)$。平均风速 u 沿 x 方向，且均匀。又设粒子在 x 方向只被水平风速 u 所携带，而在 z 方向有湍流扩散。须知，两个质点的相对扩散规律与其初始的相对位置和距离有关。设 L_l 是拉格朗日湍流横向积分（长度）尺度，依照泰勒的"冻结湍流"假定，有

$$L_l = u T_L \tag{6.7.3}$$

式中，T_L 是拉格朗日湍流横向积分（时间）尺度。若初始距离 $\Delta z(0) \gg L_l$，则两个质点的运动互不相关，其间几乎不存在任何联系。我们这里假定两个质点的初始距离 $\Delta z(0)$ 给定且极小：$\Delta z(0) = \Delta z_0$。该两个质点在空间尺度大于涡旋作用下作为一个整体而运动；与此同时，尺度比 Δz 小的涡旋将造成二者之间的相对扩散。随着时间 t 的推移，$\Delta z(t)$ 不断增大，则影响其相对运动的涡旋的空间尺度也将不断增大。可见，尽管湍流本身是平稳、均匀的，但两个质点的相对距离 $\Delta z(t)$ 及相对速度 $\Delta w'(t) = w'_1(t) - w'_2(t)$ 都是时间的函数。

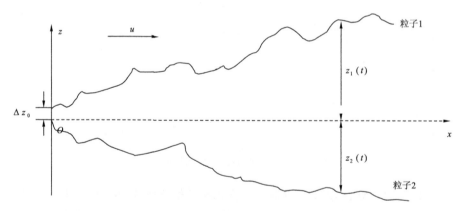

图 6.14　两个粒子的相对运动

依平均化运动法则，有

$$\frac{\mathrm{d}}{\mathrm{d}t}\overline{\Delta z^2(t)} = \overline{\frac{\mathrm{d}\Delta z^2(t)}{\mathrm{d}t}} = 2\,\overline{\Delta z(t)\frac{\mathrm{d}\Delta z(t)}{\mathrm{d}t}} = 2\,\overline{\Delta z(t)\Delta w'(t)}$$

$$= 2\,\overline{\left(\int_0^t \Delta w'(t+\tau)\mathrm{d}\tau\right)\Delta w'(t)} = 2\int_0^t \overline{\Delta w'(t+\tau)\Delta w'(t)}\mathrm{d}\tau \tag{6.7.4}$$

两边积分，即得相对扩散方差（σ_z^2）满足的公式

$$(\sigma_z^2) = \overline{\Delta z^2(t)} = (\Delta z_0)^2 + 2\int_0^t \mathrm{d}t'\int_0^{t'} \overline{\Delta w'(t')\Delta w'(t'+\tau)}\mathrm{d}\tau \tag{6.7.5}$$

它相当于描述绝对扩散的泰勒公式（6.5.7）式。类似于泰勒公式中对拉格朗日横向自相关系

数 $R_L(t)$ 的处理,若假定上式中的二阶相关矩 $\overline{\Delta w'(t')\Delta w'(t'+\tau)}$ 的适当的函数形式,则可由 (6.7.5)式解得相对扩散的扩散参数 (σ_z) 随时间的变化规律。然而我们对 $\overline{\Delta w'(t')\Delta w'(t'+\tau)}$ 所知甚少,比较可靠的只能是以下的一些结果。

1)若初始距离 Δz_0 很小,而且相对扩散时间 t 也很小,这时相关项 $\overline{\Delta w'(t)\Delta w'(t+\tau)}\approx$ $const$,故由(6.7.5)式可知

$$(\sigma_z^2)\propto t^2 \qquad 或 \qquad (\sigma_z)\propto t \tag{6.7.6}$$

2)对于中等扩散时间 t,由于高雷诺数时湍流具有局地各向同性的性质,故可得

$$\overline{\Delta w'(t)\Delta w'(t+\tau)}\propto\tau \tag{6.7.7}$$

则由(6.7.5)式可得

$$(\sigma_z^2)\propto t^3 \qquad 或 \qquad (\sigma_z^2)\propto t^{\frac{3}{2}} \tag{6.7.8}$$

3)对于很长的扩散时间 t,由于两质点间的距离 $\Delta z(t)$ 已远远大于拉格朗日横向积分尺度 L_t,故位移 $z_1(t)$ 与 $z_2(t)$ 无关,则有

$$(\sigma_z^2)=\overline{\Delta z^2(t)}=\overline{(z_1(t)-z_2(t))^2}=\overline{z_1^2(t)+z_2^2(t)}-2\,\overline{z_1(t)z_2(t)}=2\,\overline{z^2(t)}=2\sigma_z^2 \tag{6.7.9}$$

上式推导过程中已考虑到湍流场是平稳且均匀的。这里 σ_z 是单粒子问题(连续烟流)经过长扩散时间 t 的扩散参数。即是说,当烟团尺度足够大以后,其相对扩散规律趋向于连续烟流的绝对扩散规律,已知 $\sigma_z\propto\sqrt{t}$,故对于长时间的相对扩散,也有

$$(\sigma_z)\propto t^{\frac{1}{2}} \tag{6.7.10}$$

图 6.15 是 10 次对流层相对扩散实验的结果。图中数据拟合结果表明,在很短的扩散时间($t<100$s)内,数据适合于拟合公式 $(\sigma_z)\propto t$;而在中等扩散时间范围($100<t<3000$s)内,数据很好地适合于拟合公式 $(\sigma_z)\propto t^{3/2}$。而连续烟流的绝对扩散规律是 $\sigma_z\propto t$(扩散时间 t 较小

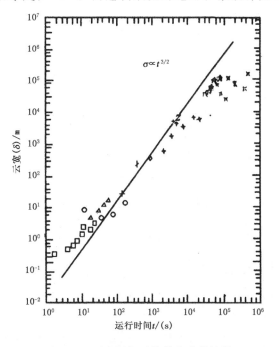

图 6.15　对流层相对扩散实验的结果

时）和 $\sigma_z \propto \sqrt{t}$（$t$ 较大时）。应该指出，由于中尺度（$20 \sim 5000 \mathrm{km}$）及更大尺度的涡旋的存在，长扩散时间的 $(\sigma_z) \propto t^{1/2}$ 规律在图 6.15 中未能出现。

6.8　固体微粒在低层大气中的迁移与扩散

河流里的泥沙和大气中的悬浮尘埃，均是被流体携带而运动的固体微粒。这些固体微粒主要来自于自然环境中地面的侵蚀。这些固体微粒的起动、传输和沉降是水环境科学和大气环境科学研究的主要内容之一。但本节所讨论的仅限于其流体力学的基础：固体微粒与携带它们运动的流体之间的力及相对运动，作为二相流体运动，其最大特点是固体微粒与携带它的液体或气体之间存在着相对运动，主要表现为微粒的滞后及重力沉降问题。此外，对于大气环境保护来说，原来静止的固体微粒的起动过程也许更为重要，因为它决定了悬浮固体微粒（尘埃）进入大气的数量（源强分布），但因为起动过程极为复杂，故它比滞后及重力沉降问题研究得更少。

6.8.1　圆球绕流问题

小雷诺数时的圆球绕流问题的解作为理想模型，可以由其估计悬浮颗粒所受的力，从而列出传输这些固体微粒的二相流体运动的数学方程组，或计算微粒的重力沉降速度。

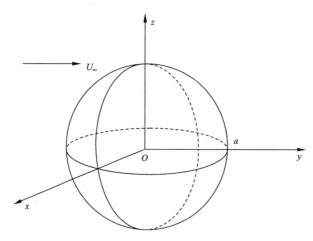

图 6.16　圆球绕流

如图 6.16，考虑黏性不可压缩流体；光滑表面小圆球（半径为 a），球心在坐标原点；均匀来流速度为 U_∞，沿 x 轴正向。出发方程为

$$
\begin{cases}
\dfrac{\partial u}{\partial x} + \dfrac{\partial v}{\partial y} + \dfrac{\partial w}{\partial z} = 0 \\[2mm]
\dfrac{\partial u}{\partial t} + u\dfrac{\partial u}{\partial x} + v\dfrac{\partial u}{\partial y} + w\dfrac{\partial u}{\partial z} = -\dfrac{1}{\rho}\dfrac{\partial p}{\partial x} + \nu\left(\dfrac{\partial^2 u}{\partial x^2} + \dfrac{\partial^2 u}{\partial y^2} + \dfrac{\partial^2 u}{\partial z^2}\right) \\[2mm]
\dfrac{\partial v}{\partial t} + u\dfrac{\partial v}{\partial x} + v\dfrac{\partial v}{\partial y} + w\dfrac{\partial v}{\partial z} = -\dfrac{1}{\rho}\dfrac{\partial p}{\partial y} + \nu\left(\dfrac{\partial^2 v}{\partial x^2} + \dfrac{\partial^2 v}{\partial y^2} + \dfrac{\partial^2 v}{\partial z^2}\right) \\[2mm]
\dfrac{\partial w}{\partial t} + u\dfrac{\partial w}{\partial x} + v\dfrac{\partial w}{\partial y} + w\dfrac{\partial w}{\partial z} = -\dfrac{1}{\rho}\dfrac{\partial p}{\partial z} - g + \nu\left(\dfrac{\partial^2 w}{\partial x^2} + \dfrac{\partial^2 w}{\partial y^2} + \dfrac{\partial^2 w}{\partial z^2}\right)
\end{cases}
\tag{6.8.1}
$$

以 U_∞ 和小球直径 $d=2a$ 分别为特征速度和特征长度，并令 T 为特征时间，P 为特征压力，将(6.8.1)式中各物理量写成由一个无量纲系数（由带撇的字母代表）与其尺度因子的积的形式：$x=x'd, y=y'd, u=u'U_\infty, v=v'U_\infty, w=w'U_\infty, p=p'P$。化简后，得到无量纲方程组

$$\begin{cases} \dfrac{\partial u'}{\partial x'}+\dfrac{\partial v'}{\partial y'}+\dfrac{\partial w'}{\partial z'}=0 \\[2mm] Sr\dfrac{\partial u'}{\partial t'}+u'\dfrac{\partial u'}{\partial x'}+v'\dfrac{\partial u'}{\partial y'}+w'\dfrac{\partial u'}{\partial z'}=-Eu\dfrac{\partial p'}{\partial x'}+\dfrac{1}{Re}\left(\dfrac{\partial^2 u'}{\partial x'^2}+\dfrac{\partial^2 u'}{\partial y'^2}+\dfrac{\partial^2 u'}{\partial z'^2}\right) \\[2mm] Sr\dfrac{\partial v'}{\partial t'}+u'\dfrac{\partial v'}{\partial x'}+v'\dfrac{\partial v'}{\partial y'}+w'\dfrac{\partial v'}{\partial z'}=-Eu\dfrac{\partial p'}{\partial y'}+\dfrac{1}{Re}\left(\dfrac{\partial^2 v'}{\partial x'^2}+\dfrac{\partial^2 v'}{\partial y'^2}+\dfrac{\partial^2 v'}{\partial z'^2}\right) \\[2mm] Sr\dfrac{\partial w'}{\partial t'}+u'\dfrac{\partial w'}{\partial x'}+v'\dfrac{\partial w'}{\partial y'}+w'\dfrac{\partial w'}{\partial z'}=-\dfrac{1}{Fr}-Eu\dfrac{\partial p'}{\partial z'}+\dfrac{1}{Re}\left(\dfrac{\partial^2 w'}{\partial x'^2}+\dfrac{\partial^2 w'}{\partial y'^2}+\dfrac{\partial^2 w'}{\partial z'^2}\right) \end{cases}$$

$$(6.8.2)$$

上式中的 4 个无量纲相似参数是：

1)斯特劳哈尔数 $Sr=\dfrac{d}{U_\infty T}$，代表流动的不定常性；对定常流动，Sr 数不出现。

2)欧拉数 $Eu=\dfrac{P}{\rho U_\infty^2}$，代表压力与惯性力之比；在大多数情况下可取 $Eu=\rho U_\infty^2$，则 $Eu\equiv 1$，即欧拉数不出现。

3)弗劳德数 $Fr=\dfrac{U_\infty^2}{gd}$，表示惯性力与重力之比；对于均密度情况，重力影响可归并入压力项，则 Fr 数也不出现。

4)雷诺数 $Re=\dfrac{U_\infty}{d\nu}$，表示惯性力与黏性力之比。

假定为定常、无固有压力尺度 P、可忽略重力，且在 $Re\ll 1$ 的情况下，对(6.8.2)式作量阶分析，结果表明惯性力是可以忽略的。即得

$$\begin{cases} \dfrac{\partial u'}{\partial x'}+\dfrac{\partial v'}{\partial y'}+\dfrac{\partial w'}{\partial z'}=0 \\[2mm] \dfrac{\partial p'}{\partial x'}=\dfrac{1}{Re}\left(\dfrac{\partial^2 u'}{\partial x'^2}+\dfrac{\partial^2 u'}{\partial y'^2}+\dfrac{\partial^2 u'}{\partial z'^2}\right) \\[2mm] \dfrac{\partial p'}{\partial y'}=\dfrac{1}{Re}\left(\dfrac{\partial^2 v'}{\partial x'^2}+\dfrac{\partial^2 v'}{\partial y'^2}+\dfrac{\partial^2 v'}{\partial z'^2}\right) \\[2mm] \dfrac{\partial p'}{\partial z'}=\dfrac{1}{Re}\left(\dfrac{\partial^2 w'}{\partial x'^2}+\dfrac{\partial^2 w'}{\partial y'^2}+\dfrac{\partial^2 w'}{\partial z'^2}\right) \end{cases}$$

$$(6.8.3)$$

恢复成有量纲量，并写成矢量形式，方程组变为

$$\begin{cases} \mathrm{div}\boldsymbol{V}=0 \\ \mathrm{grad}P=\mu\Delta\boldsymbol{V} \end{cases}$$

$$(6.8.4)$$

取球坐标系 (r,θ,φ)（图 6.17），其中 r 为原点到坐标点的矢径的绝对值，θ 为该矢径与 x 轴所成的夹角，φ 为该矢径在 yOz 平面内的投影与 y 轴所成的夹角。则有 $\boldsymbol{V}=(v_r,v_\theta,v_\varphi)$（$x=r\cos\theta\cos\varphi, y=r\sin\theta\cos\varphi, z=r\sin\varphi$），并将各物理量及算符均化成在球坐标系里的表达式。

由于圆球的对称性，我们有 $v_\varphi=0$ 及 $\dfrac{\partial}{\partial\varphi}=0$，故(6.8.4)式又可变成

$$\begin{cases} \dfrac{\partial v_r}{\partial r}+\dfrac{1}{r}\dfrac{\partial v_\theta}{\partial \theta}+\dfrac{2v_r}{r}+\dfrac{v_\theta\cot\theta}{r}=0 \\[2mm] \dfrac{\partial p}{\partial r}=\mu\left(\dfrac{\partial^2 v_r}{\partial r^2}+\dfrac{1}{r^2}\dfrac{\partial v_\theta^2}{\partial \theta^2}+\dfrac{2}{r}\dfrac{\partial v_r}{\partial r}+\dfrac{\cot\theta}{r^2}\dfrac{\partial v_\theta}{\partial \theta}-\dfrac{2}{r^2}\dfrac{\partial v_\theta}{\partial \theta}-\dfrac{2v_r}{r^2}-\dfrac{2\cot\theta}{r^2}v_\theta\right) \\[2mm] \dfrac{1}{r}\dfrac{\partial p}{\partial \theta}=\mu\left(\dfrac{\partial^2 v_\theta}{\partial r^2}+\dfrac{1}{r^2}\dfrac{\partial^2 v_\theta}{\partial \theta^2}+\dfrac{2}{r}\dfrac{\partial v_\theta}{\partial r}+\dfrac{\cot\theta}{r^2}\dfrac{\partial v_\theta}{\partial \theta}+\dfrac{2}{r^2}\dfrac{\partial v_\theta}{\partial \theta}-\dfrac{v_\theta}{r^2\sin^2\theta}\right) \end{cases} \quad (6.8.5)$$

边界条件为

$$\begin{cases} r=a, \quad v_r=0, \quad v_\theta=0 \\[2mm] r\to\infty, \quad v_r\to U_\infty\cos\theta, \quad v_\theta\to U_\infty\sin\theta \end{cases} \quad (6.8.6)$$

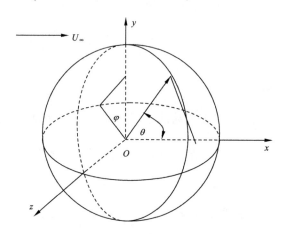

图 6.17　球坐标系

下面用分离变量法求解。令

$$\begin{cases} v_r=f(r)F(\theta) \\[2mm] v_\theta=g(r)G(\theta) \\[2mm] p=p_\infty+\mu h(r)H(\theta) \end{cases} \quad (6.8.7)$$

将之代回(6.8.6)式中的第 2 行,可知

$$\begin{cases} r\to\infty, \quad \begin{aligned} &U_\infty\cos\theta=f(\infty)F(\theta) \\ &-U_\infty\sin\theta=g(\infty)G(\theta) \end{aligned} \end{cases} \quad (6.8.8)$$

由此得出

$$\begin{cases} F(\theta)=\cos\theta \\ G(\theta)=\sin\theta \\ f(\infty)=U_\infty \\ g(\infty)=U_\infty \end{cases} \quad (6.8.9)$$

故 v_r 和 v_θ 可改写为

$$\begin{cases} v_r=f(r)\cos\theta \\[2mm] v_\theta=-g(r)\sin\theta \end{cases} \quad (6.8.10)$$

又,将上式及 $p=p_\infty+\mu h(r)H(\theta)$ 代回(6.8.5)式,得

$$\begin{cases} \cos\theta\left(f'-\dfrac{g}{r}+\dfrac{2f}{r}-\dfrac{g}{r}\right)=0 \\[2mm] H(\theta)h'(r)=\cos\theta\left(f''-\dfrac{f}{r^2}+\dfrac{2f'}{r}-\dfrac{f}{r^2}+\dfrac{2g}{r^2}-\dfrac{2f}{r^2}+\dfrac{2g}{r^2}\right) \\[2mm] H'(\theta)\dfrac{h}{r}=\sin\theta\left(g''-\dfrac{g}{r^2}+\dfrac{2g'}{r}-\dfrac{g}{r^2}\cot^2\theta-\dfrac{2f}{r^2}+\dfrac{g}{r^2}\csc\theta\right) \end{cases} \tag{6.8.11}$$

再代回(6.8.6)式的第 1 行,得到边界条件

$$\begin{cases} r=a, \quad f(a)=0, \quad g(a)=0 \\ r\to\infty, \quad f(\infty)=U_\infty, \quad g(\infty)=U_\infty \end{cases} \tag{6.8.12}$$

由(6.8.11)式可知,要将 θ 变量分离出来,$H(\theta)$ 只能等于 $\cos\theta$,于是有

$$p=p_\infty+\mu h(r)\cos\theta \tag{6.8.13}$$

将(6.8.10)和(6.8.13)代回(6.8.11)式,得

$$\begin{cases} f'+2\dfrac{f-g}{r}=0 \\[2mm] h'=f''+\dfrac{2}{r}f'-4\dfrac{f-g}{r^2} \\[2mm] \dfrac{h}{r}=g''+\dfrac{2}{r}g'+2\dfrac{f-g}{r^2} \end{cases} \tag{6.8.14}$$

边界条件为

$$\begin{cases} f(a)=g(a)=0 \\ f(\infty)=g(\infty)=U_\infty \end{cases} \tag{6.8.15}$$

(6.8.14)式中可消去 $g(r)$ 和 $h(r)$,得到 $f(r)$ 的方程

$$r^3f''''+8r^2f'''+8rf''-8f'=0 \tag{6.8.16}$$

这是欧拉方程,它的通解为

$$f(r)=\frac{A}{r^3}+\frac{B}{r}+C+Dr^2 \tag{6.8.17}$$

式中,A,B,C,D 为积分常数,进而可解出 $g(r)$ 和 $h(r)$

$$g(r)=-\frac{A}{2r^3}+\frac{B}{2r}+C+2Dr^2 \tag{6.8.18}$$

和

$$h(r)=\frac{B}{r^2}+10Dr \tag{6.8.19}$$

由边界条件(6.8.15)式定出:$A=\dfrac{1}{2}U_\infty a^3$,$B=-\dfrac{3}{2}U_\infty a$,$C=U_\infty$,$D=0$,将其代回(6.8.17)(6.8.18)和(6.8.19)式,得

$$\begin{cases} f=\dfrac{1}{2}U_\infty\dfrac{a^3}{r^3}-\dfrac{3}{2}U_\infty\dfrac{a}{r}+U_\infty \\[2mm] g=-\dfrac{1}{4}U_\infty\dfrac{a^3}{r^3}-\dfrac{3}{4}U_\infty\dfrac{a}{r}+U_\infty \\[2mm] h=-\dfrac{3}{2}U_\infty\dfrac{a}{r^2} \end{cases} \tag{6.8.20}$$

最终结果为

$$\begin{cases} v_r = U_\infty \cos\theta \left(1 - \frac{3}{2}\frac{a}{r} + \frac{1}{2}\frac{a^3}{r^3} \right) \\[2mm] v_\theta = -U_\infty \sin\theta \left(1 - \frac{3}{4}\frac{a}{r} + \frac{1}{4}\frac{a^3}{r^3} \right) \\[2mm] p = p_\infty - \frac{3}{2}\mu \frac{U_\infty a}{r^2}\cos\theta \end{cases} \tag{6.8.21}$$

由于流动的对称性,可知作用在球面上的黏性应力分量 $p_{r\varphi}=0$,即黏性应力为 $p_r=(p_{rr},p_{r\theta},0)$。可证明在球面上有

$$\begin{cases} p_{rr} = -r \mid_{r=a} = \frac{3}{2}\mu \frac{U_\infty}{a}\cos\theta - p_\infty \\[2mm] p_{r\theta} = \mu \frac{\partial v_\theta}{\partial r} \bigg|_{r=a} = -\frac{3}{2}\mu \frac{U_\infty}{a}\sin\theta \end{cases} \tag{6.8.22}$$

又因为流动是关于 x 轴为对称的,故在与 x 轴垂直的方向上合力为零。即作用在圆球上的合力沿 x 轴,合力即为阻力。则作用在圆球上的阻力为

$$\begin{aligned} W &= \oiint_s (p_{rr}\cos\theta - p_{r\theta}\sin\theta)\,ds = \int_0^\pi (p_{rr}\cos\theta - p_{r\theta}\sin\theta)2\pi a^2 \sin\theta d\theta \\ &= 2\pi a^2 \int_0^\pi \left(\frac{3\mu}{2a}U_\infty \cos^2\theta + \frac{3\mu}{2a}U_\infty \sin^2\theta \right)\sin\theta d\theta - 2\pi a^2 p_\infty \int_0^\pi \sin\theta\cos\theta d\theta \\ &= 3\pi\mu U_\infty a \int_0^\pi \sin\theta d\theta = 6\pi\mu U_\infty a \end{aligned} \tag{6.8.23}$$

此即斯托克斯的圆球阻力公式

$$W = 6\pi\mu U_\infty a \tag{6.8.24}$$

定义圆球阻力系数为

$$C_D = \frac{W}{\frac{1}{2}\rho U_\infty^2 \pi a^2} \tag{6.8.25}$$

将(6.8.24)式代入上式,从而得到圆球阻力系数公式

$$C_D = \frac{24}{Re} \tag{6.8.26}$$

其中 $Re = \dfrac{U_\infty d}{\nu}$。斯托克斯圆球阻力公式用于小雷诺数($Re<1$)的情况。又,(6.8.24)或(6.8.26)式限于层流边界层未发生分离时。从 Re 数大于某临界值开始,将有分离现象发生,且分离角 θ^* 随着 Re 数的增大而增大,当 Re 数达到上临界值($Re>1000$)时,层流边界层充分分离,分离角 $\theta^* \approx \dfrac{\pi}{2}$,且不再随 Re 数的增大而改变。这时应当使用牛顿圆球阻力公式

$$W = \frac{0.225\pi}{\rho U_\infty^2 a^2} \tag{6.8.27}$$

而阻力系数为

$$C_D = 0.45 \tag{6.8.28}$$

这时阻力很大,满足于风速 U_∞ 的平方正比关系,即阻力由圆球的形阻构成。对中间 Re 数($1<Re<1000$)情况,有沃利斯-克利琴科(Wallis-Kliachko)公式

$$C_D = \frac{24}{Re}\left(1 + \frac{1}{6}Re^{\frac{2}{3}}\right) \tag{6.8.29}$$

图 6.18 是实验数据,由图可见,斯托克斯公式(图中曲线①)在 $Re \leqslant 2$ 时与实验数据符合极好。而当 $1 < Re < 1000$ 时,沃利斯-克利琴科公式适用。当 $Re \geqslant 1000$ 时,$C_D = \text{const}$,即牛顿公式适用。

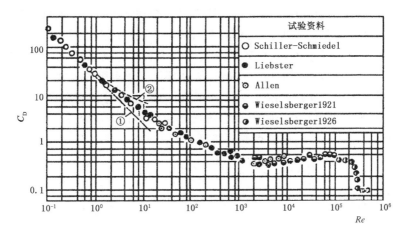

图 6.18　圆球阻力公式

顺便指出,当 $Re \geqslant 2 \times 10^5$ 时,图中阻力系数 C_D 突然下降,这是因为层流边界层转捩成湍流边界层,从而分离角 θ^* 突然减小所致。再有,上述阻力公式均为光滑小球的计算结果。若小球表明粗糙,则边界层转捩将提前发生。例如可能在 $Re \approx 1 \times 10^5$ 时就出现 C_D 突然下降的现象。

6.8.2　重力沉降问题

有了圆球的阻力规律,就可以列出有关固体微粒及传输这些固体微粒的流体的数学方程组,并进而求其数值解。对此二相流体运动的方程组这里略去不讲,而是从实用角度出发,介绍在被动标量传输式的基础上加以重力沉降修正的方法。

当球体在静止流体中匀速下沉时,所受重力与阻力相等:$G = W$。这里重力 G 为

$$G = (\rho_d - \rho)g\,\frac{4\pi a^3}{3} \tag{6.8.30}$$

式中,ρ_d 是小球的密度。故阻力 W 为

$$W = C_D \cdot \frac{1}{2}\rho V_g^2 \pi a^2 = (\rho_d - \rho)g\,\frac{4\pi a^3}{3} = G \tag{6.8.31}$$

请注意,这里阻力公式 W 的表达式中的 U_∞ 已改写为 V_g 即所谓的重力沉降速度

$$V_g = \sqrt{\frac{8g}{3}\left(\frac{\rho_d}{\rho} - 1\right)\frac{a}{C_D}} \tag{6.8.32}$$

当 $Re < 1$ 时,可由斯托克斯公式估计阻力系数。将(6.8.26)式代回上式,可得

$$V_g = \frac{2ga^2}{9\nu}\left(\frac{\rho_d}{\rho} - 1\right) \tag{6.8.33}$$

当 $Re > 1000$ 时,用 $C_D \approx 0.45$ 代入(6.8.32)式,可得

$$V_g = \frac{2ga^2}{9\nu}\left(\frac{\rho_d}{\rho}-1\right)\left(1+\frac{1}{6}Re^{\frac{2}{3}}\right) \tag{6.8.34}$$

对中间 Re 数($1<Re<1000$)情况,可将沃利斯-克利琴科公式(6.8.29)式代入(6.8.32)式来计算重力沉降速度 V_g。

当重力沉降速度 $V_g \leqslant 0.01\text{m/s}$ 时,粒子的垂直运动基本上取决于垂直湍流脉动 w'。这时的重力沉降可忽略,可认为固体粒子浓度 γ 完全是一个被动标量。这时候,本章前几节的扩散模式均可用来估计悬浮粒子浓度 γ 的分布,和气体污染没有区别。对于重力沉降速度 $V_g>1.0\text{m/s}$ 的粒子,应按沉降速度 V_g 与水平风矢量的合成来计算其运动轨迹,一般的传输扩散模式不再需要。至于 $0.01<V_g<1.0\text{m/s}$ 的粒子,从环境工程实用的角度来说,可以仍按前几节所叙述的传输扩散模式计算粒子浓度 γ 的分布,而把重力沉降作用考虑为由 V_g 的数值所决定的质心的沉降(瞬时烟团)或烟轴的倾斜(连续烟流),再作相应修正即可。这种方法简单且有清晰的物理图像。如此时的连续点源高斯模式为

$$c(x,y,z) = \frac{Q}{2\pi U\sigma_y\sigma_z}\exp\left(-\frac{y^2}{2\sigma_y^2}\right)\cdot F \tag{6.8.35}$$

其中　　　　$$F = \exp\left[-\frac{(z-H_e+V_gx/U)^2}{2\sigma_z^2}\right]+\alpha\exp\left[-\frac{(z+H_e-V_gx/U)^2}{2\sigma_z^2}\right] \tag{6.8.36}$$

$$V_g = \frac{d^2\rho g}{18\mu} \tag{6.8.37}$$

以上 3 式中,μ 为黏滞系数,U 为水平风速,地面反射系数 α 的取值见表 6.13。

表 6.13　地面反射系数 α 的取值

粒度范围(μm)	15～30	31～47	48～75	76～100
平均粒径(μm)	22	38	60	85
地面反射系数 α	0.8	0.5	0.3	0.0

6.8.3　低层大气中微粒运动的一般特征

考虑原在地面上的微粒或河底的泥沙,当流过微粒上的空气或水的速度较低时,粒子将保持不动,因为这时微粒所受到的流体作用力(阻力、升力)不足以克服重力以及粒子与地面或粒子之间的黏附力。当风速超过某一阈值(即阈值风速 V_t)时,可见部分较大粒子开始运动(蠕动)。风速继续增大,更多的粒子将加入运动。通常可辨认出 3 种粒子的不同运动形式:表明蠕动(creep)、跃动(saltation)和悬浮(suspension)。显然,大而重的粒子只能沿地面滚动,也即所谓的蠕动。反之,只有相当小的粒子才能进入空气并悬浮于其中,悬浮粒子的重力沉降速度很小,可被湍流涡旋所携带,故其运动的轨迹不光滑。悬浮粒子可被气流送到对流层的上部,从而被西风气流携带至相当远的地方。悬浮粒子的传输与沉降过程可用前述对流扩散模式加重力沉降的方法来处理。中等大小的粒子跃入气流中,再由重力和空气阻力的共同作用下沿确定的、光滑的轨迹返回地面,落地角度大约为 $10°\sim16°$,这就是所谓的跃动(图 6.19)。跃动粒子的运动轨迹可由二相流体运动方程组解出。当跃动粒子落回到地面并击中其他粒子时,又会引起这些被击中的粒子的进一步运动——蠕动、跃动或悬浮。事实上,悬浮粒子由于太小,不可能直接得到足够的风力从而跃离地面,是跃动粒子把空气中获取的动能在落回地面时交给了被它击中的细微颗粒,使之进入空气并悬浮于其中。

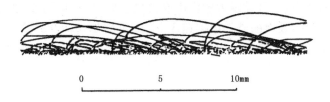

图 6.19　在疏松的沙床面上的颗粒运动轨迹

应当指出,尽管较大粒子的蠕动、跃动和较小粒子的悬浮运动是同时发生的,二者的运动规律以及实际的应用都很不同。蠕动、跃动的粒子如沙粒与雪粒的风致迁移运动,而空气的尘污染则主要是由地面排放的直径小于 $100\mu m$ 的极微小的悬浮颗粒造成的。对于沙粒与雪粒的风致迁移,其水平迁移质量的 80% 以上是跃动粒子的贡献,其余是蠕动粒子。至于地面向空气中排放的悬浮颗粒的垂直质量通量,它要比跃动粒子的水平迁移质量通量小得多(约为后者的 2% 左右)。但这些空气中的悬浮颗粒对全球的气候改变、区域性的酸雨污染,以及对人类呼吸系统的健康都有严重的影响,是我们本节讨论的重点对象。

下面简单介绍低层大气中固体粒子运动的主要特征,即:粒子在贴近地面的气流中的分布及其对气流的影响,以及两个重要的参数——阈值风速 V_t 和质量迁移率 Q 或 Q_e。

风洞测量表明,气流中所携带的雪粒的垂直分布大致可分为两层,其分界约在 $8\sim15cm$ 的高度(依边界条件而定)。下层是跃动层,上层是悬浮层。对上层,雪粒浓度的对数 $\ln C(z)$ (C 的单位是 g/m^3)与高度的对数 $\ln z$ 呈线性关系;在下层,对数传输通量 $\ln Q(z)$(Q 的单位是 $g/(m \cdot min)$)与高度 z 呈线性关系。由于沙粒的比重大于雪粒的比重,沙粒的情况又有些差别。在下层,对数传输通量是与高度的平方根成正比的。实际大气中,由于地面的反弹或凹凸不平,下层(跃动层)的厚度要大一些,但绝不会达到 1m 的高度。

另一方面,在被风携带的同时,近地层气流中的雪、沙、土等固体颗粒由于从空气中获得动能从而对流动的特征亦有影响。风洞模拟实验的结果表明,这种影响主要表现在:流场中某点的湍流强度随该点粒子浓度的增大而减小。与此同时,实验结果也表明,边界层中平均速度的分布规律——无论下层界壁律还是上层欠数律——仍然成立,且冯·卡曼常数 κ 的数值并未像预料的那样,由于粒子浓度而有相应的改变。

粒子的起动过程极其复杂,许多因素起着作用,例如粒子的比重和直径、地面的湿度和压实程度、地面有否植物覆盖等,人们对其所知甚少。巴格诺尔德(Bagnold)指出最基本的情况:当风速足够高,作用于固体粒子上的风力超过了重力和黏附力时,粒子的跃动才能实现。这表明存在一个速度的阈值,即起动风速 V_t。上述风力可认为正比于 $\rho u_*^2 d$,重力则正比于 $\rho_a g d^3$,这里 ρ 和 ρ_a 分别代表空气的密度和固体粒子的密度,d 为粒子的直径,u_* 代表摩擦速度,g 为重力加速度。假定黏附力的作用比重力小得多,则可得出阈值摩擦速度 u_{*t} 的表达式

$$u_{*t} = A\sqrt{\frac{gd\rho_d}{\rho}} \tag{6.8.38}$$

式中,A 是一个须由实验确定的系数。对于由单一直径的粒子构成的起尘表面,经典的风洞实验测量结果如图 6.20。它表明,当粒子直径大于 0.20mm 时,上述平方根正比关系是肯定的(图 6.20 中横坐标是直径 d 的平方根)。更小直径的粒子(它们将主要在空气中作悬浮运动)

难以直接获得足够的风力,并且黏附力的作用变得更重要,故在此图中,由小于 0.20mm 的单一直径的粒子组成的起尘表面的阈值摩擦速度 u_{*t} 不再满足(6.8.38)式,u_{*t} 随直径 d 的减小而急剧增大。这表明,实际悬浮粒子的飞起过程中,是必须有跃动粒子参加的。

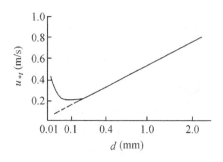

图 6.20　阈值摩擦速度与粒径的关系

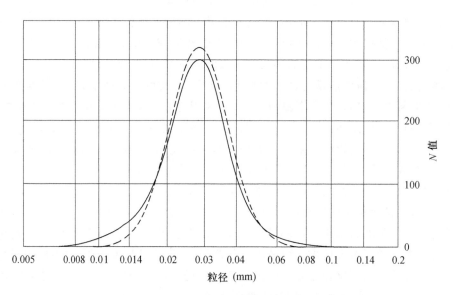

图 6.21　粒子直径的对数-正态分布

应当指出,实际起尘表面都是由不同直径的粒子组成的,这时阈值摩擦速度 u_{*t} 定义为较大粒子开始蠕动时的摩擦速度。作为一个例子,图 6.21 给出了某种泥土的粒子直径的谱分布。由图 6.21 中曲线可见,它与正态曲线(图中虚线)很接近。图 6.21 中横坐标为粒子直径 d(mm,对数坐标)纵坐标为正态密度函数 N

$$N(x) = \frac{1}{\sqrt{2\pi}\sigma} \exp\left[-\frac{(x-\mu)^2}{2\sigma^2} \right] \tag{6.8.39}$$

这里自变量 $x = \ln d_0$,d_0 为粒子直径的平均值。密度函数 $N(x)$ 满足

$$\int_{-\infty}^{\infty} N(x)\mathrm{d}x = 1 \tag{6.8.40}$$

故土壤中直径小于 d_1 的粒子的重量占土壤总重量的比例为

$$C(d < d_1) = \int_{-\infty}^{a} N(x)\,dx = \frac{1}{\sqrt{2\pi}\sigma} \int_{-\infty}^{a} \exp\left[-\frac{(x-\mu)^2}{2\sigma^2}\right]dx \qquad (6.8.41)$$

式中,积分上限为 $a = \ln d_1$。

对这种实际起尘表面,阈值摩擦速度 u_{*t} 不再是仅由粒子(平均)直径决定的函数,许多其他因素——例如粒子的比重、其直径的谱分布、地面的湿度和压实程度、地面有否植物覆盖等——都起着重要的作用。唯一的办法是进行实地观测以测定阈值风速(即较大粒子开始蠕动的风速,又称为起动风速)V_t。起动风速 V_t 亦可在大型环境风洞中测量。风洞中测得的起动风速 V_t 可按一定的气象条件换算成大气现场的相应数值。

粒子的质量迁移速率是另一个主要参数,对其应分两种情况考虑:当研究雪、沙等较大颗粒的水平迁移运动时,讨论的是水平质量通量 Q,单位是 g/(m·min),即单位时间通过横向单位长度的跃动粒子质量。研究表明,Q 与平均风速 u 之间的关系为

$$Q \propto (u - V_t)^3 \qquad (6.8.42)$$

而当研究地面向空气排放细微(悬浮)颗粒的过程时,讨论的是悬浮颗粒从地面向空气的垂直质量通量或排放速率 Q_e,单位是 g/(m²·min),又称为起尘速率。垂直质量通量 Q_e 要比水平质量通量 Q 小得多,约是它的 1%~2%。Q_e 也有和 Q 同样的关系式

$$Q_e \propto (u - V_t)^3 \qquad (6.8.43)$$

对于大气环境问题的研究来说,地面起尘速率 Q_e 是最重要的参数,由此可计算排放进入空气的悬浮尘埃(悬浮颗粒)的源强及总量分布。显然,没有源强分布及排放总量,任何有关尘埃传输和沉降的计算都是没有实际意义的。应当指出,由于人们对粒子的起动过程从理论上所知甚少,而且细微(悬浮)颗粒的垂直排放速率很难在大气现场直接测量,故上述地面起尘速率的实际计算都是一些以气候学参数和土壤学参数为基础的经验公式。

对本小节的主要内容归纳如下。

固体粒子风致的 3 种运动形式:

1)跃动——中等大小的粒子在风力作用下跃入气流并沿光滑的轨迹下落。跃动粒子的运动轨迹可由二相流体运动方程解出。

2)悬浮——较小的粒子悬浮于空气中并被气流携带作水平的传输。悬浮粒子的传输与沉降过程可由对流扩散模式加重力沉降的方法来处理。

3)蠕动——在一定的风速下,较大(较重)的粒子沿地表面滚动的运动形态。

其中跃动粒子对于粒子的起动作用最重要:

1)跃动粒子在飞行中从气流获得动能,落地时与地面粒子相撞。

2)被撞粒子获得了动量,依其自身的大小(重量),转变为上述的 3 种运动形态。

下垫面的属性也决定粒子的起动过程

如土壤的湿度、压实程度、植物覆盖率、土壤粒子的直径分布以及土壤中存在的石头块等。

低层大气中固体粒子运动构成的两大类环境问题:

1)由蠕动和跃动粒子(沙、雪粒子)的水平迁移所造成的沙漠变迁、农田风蚀、公路或机场的防护、风障与防风林建设等。

2)排入空气中的悬浮粒子造成的空气污染及对大气层的影响。因为悬浮粒子可直接进入人的呼吸系统,另外对于大气的光学性质有严重的影响(削弱到达地面的太阳辐射),从而影响

到全球气候变化,所以是当前的重点研究对象。

研究起尘速率 Q_e 的实际意义

可计算排放进入大气的悬浮尘埃的源强及总量分布。

目前的局限性

由于对粒子在起动过程理论了解非常薄弱,而且现场实测很难,所以本节所介绍的计算公式都是以气候学参数和土壤学参数为基础的经验公式。

下 编

大气扩散的物理模拟

　　研究低层大气流动以及污染物在其中传输扩散的三种主要方法是：1)大气现场观测与实验；2)计算机数值模拟；3)实验室物理模拟——主要是环境风洞模拟实验和拖曳水槽模拟实验。物理模拟实验研究方法具有很多优点：条件可控制，实验可重复，可以得到大量有意义的数据或规律性的结果。在大多数情况下，三种方法互相配合，可以得到很好的研究成果。而在某些情况下，例如在研究复杂地形下污染物的扩散或研究大气中的起降尘过程时，环境风洞模拟实验担任着主要的角色。

　　下编中我们首先讨论模拟实验的理论基础——量纲与相似性原理，然后介绍有关模拟低层大气流动及污染物在其中的输运(扩散)过程的原理和技术。

第 7 章 量纲与相似性原理

不研究自然现象本身,而是在特定的实验室条件下研究尺度缩小了的类似现象,这就是模拟(模型)实验。显然,模拟实验所研究的现象的特征应能换算(对应)成自然现象的相应特征,或说这两个现象之间应有相似性。模拟实验的理论基础是量纲与相似性理论。

7.1 自然现象的研究与量纲方法

我们研究一个自然现象时,目标是希望能将其本质过程表达成一定量的函数关系

$$f(x_1, x_2, \cdots, x_n) = 0 \tag{7.1.1}$$

式中,$x_1, x_2, \cdots, x_n$ 表示与该过程有关的物理量——自变量、因变量、某些参数及物理常数。研究工作在最理想的情况下可以是先列出其微分方程,然后再在一定的初边条件下通过解析方法解得上述函数(7.1.1)式的具体形式。但众所周知,数学上的困难往往使得求解微分方程成为不可能;甚至更多情况下,由于自然过程的物理机制过于复杂,根本无法列出相应的微分方程。这种情况下,我们只能根据经验列出与该过程有关的各个物理量:$x_1, x_2, \cdots, x_n$,然后通过实验,确定它们之间的数量关系,即(7.1.1)式。

显然,自然现象的本质与测量单位制的选择无关,然而描述某一自然现象(过程)的各个物理量的数值却与单位制有关。例如,一个物体的长度为 $l=1.524\mathrm{m}$,但在厘米・克・秒制中,它的数值却变成了 152.4cm,而在英制中变成了 5ft。相反的例子是,角 α 用弧度作单位时,因其定义为圆心角所对的弧长 s 与半径 R 的比:$\alpha = s/R$,它实际上是无单位(无量纲)的。故无论在米・千克・秒制、厘米・克・秒制还是在英制中,同一个角 a 的弧度都是相同的。又如,由单位长度 l(单位:m)、速度 u(单位:m/s)和流体的运动学黏滞系数 v(单位:m²/s)可组成无量纲变量(即著名的雷诺数)$Re = ul/v$,Re 数的值与单位制的选择无关。例如若长度 $l=15\mathrm{m}$,速度 $u=10\mathrm{m/s}$,取运动学黏滞系数 $v=1.5\times10^{-4}\,\mathrm{m^2/s}$,可计算得 $Re=10^6$。当改用厘米・克・秒制时,各物理量的数值同时改变:$l=1500\mathrm{cm}$,$u=1000\mathrm{cm/s}$,$v=1.5\mathrm{cm^2/s}$,但仍可计算得完全相同的雷诺数:$Re=10^6$。可以想象,当函数关系(7.1.1)式被改写成下述无量纲(即各物理量均无单位)形式

$$\Phi(\Pi_1, \Pi_2, \cdots, \Pi_r) = 0 \tag{7.1.2}$$

时,它才真正反映了自然过程的本质,因为无量纲(无单位)的物理量的数值与单位制的选择无关。上式中 $\Pi_1, \Pi_2, \cdots, \Pi_r$,是由 n 个变量 $x_1, x_2, \cdots, x_n$ 组合而成的 r 个无量纲变量,且(7.1.2)式中不含有任何与物理量的测量方法有关的系数。

无量纲函数关系(7.1.2)式的另一个好处是减少了变量的数目:$r < n$,从而大大简化了研究工作。以上由(7.1.1)式到(7.1.2)式的处理过程实际上即是所谓的量纲分析与相似性理论的方法。这个方法涉及各物理量之间存在的本质上的深刻联系,它在很多科学领域中都曾起

过重大的作用。

但是，从一开始就应当指出，尽管量纲方法在许多情况下非常有用，然而它也不是万能的，有些情况下它只能给出"平凡解"。其次，该方法的成功运用要求对所研究对象的物理本质有深刻的理解，还要求相当的技巧，即对该方法的熟练掌握。初学者使用量纲分析与相似性理论的方法做出荒谬结果的并不少见。本章将对量纲及相似性理论的基本原则加以介绍。

7.2　相似性理论

7.2.1　相似性及相似变换

从几何学中我们知道，两个几何图形相似的充分必要条件是：它们的对应角分别相等，对应线段分别成比例。进一步说，若有两个流场，它们的流线图形是几何相似的，则可称两个流动是运动学相似的。若在两个流场的所有几何对应点上，流体微团所受的各个力的比例相同，即它们的受力的矢量图是几何相似的，则称两个流动是动力学相似的。易证，两个流动是运动学相似的必要条件是：它们又是动力学相似的。故我们得到普遍的概念：所谓相似性，指的是两个同类的现象，且满足相同的规律，但各参量的数值大小不同，更一般的定义是：说两个自然现象(社会现象也是自然现象的一部分)是相似的，是指它们满足同样的数学规律，但同一参量所取的数值不同。

在最理想的情况下，设对所研究的问题列出了微分方程(方程组)及定解条件(初、边条件)。为简单起见，只讨论含单一未知函数的微分方程，且它的解是一个含自变量及参数的单值函数 $f(x_1, x_2, \cdots, x_n) = 0$。一个特解即对应于一个特定的现象；我们称另一个现象与此特定的现象是相似的，若它们可以同由上述函数表达，只不过其中每个变量及参数均乘上各自不同的常数因子，换句话数，在下列方程式

$$f(k_1 x_1, k_2 x_2, \cdots, k_n x_n) = 0 \tag{7.2.1}$$

中，给 n 个常数因子 $k_1, k_2, \cdots, k_n$ 取不同的值，就得到不同的但互相相似的现象。给变量 x_i 乘上常数因子 k_i 的操作称为相似变换，即

$$x'_i = k_i x_i \quad (i = 1, 2, \cdots, n) \tag{7.2.2}$$

由我们对微分方程的知识，可立即得到下述结论——说两个现象是相似的，其充分必要条件为：1)它们由同一微分方程描述；2)定解条件的区别仅在于数值的不同。当然，大部分的自然(社会)现象都是列不出微分方程来的。在这种更一般的情况下的现象相似性的充分必要条件将在下面 7.2.4 节中加以讨论。

7.2.2　齐次函数与绝对相似

前节给出了现象相似性的定义，即在(7.2.1)式中，给 n 个常数因子 $k_1, k_2, \cdots, k_n$ 取不同的值，就得到不同的但互相相似的现象。本节我们将对相似性函数关系(7.2.1)式作进一步的分析。若常数因子 $k_i (i = 1, 2, \cdots, n)$ 的取值完全是任意的，未加任何限制，这样得到的现象相似性称为绝对相似或无条件相似。现我们将现象相似性的定义重新叙述如下：设所研究的过程可由下述函数关系式加以描述

$$f(x_1, x_2, \cdots, x_n) = 0 \tag{7.2.3}$$

式中,$x_1, x_2, \cdots, x_n$ 代表自变量、因变量及某些物理参数和常数。若在相似变换

$$x'_1 = k_1 x_1, \quad x'_2 = k_2 x_2, \quad \cdots, \quad x'_n = k_n x_n \tag{7.2.4}$$

$(k_1, k_2, \cdots, k_n$ 是任意常数)之下,恒有

$$f(x'_1, x'_2, \cdots, x'_n) = 0 \tag{7.2.5}$$

成立,则称(7.2.3)式左端的 $f(x_1, x_2, \cdots, x_n) = Q$ 为齐次函数。由同一个齐次函数所描述的所有现象都是互相相似的,这种相似性称为绝对相似或无条件相似,因为函数 $Q = f(x_1, x_2, \cdots, x_n)$ 具有特殊性质的函数。下面对齐次函数的性质作进一步的分析。

显然,要使函数 $f(x_1, x_2, \cdots, x_n)$ 具有不变性,即要求(7.2.3)式和(7.2.5)式在和(7.2.4)式的条件下成立,则必须有

$$f(x'_1, x'_2, \cdots, x'_n) = \Phi(k_1, k_2, \cdots, k_n) f(x_1, x_2, \cdots, x_n) \tag{7.2.6}$$

成立。即是说,齐次函数中所有的常数因子必须能提到函数符号以外来。这也就是齐次函数的根本特征。进一步,将(7.2.6)式两边分别对参数 k_1 求偏微商。

$$\frac{\partial}{\partial k_1} f[x'_i] = \frac{\partial \Phi}{\partial k_1} f[x_i] \tag{7.2.7}$$

上式中引用简写符号

$$f[x'_i] = f(x'_1, x'_2, \cdots, x'_n) \tag{7.2.8}$$

及

$$f[x_i] = f(x_1, x_2, \cdots, x_n) \tag{7.2.9}$$

考虑到

$$\frac{\partial}{\partial k_1} f[x'_i] = \frac{\partial f[x'_i]}{\partial x'_1} \cdot \frac{\partial x'_1}{\partial k_1} = \frac{\partial f[x'_i]}{\partial x'_1} \cdot x_1 \tag{7.2.10}$$

可得

$$\frac{\partial f[x'_i]}{\partial x'_1} x_1 = \frac{\partial \Phi}{\partial k_1} f[x_i] \tag{7.2.11}$$

上式中令 $k_1 = k_2 = \cdots = k_n = 1$,且令

$$\left(\frac{\partial \Phi}{\partial k_1}\right)_{[k_i]=1} = \alpha_1 = \text{const} \tag{7.2.12}$$

可得

$$\frac{\partial f}{\partial x_1} x_1 = \alpha_1 f \tag{7.2.13}$$

由上式得

$$\frac{1}{f} \frac{\partial f}{\partial x_1} = \frac{\alpha_1}{x_1} \tag{7.2.14}$$

积分即可得

$$f = c_1 x_1^{\alpha_1} \tag{7.2.15}$$

式中,常数 c_1 与除 x_1 以外所有其他的物理量 $x_2, x_3, \cdots, x_n$ 有关。重复上述过程,最终可得

$$f(x_1, x_2, \cdots, x_n) = c x_1^{\alpha_1} x_2^{\alpha_2} \cdots x_n^{\alpha_n} \tag{7.2.16}$$

式中,常数 c 与各物理量 $x_1, x_2, x_3, \cdots, x_n$ 均无关。

以上我们得到的结论是,齐次函数只能是各变量的幂次积。显然,绝对相似性对函数关系(7.2.3)式提出了过分苛刻的要求,无法有实际的应用。进一步说,它也表明世界上没有绝对(无条件)相似的事物。但是,若对常数因子 k_i 所取的数值加以某些限制条件,从而实现函数 $Q = f(x_1, x_2, x_3, \cdots, x_n)$ 具有(在相似变换之下的)不变性,就得到所谓的"条件相似",将在下段加以讨论。

7.2.3 条件相似与自由度

本节我们研究在相似性变换 $x'_i = k_i x_i (i = 1, 2, \cdots, n)$ 中,如何对变换常数 k_i 加以一定的

限制，以保证方程 $f(x_1, x_2, \cdots, x_n) = 0$ 的不变性，即所谓的条件相似。

首先，从 n 个变量 $x_1, x_2, \cdots, x_n$ 出发构成 r 个新的变量 $P_1, P_2, \cdots, P_r, r < n$；其中 P_j 是变量 x_i 的幂次组合

$$\begin{cases} P_1 = c_1 x_1^{a_{11}} x_2^{a_{12}} \cdots x_n^{a_{1n}} \\ P_2 = c_2 x_1^{a_{21}} x_2^{a_{22}} \cdots x_n^{a_{2n}} \\ \cdots \quad \cdots \\ P_r = c_r x_1^{a_{r1}} x_2^{a_{r2}} \cdots x_n^{a_{rn}} \end{cases} \tag{7.2.17}$$

或 $$P_j[x_i] = c_j x_1^{a_{j1}} x_2^{a_{j2}} \cdots x_n^{a_{jn}} \quad (j = 1, 2, \cdots, r) \tag{7.2.18}$$

式中，$c_j, a_{j1}, a_{j2}, \cdots, a_{jn}$ 是常数。在变换 $x'_i = k_i x_i (i = 1, 2, \cdots, n)$ 之下，可得

$$x'_i = k_i x_i \quad (i = 1, 2, \cdots, n)$$

$$\begin{cases} P'_1 = c_1 x_1'^{a_{11}} x_2'^{a_{12}} \cdots x_n'^{a_{1n}} = c_1 k_1^{a_{11}} x_1^{a_{11}} k_2^{a_{12}} x_2^{a_{12}} \cdots k_n^{a_{1n}} x_n^{a_{1n}} \\ P'_2 = c_2 x_1'^{a_{21}} x_2'^{a_{22}} \cdots x_n'^{a_{2n}} = c_2 k_1^{a_{21}} x_1^{a_{21}} k_2^{a_{22}} x_2^{a_{22}} \cdots k_n^{a_{2n}} x_n^{a_{2n}} \\ \cdots \quad \cdots \\ P'_r = c_r x_1'^{a_{r1}} x_2'^{a_{r2}} \cdots x_n'^{a_{rn}} = c_r k_1^{a_{r1}} x_1^{a_{r1}} k_2^{a_{r2}} x_2^{a_{r2}} \cdots k_n^{a_{rn}} x_n^{a_{rn}} \end{cases}$$

$$\rightarrow \begin{cases} P'_1 = c_1 (k_1^{a_{11}} k_2^{a_{12}} \cdots k_n^{a_{1n}}) x_1^{a_{11}} x_2^{a_{12}} \cdots x_n^{a_{1n}} \\ P'_2 = c_2 (k_1^{a_{21}} k_2^{a_{22}} \cdots k_n^{a_{2n}}) x_1^{a_{21}} x_2^{a_{22}} \cdots x_n^{a_{2n}} \\ \cdots \quad \cdots \\ P'_r = c_r (k_1^{a_{r1}} k_2^{a_{r2}} \cdots k_n^{a_{rn}}) x_1^{a_{r1}} x_2^{a_{r2}} \cdots x_n^{a_{rn}} \end{cases}$$

$$\rightarrow \begin{cases} P'_1 = c_1 K_1 x_1^{a_{11}} x_2^{a_{12}} \cdots x_n^{a_{1n}} = K_1 P_1 \\ P'_2 = c_2 K_2 x_1^{a_{21}} x_2^{a_{22}} \cdots x_n^{a_{2n}} = K_2 P_2 \\ \cdots \quad \cdots \\ P'_r = c_r K_r x_1^{a_{r1}} x_2^{a_{r2}} \cdots x_n^{a_{rn}} = K_r P_r \end{cases}$$

$$P'_j = P_j[x'_i] = P_j[k_i x_i] = c_j (k_1^{a_{j1}} k_2^{a_{j2}} \cdots k_n^{a_{jn}}) x_1^{a_{j1}} x_2^{a_{j2}} \cdots x_n^{a_{jn}}$$
$$= c_j K_j x_1^{a_{j1}} x_2^{a_{j2}} \cdots x_n^{a_{jn}} = K_j P_j \tag{7.2.19}$$

式中 $$K_j = k_1^{a_{j1}} k_2^{a_{j2}} \cdots k_n^{a_{jn}} \quad (j = 1, 2, \cdots, r) \tag{7.2.20}$$

现回到方程 $f(x_1, x_2, \cdots, x_n) = 0$，将其左边作 (7.2.18) 式的变量代换后，我们得到关于新变量 $P_j (j = 1, 2, \cdots, r)$ 的方程

$$f(x_1, x_2, \cdots, x_n) \equiv P_0 \Phi(P_1, P_2, \cdots, P_r) = 0 \tag{7.2.21}$$

上式右端的 P_0 是从函数符号内提出来的公共部分。因此，若方程 $f(x_1, x_2, \cdots, x_n) = 0$ 具有不变性，即在相似变换 $x' = k_i x_i (i = 1, 2, \cdots, n)$ 之下，有 $f(x'_1, x'_2, \cdots, x'_n) = 0$ 成立，就相当于要求

$$\Phi(K_1 P_1, K_2 P_2, \cdots, K_r P_r) = \Phi(P_1, P_2, \cdots, P_r) = 0 \tag{7.2.22}$$

成立。显然这一点是可以做到的，只需令

$$K_j = 1 \quad (j = 1, 2, \cdots, r) \tag{7.2.23}$$

即可。(7.2.23) 式即是对变量的相似变换 $x'_i = k_i x_i$ 所加的约束条件。在此约束条件下，方程 $f(x_1, x_2, \cdots, x_n) = 0$ 具有（在相似变换之下的）不变性的要求得以满足，从而所描述的两个现象是互相相似的。这种相似性称为条件相似。关键在于，虽然 $f(x_1, x_2, \cdots, x_n)$ 本身不是变量 $x_1, x_2, \cdots, x_n$ 的齐次函数，但通过 (7.2.17) 式的变量代换，将之转化成新变量 $P_j(j = 1, 2, \cdots,$

r)的函数 $P_0\Phi(p_1,p_2,\cdots,p_r)$,而新变量 P_j 是 $x_1,x_2,\cdots,x_n$ 的齐次函数,保证新变量 P_j 在相似变换之下的值不变,从而相似性得以实现。

令 $\Phi(p_1,p_2,\cdots,p_r)=0$,显然其对新变量具有不变性的充分必要条件为:$K_j=1$,即(7.2.23)式。这也就是原方程 $f(x_1,x_2,\cdots,x_n)=0$ 对于原变量 $x_1,x_2,\cdots,x_n$ 的具有不变性的充分必要条件。

以上即为条件相似性的原则。我们称数值 $n-r$ 为条件相似性变换的自由度。应当指出,由上述条件相似性的原则仅仅指出新的组合变量 P_j 应是原变量 $x_1,x_2,\cdots,x_n$ 的幂次积。下面我们将看到,P_j 还应当是无量纲的。

7.2.4　现象相似性的充分必要条件

约束条件 $K_j=1(j=1,2,\cdots,r)$ 意味着在相似变换 $x'_i=k_ix_i(i=1,2,\cdots,n)$ 之下,新的组合变量 $P_j[x_i]=c_jx_1^{a_{j1}}x_2^{a_{j2}}\cdots x_n^{a_{jn}}(j=1,2,\cdots,r)$ 的值不变:从而方程 $P_j[x_i]=P_j[x'_i]$ 的不变性要求得到满足 $f(x_1,x_2,\cdots,x_n)\equiv P_0\Phi(P_1,P_2,\cdots,P_r)=0$,因为现在有 $P_j=P'_j$。这就是说,两个现象具有条件相似的充分必要条件是:它们由同一个函数关系式 $f(x_1,x_2,\cdots,x_n)=0$ 来描述,且当改用新的函数关系式 $\Phi(p_1,p_2,\cdots,p_r)=0$ 描述时,其组合变量 $P_j(j=1,2,\cdots,r)$ 分别对二者具有相同的数值

$$(P_j)_{现象1}=(P_j)_{现象2}\quad(j=1,2,\cdots,r)\tag{7.2.24}$$

单位制的改换本身就是一种相似变换,要使单位制改换时(例如米·千克·秒制变成厘米·克·秒制)上述组合变量的 P_j 值不变,所有这些组合变量 P_j 均应为类似于前述7.1节的雷诺数 Re 的无量纲的量。即是说,由条件相似性的原则出发,应当用无量纲组合变量 $P_j(j=1,2,\cdots,r)$ 构成无量纲方程 $\Phi(p_1,p_2,\cdots,p_r)=0$,才是真正表明了现象的相似性本质,并具有普遍适用的规律性。又,根据(7.2.23)式可知两个现象条件相似的充分必要条件可写成

$$K_j=1(j=1,2,\cdots,r)$$

显然,(7.2.23)式与(7.2.24)式之中,满足了一个也就是满足了另一个,即二者本身也是互为充分必要条件的。

7.3　量纲分析与 π 定理

7.3.1　基本量和导出量、量纲

某些物理量,例如长度 l 和时间 t,称为基本量。基本量有如下的特征:1)它们的引入与其他的物理量无关;2)它们的数值是直接测量的结果;3)它们的单位是人为规定的,具有某种随意性。另一大类物理量称为导出量,如速度 v。导出量与基本量之间的关系由一个定义公式来确定,如 $v=\mathrm{d}L/\mathrm{d}t(\mathrm{m/s})$,即导出量的数值是通过定义公式对相应基本量的数值加以计算的结果。

力学单位制中,通常取长度、时间、质量为基本量,速度、力、能量等作为导出量。工程单位制中通常取长度、时间、力为基本量,而以质量、速度等为导出量。由这个例子可以看出:1)所谓基本量的选择不是绝对的;2)对实际力学问题,取 3 个基本量已足够来构成单位制。

基本量的单位确定后,导出量的单位可由它与基本量之间的定义公式确定之。其表达式

就称为该导出量的量纲。设基本量是长度、质量和时间,它们的单位分别由下述符号表示:L,M 和 T,则速度 v 的量纲$[v]$及力 f 的量纲$[f]$可分别表示为如下的幂次式

$$[v] = LT^{-1}, [f] = MLT^{-2} \tag{7.3.1}$$

今后我们均用$[a]$表示物理量 a 的量纲,公式(7.3.1)即称为量纲公式。力学量纲公式的一般形式为

$$[a] = M^{\alpha} L^{\beta} T^{\gamma} \tag{7.3.2}$$

式中,幂指数 α, β, γ 应是已知常数。但无量纲量的量纲为 1,例如:$[b] = 1$,b 即是一个无量纲量。

7.3.2　π 定理

π 定理进一步解决了条件相似的自由度问题。我们回到描述现象的函数关系

$$f(x_1, x_2, \cdots, x_n) = 0 \tag{7.3.3}$$

式中,$x_1, x_2, \cdots, x_n$ 代表自变量、因变量及某些物理量参数和常数。进一步假定,上述 n 个变量中前 m 个:$x_1, x_2, \cdots, x_m$,为基本量,其余 $n-m$ 个:$x_{m+1}, x_{m+2}, \cdots, x_n$,为导出量。将新的组合变量记作 $P_j(j=1, 2, \cdots, r)$ 记作 Π_j,以标明其无量纲特性,且有

$$
\begin{cases}
\Pi_1 = x_1^{\alpha_{11}} x_2^{\alpha_{12}} \cdots x_m^{\alpha_{1m}} x_{m+1}^{\beta_{11}} x_{m+2}^{\beta_{12}} \cdots x_n^{\beta_{1, n-m}} \\
\Pi_2 = x_1^{\alpha_{21}} x_2^{\alpha_{22}} \cdots x_m^{\alpha_{2m}} x_{m+1}^{\beta_{21}} x_{m+2}^{\beta_{22}} \cdots x_n^{\beta_{2, n-m}} \\
\cdots \quad \cdots \\
\Pi_r = x_1^{\alpha_{r1}} x_2^{\alpha_{r2}} \cdots x_m^{\alpha_{rm}} x_{m+1}^{\beta_{r1}} x_{m+2}^{\beta_{r2}} \cdots x_n^{\beta_{r, n-m}}
\end{cases} \tag{7.3.4}
$$

因为 Π_j 是无量纲量,则在相似性变换

$$x'_1 = k_1 x_1, x'_2 = k_2 x_2, \cdots, x'_n = k_n x_n \tag{7.3.5}$$

$(k_1, k_2, \cdots, k_n$ 是任意常数)之下,要求 Π_j 的数值不变,前已述及,则要求充分必要条件

$$
\begin{cases}
\Pi'_1 = x'^{\alpha_{11}}_1 x'^{\alpha_{12}}_2 \cdots x'^{\alpha_{1m}}_m x'^{\beta_{11}}_{m+1} x'^{\beta_{12}}_{m+2} \cdots x'^{\beta_{1, n-m}}_n \\
\Pi'_2 = x'^{\alpha_{21}}_1 x'^{\alpha_{22}}_2 \cdots x'^{\alpha_{2m}}_m x'^{\beta_{21}}_{m+1} x'^{\beta_{22}}_{m+2} \cdots x'^{\beta_{2, n-m}}_n \\
\cdots \quad \cdots \\
\Pi'_r = x'^{\alpha_{r1}}_1 x'^{\alpha_{r2}}_2 \cdots x'^{\alpha_{rm}}_m x'^{\beta_{r1}}_{m+1} x'^{\beta_{r2}}_{m+2} \cdots x'^{\beta_{r, n-m}}_n
\end{cases}
$$

$$
\rightarrow
\begin{cases}
\Pi'_1 = k_1^{\alpha_{11}} x_1^{\alpha_{11}} k_2^{\alpha_{12}} x_2^{\alpha_{12}} \cdots k_m^{\alpha_{1m}} x_m^{\alpha_{1m}} k_{m+1}^{\beta_{11}} x_{m+1}^{\beta_{11}} k_{m+2}^{\beta_{12}} x_{m+2}^{\beta_{12}} \cdots k_n^{\beta_{1, n-m}} x_n^{\beta_{1, n-m}} \\
\Pi'_2 = k_1^{\alpha_{21}} x_1^{\alpha_{21}} k_2^{\alpha_{22}} x_2^{\alpha_{22}} \cdots k_m^{\alpha_{2m}} x_m^{\alpha_{2m}} k_{m+1}^{\beta_{21}} x_{m+1}^{\beta_{21}} k_{m+2}^{\beta_{22}} x_{m+2}^{\beta_{22}} \cdots k_n^{\beta_{2, n-m}} x_n^{\beta_{2, n-m}} \\
\cdots \quad \cdots \\
\Pi'_r = k_1^{\alpha_{r1}} x_1^{\alpha_{r1}} k_2^{\alpha_{r2}} x_2^{\alpha_{r2}} \cdots k_m^{\alpha_{rm}} x_m^{\alpha_{rm}} k_{m+1}^{\beta_{r1}} x_{m+1}^{\beta_{r1}} k_{m+2}^{\beta_{r2}} x_{m+2}^{\beta_{r2}} \cdots k_n^{\beta_{r, n-m}} x_n^{\beta_{r, n-m}}
\end{cases}
$$

$$
\rightarrow
\begin{cases}
\Pi'_1 = (k_1^{\alpha_{11}} k_2^{\alpha_{12}} \cdots k_m^{\alpha_{1m}} k_{m+1}^{\beta_{11}} k_{m+2}^{\beta_{12}} \cdots k_n^{\beta_{1, n-m}}) x_1^{\alpha_{11}} x_2^{\alpha_{12}} \cdots x_m^{\alpha_{1m}} x_{m+1}^{\beta_{11}} x_{m+2}^{\beta_{12}} \cdots x_n^{\beta_{1, n-m}} \\
\Pi'_2 = (k_1^{\alpha_{21}} k_2^{\alpha_{22}} \cdots k_m^{\alpha_{2m}} k_{m+1}^{\beta_{21}} k_{m+2}^{\beta_{22}} \cdots k_n^{\beta_{2, n-m}}) x_1^{\alpha_{21}} x_2^{\alpha_{22}} \cdots x_m^{\alpha_{2m}} x_{m+1}^{\beta_{21}} x_{m+2}^{\beta_{22}} \cdots x_n^{\beta_{2, n-m}} \\
\cdots \quad \cdots \\
\Pi'_r = (k_1^{\alpha_{r1}} k_2^{\alpha_{r2}} \cdots k_m^{\alpha_{rm}} k_{m+1}^{\beta_{r1}} k_{m+2}^{\beta_{r2}} \cdots k_n^{\beta_{r, n-m}}) x_1^{\alpha_{r1}} x_2^{\alpha_{r2}} \cdots x_m^{\alpha_{rm}} x_{m+1}^{\beta_{r1}} x_{m+2}^{\beta_{r2}} \cdots x_n^{\beta_{r, n-m}}
\end{cases}
$$

$$
\rightarrow
\begin{cases}
\Pi'_1 = K_1 x_1^{\alpha_{11}} x_2^{\alpha_{12}} \cdots x_m^{\alpha_{1m}} x_{m+1}^{\beta_{11}} x_{m+2}^{\beta_{12}} \cdots x_n^{\beta_{1, n-m}} = K_1 \Pi_1 \\
\Pi'_2 = K_2 x_1^{\alpha_{21}} x_2^{\alpha_{22}} \cdots x_m^{\alpha_{2m}} x_{m+1}^{\beta_{21}} x_{m+2}^{\beta_{22}} \cdots x_n^{\beta_{2, n-m}} = K_2 \Pi_2 \\
\cdots \quad \cdots \\
\Pi'_r = K_r x_1^{\alpha_{r1}} x_2^{\alpha_{r2}} \cdots x_m^{\alpha_{rm}} x_{m+1}^{\beta_{r1}} x_{m+2}^{\beta_{r2}} \cdots x_n^{\beta_{r, n-m}} = K_r \Pi_r
\end{cases}
$$

$$K_j = k_1^{\alpha_{j1}} k_2^{\alpha_{j2}} \cdots k_m^{\alpha_{jm}} k_{m+1}^{\beta_{j,1}} k_{m+2}^{\beta_{j,2}} \cdots k_n^{\beta_{j,n-m}} = 1 \quad (j=1,2,\cdots,r) \tag{7.3.6}$$

$(j=1,2,\cdots,r)$ 成立。由于 $x_{m+1},x_{m+2},\cdots,x_n$ 是导出量,故应有以下量纲关系式

$$\begin{cases} [x_{m+1}] = [x_1]^{\alpha_{1,1}} [x_2]^{\alpha_{1,2}} \cdots [x_m]^{\alpha_{1,m}} \\ [x_{m+2}] = [x_1]^{\alpha_{2,1}} [x_2]^{\alpha_{2,2}} \cdots [x_m]^{\alpha_{2,m}} \\ \cdots \quad \cdots \\ [x_n] = [x_1]^{\alpha_{n-m,1}} [x_2]^{\alpha_{n-m,2}} \cdots [x_m]^{\alpha_{n-m,m}} \end{cases} \tag{7.3.7}$$

从而相似性变换因子 $k_{m+1},k_{m+2},\cdots,k_n$ 均可表示为基本量的相似性变换因子 $k_1,k_2,\cdots,x_m$ 的幂次积,即

$$\begin{cases} k_{m+1} = k_1^{\alpha_{1,1}} k_2^{\alpha_{1,2}} \cdots k_m^{\alpha_{1,m}} \\ k_{m+2} = k_1^{\alpha_{2,1}} k_2^{\alpha_{2,2}} \cdots k_m^{\alpha_{2,m}} \\ \cdots \quad \cdots \\ k_n = k_1^{\alpha_{n-m,1}} k_2^{\alpha_{n-m,2}} \cdots k_m^{\alpha_{n-m,m}} \end{cases} \tag{7.3.8}$$

将(7.3.8)代入(7.3.6)式,可得

$$K_j = k_1^{\alpha_{j1}} k_2^{\alpha_{j2}} \cdots k_m^{\alpha_{jm}} (k_1^{\alpha_{1,1}} k_2^{\alpha_{1,2}} \cdots k_m^{\alpha_{1,m}})^{\beta_{j1}} (k_1^{\alpha_{2,1}} k_2^{\alpha_{2,2}} \cdots k_m^{\alpha_{2,m}})^{\beta_{j2}} \cdots (k_1^{\alpha_{n-m,1}} k_2^{\alpha_{n-m,2}} \cdots k_m^{\alpha_{n-m,m}})^{\beta_{j,n-m}}$$

$$\rightarrow \quad K_j = k_1^{\alpha_{j1}+\beta_{j1}\alpha_{1,1}+\beta_{j2}\alpha_{2,1}+\cdots+\beta_{j,n-m}\alpha_{n-m,1}} k_2^{\alpha_{j2}+\beta_{j1}\alpha_{1,2}+\beta_{j2}\alpha_{2,2}+\cdots+\beta_{j,n-m}\alpha_{n-m,2}}$$

$$\cdots k_m^{\alpha_{jm}+\beta_{j1}\alpha_{1,m}+\beta_{j2}\alpha_{2,m}+\cdots+\beta_{j,n-m}\alpha_{n-m,m}} = 1 \quad (j=1,2,\cdots,r) \tag{7.3.9}$$

要使上式成立,即要使上式中各相似性变换因子 $k_i(i=1,2,\cdots,m)$ 的幂指数均为零,即得齐次代数方程组

$$\begin{cases} \alpha_{j1} + \beta_{j1}\alpha_{1,1} + \beta_{j2}\alpha_{2,1} + \cdots + \beta_{j,n-m}\alpha_{n-m,1} = 0 \\ \alpha_{j2} + \beta_{j1}\alpha_{1,2} + \beta_{j2}\alpha_{2,2} + \cdots + \beta_{j,n-m}\alpha_{n-m,2} = 0 \\ \cdots \\ \alpha_{jm} + \beta_{j1}\alpha_{1,m} + \beta_{j2}\alpha_{2,m} + \cdots + \beta_{j,n-m}\alpha_{n-m,m} = 0 \end{cases} \quad (j=1,2,\cdots,r) \tag{7.3.10}$$

上式中共有 m 个方程,n 个未知数($m<n$):$\alpha_1,\alpha_2,\cdots,\alpha_m,\beta_1,\beta_2,\cdots,\beta_{n-m}$,故该齐次代数方程组将有 $n-m$ 组独立解。这就是说,我们可以组成 $r=n-m$ 个独立的无量纲变量 $\Pi_j(j=1,2,\cdots,r)$,并将有量纲的函数关系 $f(x_1,x_2,\cdots,x_n)=0$ 化成条件相似的无量纲函数关系

$$\Phi(\Pi_1,\Pi_2,\cdots,\Pi_r)=0 \quad (r=n-m) \tag{7.3.11}$$

且有 $r=n-m$。

上述结论称为白金汉(Buckingham)π 定理。π 定理通常可简单地表述如下:对某过程具有重要性的变量的数目减去基本变量的数目,就是独立的无量纲组合变量的数目。除了指出无量纲组合变量的数目 $r=n-m$ 之外,上述推导过程中的(7.3.4)式还表明,新的无量纲组合变量应为原来有量纲变量的幂次积。

7.4　π 定理的应用

π 定理即相似性原理及量纲分析方法的成功应用,关键在于对所研究的现象的物理本质的深刻理解。应用的第一个步骤是找出决定该过程(现象)的主定参数:$x_1,x_2,\cdots,x_n$。则描述该过程的认可其他数字特征:$y_1,y_2,\cdots,y_l$,都将是上述主定参数的函数,即

$$y_s = f_s(x_1,x_2,\cdots,x_n)(s=1,2,\cdots,l) \tag{7.4.1}$$

应用 π 定理的第二个步骤是构成新的无量纲变量和无量纲方程。为方便起见,我们将 π 定理在力学中的简化形式叙述如下:设某力学量 y 是 n 个主定参数 $x_1, x_2, \cdots, x_n$ 的函数:$y = f(x_1, x_2, \cdots, x_n)$,则由上述 $n+1$ 个物理量组合而成的无量纲量 y' 及 $x_1', x_2', \cdots, x'_{n-3}$ 构成普适函数关系

$$y' = F(x'_1, x'_2, \cdots, x'_{n-3}) \tag{7.4.2}$$

这里我们所取的三个基本量为长度、质量和时间,即基本量的数目为 3,而且不论它们是否明确地出现在上述 n 个主定参数之中。

上述无量纲普适函数关系(7.4.2)式尚需借助于对该现象的数学、物理背景作进一步的分析,方能进而得到有用的结果。这就是应用 π 定理的第三个步骤。下面我们通过四个例子来具体说明 π 定理的应用方法。

7.4.1　溢洪道流量问题

设一个很大的水库,溢洪道流量为 $Q(\mathrm{kg/s})$。如图 7.1,h 是水头,即上游远处水面到溢洪道上沿的高度差。设水库容积极大,故水的流动可视为定常。现利用量纲和相似性原理对其流量 Q 的规律性进行分析如下。

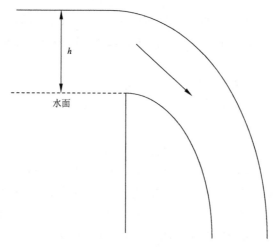

h

水面

图 7.1　溢洪道

作为重力流体,从动力学的考虑出发,该流动应有三个主定参数:密度 ρ(代表惯性)、重力加速度 g(代表重力)及水头 h(代表压力差)。则流量 Q 应是由上述 3 个参数决定的函数

$$Q = f(\rho, g, h) \tag{7.4.3}$$

首先将因变量 Q 无量纲化。依量纲的考虑

$$[Q] = MT^{-1}, [\rho] = ML^{-3}, [g] = LT^{-2}, [h] = L \tag{7.4.4}$$

根据 π 定理在力学中的表现形式,即(7.4.2)式与(7.4.3)式,由上述 4 个物理量组合而成的无量纲量的形式应为:$Q' = F = \mathrm{const}$。因为(7.4.4)式的主定参数是 3 个,故 $n-3 = 0$,即无量纲自变量的数目为零。

$Q' = \rho^{\alpha_1} g^{\alpha_2} h^{\alpha_3} Q^{\alpha_4} = \mathrm{const}$

$\rightarrow \quad [Q'] = [\rho]^{\alpha_1} [g]^{\alpha_2} [h]^{\alpha_3} [Q]^{\alpha_4}$

$$\to \quad 1=[ML^{-3}]^{\alpha_1}[LT^{-2}]^{\alpha_2}[L]^{\alpha_3}[MT^{-1}]^{\alpha_4}=M^{\alpha_1+\alpha_4}L^{-3\alpha_1+\alpha_2+\alpha_3}T^{-2\alpha_2+\alpha_4}$$

$$\to \quad \begin{cases}\alpha_1+\alpha_4=0 \\ -3\alpha_1+\alpha_2+\alpha_3=0 \\ -2\alpha_2-\alpha_4=0\end{cases} \to \begin{cases}\alpha_1=-1 \\ \alpha_2=-\dfrac{1}{2} \\ \alpha_3=-\dfrac{5}{2} \\ \alpha_4=1\end{cases}$$

可知,无量纲流量函数 Q' 的形式应为

$$Q'=\frac{Q}{\rho g^{\frac{1}{2}}h^{\frac{5}{2}}} \tag{7.4.5}$$

检验得其量纲为 $[Q']=1$。因为本例 $n-3=0$,依 π 定理可知,无量纲自变量的数目为 0。即
(7.4.2)式中的无量纲函数简化为常数: $F=\text{const}$。故得

$$Q'=C \tag{7.4.6}$$

恢复到有量纲形式,得到流量 Q 所满足的规律

$$Q=C\rho g^{\frac{1}{2}}h^{\frac{5}{2}} \tag{7.4.7}$$

上两式中的常数 C 须由实验决定之。

7.4.2　单摆振动周期问题

如图 7.2,设摆球质量为 m,绳长为 l,且绳的质量可忽略,长度不能改变。又设单摆振动的角位移 φ 很小,且可忽略阻力。则由振动方程及初始条件构成如下的定解问题。

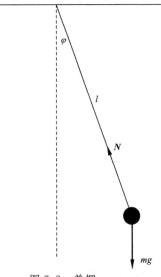

图 7.2　单摆

$$\begin{cases}\dfrac{\mathrm{d}^2\varphi}{\mathrm{d}t^2}=-\dfrac{g}{l}\sin\varphi \\[2mm] m\left(\dfrac{\mathrm{d}\varphi}{\mathrm{d}t}\right)^2 l=N-mg\cos\varphi \\[2mm] t=0:\varphi=\varphi_0,\dfrac{\mathrm{d}\varphi}{\mathrm{d}t}=0\end{cases} \tag{7.4.8}$$

式中,φ_0 是初始角位移,N 是绳的张力。现在不去解方程组,而是通过 π 定理来分析单摆的某些特性。方程及初始条件(7.4.8)式告诉我们,单摆问题有下列 5 个主定参数:t,l,g,m,φ_0。任何其他物理量如张力 N、角位移 φ 等都是由该 5 个主定参数决定的函数。现考虑单摆的振动周期 T_p,它也应是上述 5 个主定参数的函数,设为恒定的周期性运动,则时间 t 不再是主定参数,故有

$$T_p = f(l, g, m, \varphi_0) \tag{7.4.9}$$

从上式各物理量的量纲出发:$[T_p]=T,[l]=L,[g]=LT^{-2},[m]=M,[\varphi_0]=1$,可有无量纲周期的形式如下

$$T'_p = l^{\alpha_1} g^{\alpha_2} m^{\alpha_3} T_p^{\alpha_4} = F(\varphi_0)$$
$$\rightarrow [T'_p] = [l]^{\alpha_1} [g]^{\alpha_2} [m]^{\alpha_3} [T_p]^{\alpha_4}$$
$$\rightarrow 1 = [L]^{\alpha_1} [LT^{-2}]^{\alpha_2} [M]^{\alpha_3} [T]^{\alpha_4} = L^{\alpha_1+\alpha_2} T^{-2\alpha_2+\alpha_4} M^{\alpha_3}$$

$$\rightarrow \begin{cases} \alpha_1+\alpha_2=0 \\ \alpha_3=0 \\ -2\alpha_2+\alpha_4=0 \end{cases} \rightarrow \begin{cases} \alpha_1=-\dfrac{1}{2} \\ \alpha_2=\dfrac{1}{2} \\ \alpha_3=0 \\ \alpha_4=1 \end{cases}$$

$$T'_p = \frac{g^{\frac{1}{2}} T_p}{l^{\frac{1}{2}}} = \frac{T_p}{\sqrt{l/g}} \tag{7.4.10}$$

检验得其量纲为$[T'_p]=1$。依 π 定理,(7.4.9)式右端的 4 个自变量应能组成 $4-3=1$ 个无量纲自变量。由于不可能从 l,g 和 m 组合成无量纲量,所以它只能是初始角位移 φ_0(角位移用"弧度"为单位时,它的量纲为 1,同于没有单位的物理量)。即得

$$T'_p = \frac{T_p}{\sqrt{l/g}} = F(\varphi_0) \tag{7.4.11}$$

恢复到有量纲形式,为

$$T_p = \sqrt{l/g}\, F(\varphi_0) \tag{7.4.12}$$

故由 π 定理得到的结论是:单摆的振动周期与摆球的质量无关,而与绳长的平方根成正比,与重力加速度的平方根成反比。

上述由 π 定理得到的公式中,含有一个未知函数 $F(\varphi_0)$,$F(\varphi_0)$ 的具体形式须由理论或实验进一步确定之。事实上,由于单摆的振动具有对称性,故 $F(\varphi_0)$ 应是 φ_0 的偶函数,即 $F(\varphi_0)$ 的数值应与 φ_0 的符号无关。又由于是小振幅运动:$0 \leqslant |\varphi| \leqslant \varphi_0 \ll 1$,故可将函数 $F(\varphi_0)$ 展开成如下形式的泰勒级数

$$F(\varphi_0) = C_1 + C_2 \varphi_0^2 + C_3 \varphi_0^4 + \cdots \tag{7.4.13}$$

舍去 φ_0^2 及更高次项(高阶小量),我们得到进一步的结果

$$T_p = C_1 \sqrt{\frac{l}{g}} \tag{7.4.14}$$

由中学物理课的力学部分可知,上式中的实验常数 $C_1 = 2\pi$。

7.4.3　流体在管道中的流动

如图 7.3,在长度为 L、直径为 d 的圆管中,设流体的黏性系数为 μ,平均流速为 u。则圆

管两端的压力梯度为

$$\Delta p = \frac{p_1 - p_2}{L}$$

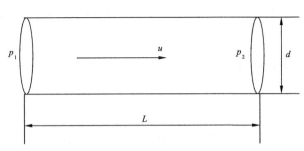

图 7.3　圆管流动

下面我们用量纲分析的方法来求流体在圆管中流动时所受到的阻力。

1)确定主定参数

决定圆管两端的压力梯度的参数为流体密度 ρ,流体的黏性系数 μ,圆管直径 d 和流体的平均流速 u,则它们与压力梯度的函数关系可写成

$$\Delta p = f(\rho, \mu, d, u) \tag{7.4.15}$$

2)无量纲化及建立无量纲方程

$$[\rho] = ML^{-3}, \quad [\mu] = ML^{-1}T^{-1}, \quad [d] = L, \quad [u] = LT^{-1}, \quad [\Delta p] = ML^{-2}T^{-2}$$

根据 π 定理在力学中的表现形式,即(7.4.2)式与(7.4.3)式,由上述 4 个物理量组合而成的无量纲量的形式应为:$\Delta p' = F(\Pi)$。因为(7.4.15)式的主定参数是 4 个,故 $n-3=1$,即无量纲自变量的数目为 1(Π)。

$$\Delta p' = \rho^{\alpha_1} \mu^{\alpha_2} d^{\alpha_3} u^{\alpha_4} \Delta p^{\alpha_5} = F(\Pi)$$

$$\rightarrow \quad [\Delta p'] = [\rho]^{\alpha_1} [\mu]^{\alpha_2} [d]^{\alpha_3} [u]^{\alpha_4} [\Delta p]^{\alpha_5}$$

$$\rightarrow 1 = [ML^{-3}]^{\alpha_1} [ML^{-1}T^{-1}]^{\alpha_2} [L]^{\alpha_3} [LT^{-1}]^{\alpha_4} [ML^{-2}T^{-2}]^{\alpha_5}$$

$$= M^{\alpha_1 + \alpha_2 + \alpha_5} L^{-3\alpha_1 - \alpha_2 + \alpha_3 + \alpha_4 - 2\alpha_5} T^{-\alpha_2 - \alpha_4 - 2\alpha_5}$$

$$\rightarrow \quad \begin{cases} \alpha_1 + \alpha_2 + \alpha_5 = 0 \\ -3\alpha_1 - \alpha_2 + \alpha_3 + \alpha_4 - 2\alpha_5 = 0 \\ -\alpha_2 - \alpha_4 - 2\alpha_5 = 0 \end{cases}$$

$$\rightarrow \quad \alpha_1 = -1, \quad \alpha_2 = 0, \quad \alpha_3 = 1, \quad \alpha_4 = -2, \quad \alpha_5 = 1$$

$$\Delta p' = \frac{d\Delta p}{\rho u^2} = F(\Pi) \tag{7.4.16}$$

3)得到结果

恢复到有量纲形式,得到压力梯度的规律为

$$\Delta p = F(\Pi) \frac{\rho u^2}{d} \tag{7.4.17}$$

最后确定未知函数 $F(\Pi)$ 的具体形式。显然,由 4 个主定参数 ρ, μ, d 和 u 只能组合成 1 个独立的无量纲参数,这就是雷诺数 Re,即

$$Re = \frac{u\rho d}{\mu} = \frac{ud}{\nu} \tag{7.4.18}$$

长度为 L 的圆管的阻力为

$$\lambda = (p_1 - p_2)S = \frac{\pi}{4}dLru^2 F(Re) \tag{7.4.19}$$

式中,S 为圆管表面截面积。通过大量的实验得到了 $F(Re)$ 的不同形式,例如在层流状态下 $F(Re) = 32/Re$。

7.4.4　物体在流体中的运动

如图 7.4,某刚体(如飞机、潜艇)在充满整个空间的无界流体中作匀速直线运动。设刚体的尺度为 d;在流体中的运动速度为 u;攻角为 α;设流体的黏性系数为 μ;密度为 ρ。

下面我们用量纲分析的方法来求该刚体在流体中运动时所受到的阻力 W。

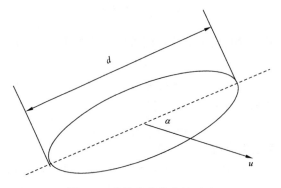

图 7.4　物体在流体中的运动

1)确定主定参数

$$W = f(\rho, \mu, d, u, \alpha) \tag{7.4.20}$$

2)无量纲化及建立无量纲方程

$$[\rho] = ML^{-3}, [\mu] = ML^{-1}T^{-1}, [d] = L, [u] = LT^{-1}, [\alpha] = 1, [W] = MLT^{-2}$$

根据 π 定理在力学中的表现形式,即(7.4.2)式与(7.4.3)式,由上述 5 个物理量组合而成的无量纲量的形式应为:$W' = F(\Pi, \alpha)$。因为(7.4.20)式的主定参数是 5 个,故 $n - 3 = 2$,即无量纲自变量的数目为 $2(\Pi, \alpha)$。

$$W' = \rho^{\alpha_1} \mu^{\alpha_2} d^{\alpha_3} u^{\alpha_4} W^{\alpha_5} = F(\Pi, \alpha)$$

$$\rightarrow \quad [W'] = [\rho]^{\alpha_1} [\mu]^{\alpha_2} [d]^{\alpha_3} [u]^{\alpha_4} [W]^{\alpha_5}$$

$$\rightarrow 1 = [ML^{-3}]^{\alpha_1} [ML^{-1}T^{-1}]^{\alpha_2} [L]^{\alpha_3} [LT^{-1}]^{\alpha_4} [MLT^{-2}]^{\alpha_5}$$

$$= M^{\alpha_1 + \alpha_2 + \alpha_5} L^{-3\alpha_1 - \alpha_2 + \alpha_3 + \alpha_4 + \alpha_5} T^{-\alpha_2 - \alpha_4 - 2\alpha_5}$$

$$\rightarrow \quad \begin{cases} \alpha_1 + \alpha_2 + \alpha_5 = 0 \\ -3\alpha_1 - \alpha_2 + \alpha_3 + \alpha_4 + \alpha_5 = 0 \\ -\alpha_2 - \alpha_4 - 2\alpha_5 = 0 \end{cases}$$

$$\rightarrow \quad \alpha_1 = 1, \quad \alpha_2 = 0, \quad \alpha_3 = 2, \quad \alpha_4 = 2, \quad \alpha_5 = -1$$

$$\rightarrow \quad 1 = \rho d^2 u^2 W^{-1} = F(\Pi, \alpha)$$

3)得到结果

恢复到有量纲形式,得到阻力的规律为

$$W = \rho d^2 u^2 f(\Pi, \alpha) \tag{7.4.21}$$

最后确定未知函数 $f(\Pi, \alpha)$ 的具体形式。显然，由 4 个主定参数 ρ, μ, d 和 u 只能组合成 1 个独立的无量纲参数，这就是雷诺数 Re，即

$$Re = \frac{u \rho d}{\mu} = \frac{ud}{\nu} \tag{7.4.22}$$

长度为 d 的刚体在流体中的阻力为

$$W = \rho d^2 u^2 f(Re, \alpha) \tag{7.4.23}$$

通过大量实验就可得到 $f(Re, \alpha)$ 的不同形式。对于理想流体，则上式简化为

$$W = \rho d^2 u^2 f(\alpha) \tag{7.4.24}$$

由以上四个例子，我们说明了应用量纲和相似性原理（π 定理）解决问题的步骤。由此也可见，量纲分析方法可以得到的最好结果是一个常数因子的精确性（即只剩下一个常数因子，须由其他理论或实验确定之）。

第 8 章　低层大气流动的物理模拟

我们在第 7 章中讨论了量纲和相似性原理的基本原则,在本章和下一章中将介绍这些基本原则应用于模拟低层大气流动及扩散时的具体表达形式。

众所周知,描述低层大气流动及扩散的非线性偏微分方程组在大多数情况下都难以得到解析解或数值解。在大气现场进行的实验与观测耗费巨大。相比之下,使用缩小比例的地形模型作模拟实验——即所谓的物理模拟——具有条件可控、结果可重复、省时省力等优点,并可得到许多有意义的结果。物理模拟研究方法有着本身特定的理论和技术要求,同时也有一定的局限性,这正是本章及下一章所要讨论的主要内容。这里还应当告诉读者的是,下面介绍的有些内容正处在讨论之中,专家们的看法也不尽相同。对于这种情况,本书作者根据自己的研究经验,选择其中的一家之言介绍给大家。

8.1　大气边界层流动的物理模拟

8.1.1　大气边界层流动的无量纲参数

依照第 7 章得出的条件相似性原则,为使在实验室中的模拟流动与实际低层大气流动相似,应保证各无量纲组合变量的数值对二者分别相等,即

$$(P_j)_{模拟流动} = (P_j)_{大气流动} \quad (j=1,2,\cdots,r) \tag{8.1.1}$$

本节中我们将介绍问题的关键:如何去找出上述无量纲相似参数 P_j。

地面以上至约 1000m 高度是所谓的大气边界层。其中发生的主要物理过程是地面与大气间的质量、动量及能量的交换。这里,我们把大气边界层中的运动由下述张量方程组再一次描述如下

$$\begin{cases} 质量守恒: \dfrac{\partial \rho}{\partial t} + \dfrac{\partial (\rho u_i)}{\partial x_i} = 0 \\[2mm] 动量守恒: \dfrac{\partial u_i}{\partial t} + u_j \dfrac{\partial u_i}{x_j} + 2\varepsilon_{ijk}\omega_j u_k = -\dfrac{1}{\rho}\dfrac{\partial p}{\partial x_i} - \dfrac{\Delta T}{T_0}g\delta_{i3} + \nu \dfrac{\partial^2 x_i}{\partial x_k \partial x_k} + \dfrac{\partial (\overline{-u'_j u'_i})}{\partial x_j} \\[2mm] 能量守恒: \dfrac{\partial T}{\partial t} + u_i \dfrac{\partial T}{\partial x_i} = \left(\dfrac{k}{\rho c_p}\right)\dfrac{\partial^2 T}{\partial x_k \partial x_k} + \dfrac{\partial (\overline{-\theta' u'_i})}{\partial x_i} + \dfrac{\Phi}{\rho c_p} \end{cases} \tag{8.1.2}$$

上式中各物理量意义如下:t 是时间;x_i 是 3 个坐标分量($i=1,2,3$),其中 x_3 垂直向上;ρ 是空气的密度;u_i 为平均风速,u' 为风速的脉动;T 为空气的绝对温度,θ' 是温度的脉动;ω_j 是科氏系数;k 是空气的传热系数;c_p 为空气的比定压热容;Φ 为耗散系数。式中张量脚标 $i,j,k=1,2,3$。我们仍有约定求和法则:若某项中同一脚标出现两次,则对该脚标的三个值(1,2,3)所分别对应的三项求和。例如 $u_i u_i = u_1^2 + u_2^2 + u_3^2$。两个张量符号意义如下

$$\delta_{ij}=\begin{cases}1 & (i=j)\\ 0 & (i\neq j)\end{cases}$$

和

$$\varepsilon_{ijk}=\begin{cases}1(ijk\text{ 为偶排列}:ijk=123;231;312)\\ -1(ijk\text{ 为奇排列}:ijk=132;213;321)\\ 0(\text{两个脚标相同})\end{cases}$$

首先，利用特征（参考）值将方程组（8.1.2）中的各个物理量无量纲化（以下带有上标 * 号的均为无量纲的物理量）

$$\begin{cases}u_i^*=\dfrac{u_i}{U},u'^*_i=\dfrac{u'_i}{U},\theta'^*=\dfrac{\theta'}{T_0},x_i^*=\dfrac{x_i}{U},t^*=\dfrac{tU}{L}\\[2mm] \rho^*=\dfrac{\rho}{\rho_0},\omega_j^*=\dfrac{\omega_j}{\Omega_0},p^*=\dfrac{p}{\rho_0U^2},T^*=\dfrac{T}{T_0},\Delta T^*=\dfrac{\Delta T}{T_0}\end{cases}\tag{8.1.3}$$

式中，L,U,T_0 分别为长度、平均速度和绝对温度的特征（参考）值；ρ_0 是标准状态下的空气密度；$\Omega_0=7.23\times10^{-5}\,\mathrm{s^{-1}}$，是地球自转角速度。从而基本方程组（8.1.2）式可进一步改写为下述的无量纲形式

$$\begin{cases}\dfrac{\partial\rho^*}{\partial t^*}+\dfrac{\partial(\rho^*u_i^*)}{\partial x_i^*}=0\\[3mm] \dfrac{\partial u_i^*}{\partial t^*}+u_j^*\dfrac{\partial u_i^*}{\partial x_j^*}+2\varepsilon_{ijk}\omega_j^*u_k^*=-\dfrac{1}{\rho}\dfrac{\partial p^*}{\partial x_j^*}-\left(\dfrac{\Delta TLg}{T_0U^2}\right)\delta_{i3}+\left(\dfrac{\nu}{UL}\right)\dfrac{\partial^2 x_i^*}{\partial x_k^*\partial x_k^*}+\dfrac{\partial(\overline{-u'_ju'_i})}{\partial x_j^*}\\[3mm] \dfrac{\partial T^*}{\partial t^*}+u_i^*\dfrac{\partial T^*}{\partial x_i^*}=\left(\dfrac{k}{\rho c_p\nu}\right)\left(\dfrac{\nu}{UL}\right)\dfrac{\partial^2 T^*}{\partial x_k^*\partial x_k^*}+\dfrac{\partial(\overline{-\theta'^*u'^*_i})}{\partial x_i^*}+\left(\dfrac{\nu}{UL}\right)\left(\dfrac{U^2}{c_pT_0}\right)\Phi^*\end{cases}$$
$$\tag{8.1.4}$$

这样一来，我们就从中得到了 5 个无量纲相似参数，它们分别是

雷诺数：$Re=\dfrac{UL}{\nu}=\dfrac{\text{惯性力}}{\text{黏性力}}$

整体里查森数：$Ri=\dfrac{\Delta\theta Lg}{\theta_0 U^2}=\dfrac{\text{浮力}}{\text{惯性力}}$

罗斯贝数：$Ro=\dfrac{U}{L\Omega}=\dfrac{\text{惯性力}}{\text{科氏力}}$

普朗特数：$Pr=\dfrac{\rho_0 c_p\nu}{k}=\dfrac{\text{黏性扩散率}}{\text{热扩散率}}$

埃克特（Eckert）数：$Ec=\dfrac{U^2}{c_p\theta_0}=\dfrac{\text{能量耗散率}}{\text{能量的对流传输率}}$

这就是说，各无量纲函数——速度 u_i^*，温度 T^*，压力 p^*——都是无量纲自变量 x_i^*，t^*，及 5 个无量纲相似参数 Re,Ri,Ro,Pr,Ec 的普适函数。例如

$$u=f_1(x^*,y^*,z^*,t^*,Re,Ri,Ro,Pr,Ec)\tag{8.1.5}$$

既然我们认为流动的全部特征已由上述控制方程组及边界条件决定，则当我们保证风洞模拟实验中的上述 5 个无量纲参数分别等于其大气现场的相应数值，并同时保证模拟实验中的下列边界条件：1）地形起伏；2）地面粗糙度；3）地面温度分布；4）来流平均速度分布；5）来流平均温度分布；6）来流脉动速度分布；7）来流脉动温度分布；8）径向平均压力梯度等在无量纲化之后亦均与大气现场情况相等，则可认为在模型流动和原型流动之间建立了严格的相似性。这就是在模型流动与原型流动之间建立严格（全部）的物理模拟的具体要求。

8.1.2　模拟大气边界层流动的限制

事实上，由于模拟环境流动的模型尺度缩小很多，上述模型流动和原型流动之间的严格的相似性是不可能实现的。部分原因来自于实验技术上的限制，而相似性参数本身也可能提出不合理或互相矛盾的要求。例如，设模型尺度缩比为 $\dfrac{L_{\text{模型}}}{L_{\text{原型}}}=0.01$，且用空气作实验模拟大气的流动，为满足雷诺数相似条件 $(Re)_{\text{模型}}=(Re)_{\text{原型}}$，也即 $\dfrac{U_{\text{模型}}L_{\text{模型}}}{\nu}=\dfrac{U_{\text{原型}}L_{\text{原型}}}{\nu}$，就必须加大模型风速：$U_{\text{模型}}=100 \cdot U_{\text{原型}}$。若大气现场风速为 $U_{\text{原型}}=2\text{m/s}$，则在环境风洞的大尺度的实验段中，实验风速须高达 $U_{\text{模型}}=200\text{m/s}$！这不但在技术上是非常困难的，理论上也使人陷入谬误——在这样高的风速之下，流体不可压缩的假定已不复存在。另一方面，为满足整体里查森数相似条件 $(Ri)_{\text{模型}}=(Ri)_{\text{原型}}$，由于风洞气流中的参考温度 $T_{0\text{模型}}$ 大致与大气参考温度 $T_{0\text{原型}}$ 相等，并取实验风速 $U_{\text{模型}}=U_{\text{原型}}=2\text{m/s}$（未考虑雷诺数相似条件），则实验气流中的温度差 $\Delta T_{\text{模型}}$ 须等于相应大气温度差的 100 倍：$\Delta T_{\text{模型}}=100 \cdot \Delta T_{\text{原型}}$。若大气实际温度差为 $\Delta T_{\text{原型}}=10\text{K}$，则实验气流中的温度差 $\Delta T_{\text{模型}}$ 应为 1000K！这里，我们指出了模拟研究的一个重要的局限性，即当模型缩比较小时（环境流体力学的模拟实验通常如此），无量纲相似参数相等的要求往往无法实现；并且当模拟某一决定因素的作用时，同时也就意味着其他一个或几个因素的作用不能得到模拟。这表明，我们所能做到的只是大气边界层流动的部分模拟。

8.2　大气边界层流动的部分模拟

由上节所述，有关大气边界层流动的严格相似性模拟的要求是：5 个无量纲相似参数在模拟实验中的数值等于其在大气现场中的数值，以及所有 8 个无量纲边界条件相对。同时，上节也举例说明了，同时（全部）满足上述相似性条件是不可能的。事实上，同时满足所有上述无量纲相似参数及无量纲边界条件相等的要求大都并无必要，完全可以适当放宽而不会对模型流动与原型流动的相似性造成明显的影响。即是说，模拟流动的主要机制而忽略其他次要因素——即所谓的部分模拟——在大多数情况下是合理的。本节我们就来讨论有关大气边界层流动的部分模拟的相似性原则。

8.2.1　无量纲相似参数各论

8.2.1.1　雷诺数

雷诺数 Re 无疑是最重要的无量纲相似参数，但也是最被滥用的一个。Re 数的物理意义是代表惯性力 (U^2/L) 与黏性力 $(\nu U/L^2)$ 的比。它的作用表现在：1) 雷诺数 Re 的增大决定了流动从层流向湍流的转换，并存在一个临界数值 Re_{c}；2) 对于雷诺数 Re 已经大于 Re_{c}、湍流充分发展的情况，它的数值的变化还严重影响到湍流流动的运动学和动力学结构。例如，将湍流相关系数作傅里叶变换所得到的能谱（图 8.1）表明，随着 Re 数的进一步增大，边界层内湍流 3 维能谱 $E(k)$ 的高频端将向更高频率延伸，而其低频和中频部分几乎没有改变。图 8.1 中横坐标是波数 k 的对数，纵坐标是能谱 $E(k)$ 的对数。

8.1 节已经指出，当用空气做实验来模拟大气的流动时，Re 数相等的要求意味着 $U_{\text{m}}=$

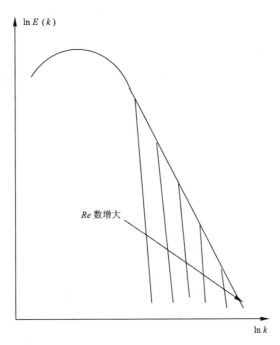

图 8.1　湍流 3 维能谱

(U_pL_p/L_m)，这里下标 m 代表模型量，p 代表原型量（下同）。因为模拟大气流动与扩散时模型的缩比很小，故要求极高的实验风速 U_m（甚至高于声速）。实际上，大气边界层流动的 Re 数高达 $10^9 \sim 10^{10}$，而环境风洞实验中的 Re 数要比它低 3～4 个量级。因此，拘泥于 Re 数严格相等的要求将使得任何对大气流动或扩散的模拟称为不可能。于是，为使上述模拟实验研究得以实现，放宽要求的雷诺数无关性（Reynolds number independence）理论就被广泛接受。

　　既然随着 Re 数的进一步增大，湍流能谱分布中只有高频端（即较小尺度的湍流旋涡）受到影响，又因为是较大尺度的湍流涡旋控制着边界层中的能量传输和质量传输，故 Re 数严格相等的要求可以放松为：保证模拟实验中流动的 Re 数充分大——大于某一临界数值——从而上述较大尺度的湍流涡旋得以模拟。这时边界层流动的整体特征，如平均风速廓线、均方根风速度廓线、表面摩擦力及烟羽扩散参数等，也已基本固定下来，而与 Re 的进一步增大无关。总之，雷诺数无关性理论认为，任何两个 Re 数大于临界值且边界条件相似的流动都是雷诺数相似的。

　　曾经提出过若干方法来计算此临界雷诺数 Re_{cl} 在环境风洞模拟实验情况下的具体数值。其中被广泛接受的是建立在经典的平板边界层阻力规律上的理论，可由图 8.2 举例加以说明（该图同于本书上编的图 5.6，即平板边界层流动的局部摩擦阻力系数 C'_f 的曲线）。

　　一般环境风洞的实验段的长度为 20～30m，故假设实验中模型测量的中心位置在从风洞的实验段入口处量起的某一下风距离 $x=25$m 处。又设实验段地板表面的等效沙粒粗糙度为 $k_s=5.0$mm，则依相对粗糙度的数值 $x/k_s=5000$，可在图 8.2 中找到与之相应的粗糙平板阻力系数 C'_f 的曲线。该曲线的最左端与光滑平板阻力系数曲线相重合，而在雷诺数接近 $Re_x=U_x/\nu=5\times10^5$ 时偏离上抬。此后曲线先是向上凹，后来变成向下凹，并在跨过一条倾斜虚线后变成了平直的。平直部分即处在所谓"雷诺数无关区（图中倾斜虚线的右上部分）"之中。曲线和倾斜虚线的交点的横坐标，即标明了在本例的特定条件下的临界雷诺数 $Re_{cl}\approx6\times10^6$。

取运动学黏滞系数 $v=1.4\times10^{-5}\,\mathrm{m}^2/\mathrm{s}$，我们可计算得，只要实验段的自由流速速度高于 $3.36\mathrm{m/s}$，就可以保证 Re 数处于无关区，也就是满足了 Re 数相似性的要求。

上述确定的临界雷诺数 Re_{c1} 的数值在剧烈起伏的地形或尖消边缘的建筑物情况下还可以进一步减小。这是因为绕边缘尖消的障碍物（建筑物）的流场在较低的雷诺数下就已经固定下来，并与雷诺数的进一步增大无关了。例如哈利茨基（Halitsky）从绕立方体型建筑物的流动图案定得的临界雷诺数的数值为 $Re_{c1}=U_HH/\nu=11000$，这里 H 是建筑物的高度，U_H 是建筑物高度处的平均风速。该数值在模拟有建筑物的大气边界层流动时被广泛采用。

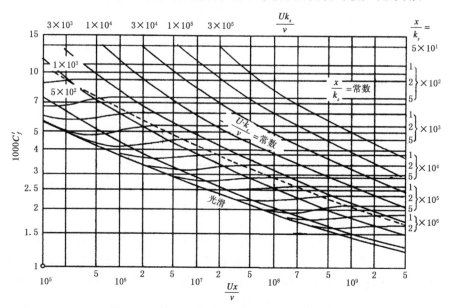

图 8.2　平板边界层的局部摩擦阻力系数曲线

污染物在气流中的扩散除了与平均流动有关之外，与湍流涡旋的结构有更密切的关系。即是说，还应当从模拟烟羽扩散的角度出发来讨论平均流动的临界雷诺数的数值 Re_{c2}。若 Re 数低于该临界数值，就意味着对污染扩散起主要作用的那一段湍谱的能量分布未能模拟。要确定某一类烟羽扩散问题的临界雷诺数的数值，实验者应从烟羽形态以及烟羽的浓度剖面出发，进行一系列的大气现场观测或风洞模拟实验。当风洞流动的雷诺数大于其临界值的时候，模型烟羽的形态会变得与大气现场观测到的形态极其相像，而且其无量纲浓度剖面也固定了下来，不再随着雷诺数的进一步增大而改变了。例如本书作者在进行拖曳水槽实验模拟山沟中某工厂的烟羽扩散时，测量了不同流速下模型烟羽的浓度剖面，由此确定了其临界雷诺数 $Re_{c1}=U_HH/v=600$；当流动的 Re 数大于此临界值 Re_{c2} 时，烟羽的摆动幅度及无量纲烟羽浓度剖面的形状均不再随 Re 数的进一步增大而发生改变。

还应指出，对于非被动烟羽，即有浮力抬升或重力下沉的烟羽，又有相应的新因素加入来影响到上述临界 Re 数值。例如地面释放的浓稠烟羽（重力下沉烟羽）会引起流场的"层流化"，从而上述临界数值应重新讨论。

8.2.1.2　里查森数

模拟中性大气边界层流动的最重要的无量纲相似参数是雷诺数 Re，而模拟非中性（稳定、不稳定）大气边界层流动的最重要的无量纲相似参数是整体里查森数 Ri。整体里查森数 $Ri=$

$\frac{\Delta\theta}{\theta_0}\frac{Lg}{U^2}$ 代表浮力与惯性力的比。因此,Ri 数与低层大气的分层结构有关。在非中性的大气边界层中,$Ri\neq0$,这时流动的平均结构与湍流结构与中性大气边界层相比均有很大的区别,而且完全取决于整体里查森数 Ri 的数值。例如在稳定大气边界层中 $Ri>0$,若 Ri 非常大,就代表极稳定的大气边界层流动。这时,负的浮力压制了垂直运动,故三维障碍物之前会有一个分流高度 H_d,低于此高度的气流只能从两侧绕过去(图 8.3a);而二维障碍物之前也会有气流的阻塞,阻塞层的最大高度为 H_b(图 8.3b)。分流高度 H_d 和阻塞层高度 H_b 均为 Ri 数的函数。

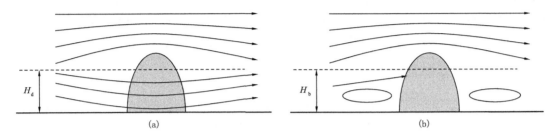

图 8.3　强稳定分层气流绕障碍物流动

当模拟 $Ri=0$ 的中性大气边界层流动时,整体里查森数 Ri 不出现,雷诺数 Re 是首要的相似参数。而对于稳定或不稳定的大气边界层流动来说,整体里查森数 Ri 是首要的相似参数,雷诺数 Re 变得不重要了。当然若能同时保证雷诺数无关性也很好,但 Re 数相似要求模型风速增大,Ri 数相似却要求模型风速减小,难以兼顾。

模拟 Ri 数,即是在风洞中模拟低层大气的温度廓线。这对风洞的温度控制系统提出了复杂的技术要求。稳定分层的大气边界层流动还可在分层流拖曳水槽中进行模拟,这时用盐水密度的垂直分布来模拟空气温度的垂直分布。

8.2.1.3　普朗特数

首先应指出,代表动量传输速率与热量传输速率之比的普朗特数 $Pr=\frac{\rho_0 c_p\nu}{k}$ 是流体的性质而非流动的性质。空气的普朗特数 $Pr=0.7$,且对温度的变化不敏感。水的普朗特数要比空气的普朗特数大 10 倍左右,且随温度的变化有较大的改变。环境风洞模拟实验是以空气作为工作介质,故普朗特数相似要求自动满足:$Pr_{模型}=Pr_{原型}$(可近似地取 $Pr=1.0$,从而它不出现于控制方程组中)。在拖曳水槽中模拟大气扩散现象时,故所得的结果一般只能是定性的。

8.2.1.4　罗斯贝数

罗斯贝数 Ro 代表惯性力(U^2/L)和由于地球自转所造成的科里奥利力($U\Omega_0$)之比。Ro 的数值愈小则表示地球自转的影响愈大。在大气边界层中,科里奥利力使得水平风速矢量偏离水平气压梯度力的方向,并随高度的增加而作顺时针转动。对于烟羽扩散问题来说,只有当烟羽高度与边界层高度同量阶(即烟羽的下风向距离充分远)时,上述由科里奥利力所造成的流动剪切的影响才有明显的表现。事实上,由于地球自转角速度是一个常数:$\Omega_0=7.29\times10^{-5}\,\mathrm{s}^{-1}$,又低层大气中风速 U 的变化不超过一个量阶,故罗斯贝数 Ro 的重要性应按长度尺度 L 来估算。依照帕斯奎尔(Pasquill)的计算,当烟羽水平传播的距离小于 5km 时,可以忽略科里奥利力的作用而不致产生明显的误差。故在环境风洞模拟实验中一般均不考虑罗斯贝数,而将所模拟的地形范围限制在水平 10km 以内。当必须模拟 Ro 的作用时,可将风洞置于旋转平台上,或通过多孔介质从风洞实验段的侧壁人工地造成侧向气流。但用该种设备模拟烟羽扩散的迄今报道极少。

8.2.1.5　埃克特数

作为能量耗散与能量对流传输之比的埃克特数 $E_C = \dfrac{U^2}{c_p \theta_0}$,在空气中又可写为 $E_C = 0.4Ma^2 T_0/\Delta T$。这里马赫数是自由流速与声速之比:$Ma = U/C$。风洞实验中的数一般比其在大气中的数值要小一个量阶;但数在大气中也是小于 1 的。因为二者都很小,故一般在环境风洞模拟实验中大都不考虑数的相似要求,而此种忽略所造成的流动的"失真"是很小的。

8.2.2　边界条件的相似模拟

所谓边界条件的相似,是要求无量纲化的速度场、温度场、压力场及密度场的所有统计特征的初始分布及此后所有时刻在边界上的分布对原型和模型流动完全相同。具体说来,即是 8.1 节所指出的 8 个条件。其次,大气边界层流动总是湍流化的,故边界条件的相似一定意味着风洞边界层流动的湍流化。显然,上述边界条件严格相似的要求一方面是难于完全达到的,另一方面也是不必要的,例如对于远上游地面条件就完全可以用均匀的情况代替,而不必顾及地形的细节。下面将要从实际实验工作的需要出发,讨论边界条件部分模拟的具体方法。而首要的即是下边界几何条件的相似模拟。

8.2.2.1　地形起伏及表面粗糙度的模拟

地面起伏如建筑物等,能造成附近流场的畸变——造成气流的加速、减速、偏折及形成尾流等(图 8.4)。上述这些流动结构的严格模拟要求地形起伏细节的严格模拟。然而,若模拟的是高架烟羽的形态及抬升、扩散,则模型实验中再现地形起伏的细节或建筑物形状的细节是完全没有意义的。模型远上游地面的粗糙度,一般由普通的粗糙元素(如方砖)均匀排列形成,唯一的要求是对平均流动造成同样的动量亏损(即在模型的主要测量部分造成与大气现场相似的平均风速廓线)。反之,在模型的主要测量部分或污染源附近,建筑物、树木、丛林、光滑地面等地面的几何条件均应细致地加以模拟,模拟的精度要求取决于测量精度的要求。远下游处地面几何特性及地面粗糙度的模拟应与实际大气情况很好地相似,因为这里的流动细节和

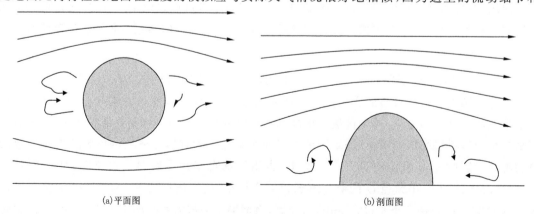

(a)平面图　　　　　　　　　(b)剖面图

图 8.4　地形造成的流场改变

污染物浓度分布的细节均是人们所最关心的。另外,对模型的主要测量部分及远下游部分,应满足詹森(Jensen,1958)提出的相似准则要求

$$\left(\frac{z_0}{L}\right)_{\mathrm{m}}=\left(\frac{z_0}{L}\right)_{\mathrm{p}} \tag{8.2.1}$$

式中,z_0 是表面粗糙度。詹森指出,只有满足(8.2.1)式时,模型表面的压力分布才能与原型表面的压力分布相似。而压力分布的相似就意味着流场的相似。

另一个必须满足的是所谓的粗糙度雷诺数 $Re^* = \dfrac{u_* z_0}{\nu}$ 的无关性要求。这里摩擦速度 u_* 及粗糙度 z_0 是由半对数坐标图上风速廓线湍流内层(直线段)数据拟合得到的。粗糙度雷诺数的无关性要求是萨顿(Sutton,1949)提出的,也即边界层流动的水力学粗糙条件

$$Re^* = \frac{u_* z_0}{\nu} \geqslant 2.5 \tag{8.2.2}$$

这里的临界数值 2.5 是一个实验常数。当 $Re^* \geqslant 2.5$ 时,边界层流动是水力学粗糙的,而所有的水力学粗糙的边界层流动都是彼此相似的。水力学光滑的流动是谈不上任何相似性的,因其局部摩擦阻力系数 C'_f 随雷诺数 Re_x 而连续缩小。若流动及模型条件能同时满足上两式的要求最好,否则只能放弃詹森的相似准则要求,重点保证流动的完全粗糙特征。

8.2.2.2　来流及地表面温度分布的模拟

模拟非中性的大气边界层流动的首要参数是整体里查森数 Ri,而满足 Ri 数相似条件的技术措施即是保证风洞实验中的无量纲来流温度廓线、无量纲地表面温度分布以及地面与空气之间的无量纲温度差分别等于其大气现场的数值。

瑟马克(Cermark,1984)认为,必须保证风洞实验段前部至少 8m 长的地板的温度均匀和稳定,并须在实验段入口处对气流分层预热,才可造成一个稳定的温度边界层,并使其中的温度廓线与实际大气现场的温度廓线相似(图 8.5)。在模型的主要测量部分,模型表面的无量纲温度分布应等于其在实际大气中的分布。应当指出的是,由于模拟实验中的加热(冷却)系统在技术上的限制所决定,实验中的温度差最高可达 200K 左右,比大气中的实际温度差大得多。故依照 Ri 数相等的要求,实验中模型温度边界层中的风速就可以作相应地减小。

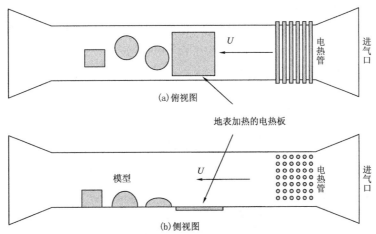

图 8.5　环境风洞模拟温度分层的示意图

8.2.2.3　上边界条件的模拟

　　普朗特的边界层理论的基本前提之一,是径向压力梯度等于零。我们所说的上边界条件的模拟,即是保证模拟实验中沿风洞实验段中心轴线的径向压力梯度等于零:$-\mathrm{d}p/\mathrm{d}x=0$,从而满足普朗特的边界层理论的基本要求。实际大气边界层流动具有自由的上边界,然而风洞中的气流却要受到上下左右四面墙壁的限制。随着四面墙壁上的边界层厚度的发展,紧贴壁面处(边界层内)的风速随下风距离逐渐减小,而远离壁面的中央部分(边界层外)的风速就会随下风距离逐渐增大,以保证质量守恒。为避免这种情况发生,环境风洞实验段的顶板应做成分段且高度可调节的形式(图 8.6)。逐渐调高实验段的横截面积随下游距离的增大而逐渐增大,从而抵消了由于边界层的增厚而造成的气流的阻塞,并使得沿风洞截面中心线的自由流速度不变:$U=\mathrm{const}$,从而保证了沿风洞截面中心线的径向压力梯度等于零:$-\mathrm{d}p/\mathrm{d}x=0$。这时,风洞流场中的流线分布才能相似于实际低层大气中的流线分布。

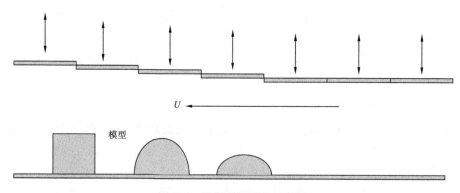

图 8.6　风洞顶板调节示意图

8.2.3　风场的相似性的检验

　　当实验中保证了上述的相似系数及边界条件的相似性的要求之后,所谓的动力学相似性即认为得到了保证。但由于是部分模拟,究竟效果如何,尚须对模拟风场的运动学相似性进行检验,以确保模拟实验中的测量数据可以用到大气现场中去。经典作法是在定常的前提下、在风洞中模型主要部分的上游边沿测量平均速度的垂直和水平廓线、湍流脉动速度的概率分布,以及湍流动能的功率谱分布(图 8.7)。所测结果无量纲化以后与大气现场对应位置的测量结果一致,则风场的运动学相似性得以满足。

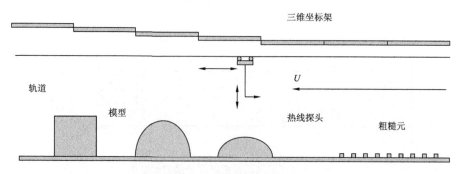

图 8.7　风场检验示意图

　　湍流边界层中各物理量的变化主要发生在垂直方向上。从而检验风场相似性时,一般只在模型上游边沿测量平均速度和湍流度的垂直廓线,并与大气现场对应位置的测量结果相比较。一般说来,在大气现场中测量的平均风速廓线、湍流度廓线及湍流脉动功率谱,在强风条件下的规律性较好,而在低风速时有较大的发散。另一方面,经常没有大气现场的测量结果可供比较,这时可采用欧美国家颁布的国家标准或教科书上的公认规律作为参照。

第 9 章　质量传输与扩散的物理模拟

　　为在风洞中模拟污染物在大气中的扩散,应当在模拟大气边界层流动背景的前提下,进一步模拟污染源的排放情况。本章讨论模拟污染物的排放和传输过程所要求的无量纲相似参数,以及在各种特定条件下的扩散问题的模拟原则。

9.1　同比法和模拟源条件的无量纲相似参数

9.1.1　同比法

　　第 8 章在讨论大气边界层流动的模拟原则时,我们首先写出了流体运动的守恒方程组,然后将之无量纲化,从而找出所要的无量纲相似参数。所有这些无量纲相似参数中,最重要的一个恐怕就是雷诺数 Re 了。其实在 1.5 节中,我们曾用同比法(similitude method)导出过该雷诺数 Re。同比法指出,对于两个黏性不可压缩流体的运动来说,若流场中所有几何对应点上,作用于流体质点上的惯性力和摩擦力的比值相等,则两个流动是动力学相似的。雷诺数 Re 是代表惯性力和摩擦力的比值

$$Re = \frac{\rho u \dfrac{\partial u}{\partial x}}{\mu \dfrac{\partial^2 u}{\partial z^2}} = \frac{\text{惯性力}}{\text{摩擦力}} \tag{9.1.1}$$

故两个流动的动力学相似条件为

$$(Re)_{\text{流动1}} = (Re)_{\text{流动2}} \tag{9.1.2}$$

　　同比法的原则可以更一般地表述为:称两个力学现象(过程)是相似的,若在所有几何对应点上,质量、动量、力、能量及所有其他各特性量的各个无量纲比值对二者都是相等的。本章将首先采用同比法来导出模拟源条件的无量纲相似参数,然后具体讨论模拟某些特定大气扩散问题的相似性原则。

9.1.2　模拟源条件的无量纲相似参数

　　由同比法可知,对于气态污染物的烟羽排放和其后的扩散,下列 6 个无量纲相似参数是重要的(下标 s,a 分别表示烟羽和周围环境的空气):

$$\text{流量比:} M = \frac{\rho_s Q}{\rho_a u_a L^2} = \frac{\text{烟羽流量}}{\text{周围空气的流量}}$$

$$\text{动量比:} F = \frac{\rho_s Q^2}{\rho_a u_a^2 L^4} = \frac{\text{烟羽的惯性}}{\text{空气的有效惯性}}$$

相对于空气的密度弗劳德数：$Fr = \dfrac{u_a^2}{\dfrac{Lg(\rho_s - \rho_a)}{\rho_a}} = \dfrac{\text{空气的有效惯性力}}{\text{烟羽的浮力}}$

相对于烟羽的密度弗劳德数：$Fr' = \dfrac{Q^2}{\dfrac{L^5 g(\rho_s - \rho_a)}{\rho_s}} = \dfrac{\text{烟羽的惯性力}}{\text{烟羽的浮力}}$

通量弗劳德数：$Fr'' = \dfrac{u_a^3 L}{\dfrac{Qg(\rho_s - \rho_a)}{\rho_a}} = \dfrac{\text{空气动量通量}}{\text{烟羽浮力动量通量}}$

体积流量比：$V = \dfrac{Q}{u_a L^2} = \dfrac{\text{烟羽体积流量}}{\text{空气的有效体积流量}}$　　　　　　　　(9.1.3)

式中，Q 是烟气的出口(体积)通量($\mathrm{m^3/s}$)；L 是长度尺度，例如烟囱口的直径；g 是重力加速度；u_a 是烟囱口高度处空气的水平速度，ρ 是密度($\mathrm{kg/m^3}$)。全面模拟污染源的排放及其后的扩散过程意味着要同时保证上述 6 个无量纲相似参数在风洞模拟实验中的数值分别等于其在大气现场的数值，即

$$\begin{cases} (M)_{模型} = (M)_{原型}, & (F)_{模型} = (F)_{原型}, & (Fr)_{模型} = (Fr)_{原型} \\ (Fr')_{模型} = (Fr')_{原型}, & (Fr'')_{模型} = (Fr'')_{原型}, & (V)_{模型} = (V)_{原型} \end{cases} \quad (9.1.4)$$

上述要求中最根本的是，烟羽与空气的密度比 ρ_s/ρ_a 在实验中应始终保持与大气现场的数值相等

$$\left(\frac{\rho_s}{\rho_a}\right)_{模型} = \left(\frac{\rho_s}{\rho_a}\right)_{原型} \quad (9.1.5)$$

然而，在实际应用中 ρ_s/ρ_a 相等的要求面临许多困难。首先，要保证 ρ_s/ρ_a 在风洞模拟实验中的数值等于其在大气现场中的数值就意味着降低模型风速 $(u_a)_m$（下标 m 代表模型量，下标 p 代表原型量），因为 Fr 数相等的要求这时已变成

$$(Fr)_m = (Fr)_p \rightarrow \left(\frac{u_a^2}{Lg(\rho_s/\rho_a - 1)}\right)_m = \left(\frac{u_a^2}{Lg(\rho_s/\rho_a - 1)}\right)_p$$

$$\rightarrow \left(\frac{u_a^2}{L}\right)_m = \left(\frac{u_a^2}{L}\right)_p \rightarrow \frac{(u_a)_m}{(u_a)_p} = \left(\frac{L_m}{L_p}\right)^{\frac{1}{2}} \quad (9.1.6)$$

而模拟风速 $(u_a)_m$ 的减小将使 Re 数无关性（即 Re 数大于临界值）的要求难于达到，特别对于较小的风洞更是如此。其次，在环境风洞模拟实验中，热浮力烟羽（温度高于周围环境空气的温度）通常用同温度的密度浮力烟羽（密度低于周围环境空气的温度）来加以模拟。由于不断有周围空气被卷入到烟羽中去，始终保持 ρ_s/ρ_a 相等的要求亦难于达到。这两个例子表明，虽然我们希望模拟烟羽的排放、传输和扩散的全过程及其所有的细节，但同时满足所有的无量纲相似参数的要求是有很大困难的，尤其这些要求经常还是互相矛盾的。必须考虑采用部分模拟的方法。部分模拟的方法并不意味着不够精确，它只是要求我们在模拟实验中体现主要决定因素的作用。

9.2　烟羽运动的部分模拟

9.2.1　源条件的部分模拟

出于对烟羽排放及其后续运动过程物理机制的理解，不同的作者对于该 6 个参数作了不

同取舍。例如,瑟马克(Cermak,1981)认为,相对于空气的密度弗劳德数(Fr)和体积流量比(V)是最主要的参数;此外,通量弗劳德数(Fr'')亦应保留;其余 3 个参数——流量比(M)、动量比(F)和相对于烟羽的密度弗劳德数(Fr')——可予放弃。从实际模拟实验研究工作的角度出发,在各种特定的扩散问题中,模拟源条件所要求的相似性原则将表现为不同的具体形式,本节以下部分将分别予以简明的讨论。

9.2.2　无浮力烟羽

无浮力烟羽即动量烟羽,即烟气出口时的密度 ρ_s 和温度 T_s 分别与周围空气的密度 ρ_a 和温度 T_a 相等:$\rho_s = \rho_a, T_s = T_a$。这时,两个弗劳德数 Fr 和 Fr'' 均趋于无穷大:Fr, Fr'' 均 $\to \infty$,从而烟羽的抬升及初始阶段与周围空气的掺混只决定于烟气出口时的动量。故体积流量比 V 应是首要参数。又,体积流量比 V 相等的要求与动量比 F 相等的要求这时是等效的,因为 $\rho_s = \rho_a$,所以

$$F = \frac{Q^2}{u_a^2 L^4} = V^2 \tag{9.2.1}$$

进一步的风洞模拟实验表明,体积流量比 V 相等的要求:$(V)_m = (V)_p$,可进一步简化为要求烟气出口速度比相等,这是因为烟气出口通量 $Q = w \cdot \pi d^2 / 4 \propto wL^2$(这里 w 是烟气出口时的垂直速度,d 是烟囱口内径),即

$$\left(\frac{w}{u_a}\right)_m = \left(\frac{w}{u_a}\right)_p \tag{9.2.2}$$

故对于中性浮力的烟羽,速度比 w/u_a 是最重要的相似参数,它决定了烟羽的抬升、形态和浓度扩散。例如,根据风洞模拟实验确定了临界速度比$(w/u_a)_{临界} = 1.5$。若烟气出口时的速度比小于该临界值:$w/u_a < 1.5$,就会出现下洗现象:烟气出口后将紧贴烟囱背风侧外壁下沉,从而大大降低了烟囱的有效高度(图 9.1)。

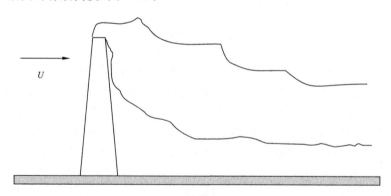

图 9.1　烟流的下洗

9.2.3　浮力烟羽

浮力烟羽的密度 ρ_s 低于周围空气的密度 ρ_a,或温度 T_s 高于周围空气的温度 T_a。$\rho_s < \rho_a$ 或 $T_s > T_a$。浮力烟羽的抬升高度要比动量烟羽大得多。极少数情况下(例如重气体的排放)可能有负的浮力,这时 $\rho_s > \rho_a$ 或 $T_s < T_a$。对于浮力烟羽的运动,相对于空气的弗劳德数 Fr 是最重要的相似参数,模拟实验中要求:$(Fr)_m = (Fr)_p$。另一方面,大量实验研究结果表明,尽

管总的效果是浮力抬升大于动量抬升,在刚出烟囱口的阶段,仍是由出口动量控制烟羽的抬升行为,因为烟气还来不及和周围的空气掺混。故速度比相等的要求:$\left(\dfrac{w}{u_a}\right)_m = \left(\dfrac{w}{u_a}\right)_p$,以及速度比大于临界值的要求:$w/u_a > 1.5$ 均须保持。

还应指出,密度差造成的浮力及温度差造成的浮力在实际大气现场都是存在的,故模拟实验中应分别选取密度弗劳德数 Fr 或温度弗劳德数 Fr^* 加以模拟。相对空气的温度弗劳德数 Fr^* 的定义为

$$Fr^* = \frac{u_a}{Lg(T_a - T_s)/T_s} \tag{9.2.3}$$

有时在风洞模拟实验中,用密度差造成的浮力烟羽代替温度差造成非浮力烟羽;这时,由于扩散过程中周围空气的卷入,浮力将有一定程度的失真,从而模型烟羽的运动状态以及扩散将只有定性的意义。

9.3　大气对流边界层中烟羽扩散的模拟

中性或稳定大气边界层中的烟羽扩散,可以由高斯(正态)模式很好地加以描述。至于不稳定情况下——例如在大气对流边界层中——烟羽扩散,由于有组织的垂直热对流的存在,高斯(正态)模式已不再适用。事实上,大气对流边界层的平均流动以及湍流结构尚待深入研究,其中的扩散模式也有待发展。因此,在环境风洞中模拟大气对流边界层的流动结构及烟羽扩散在现阶段有着重大的意义,无论是从研究的角度还是从工程应用的角度来看均是如此。

9.3.1　大气对流边界层流动的主要特征

根据中纬度大气现场观测事实,当地面有向上的热通量时,边界层上界处一般有一逆温顶盖(见图 9.2 所示的位温廓线),此即垂直(热)对流达到的高度。逆温层底下,即是所谓的大气对流边界层(或称大气热边界层)。由图 9.2 可见,在对流边界层中,最下部是不稳定层,这里 $\dfrac{\partial \bar{\theta}}{\partial z} < 0$($\bar{\theta}$ 是平均位温);不稳定层之上为湍流自由对流层。由于强烈的垂直混合,造成这里 $\dfrac{\partial \bar{\theta}}{\partial z} = 0$。大气对流边界层与其上的稳定层(逆温层)的分界面实为一个卷挟薄层,这里有一个明显的温度(位温)跳跃(强度 $\Delta\bar{\theta}$,见图 9.2)和一个明显的速度跳跃(强度 $\Delta\bar{u}$,见图 9.3)。由于上部稳定层的空气不断被卷入对流边界层,从而造成对流边界层的增厚(图 9.4)。与此同时,卷挟造成一个向下的热通量 H_c,它和地面向上的热通量 H_0 一起,造成图 9.4 所示的对流边界层的增温。

大气对流边界层内的水平风速很小,空气作强烈的、有组织的垂直运动:一股一股的上升气流(热羽)的周围是较大面积、较平稳的作下沉运动的空气(图 9.5)。无论上升气流还是下沉气流,均应视为空间和时间的随机运动。污染物出烟囱口后即由这些上升气流和下沉气流所携带,上升气流和下沉气流的统计特征就决定了近距离内污染物在垂直方向上的扩散。又大气对流边界层顶即为污染物扩散的混合层高度。

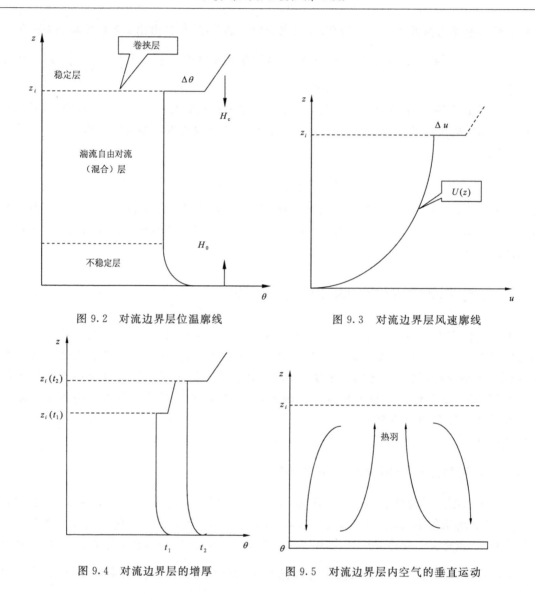

图 9.2　对流边界层位温廓线　　　　　　图 9.3　对流边界层风速廓线

图 9.4　对流边界层的增厚　　　　　　图 9.5　对流边界层内空气的垂直运动

9.3.2　大气对流边界层流动的模拟参数

　　大气对流边界层的特征长度是它的高度 z_c,即图 9.3 中逆温层顶的高度。它的特征速度是所谓的对流速度 w^*

$$w^* = \left(\frac{gH_0 z_i}{\rho c_p T}\right)^{\frac{1}{3}} \tag{9.3.1}$$

它的特征温度即为所谓的对流温度 θ^*

$$\theta^* = -\frac{H_0}{\rho c_p w^*} \tag{9.3.2}$$

　　前人的研究结果表明,模拟大气对流边界层的流动时,最重要的两个模拟参数是逆温层顶高度 z_c 和对流速度比 w^*/U;这里 U 是水平平均速度的尺度(特征水平速度)。

9.3.3 大气对流边界层中烟羽扩散的模拟

根据前人的研究结果,模拟大气对流边界层中烟羽运动的种种相似准则,最终可简化为一个无量纲浮力参数 F_c,F_c 代表烟羽的出口浮力与自由流对流浮力之比

$$F_c = \frac{g(\rho_a - \rho_s)wd^2}{4\rho_s z_i U w^{*2}} \tag{9.3.3}$$

总之,当模拟大气对流边界层中烟羽扩散运动时,除前述一般相似性考虑之外,还应重点保证模拟实验中下列 4 个无量纲相似参数的数值分别等于其在大气现场中的数值:1)对流速度比 w^*/U;2)烟囱高度比 h/z_c(h 为烟囱高度);3)浮力参数 F_c;4)无量纲下风距离 $x^* = \frac{xw^*}{Z_cU}$。要求

$$\left(\frac{w^*}{U}\right)_m = \left(\frac{w^*}{U}\right)_p, \left(\frac{h}{z_i}\right)_m = \left(\frac{h}{z_i}\right)_p, (F_c)_m = (F_c)_p, (x^*)_m = (x^*)_p \tag{9.3.4}$$

9.4 几何相似性的放宽、浓度测量结果的换算及扩散参数的估算

9.4.1 几何相似性的放宽

流动的下边界条件的几何相似,即模型和原型之间的几何相似,究竟应当要求到何种的精确程度,是模拟实验中首先碰到的问题。这个问题解决了,模型才能制作。前面 8.2.2.1 节所讨论的地面起伏和粗糙度的模拟原则就是这样一个几何相似性的放宽问题。由于在环境风洞中作烟羽扩散的模拟实验时,几何相似的比例尺通常很小,约为 1/50~1/1000(这里特征几何尺度 L 经常取作厂房宽度或烟囱高度),所以,还有其他一些几何相似性也不得不放松。

完全的几何相似意味着烟囱出口的内径 d、模型表面的粗糙度 z_0 以及大气边界层高度 δ 均应在实验中按同样比例缩小,即 d/L,z_0/L 和 δ/L 对模型流动和原型流动均应分别相等:

$$\left(\frac{d}{L}\right)_m = \left(\frac{d}{L}\right)_p, \left(\frac{z_0}{L}\right)_m = \left(\frac{z_0}{L}\right)_p, \left(\frac{\delta}{L}\right)_m = \left(\frac{\delta}{L}\right)_p \tag{9.4.1}$$

烟羽出口时作为一个侧向射流,不但周围空气流动的湍流状态对它有影响,烟气本身出口时的湍流度也对其抬升和扩散有重要的影响。风洞模拟实验中由于几何尺度的缩小,模型烟囱口径一般很小,从而模型烟气出口时呈层流状态。为避免由此造成的烟羽运动状态的"失真",一般可适当加大模型烟囱的内径,即令:$(d/L)_m > (d/L)_p$,还可以在模型烟囱内部放入弯曲钢丝,以人为的扰动促成烟气出口时的湍流状态。

由 8.2.1 节所述可知,首先必须保证粗糙度雷诺数无关,即 $\frac{u_* z_0}{\nu} > 2.5$,才能保证流动是水力学粗糙的。若按照无量纲粗糙度 z_0/L 的相等要求:$(z_0/L)_m = (z_0/L)_p$ 计算出的模型表面粗糙度不能满足 $\frac{u_* z_0}{\nu} > 2.5$ 的要求,贴近壁面的流动将是光滑的,不能与原型流动相似。这时应按 $\frac{u_* z_0}{\nu} > 2.5$ 的要求加大模型表面粗糙度,即令:$(z_0/L)_m > (z_0/L)_p$。

最后,实际大气边界层的无量纲高度 δ/L(设 L 为烟囱高度)的数量级大约是 10,而在风

洞模拟实验中,δ/L 的数值一般只在 2~5 之间,即不满足 $(\delta/L)_m = (\delta/L)_p$ 的几何相似性要求。但由于实际烟羽的高度在近距离内远小于边界层高度 δ,其扩散是由近地面层的平均流动和湍流流动所决定的,故无量纲大气边界层高度 δ/L 的几何相似性的放宽并不会造成模型烟羽浓度扩散大的误差。

9.4.2　浓度测量结果换算成大气现场数值

在环境风洞中模拟烟羽扩散的一大优点是可以直接测量污染气体的浓度分布。当流动和扩散的相似性原则得到满足时,模拟烟羽的浓度的相对分布应等同于大气现场的实际烟羽的浓度的相对分布。当流动和扩散的相似性原则得到满足时,模拟烟羽浓度的相对分布应等同于大气现场的实际烟羽浓度的相对分布。进一步,依照帕斯奎尔提出的浓度尺度化法则,我们可以把风洞模拟实验中测得的浓度数值无量纲化,从而将其换算成大气现场的浓度数值。帕斯奎尔提出的无量纲浓度为 c^*

$$c^* = \frac{cu_aL^2}{Q_sT_a/T_s} \tag{9.4.2}$$

式中,c 是坐标点 (x,y,z) 的污染气体的浓度(kg/m^3),u_a 为烟囱口处的平均风速,T_a 是环境空气的绝对温度,T_s 是烟气的绝对温度,L 为特征长度,Q_s 是源强(即污染气体的排放速率:kg/s)。当流动和扩散的相似性原则得到满足之后,在定常状态下,无量纲浓度 c^* 的空间分布对原型流动和模型流动是相同的,即

$$(c^*)_m = (c^*)_p \tag{9.4.3}$$

故根据(9.4.3)式,可将风洞实验中测定的浓度数值 c_m 换算为大气现场的浓度数值 c_p

$$\left(\frac{cu_aL^2}{Q_sT_a/T_s}\right)_m = \left(\frac{cu_aL^2}{Q_sT_a/T_s}\right)_p \rightarrow c_p = c_m\left(\frac{u_a}{Q_s}\right)_m\left(\frac{Q_s}{u_a}\right)_p\left(\frac{T_a}{T_s}\right)_p\left(\frac{T_s}{T_a}\right)_m\left(\frac{L_m}{L_p}\right)^2 \tag{9.4.4}$$

应注意,这里浓度 c 及源强 Q_s 均是质量单位。另外,除了帕斯奎尔的浓度尺度化法则以外,尚有其他科学家提出过不同的浓度换算法则,适用于各自特殊的实验条件。

9.4.3　扩散参数的估算方法

在获取了模拟实验的浓度场后,下一步就是要得到模拟区域的扩散参数 σ_y 和 σ_z,扩散参数的计算采用最小二乘法进行计算机拟合。一般,在实际问题中,只要观测点数 m 大于待定参数的个数 n,则列出的方程组的个数 m 就大于未知数的个数 n,即得到超定方程组。由于超定方程组得到的解会出现互相矛盾的现象,它又称为矛盾方程组。求解矛盾方程组的问题实际上就是拟合曲线中参数的确定问题,一般均采用最小二乘法求解,它多用于目前研究比较活跃的最优化技术,是求一切平方和形式的目标函数的最优解的一个基本方法。由于数据的误差和表达式的不精确等原因,最佳估计值与观测值一般是不完全相同的,在原始数据给定的情况下,它们之间的残差仅依赖于被确定参数的取值,因此残差的大小就是衡量被确定参数好坏的基本标志。

假定试验的扩散条件服从高斯扩散模式,则由高斯连续点源扩散模式

$$C(x,y,z) = \frac{Q}{2\pi u\sigma_y\sigma_z}\exp\left[-\left(\frac{y^2}{2\sigma_y^2} + \frac{He^2}{2\sigma_z^2}\right)\right] \tag{9.4.5}$$

导出高架连续点源的地面浓度公式为

$$C(x,y,O;He)=\frac{Q}{2\pi\bar{u}\sigma_y\sigma_z}\exp\left[-\left(\frac{y^2}{2\sigma_y^2}+\frac{He^2}{2\sigma_z^2}\right)\right] \tag{9.4.6}$$

式中，$C(x,y,O;He)$ 为源强为 $Q(g/s)$、有效源高为 $H_e(m)$ 的源在下风地面向地面任一点 $(x,y)(m)$ 处产生的浓度 (g/m^3)；$\bar{u}$ 为源高处的平均风速 (m/s)；σ_y,σ_z 分别为横向和垂向的扩散参数 (m)。

假定 σ_y,σ_z 与下风向距离 $x(m)$ 存在如下的幂函数关系

$$\sigma_y=ax^b,\sigma_z=cx^d \tag{9.4.7}$$

式中，a,b,c,d 可看作常数。则地面浓度公式可以表示为

$$C(x,y,O;He)=\frac{Q}{\pi\bar{u}(ax^b)(cx^d)}\exp\left[-\left(\frac{y^2}{2(ax^b)^2}+\frac{He^2}{2(cx^d)^2}\right)\right] \tag{9.4.8}$$

这样，只要确定常数 a,b,c,d，即可给出 σ_y 和 σ_z。

a,b,c,d 的确定可以利用最小二乘法。即，使地面浓度的计算值 $[C_i=C(x_i,y_i,O;He)]$ 与实测值 C_{mi} 之差的平方和 S 最小，S 由下式表示

$$S=\sum_{i=1}^{n}[C_i-C_{mi}]^2 \tag{9.4.9}$$

式中，n 为一次示踪试验所有采样点中采集到样品的点的总数。

试验中的样品采集方法属于不等精度测量，为了权衡各种数据的不同精度，引入标识测量精度的权数 g 作为处理数据时不同数据相对重要程度的指标。则 S 可表示为

$$S=\sum_{i=1}^{n}g_i[C_i-C_{mi}]^2 \tag{9.4.10}$$

式中，g_i 为每个采样点的权数。权数的确定方法有多种，为了方便起见，g_i 取为

$$g_i=C_{mi}/C_{m,max} \tag{9.4.11}$$

式中，$C_{m,max}$ 为本次试验中所有取得样品的采样点中的最大浓度测量值。

为使 S 最小，则由 $(9.4.10)$ 式给出的 S 对 a,b,c,d 四个参数的偏导数应为 0，即

$$\frac{\partial S}{\partial a}=0,\frac{\partial S}{\partial b}=0,\frac{\partial S}{\partial c}=0,\frac{\partial S}{\partial d}=0 \tag{9.4.12}$$

构成四个所需的非线性方程组，由于 S 是所有采集到样品的点的实测值与计算值差的平方和，因此，所构成的方程实际上是从 n 个采样点实测值中求解参数 a,b,c,d，这样通过迭代就可直接求出一次扩散试验的扩散参数表达式。

9.5 低层大气中固体微粒运动的模拟

9.5.1 固体粒子的风致运动与环境保护

由 6.8 节已知，固体粒子的风致运动可分为 3 种形态：在一定的风速下，较大（较重）的粒子沿地面滚动或蠕移，称为蠕动；中等大小的粒子在风力作用下跃入气流并沿光滑的轨迹下落，称为跃动；较小的粒子悬浮于空气中并被气流携带作水平的传输，称为悬浮。其中跃动粒子对于起动过程最为重要：跃动粒子在飞行中从空气获得动能，落地时与地面粒子相撞；被撞粒子获得了动量，依照本身的大小，有的向前蠕移一段距离，有的跃入空中，成为跃动或悬浮粒子。又，土壤的湿度、压实程度、表面植物覆盖率、土壤的粒子的直径分布以及土壤中存在的石

头块等,均严重影响到上述固体粒子的起动过程。

　　低层大气中的固体粒子运动构成两大类环境问题:**1)由蠕动和跃动粒子(沙、雪粒子)的水平迁移所造成的沙漠变迁、农田风蚀、公路或机场的防护、风障与防风林建设等;2)排入空气中的悬浮粒子造成的空气污染及对大气层的影响。**特别后者正是目前大气环境科学的重点研究对象:空气中的悬浮粒子的总量记作 TSP,单位:mg/m^3,其中直径小于 $10\mu m$ 的粒子(记作 PM_{10})可以直接进入人的呼吸系统而危害其健康。又悬浮粒子对于大气的光学性质有严重的影响(削弱到达地面的太阳能),从而影响到全球气候的改变。再有,固体悬浮粒子所含的碱性成分可中和雨水的酸度,从而减轻酸雨的危害(例如在中国北方以及韩国就是这样)。

　　上编 6.8 节已简单介绍了对于固体粒子的传输、沉降过程的理论处理。但是,对于固体粒子的起动过程,前述许多复杂的决定因素造成了理论(数学)处理的巨大困难,现场直接测量又几乎不可能,故我们所知甚少。但是,对于大气中悬浮粒子的研究来说,地面粒子的起动过程决定了源强分布;不知道悬浮粒子的源强的分布,又如何能精确地计算它在空气中的浓度以及其后的传输、沉降呢? 物理模拟看来是一个重要的研究固体粒子的起动(以及传输、沉降)过程的方法。本节即是讨论这种模拟实验的相似性原则和得到的一些成果。

9.5.2　沙、雪粒运动的模拟与弗劳德数困难

　　沙粒和雪粒的直径约在 $0.2mm$ 以上,平均为 $1mm$ 的量阶。一般风速下,跃动和蠕动是其主要运动形式。当在风洞中模拟沙、雪粒子的起动、迁移和堆积时,应满足如下的相似性原则:

　　1)几何相似:即流动的几何下边界(包括地形、建筑物等)的相似。

　　2)大气边界层流动的相似:包括来流平均风速廓线、湍流度廓线以及绕障碍物流动特征的相似、障碍物(例如建筑物)改变了速度场的分布,所造成的空气动力学畸变,如流动的分离、尾流的湍流涡旋、加速区与减速区等(图 9.6),对雪沙粒的运动及其在建筑物附近的堆积过程有严重的影响。

　　3)模型粒子的相似:实验中可使用均一直径的沙粒或其他物质(如碳酸氢钠)的颗粒作为模型粒子。且实验中应保证下列 3 个无量纲特性分别等于其原型数值:**即粒子在空气中的重力沉降末速度与其阈值摩擦速度之比 uf/u_{*t},粒子对空气的相对密度 ρ'/ρ,以及流动的摩擦速度与粒子的阈值摩擦之比 u_*/u_{*t}。**

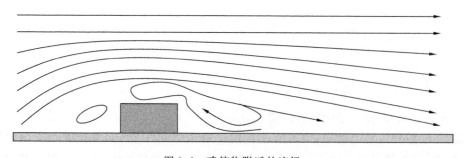

图 9.6　建筑物附近的流场

　　模拟实验所研究的对象(诸如沙丘的移动、积雪对于建筑物的重压等)取决于沙、雪粒子的运动及堆积。既然跃动粒子的轨迹取决于风力和重力的联合作用,则代表二者的比值的弗劳

德数 $Fr=U^2/Lg$ 应是必须保证的相似参数。然而,弗劳德数在风洞中却不能模拟:重力 g 不可改变,则依弗劳德数相似性要求,实验风速 U 须得按模型的几何缩比的平方根缩小: $U_m = U_p(L_m/L_p)^{1/2}$。然而实际的实验中风速 U 须得增大,以满足雷诺数无关性的要求! 其结果是,跃动粒子的运动轨迹并不按模型以及空气的流动一样的几何比例缩小。这就是所谓的弗劳德数不模拟困难。

　　然而,某些模拟实验工作者指出,在建筑物附近,由于流场的畸变及尾流涡旋造成的流动的强烈湍流化(图 9.6),作为低阶近似,可认为跃动粒子的运动轨迹主要取决于流场的尺度,而受跃动尺度本身的影响是次要的,从而避开弗劳德数不模拟的困难。他们说,对于沙粒和雪粒这样大小比较均匀的固体粒子,运动形式取决于风速的大小;风速明显增加,绝大多数的跃动粒子在背风面的尾流涡旋中都要变成为悬浮状态。故粒子运动对风速的依赖性决定了雪粒在建筑物周围的堆积和现场的实际积雪现象是基本一致的。这表明,弗劳德数相似要求的不满足在这种情况下没有严重地影响到粒子运动的相似性。

9.5.3　尘埃运动的物理模拟

　　空气中的悬浮颗粒的直径通常小于 0.1mm,主要来源于地面的尘埃排放。在风洞中模拟尘埃的飞起、传输及沉降时,不存在弗劳德数 Fr 相似困难,因为这些悬浮粒子的运动基本上是被空气所携带。虽然较大粒子的跃动不是模拟实验测量的对象(实验中测定单位时间从单位面积起飞的尘埃数量即起尘速率 Q_e 时,应将跃动粒子除外),然而其对尘埃的飞起过程有重大影响。当在风洞中模拟尘埃的飞起、传输及沉降时,应满足如下的相似性原则:

　　1)几何相似:同于 9.5.2 节之段 1)。

　　2)大气边界层流动的相似:同于 9.5.2 节之段 2)。

　　3)模型起尘表面:应当使用真实煤粉、沙土、灰土等制作模型起尘表面,同时保证其湿度等于大气现场的实际数值。事实上,起尘表面的粒径分布、压实(成块)程度、湿度、有否砾石覆盖及植被覆盖等因素强烈地影响到悬浮粒子的起飞过程。特别是砾石以及直径 3mm 以下的粒径分布对于尘埃的飞起有严重影响。因此,在模拟尘埃运动的实验中不能像上段那样,使用直径均一的模型粒子来代替真实的起尘颗粒。

9.5.4　风障(防风林)的物理模拟与孔径雷诺数

　　人们在公路、铁路边建立沙障以避免沙或雪在道路上的堆积;在干旱地区种植防风林以减小农田风蚀;电厂的煤堆、灰堆围之以金属网或一定厚度的林带以减少向大气中排放的细微悬浮颗粒;城市街道两旁的夹道树也同样有减小道路交通起尘的作用。以上这些都是风障的例子。风障,无论是木栅、金属网、树篱等等,对于流体来说,均为多孔(疏透)介质。由于贴近地面的气流只有一部分能穿透过去,其背风侧将有一个平均风速的减弱区,从而固体粒子的运动受到抑制,此即风障的屏蔽效应。

　　显然风洞模拟实验非常适合于此项研究,并已得到许多有益的成果:1)风障的有效屏蔽距离(背风侧平均风速的衰减距离)约为 10～15 倍的风障高度;2)疏透率(即孔面积与风障总面积的比)Φ 是屏障效应的唯一主定参数;3)疏透率的优化范围在 30%～50%;4)不但上风向的风障有屏蔽作用,建立在起尘表面下风向有一定厚度的风障具有"宏观吸附效应",可将已飞起的粒子"滤掉"一部分(约 10%),减少了悬浮粒子的有效排放量。所谓"宏观吸附效应"是由于空气在枝叶间被迫作加速、减速、急转等运动,从而使其中携带的煤尘粒子析出并沉降到地面上(少部分黏附在枝叶上)。

在风洞中模拟风障的流动特征及效率时,应保证如下的相似性准则:

1)几何相似:同于 9.5.2 节之段 1)。

2)大气边界层流动的相似:同于 9.5.2 节之段 2)。

3)模型粒子(风障用于沙雪粒子的迁移):同于 9.5.2 节之段 3)。模型起尘表面(风障用于减小起尘量及地面风蚀):同于 9.5.2 节之段 3)。

4)模型风障:疏透率(孔率)Φ 应等于其原型数值,$\Phi_m = \Phi_p$。孔径雷诺数 $Re_a = U_H d / v$ 应大于其临界数值 $Re_{ac} \approx 1000$,这里 U_H 是风障上边缘处的平均风速,d 是风障孔洞的直径,v 是空气的运动学黏滞系数。

关于孔径雷诺数,风洞模拟实验表明,当疏透率不变而孔径雷诺数 Re_a 逐渐减小时,尽管流场整体上没有改变,但在紧贴风障背风侧的下部,湍流度受到越来越大的抑制(甚至变成层流流动),从而置于此地的起尘表面的起尘速率 Q'_e 也随着大为减小(图 9.7)。故前人曾获得风障减小模型煤堆起尘量的效果高达 95% 的不真实的实验结果,其实是他们的模型风障只模拟了疏透率 Φ,而未模拟孔径雷诺数 Re_a(孔径 d 非常小)。

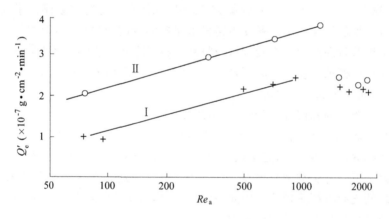

图 9.7　起尘速率与孔径雷诺数的关系

9.6　重气体扩散的模拟

1984 年印度博帕尔(Bhopal)发生的毒气(异氰酸甲酯,Methylisocyanate)泄漏事件以其众多的伤残震惊了世界。事实上,工业部门广泛使用着许多有毒、易燃危险气体,例如氯气和各种气态化工原料。它们一般储存在巨大的高压钢罐内,一旦发生爆炸或泄漏,就会造成人员伤亡及严重的环境灾难。又,这些气体的密度大多比空气的平均密度大得多,故称为重气体。1982—1983 年,在英国的索尔尼岛(Thorney Island)进行了重气体瞬时排放的现场实验,为工业及环境保护提供了技术(数据)基础。至于更为复杂的各种实际情况,研究工作大多是在环境风洞中进行的模型(模拟)实验。以现场实验和风洞模拟实验为基础,一大批数学模式发展起来,从而可以估算简单情况下的重气体的扩散情况。

9.6.1 重气体在低层大气中的扩散

按照实际工业背景,重气体的释放(泄漏)可分为连续源和瞬时源两大类。前者的例子如管道和闸门的裂缝,后者的例子如储罐的爆炸。重气体在低层大气中的扩散具有与通常的气体扩散很不相同的特点。

1)重气体在扩散过程中不是"被动标量",即重气体对携带它的周围环境空气的流动结构有影响。首先应指出,重气团的传播速度相对于周围空气的速度有一个明显的滞后。其次,观测表明,较大量的重气体泄漏后,首先是在重力的作用下迅速"摊平",有如一层广而屏的"蒸汽毯"覆盖在地面上。从而,贴近地面的流动中的湍流被熄灭,出现"层流化"的现象。图 9.8 和图 9.9 是风洞模拟实验的测量结果。图 9.8 表明,重气体使得贴近地面的气流中的垂直湍流强度 w'/u 明显减小(图中实心圆点和空心圆点分别表示有"重气毯"存在及没有"重气毯"存在时垂直湍流强度 w'/u 的垂直廓线,横斜线表示"重气毯"的厚度)。图 9.9 表明,平均风速 u 的垂直分布也有相应的变化:紧贴地面处的平均速度有明显减小,而在"重气毯"上表面附近平均风速又有所增加(图中实心圆点和空心圆圈分别表示有"重气毯"存在及没有"重气毯"存在时的平均风速 u 的垂直廓线,横虚线表示"重气毯"的厚度)。

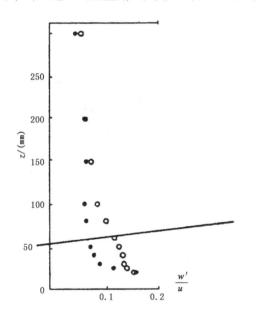

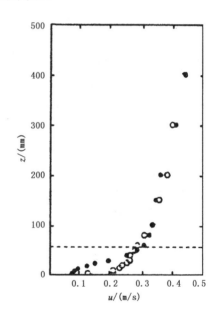

图 9.8 重气体对垂直湍流强度的抑制图　　　图 9.9 重气体改变了平均风速的分布

2)重气体扩散有两个阶段:①重力控制阶段;②湍流扩散阶段。在第一阶段,重气体在重力作用下坍塌、铺平在地面上,并像液体一样地流动。在重气体与其上的环境空气的分界面上有蒸发及卷挟现象发生。而在相当远的距离上,当像液体一样流动的重气层变得足够薄且大部分重气体因与空气充分搅混从而浓度大为降低之后,就进入满足普通湍流扩散规律的第二阶段了。

3)地面阈值(危险)浓度半径和不利风速。当风速极小(静风)时,重气体在第一阶段是向各个方向摊开,面积较大,然后再蒸发、扩散掉。另一个极端的情况是风速很大时,重气体被迅速传播至下游远处,并被扩散和稀释至很低的浓度。以上两种情况下地面阈值浓度半径——

在此范围内重气体的地面浓度高于危险值——都相对较小。最不利的情况发生在中等风速下,这时重气体只能沿风向作扇形摊开,蒸发面积较小,而且向下风向扩散的速度也不够快,从而地面阈值浓度半径较大。

9.6.2　重气体扩散的模拟参数

当模拟低层大气中的重气体的扩散运动时,应保证如下的相似性准则:

1)几何相似:同于 9.5.2 节之段 1)。

2)大气边界层流动的相似:同于 9.5.2 节之段 2)。

3)重气体泄漏条件的相似:前人研究成果表明,重气体泄漏条件的相似要求可归结为:前人研究成果表明,重气体泄漏条件的相似要求可归结为:①密度比 ρ_s/ρ_a 相等,即要求 $(\rho_s/\rho_a)_{模型}=(\rho_s/\rho_a)_{原型}$,这里 ρ_s 和 ρ_a 分别代表重气体和周围环境空气的密度;②密度弗劳德数 Fr 相等,即要求 $(Fr)_{模型}=(Fr)_{原型}$,这里

$$Fr=\frac{u_a^2}{Lg(\rho_s-\rho_a)/\rho_a} \tag{9.6.1}$$

但是,同时保证上述密度比 ρ_s/ρ_a 相等要求和弗劳德数 Fr 相等要求有着技术上的困难:例如设模拟实验中模型尺度的缩比为 $\dfrac{L_{模型}}{L_{原型}}=0.1$,则依照上述两个相似参数同时相等的要求,模拟实验中的平均风速也必需有一个缩小:$\dfrac{u_{模型}}{u_{原型}}=0.1$。设现场最不利的(危险)风速约为 1.0m/s,则可知实验中模型风速应为 $u_{模型}=0.1$m/s。但在如此低的风速之下,环境风洞工作的稳定性极差。故此,前人的风洞模拟实验研究工作中大多放宽了密度比 ρ_s/ρ_a 相等的要求,并令 $(\rho_s/\rho_a)_{模型}>(\rho_s/\rho_a)_{原型}$,从而依照弗劳德数 Fr 相等的要求,可以使风洞实验中的风速 $u_{模型}$ 提高到 1.0m/s 左右,该风速下环境风洞可以很好地工作。出现的一个新问题是:上述放宽密度比相等要求的做法会造成什么样的误差? 系统的风洞实验测量表明,加大模型密度比 $(\rho_s/\rho_a)_{模型}$ 对于连续释放的重气体团来说,释放停止后地面浓度残留时间有所延长,而对于瞬时源释放的重气体团来说,重气体团沿下风向移动的速度将变慢。但是,地面浓度的最大值及其分布并无明显改变,从而对一般所关心的地面阈值(危险)浓度半径和不利风速将不会造成大的误差。

第 10 章　模拟实验的设备与技术

　　风洞最早是用来模拟测量飞机的空气动力学特性的,例如飞机飞行时的升力、阻力,以及振动等。Abe 最早(1929)在风洞中模拟了绕富士山的大气流动。而已知最早在风洞中模拟烟羽扩散的是舍洛克和斯托克(Sherlock and Stalker,1940)。他们在实验中模拟了建筑物和地形对烟羽释放之烟羽的扩散的影响。其后,瑟马克在 1959 年设计并建成了大气边界层风洞,并在其中模拟了大气湍流边界层流动。目前,模拟低层大气污染物湍流扩散的主要设备仍是长实验段的环境风洞。此外,分层流拖曳水槽由于其特有的直观显示功能也常用于该种模拟研究。

　　原则上讲,环境风洞、拖曳水槽等各种模拟实验设备应能保证模拟大气边界层所要求的各种无量纲相似参数——Re,Ri,Ro,Pr,Ec——以及各无量纲相似边界条件均取得在实际大气中的相应数值。此外,还应保证模拟污染物排放条件的各无量纲相似参数——M,F,Fr,Fr',Fr'',V——取得在实际原型中的相应数值。但是,环境风洞及拖曳水槽不可能全部满足上述严格的模拟原则,我们所能做到的仍然只是部分模拟。一方面,上述相似性原则要求有其固有的矛盾之处,如在 8.1 节中所介绍的;另一方面,复杂昂贵的技术设备也限制了环境风洞及拖曳水槽的模拟实验能力。

　　本章将介绍 3 种主要的模拟实验设备和主要测量仪器的结构和工作原理。重点不在于技术的细节,而是以使用这些设备的实验研究人员为对象,介绍实现前述模拟相似性要求的技术原理。

10.1　环境风洞与低层大气的流动和扩散

10.1.1　环境风洞

　　风洞的基本任务是形成一股稳定、均匀的实验气流。它有四个主要组成部分:1)洞体,由它调节、整理流过实验段的工作气流以满足实验要求;2)动力系统,由它产生并驱使工作气流通过风洞并不断补充能量;3)实验模型;4)测试与控制仪表、计算机系统。图 10.1 为北京大学环境科学与工程学院的 2 号环境风洞(彩图 5 和彩图 6)的结构简图,我们以此为例,介绍环境风洞的结构及运行。

　　这是一个直流吸式风洞,空气自左至右通过这个大管道。空气首先被吸入进口段,进口段又由稳流段和收缩段组成。稳流段内前有蜂窝器,后有 4 层细密的铜阻尼网。蜂窝器是许多矩形横截面的管道,它将空气中所含的大涡旋破碎掉,并消除空气块的横向速度分量。阻尼网则进一步将小涡旋破碎掉,减少气流的湍流度,并减少整个横截面上的风速的不均匀性。

　　稳流段之后是收缩段,其侧面曲线有严格的要求,而其入口面积与出口面积之比称为收缩

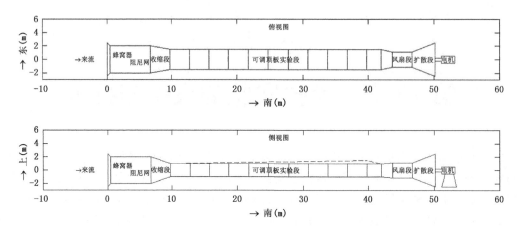

图 10.1　环境风洞结构简图

比。本风洞的收缩比为：$S_1/S_2 = 4/1$。收缩段可以改善气流的品质——减小湍流度和横截面上动压分布(速度分布)的不均匀性$\overline{\Delta U/U}$。积分形式的连续性方程可写为

$$S_2 \ \overline{U_2}/S_1 \ \overline{U_1} \tag{10.1.1}$$

式中，$\overline{U_2}$和$\overline{U_1}$分别是截面S_2和S_1上的平均风速。可知截面的收缩将导致平均速度的增大。因为湍流能量的绝对数值没有明显的改变。故定义为湍流能量的平方根与平均速度之比的湍流度i的数值将大为减小(本例中收缩段出口处的湍流度约为入口处的$1/4$)

$$i = \frac{\sqrt{\overline{u'^2} + \overline{v'^2} + \overline{w'^2}}}{\overline{U}} \tag{10.1.2}$$

此外，设横截面上速度分布不均匀的绝对数值$\overline{\Delta U}$变化很小，则平均速度的增大将导致横截面速度分布的不均匀性$\overline{\Delta U/U}$的大大减小(本例中减为原来的约$1/4$)。

收缩段之后为实验段，它长32m，横截面宽3m、高2m，模拟实验即在这里进行。实验段中的平均风速可在$0.2\sim15$m/s的范围内调节，空洞湍流度为1%。由于实验段充分长，可以自然生成湍流边界层。亦可在实验段前部摆放粗糙元素或采用其他措施促成湍流边界层的发展。实验段的上顶板分段可调，以保证其中自由流动的径向压力梯度为零条件：$\frac{\mathrm{d}P}{\mathrm{d}x}=0$。实验段地板上安装有前后两个旋转平台，直径均为2m，实验模型可安放其上。平台水平转动时就改变了模型的迎风角度(改变了模拟风向)。实验段内有坐标架，在其上安装测试仪器及取样装置的探头，由伺服电机带动作三维移动。

实验段之后为风扇段。其前部是3m长的方变圆段(风洞横截面由方形逐渐变为圆形)；紧接其后是风扇，风扇叶片由转轴与160kW大型直流电机的转轴作刚性连接；风扇叶片之后是截面逐渐增大的喇叭口。

该风洞留有加热、冷却底板从而模拟温度边界层的空间，但目前只能进行中性大气边界层的模拟实验，由于排放污染气体示踪物的需要，该风洞通过前后大厅内4个大百叶窗(加阻尼网)与室外空气进行交换。

10.1.2　边界层厚度的增长及风洞实验段

为估算环境风洞实验段内形成的湍流边界层的厚度，可按5.2节介绍的半无穷长光滑平

板湍流边界层厚度 δ 的公式

$$\frac{\delta}{x} = \frac{0.37}{\left(\frac{Ux}{\nu}\right)^{\frac{1}{5}}}$$ (10.1.3)

式中，x 是从平板前缘即从风洞实验段入口处开始量度的下风距离，U 是自由流速，v 是空气的运动学黏滞系数。设模型的中心位置在 $x = 27.5\text{m}$ 处，自由流速 U 在 0.5m/s 到 20m/s 之间变化，则此处模拟边界层的厚度 δ 约在 $0.65 \sim 0.29\text{m}$。粗糙平板湍流边界层的厚度要比这大得多，例如当粗糙元素平均高度为 2cm 时，该处湍流边界层的厚度将是上述数值的 2 倍。这样，我们就给出了一个典型的风洞实验段的尺寸：长 28m，横截面宽 2m、高 2m。这时模型的中心位置处的雷诺数为 $Re = \frac{Ux}{\nu} \geqslant 2 \times 10^6$，满足 Re 数无关性的相似要求。

10.1.3 径向压力梯度为零条件与实验段顶板的调节

一般工作情况下，环境风洞中的自由流速约为 $U = 1 \sim 10\text{m/s}$，这时侧壁边界层在上述 $x = 27.5\text{m}$ 处将有 $0.6 \sim 0.4\text{m}$ 的厚度。依不可压缩条件下的连续性方程，风洞不同截面 S_1 和 S_2 上的流量应相等

$$\iint\limits_{S_1} u\,dy\,dz = \iint\limits_{S_2} u\,dy\,dz$$ (10.1.4)

由于上下左右四壁的边界层的增厚，而且边界层内平均风速小于自由流速，故在风洞横截面的中心部分将有风速的增大。即，沿穿过风洞实验段横截面中心的流线，自由流速度 U 将随下风距离 x 而增大：$\frac{dU}{dx} > 0$。依伯努利方程

$$\frac{P}{\rho} + \frac{U^2}{2} = \text{const}$$ (10.1.5)

这将造成径向（轴向）压力梯度不等于零：$-\frac{dp}{dx} > 0$。解决办法通常是将环境风洞的实验段上壁做成高度可调节的形式，使得实验段横截面积随下风距离 x 的增大而适当增大，以保证自由流速 U 沿风洞的中心流线等于常数：$U = \text{const}$，从而保证了径向压力梯度为零的要求：$\frac{dp}{dx} = 0$。

上述侧壁边界层的增长还会破坏风洞地板上形成的实验边界层流动的（水平）横向二维均匀性。实验中，在模型中心处应保证水平横向至少 1m 宽的二维均匀边界层流动（即各物理量只与距离 x 和高度 z 有关）。

10.1.4 非中性大气湍流边界层的模拟

在大气近地层，一般来说，整体里查森数 $Ri = \frac{\Delta T L g}{T_0 U^2}$ 的数值在 -1 到 1 之间变化。设环境风洞实验段风速（自由流速度）为 $U = 0.5\text{m/s}$，要求模拟实验中在贴近地板 10cm 的厚度（即 $L = 10\text{cm}$）内保证 $-1 < Ri < 1$。由 Ri 数的定义式可计算得，从风洞地板到 10cm 高度处的温差应为 $\Delta T = \pm 75℃$（取平均值 $T_0 = 300\text{K}$）。这就是对风洞的加热、冷却系统提出的技术要求。又，热边界层的形成需要一个充分发展的过程，否则其温度廓线将不能稳定。这就要求风

洞实验段的前 10m 的均匀加热或冷却,以保证在其下游形成稳定的非中性边界层温度廓线。

10.1.5　风洞流动的直观显示

在环境风洞中可用烟流或烟线方法直观地显示烟羽的形态以及流动的平均风速廓线及湍流结构。该种显示图像一般用照相或录像的方法加以记录。

由发烟器产生的白色烟雾(燃烧香烟或石蜡油产生的气溶胶)被气泵打来的气流所携带,由模型烟囱口喷出,形成可观察的模型烟羽。通过流量计可控制烟气的出口速度;调节发烟器的电流可改变烟流的浓度。该模型烟羽可用来直观显示烟羽的形态,例如烟羽是否下洗或碰撞地面。还可在照片上描绘出模型烟羽的包络线,以计算烟羽的抬升高度 ΔH 和扩散参数 σ_y、σ_z。还可通过光学散射的办法测定烟羽的浓度剖面。故烟流方法既是直观显示,又可定量测量。

图 10.2 是烟线发生器的工作原理图:将金属丝绷紧,上涂石蜡油;当有一强大的脉冲电流通过时,石蜡油不完全燃烧形成了白色的烟雾线,并随即脱落,被气流携带向下游;经过短暂的延迟时间,照相机自动闪光并拍摄烟线所显示的流动形态。周期性脱落的烟线常可近似看作平均风速的廓线;而在障碍物的背风侧,它又能很好地显示出尾流涡旋的结构。

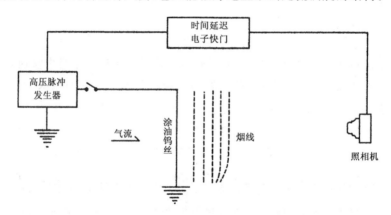

图 10.2　烟流发生器原理图

10.2　拖曳水槽与稳定大气边界层流动

10.2.1　分层流拖曳水槽

图 10.3 为北京大学的分层流拖曳水槽(彩图 7),它是有机玻璃制成的水箱。该水槽的长度为 16m、宽 1.0m、高 1.2m。地形、烟囱等缩小模型固定在拖车上,头朝下浸入水中。力矩电机曳动拖车在导轨上移动,从而形成模型与水之间的相对运动,速度范围为 0.5~5.0cm/s。由侧面、底面照相,以记录流动和烟羽形态。

水箱内注入去气体的清水或密度分层的盐水。注入清水代表中性稳定度大气(图 10.4(a));注入盐水时,使盐水密度自下而上逐渐减小,模拟稳定层结构的大气边界层流动(图 10.4(b))。也可模拟高架逆温及其强度(图 10.4(c))。

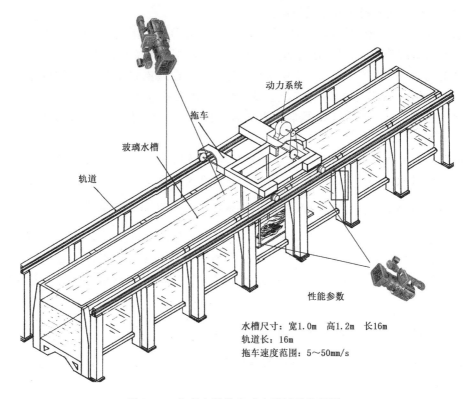

图 10.3　北京大学拖曳式水槽试验装置图

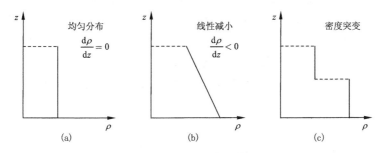

图 10.4　盐水密度的垂直分布

　　水槽实验模拟稳定大气边界层流动时,可显示出重力内波及其对污染物扩散的影响。这时,流动的雷诺数 Re 相似性要求退居次要地位,首要的无量纲相似参数是弗劳德数 Fr^{**}

$$Fr^{**} = \frac{U}{NH} \tag{10.2.1}$$

式中,U 是拖曳速度,H 是特征长度(例如可取 H 为地形起伏的尺度),N 是布伦特—维赛拉频率

$$N = \sqrt{-\frac{g}{\rho}\frac{\mathrm{d}\rho}{\mathrm{d}z}} \tag{10.2.2}$$

当弗劳德数 $Fr^{**} \to \infty$ 时,代表中性稳定度情况($-\frac{\mathrm{d}\rho}{\mathrm{d}z} = 0$,均匀密度);而当弗劳德数很小时:

$Fr^{**}=0.3\sim1.0$,代表稳定分层的情况。

水槽实验中,可由模型烟囱口释放彩液作为模型烟羽。为保证模型烟羽与大气现场实际烟羽的形态及浓度分布的相似,还应满足下列 3 个无量纲参数的相似要求:

1)密度比 ρ_s/ρ_a,这里 ρ_s 是烟羽出口时的密度,ρ_a 是烟囱口处环境流体的密度。要求:$(\rho_s/\rho_a)_m=(\rho_s/\rho_a)_p$,这里下标 m 代表模型量,下标 p 代表原型量。

2)出口速度比 w/u_a,这里 w 是烟羽出口时的速度,u_a 是烟囱口处环境流体的水平速度。要求:$(w/u_a)_m=(w/u_a)_p$。

3)流动的雷诺数 $Re=UH/v$ 应大于特定的临界数值 Re_{c3},从而模型烟羽的形态(摆动幅度)及浓度分布稳定下来,不再随着 Re 数的进一步增大而改变。

水槽实验中,是用盐水密度的垂直梯度 $\dfrac{d\rho}{dz}$ 来代表大气的位温梯度 $\dfrac{d\theta}{dz}$,但二者之间的严格的数学换算比较困难。又在 8.1 节中曾经指出,作为流体的动量传输率与热量传输率之比的普朗特数 Pr,在空气中的数值为 $Pr=0.7$,而水的普朗特数要比空气的普朗特数大 10 倍左右。因此,当用拖曳水槽实验模拟大气边界层的流动及扩散时,所得结果只能是定性的而非定量的。

10.2.2　水槽实验中流动及扩散的直观显示

水槽实验的最大优点是它的很强的直观显示能力。实验中使用最多的是彩液显示法(彩图 8)和氢泡显示法。

用不同颜色的彩色液体通过一排细金属导管(彩液靶)释放,可显示流动的结构。图 10.5 是其工作原理图。彩液的释放由电磁阀门控制,其出口时的速度取决于储液罐的高度。实验中彩液的出口速度应与拖曳速度相同;它的密度应与释放点(金属导管出口)的液体(盐水)的密度相同,以避免浮力上抬或重力下沉。若彩液是由模型烟囱释放作为模型烟羽,其密度应取决于前述烟羽密度比 ρ_s/ρ_a 的相等要求。彩液显示法的效果在很大程度上取决于彩液的黏度。作为被动携带的示踪物,适当的黏度使彩液既有很好的跟随性,又不会因扩散太快而失去显示能力。

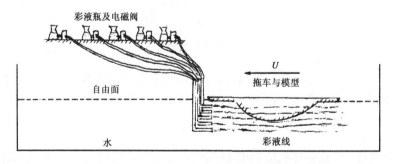

图 10.5　彩液法原理图

图 10.6 是氢泡发生器的工作原理图。将一细铂丝在去气体水中张紧,并通以脉冲电流,铂丝作为阴极,阳极是放在水槽另一端的一块铜板。脉冲电流通过时,水的电解在铂丝(阴极)上形成许多细小的氢气泡(当然同时在水槽另一端的铜板上产生氧气泡)。这些氢气泡随水流呈线状脱落,每一次脉冲电流的通过就形成一条由细小的氢气泡组成的细线。在遮黑的实验

室中,由薄片状光源的照射下,这些银白色的氢气泡细线清晰地显示出流动的结构。

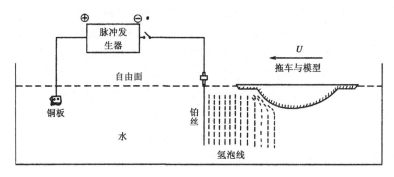

图 10.6　氢泡发生器原理图

10.3　对流水槽

　　对流水槽用于大气对流边界层的模拟研究,已得到很多有益的结果。图 10.7 是美国俄勒冈州立大学大气科学系的对流水槽结构示意图。这是一个大水箱,水平截面为 1.22m×1.44m。下底板为铅制,底板之下由循环水加热,保证下底板温度均匀。实验开始前,先在水箱中加入 20℃的去气体、去离子的清水,水深 0.2m。然后,再在其上铺上一层低密度或高温度的水作为稳定层,厚度约为 0.3m。实验开始后,开始加热下底板。下底板受热增温后,原为中性的下层清水很快变成湍流状态,有明显的垂直运动(热对流)发生。热对流逐渐增强,当热对流单体开始进入上部的稳定层时,会在与上层的界面上造成卷挟,将上部稳定层的水卷入湍流状态的对流边界层中来,即造成对流边界层的上界的升高。对流边界层顶升高的速率可以调节,在 10～20min 内,大约可抬高 0.03～0.15m。

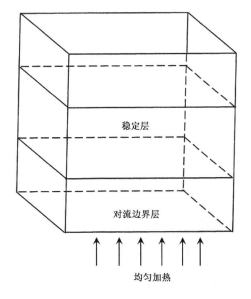

图 10.7　对流水槽

　　用金属丝制成的水平折线网可上下移动,通过测定它的电阻即可测量对流边界层内外的(水平平均)温度。激光光束可以显示对流边界层顶的卷挟结构。将工厂、烟囱的缩小模型在水箱底部拖动,可模拟极不稳定条件下(小风、强垂直热对流)的流动、烟羽扩散及污染。这时的模型烟羽可以是从模型烟囱口释放的彩液或液体小球(与排放处周围流体密度相同)。

　　应当指出,大气对流边界层的现场观测有很大的困难,而通过对流水槽模拟实验却可以很好地研究对流边界层上部(湍流自由对流层)的特性,特别是对流边界层高度的发展。但对流水槽不能很好地研究对流边界层下部的不稳定层(近地面层)的特征。然而不稳定层(近地面层)不但决定了整个对流边界层的发展,而且对于人类活动及环境保护都有更直接的意义。人们希望,不远的将来可在模拟热边界层流动的新结构的气象风洞中对其进行仔细的研究。

10.4　物理量(速度、温度及示踪物浓度)的测量

10.4.1　取样平均时段 T 及取样频率 f_s

　　因为是湍流流动,所有的物理量(速度、温度及示踪物浓度等)的数值均随时间而作随机的脉动。应当指出,我们测得的是从传感器来的模拟电信号,并不是该物理量的"真正"的数值。由于我们总要测量上述随机脉动信号的平均值,故有必要研究,多长的平均时段才能保证所得到的平均值是稳定的(可重复的)。再有,我们现在首先是将连续的电压信号数值化,然后再进行处理,这就产生了取样频率的问题——频率过高是浪费,也往往超过仪器的能力;过低将导致高频信息的丢失,最终得到不正确的结果。

　　设所测量的瞬时(脉动)量为 $F(t)$,其系综平均值(视为"真值")为 F^*,而其概率分布的方差为 $\overline{f^2}$: $f=F-F^*$。定义 $F(t)$ 的时间平均值为

$$\overline{F} = \frac{1}{T} \int_{t-\frac{T}{2}}^{t+\frac{T}{2}} F(t)\,\mathrm{d}t \tag{10.4.1}$$

显然时间平均值 $\overline{F}$ 是取样平均时段 T 的函数: $\overline{F}=F(t,T)$,即 $\overline{F}$ 仍然是不稳定的、随机的数量。与之相反,系综平均值 F^* 是确定的数值,不是随机量。以 σ^2 代表时间平均值 $\overline{F}$ 与系综平均值 F^* 之间的方差: $\sigma=\overline{F}-F^*$,拉姆雷(Lumley)和潘诺夫斯基(Panofsky)证明了下列的关系式

$$\overline{\sigma^2} = \frac{2\,\overline{F}L}{T} \tag{10.4.2}$$

式中,L 为 $F(t)$ 的湍流积分尺度

$$L = \int_0^\infty R(\tau)\,\mathrm{d}\tau \tag{10.4.3}$$

式中,$R(\tau)$ 是 $F(t)$ 的时间相关系数

$$R(\tau) = \frac{\overline{F(t)F(t-\tau)}}{F^2} \tag{10.4.4}$$

这样我们就得到了相对误差 ε_r 所满足的方程

$$\varepsilon_r^2 = \frac{\overline{\sigma^2}}{F^{*2}} = \frac{2\,\overline{f^2}L}{F^{*2}T} \tag{10.4.5}$$

若假定湍流脉动是高斯过程——应当指出,湍流脉动实际上不是高斯(正态)过程;但经验表明,除非间歇现象非常明显,否则该假定不会造成很大的偏离——则可对 ε_r 作进一步的计算。例如,若所测量的是湍流动能 $\overline{u'^2}$,并设速度脉动 u' 为高斯概率分布,帕斯奎尔得到

$$\varepsilon_r^2 = \frac{4L}{T} \tag{10.4.6}$$

上式中的湍流积分尺度 L 可进一步估算为

$$L \approx \frac{\delta}{U} \tag{10.4.7}$$

式中,δ 是湍流边界层的厚度,U 是边界层上界处的自由流速。代入上式,可得

$$T = \frac{4\delta}{U\varepsilon_r^2} \tag{10.4.8}$$

当误差 ε_r 限定后,即可依上式计算取样平均时段 T。经验表明,(10.4.8)式不仅适用于湍流动能,也完全可用于估算其他各物理量的取样平均时段 T。例如,设风洞自由流速为 $U=$4m/s,边界层厚度为 $\delta=$1m,若希望测量误差 ε_r 不大于 10％,则可计算得取样平均时段应为 $T=$100s。若希望误差 ε_r 不大于 1％,则取样平均时段应当是 $T=$10000s($\approx$2 小时 50 分钟)。一般来说,只要取样的时间足够长,能够有足够数量的样本以减少计算误差即可。

米勒(Miller)依照严格的数学理论指出,若随机信号 $F(t)$ 所含最高频率分量的频率为 w_t,则取样频率 $2w_t$ 即可保证获得全部信息。一般认为湍流中可观察到的最高频率分量的频率为

$$w_t = \frac{U}{2\pi\eta} \tag{10.4.9}$$

式中,η 是柯尔莫果洛夫(Kolmogorov)的湍流微尺度。故取样频率应为

$$f_s = 2w_t = \frac{U}{\pi\eta} \tag{10.4.10}$$

例如,设平均风速为 $U=$5m/s,湍流微尺度为 $\eta=$0.8mm,则依上式可计算得取样频率应为 $f_s=$2000Hz。事实上,除非是为计算湍流谱,其他一般测量时的取样频率完全不必如此之高。例如在模拟低层大气流动与扩散时,决定实验现象的都是较大的(频率较低的)湍流涡旋。

10.4.2　速度的测量与热线风速计

测量环境风洞中气流速度的仪器有皮脱(Pittot)管、激光流速仪、超声风速计和热线风速计。其中某些型号的超声风速计和热线风速计又可测量气流的温度。本节仅简单介绍热线风速计的使用原理,读者需要阅读有关专著才能开始进行实验测量。

在流场中某点放一个直径为几微米的金属细丝(一般为铂丝或镀铂钨丝)做成的热线探头(图 10.8a)。金属细丝由电流加热,同时为气流的对流热传递所冷却,并处于热平衡状态。若通过桥式电路控制热丝的平衡温度不变,则可得到加热电流与风速的对应关系。例如实验中常依下式拟合电桥输出端的电压 V(V)和平均风速 U(m/s)的关系

$$V^2 = A + BU^n \tag{10.4.11}$$

上式即是著名的 King 公式。其中 A,B,n 是 3 个拟合常数,常数 A,B 主要和空气的温度、湿度有关,而常数 n 主要受热丝的金属材料及污染程度的影响。因此,热线风速计应在每天实验开始之前和结束之后分别检定一次,以保证测量风速数据的可靠(图 10.8b 是热线探头的检定

曲线)。

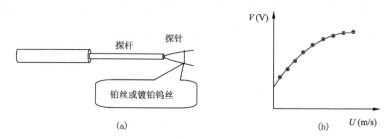

图 10.8　热线探头(a)及其检定曲线(b)

10.4.3　浓度的测量和碳氢分析仪

当模拟中性(无浮力)的烟羽的扩散时,最常用的模拟气态污染物是乙烯和乙烷,因其分子量与空气的平均分子量接近。若欲模拟烟羽的浮力抬升或重力下沉,则应依其密度弗劳德数 Fr' 的要求选择其他碳氢化合物。实验时在模型烟囱中释放示踪气体,并在下风向各个不同位置抽取空气样品,样品再由碳氢分析仪测定其浓度,这就是环境风洞实验中测定污染物浓度及其分布情况的工作过程。本节仅简单介绍碳氢分析仪的使用原理,读者需要阅读有关专著才能开始进行实验测量。

空气与燃气以恒定的比例和速度被送入燃烧室,以维持正常燃烧。高纯度的氢气作为载体,将含有碳氢化合物(例如甲烷:CH_4)的气体样品送入燃烧室。经由复杂的离解反应,它们被电离为正离子及电子,这些离子被电极收集从而产生了极化电流 I_i(图 10.9)。该极化电流 I_i 被放大电路放大,得到输出信号 E_0(见(10.4.12)式)。可以证明,电流 I_i 与碳原子进入燃烧室的速率(个/秒)成正比,故输出信号电压 E_0 能精确地分辨气体中碳氢化合物(碳原子)的浓度。常用的 Beckman-400 碳氢分析仪的量程为 $1 \sim 10^4$ ppm*。

$$E_0 = -I_i \times R_a \times \left(\frac{R_b + R_c}{R_c} \right) \tag{10.4.12}$$

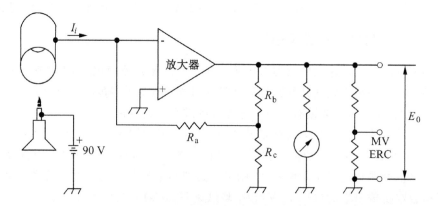

图 10.9　碳氢分析仪原理图

---

* 1ppm＝10^{-6}。

参 考 文 献

拜格诺 R A,1982.风沙与荒漠沙丘物理学[M].钱宁,林秉南,译.北京:科学出版社.

董志勇,2015.环境流体力学[M].北京:科学出版社.

豪根 D A,1984.微气象学[M].李兴生,等,译.北京:科学出版社,

霍顿 J T,1981.大气物理学[M].中国科学院大气物理研究所,译.北京:科学出版社.

蒋维楣,等,1991.大气环境物理模拟[M].南京:南京大学出版社.

帕斯奎尔 F,1989.大气扩散[M].曲绍厚,等,译.北京:科学出版社.

普朗特 L,奥斯瓦提奇 K,维格哈特 K,1981.流体力学概论[M].郭永怀,陆士嘉,译.北京:科学出版社.

盛裴轩,毛节泰,李建国,等,2003.大气物理学.北京:北京大学出版社.

施利希廷 H,1991.边界层理论[M].徐燕侯,徐立功,徐书轩,译.北京:科学出版社.

吴望一,1983.流体力学[M].北京:北京大学出版社.

谢多夫 Л И,1982.力学中的相似方法与量纲分析[M].沈青,倪锄非,李维新,译.北京:科学出版社.

欣茨 J O,1987.湍流[M].黄永念,颜大椿,译.北京:科学出版社.

易家训,1983.分层流[M].北京:科学出版社.

余志豪,王彦昌,1982.流体力学[M].北京:气象出版社.

赵宗升,2009.环境流体力学[M].北京:北京大学出版社.

周光坰,严宗毅,许世雄,等,2000.流体力学(2 版)[M].北京:高等教育出版社.

Abe M, 1929. Mountain clouds, their forms and connected air currents, part I[J]. Bulletin Central Meteorological Observation,3:93-145.

Cermak J E, 1981. Wind tunnel design for physical modeling of atmospheric boundary Layer[J]. ASCE J of Engineering Mechanics, 107(EM3):623-642.

Cermak J E, 1984. Physical modeling of flow and dispersion over complex terrain[J]. Boundary Layer Meteorology, 30: 261-292.

Gukhman A A, 1965. Introduction to the Theory of Similarity[M]. New York and London: Academic Press.

Hanna S R, et al,1982. Handbook on Atmospheric Diffusion[M]. New York: Technical Information Center (US Dept. Energy).

Jensen M, 1958. The model-law for phenomena in natural wind[J]. Ingenioren (International Edition), 2(4): 121-128.

Kondo J, Yamazawa H, 1986. Aerodynamic roughness over an inhomogeneous ground surface[J]. Bound-Layer Meteor, 35: 331-348.

Lettau H, 1969. Note on aerodynamic roughness-parameter estimation on the basis of roughness element description[J]. J Appl Meteor, 8: 828-832.

Meroney R N, Melbourne W H, 1992. Operating ranges of meteorological wind tunnels for the simulation of convective boundary layer (CBL) phenomena[J]. Boundary Layer Meteorology, 61: 145-174.

Nikuradse J, 1933. Laws of Flow in Rough Pipes[J]. VDI-Forchungsheft 361, Series B, 4(7/8):1-63.

Pasquill F, 1961. The estimation of the dispersion of windborne material[J]. Meteo Mag, 90:33-49.

Snyder W H, 1981. Guideline for Fluid Modeling of Atmospheric Diffusion[R]. US government scientific report，EPA-600/8-81-009.

Townsend A，1957. The Structure of Turbulent Shear Flow[M]. Cambridge：Cambridge Univ Press.

Turner D B，1964. A diffusion model for an urban area[J]. J Appl Meteo，3：83-91.

Yih C H，1980. Stratified Flows (2nd edn)[M]. New York：Academic Press.

Zhu G，Arya S，Snyder W H，1998. An experimental study of the flow structure within a dense gas plume
　　　[J]. J of Hazardous Materials，62：162-186.

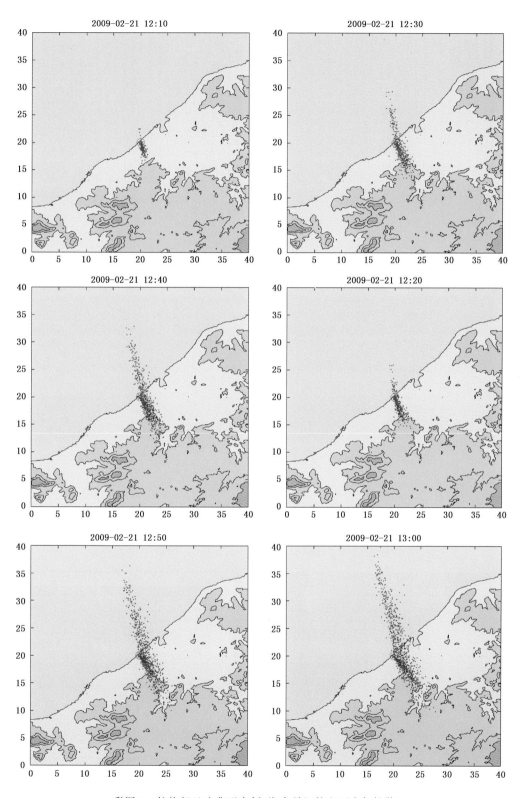

彩图 1　拉格朗日法典型个例(海南昌江核电厂大气扩散)

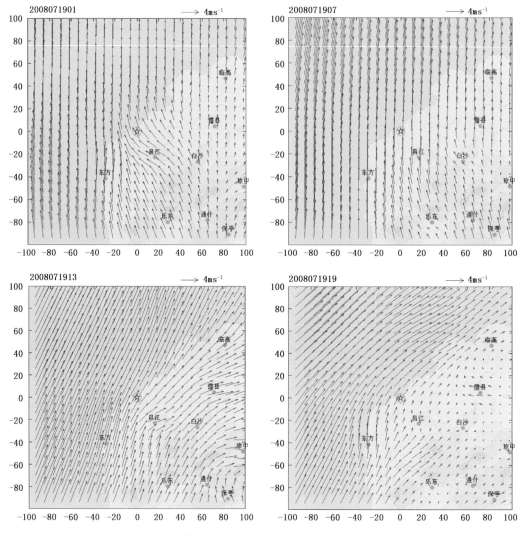

彩图 2　欧拉法典型个例(海南昌江核电厂地面风场)

彩图 3　傅科摆

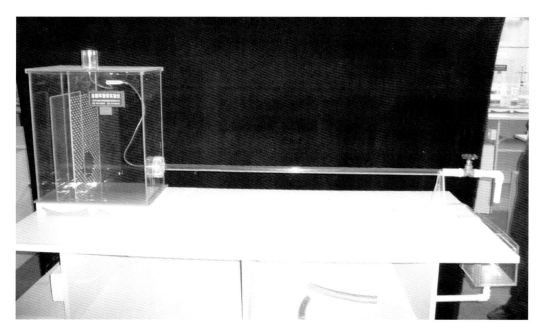

彩图 4　雷诺圆管实验装置

彩图 5　防护林抗风效果的风洞模拟实验

彩图 6　齐鲁石化大气扩散试验

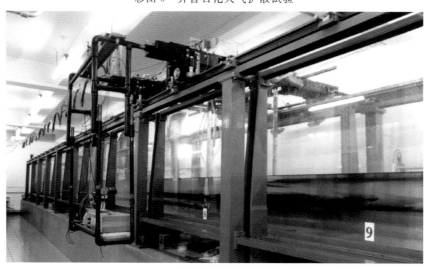

彩图 7　北京大学拖曳式水槽试验装置

彩图 8　彩液法原理图